自动化国家级特色专业系列教材

过程测控技术及仪表装置

孙自强　主编

刘　笛　刘　济　参编

化学工业出版社

·北京·

本书介绍过程控制中各种常见变量的检测和控制技术，以及相应的仪表、计算机控制系统及装置，并结合测控技术的发展，介绍一些新的应用方法。在过程测量仪表方面主要介绍温度、压力、流量、物位、成分分析的检测技术和仪表，以及过程变量显示记录仪表。在过程控制仪表方面主要介绍变送器、执行器、控制器。在计算机控制系统及装置方面主要介绍可编程序控制器、计算机监督控制系统、集散控制系统和现场总线。此外还介绍了软测量技术、多传感器数据融合技术、虚拟仪器以及无线传感器网络技术等过程测控新技术。

本书将基本原理介绍与实际应用相结合，可作为高等院校自动化专业、测控技术与仪器专业以及其他涉及过程测量与控制的专业（如石油、石化、化工、制药、食品、冶金、纺织、轻工等）教材使用，也可用于过程自动化专业技术培训，供相关工程技术人员参考。

图书在版编目（CIP）数据

过程测控技术及仪表装置/孙自强主编；刘笛，刘济参编．—北京：化学工业出版社，2017.9

自动化国家级特色专业系列教材

ISBN 978-7-122-30326-4

Ⅰ.①过…　Ⅱ.①孙…　②刘…　③刘…　Ⅲ.①过程控制-高等学校-教材　Ⅳ.①TP273

中国版本图书馆CIP数据核字（2017）第181307号

责任编辑：郝英华
责任校对：王素芹　　　　装帧设计：张　辉

出版发行：化学工业出版社（北京市东城区青年湖南街13号　邮政编码100011）
印　　刷：三河市延风印装有限公司
装　　订：三河市宇新装订厂
787mm×1092mm　1/16　印张16　字数403千字　2017年11月北京第1版第1次印刷

购书咨询：010-64518888(传真：010-64519686)　　售后服务：010-64518899
网　　址：http://www.cip.com.cn
凡购买本书，如有缺损质量问题，本社销售中心负责调换。

定　　价：42.00元

前　言

生产过程需要对相关工艺参数进行监控，以保证生产过程安全和正常运行，保证产品质量和产量，并且满足绿色环保和节能降耗的要求。要实现对相关工艺参数的监控，首先要利用检测技术采集工艺变量信息，在经过适当的处理之后，将检测信息传输给系统的控制器；控制器对输入信息按照一定控制规律运算加工，形成控制信号，通过执行器对生产过程施加控制作用。这一切工作都是通过自动化仪表和计算机装置来完成的，因此信息时代工业生产离不开自动化技术的支持。从事过程控制的专业技术人员必须具备检测技术、自动控制技术、计算机技术和通信网络技术等方面的基础理论知识和工程应用能力。

本书是有关过程测量和控制技术及其相关仪表和系统装置的基础理论与应用技术的教材，主要结合化工生产过程介绍过程控制中各种常见变量、部分成分和物性参数的检测技术及其相应的仪表原理和工程实际应用知识，介绍过程控制常用的控制规律方法和控制仪表。鉴于计算机在过程控制领域的应用日益普及，本书在介绍经典的检测控制技术和仪表装置的基础上，介绍了控制系统中相关的计算机应用技术。此外，结合测控技术的发展，还简单介绍了一些新的测控技术，引导读者开拓视野。希望通过本书能够帮助读者系统了解和掌握过程测控技术，并能应用到实际工作中去，以期达到“既能仰望星空，又能脚踏实地”的学习效果。

本书共有 14 章，第 1 章绪论，介绍过程测控技术的一些基本概念和基础知识；第 2 章至第 6 章分别介绍温度、压力、流量、物位、成分分析的检测方法；第 7 章为显示仪表，介绍过程变量测量后的显示记录方法；第 8 章介绍过程控制中常见的变送器；第 9 章为执行器，主要介绍过程控制中常用的执行机构和控制阀，及其辅助装置；第 10 章介绍常用控制规律以及控制器；第 11 章至第 13 章分别介绍近年来随着计算机技术应用的普及而得到推广应用的可编程序控制器、计算机监督控制系统、集散控制系统和现场总线；第 14 章介绍现代测控技术和仪表的一些新发展及其应用，包括软测量技术、多传感器数据融合技术、虚拟仪器以及无线传感器网络技术。

本书由华东理工大学孙自强主编，刘笛、刘济参加了编写。其中第 1～7 章由孙自强编写；第 8～10 章由刘笛编写；第 11～14 章由刘济编写。

本书配有电子课件，供选用本书作为教材的院校使用，如有需要，请发邮件至 cipedu@163. com 索取。

过程测控技术是多学科交叉技术，新技术和新仪表装置不断出现在生产现场，且更新周期越来越短。由于编者水平和知识有限，书中难免有不足之处，真诚欢迎广大读者批评、指正。

编者

2017 年 7 月于上海

目　录

第1章 绪论

第2章 温度检测

第3章 压力检测

第4章 流量检测

第12章 计算机监督控制系统

第13章 集散控制系统和现场总线

第14章 现代测控技术与仪表

参考文献

第1章 绪 论

现代生产过程离不开检测与控制。所谓“检测”，是采取各种方法获得反映客观事物或对象的运动属性的各种数据，对数据进行记录并进行必要的处理；“控制”，是采取各种方法支配或约束某一客观事物或对象的运动过程以达到一定的目的。

1.1 过程测控仪表在自动控制系统中的作用和发展状况

1.1.1 过程测控仪表在自动控制系统中的作用

以锅炉汽包液位控制系统为例，介绍过程测控仪表在自动控制系统中的作用。

如图1-1所示是工业生产常见的锅炉汽包示意图。其液位是一个重要的工艺参数。液位过低，影响产汽量，且易烧干而发生事故；液位过高，则会影响汽包内的汽水分离，使蒸汽中夹带水分，对后续生产设备造成影响和破坏。因此对汽包液位应严加控制。

在图1-1中，如果一切条件（包括给水流量、蒸汽量等）都近乎不变，只要将进水阀置于某一适当开度，则汽包液位能保持在一定高度。但实际生产过程中这些条件是变化的，例如进水阀前的压力变化，蒸汽流量的变化等（这些影响汽包液位保持在一定高度的因素都称为扰动作用）。此时若不进行控制（即不去改变阀门开度），则液位将偏离规定高度。因此，为保持液位恒定，操作人员应根据液位高度变化情况，控制进水量。

手工控制时主要有以下3个步骤：

① 观察被控变量的数值，在此即为汽包的液位；

② 把观察到的被控变量值与设定值（指工艺所要求的汽包液位高度）加以比较，根据二者的偏差大小或随时间变化的情况，作出判断，并发布命令；

③ 根据命令操作给水阀，改变进水量，使液位回到设定值。

如采用检测仪表和自动控制装置来代替手工控制，就成为测控系统。

图1-2为锅炉汽包液位测控系统示意图。当系统受到扰动作用后，被控变量（液位）发生变化，通过检测仪表（液位变送器LT）得到其检测值。在自动控制装置（液位控制器LC）中，将检测值与设定值比较，得到偏差，经过运算后，发出控制信号，这一信号作用于执行器（在此为控制阀），改变给水量，以克服扰动的影响，使被控变量回到设定值。这样就完成了所要求的控制任务。这些检测仪表、控制装置、执行机构和被控对象一起也就组

成了一个自动控制系统，其结构如图 1-3 所示。

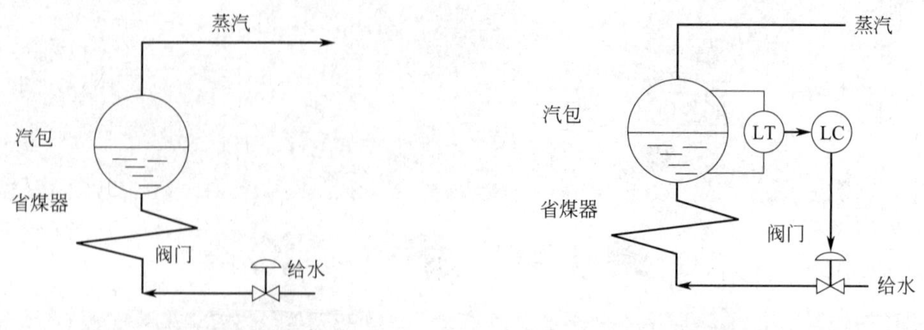

图 1-1　锅炉汽包示意图

图 1-2　锅炉汽包液位测控系统示意图

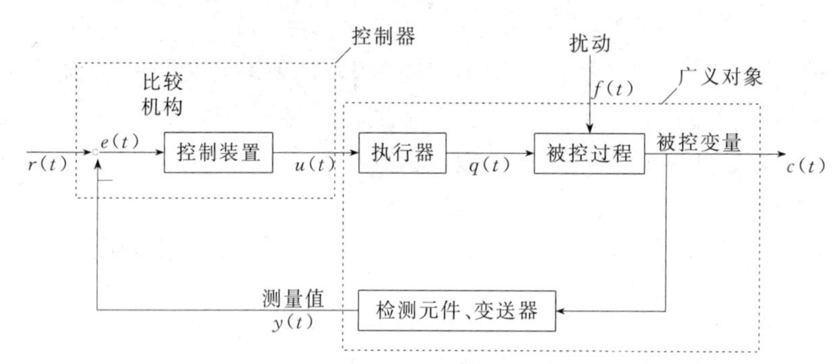

图 1-3　自动控制系统结构方框图

由图 1-3 可以看出，简单的自动控制系统除了被控过程单元，还需要三个测控仪表单元：检测元件和变送器、控制器、执行器。

检测元件和变送器单元的功能是感受并测出被控变量的大小，变换成控制器所需要的信号形式。一般检测单元为敏感元件、转换元件及信号处理电路组成的传感器，若检测单元输出的是标准信号，则称检测单元为变送器。

控制器包括比较机构和控制装置，将检测单元的输出信号与被控变量的设定值进行比较得出偏差信号，根据这个偏差信号的正负、大小变化情况，按一定的运算规律计算出控制信号传送给执行机构。

执行器的作用是接收控制器发出的控制信号，相应地去改变控制变量。

除此以外，自动控制系统还可根据需要设置转换器、运算器、操作器、显示装置和各类自动化仪表和装置系统，以完成复杂的测控任务。

1.1.2　过程测控仪表发展状况

(1) 过程检测仪表的发展状况

传统的检测仪表是模拟式仪表。检测元件和变送器将被控变量（物理量或化学量）变换成另一物理量，此物理量（常见为电压、电流等）随被控变量作相应变化，这种变化是对被控变量的模拟，与此相配套的仪表称模拟式仪表。模拟式仪表常用电压、电流传输信号，用标尺、指针、曲线等方法显示、记录被控变量检测值。

随着脉冲数字电路的发展以及微处理技术、数字通信技术在测控仪表中的应用，仪表产品全面由模拟式向数字式方向发展。数字式仪表是直接用数字量显示或以数字形式记录打印被测变量值的仪表。它具有模/数转换器，可将被测变量转换成十进制数码，显示清晰直观，无读数视差。由于其内部没有模拟式仪表中所必需的机械运动结构，因此检测和显示速度、检测准确性及重现性等都有很大提高。数字式仪表在数字显示的同时还可以直接输出代码，与计算机接口通信，可直接用于生产过程计算机控制系统中。若在数字式仪表内部配以数/模转换电路，则可输出模拟信号供生产过程控制器用。如再配置某种调节或控制电路就成为集检测显示与调节于一身的数字显示调节仪；配以微处理器可组成带有自诊断、自校正、非线性补偿等功能的智能化数显仪表。数字式仪表能与多种传感器配合检测显示各种工艺参数，并可进行巡回检测、越限报警及实现生产过程自动控制。由于数显仪表结构紧凑、功能齐全、可靠性强，且其价格正不断下降，因而在当今现代化生产过程中得到越来越广泛的应用。数显仪表正逐步取代模拟式显示仪表，在自动控制中起着重要作用。

近年来，随着科学技术尤其是电子信息技术的飞速发展，检测仪表的内涵较之以往也发生了很大变化。其自身结构已从单纯机械结构、机电结合或机光电结合的结构发展成为集传感技术、计算机技术、电子通信技术、现代光学、精密机械等多种高新技术于一身的系统，其用途也从单一功能发展为集数据采集、信号传输、信号处理以及控制为一体的测控过程系统，并且已经向智能化、虚拟化、网络化和微型化发展。

(2) 过程控制仪表的发展状况

过程控制系统的发展需要相配套的测控仪表。从过程控制系统结构来看，经历了以下四个阶段。

20 世纪 50 年代是以基地式控制器等组成的控制系统，如自力式温度控制器、就地式液位控制器等，它们的功能往往限于单回路控制。

20 世纪 60 年代出现单元组合仪表组成的控制系统，单元组合仪表有电动和气动两大类。所谓单元组合，就是把自动控制系统仪表按功能分成若干单元，依据实际控制系统结构的需要进行适当的组合。因此单元组合仪表使用方便、灵活。单元组合仪表之间用标准统一信号联系。气动仪表（QDZ 系列）为 20～100kPa 气压信号。电动仪表信号为 0～10mA 直流电流信号（DDZ—Ⅱ系列）和 4～20mA 直流电流信号（DDZ—Ⅲ系列）。这种控制系统控制策略主要是 PID 控制和常用的复杂控制系统（例如串级、均匀、比值、前馈、分程和选择性控制等）。

20 世纪 70 年代出现了计算机控制系统，最初是直接数字控制（DDC）实现集中控制，代替常规控制仪表。由于集中控制的固有缺陷，未能普及及推广就被集散控制系统（DCS）所替代。DCS 在硬件上将控制回路分散化，数据显示、实时监督等功能集中化，有利于安全平稳生产。就控制策略而言，DCS 仍以简单 PID 控制为主，再加上一些复杂控制算法，并没有充分发挥计算机的功能和控制水平。

20 世纪 80 年代以后出现二级优化控制，在 DCS 的基础上实现先进控制和优化控制。在硬件上采用上位机和 DCS 或电动单元组合仪表相结合，构成二级计算机优化控制。随着计算机及网络技术的发展，DCS 出现了开放式系统，实现多层次计算机网络构成的管控一体化系统（CIPS）。同时，以现场总线为标准，实现以微处理器为基础的现场仪表与控制系统之间进行全数字化、双向和多站通信的现场总线网络控制系统（FCS）。

智能控制（Intelligent Control，IC）是极受人们关注的又一个领域，最主要的是三种形式：专家系统，模糊控制，人工神经网络控制。与之相对应的智能仪表也相继出现。

控制器种类繁多，有常规控制器和采用微机技术的各种控制器。控制器一般可按能源形式、信号类型和结构形式进行分类。

① 按能源形式划分。控制器按能源形式可分为电动、气动等。过程控制一般都用电动和气动控制仪表，相应地采用电动和气动控制器。

气动控制仪表发展较早，其特点是结构简单、性能稳定、可靠性高、价格便宜，且在本质上安全防爆，因此广泛应用于石油、化工等有爆炸危险的场所。

电动控制仪表相对气动控制仪表出现得较晚，但由于电动控制仪表在信号的传输、放大、变换处理，实现远距离监视操作等方面比气动仪表容易得多，并且容易与计算机等现代化信息技术工具联用，因此电动控制仪表的发展极为迅速，应用极为广泛。近年来，电动控制仪表普遍采取了安全火花防爆措施，解决了防爆问题，所以在易燃易爆的危险场所也能使用电动控制仪表。

目前采用的控制器以电动控制器占绝大多数。

② 按信号类型划分。控制器按信号类型可以分为模拟式和数字式两大类。

模拟式控制仪表的传输信号通常是连续变化的模拟量，其线路较为简单，操作方便，在过程控制中曾经得到广泛应用。

数字式控制仪表的传输信号通常是断续变化的数字量，以微型计算机为核心，其功能完善，性能优越，能够解决模拟式仪表难以解决的问题。近 30 年来数字式控制仪表不断应用于过程控制中，极大地提高了控制质量。数字式控制仪表已经大规模取代模拟式控制仪表。

③ 按结构形式划分。控制器按结构形式可分为基地式、单元组合式、组装式以及基于集散控制和现场总线的控制器。

基地式控制仪表将控制机构与指示、记录机构组成为一体，结构简单，但通用性差，使用不够灵活，一般仅用于一些简单控制系统。

单元组合式控制仪表是将整套仪表划分成能独立实现某种功能的若干单元，各个单元之间用统一标准信号联系。将各个单元进行不同的组合，可以构成具有各种功能的控制系统，使用灵活方便，因此在生产现场得到广泛应用，如电动Ⅲ型控制器在一些老装置上还在使用，气动单元控制器由于控制滞后太大已经很少使用。

组装式控制器是在单元组合仪表的基础上发展起来的一种功能分离、结构组件化的成套仪表装置。

随着计算机技术发展，出现了各种以微处理器为基础的控制器，如可编程序调节器（早期又称“单回路调节器”），对于某些单一回路的控制或只有少数几个回路控制的生产过程来说比较适用。近 30 多年来可编程序控制器（PLC）发展迅速，从原先仅有逻辑控制功能发展到兼有控制回路，在结构、功能、可靠性等各个方面都使控制器进入一个新阶段，应用场合不断扩大，逐渐成为控制器主流品种。此外，基于集散控制系统（DCS）或者现场总线（FB）的控制器，它们除了一般的控制功能外，还具有其他先进控制、优化运算、网络通信等功能，适应信息社会大规模生产需要。

1.2 测控仪表主要相关基础知识

在过程自动化中要通过检测元件获取生产工艺变量，最常见变量是温度、压力、流量、物位。检测元件又称为敏感元件、传感器，它直接响应工艺变量，并转化成一个与之成对应关系的输出信号。这些输出信号包括位移、电压、电流、电阻、频率、气压等。如热电偶测温时，将被测温度转化为热电势信号；热电阻测温时，将被测温度转化为电阻信号；节流装置测流量时，将被测流量的变化转化为压差信号。由于检测元件的输出信号种类繁多，且信号较弱不易察觉，一般都需要将其经过变送器处理，转换成标准统一的电气信号（如 4～20mA 或 0～10mA 直流电流信号，20～100kPa 气压信号）送往显示仪表，指示或记录工艺变量，或同时送往控制器对被控变量进行控制。有时将检测元件、变送器及显示装置统称为检测仪表，或者将检测元件称为一次仪表，将变送器和显示装置称为二次仪表。

检测技术的发展是推动信息技术发展的基础，离开检测技术这一基本环节，就不能构成自动控制系统，再好的信息网络技术也无法用于生产过程。检测技术在理论和方法上与物理、化学、生物学、材料科学、光学、电子学以及信息科学密切相关。目前生产规模不断扩大，技术日趋复杂，需要采集的过程信息种类越来越多。除了需要检测常见的过程变量外，还要检测物料或产品的组分、物性、环境噪声、机械振动、火焰、颗粒尺寸及分布等。还有一些变量如转化率、催化剂活性等无法直接检测，但近年来出现了一种新型检测技术——软测量技术，专门用于解决一些难以检测的问题。

对于检测仪表来说，检测、变送与显示可以是三个独立部分，也可以只用到其中某些部分。例如，热电偶测温所得毫伏信号可以不通过变送器，直接送到电子电位差计显示。当然，检测、变送与显示可以有机地结合在一起成为一体，例如单圈弹簧管压力表。

过程控制对检测仪表有以下三条基本的要求：

① 检测值 $y(t)$要正确反映被控变量 $C(t)$的值，误差不超过规定的范围；

② 在环境条件下能长期工作，保证检测值 $y(t)$的可靠性；

③ 检测值 $y(t)$必须迅速反映被控变量 $C(t)$的变化，即动态响应比较迅速。

第①条基本要求与仪表的精确度等级和量程有关，与使用、安装仪表正确与否有关；第②条基本要求与仪表的类型、元件材质以及防护措施等有关；第③条基本要求与检测元件的动态特性有关。

1.2.1　仪表主要性能指标

衡量一台仪表性能的优劣通常采用的主要性能指标包括精确度、灵敏度、分辨率、线性度、变差、滞环误差、死区、稳定性、动态误差等。如表 1-1 所示。

表 1-1　仪表主要性能指标

性能指标	描述	说明
精确度(简称精度)	检测结果与被检测(约定)真值的一致程度	按国家统一规定的允许误差大小来划分仪表的精度等级
灵敏度	仪表输出变化量与引起此变化的输入变化量之比	对于模拟式仪表而言，仪表输出变化量是仪表指针的角位移或线位移。灵敏度反映了仪表对被检测变化的灵敏程度
分辨率	仪表输出能响应和分辨的最小输入变化量，又称仪表灵敏限	对于数字式仪表而言，分辨率就是数字显示器最末位数字间隔代表被检测的变化与量程的比值
线性度	仪表实际特性偏离线性的最大程度	
变差	在外界条件不变的情况下使用同一仪表对某一变量进行正反行程(即在仪表全部检测值范围内逐渐从小到大和从大到小)检测时对应于同一检测值所得的仪表读数之间的差异	造成变差的原因很多，例如传动机构的间隙、运动部件的摩擦、弹性元件的弹性滞后等。在仪表使用过程中，要求仪表的变差不能超出仪表的允许误差
滞环误差	全范围上行程和下行程移动减去死区值后得到的被检测两条校准曲线间的最大偏差	
死区	输入变量的变化不至引起输出变量发生变化的有限数值区间	

续表

性能指标	描述	说明
稳定性	系统受外界扰动偏移稳态条件后，当扰动终止时回复到原稳定条件的特性	
动态误差	被检测随时间迅速变化时，仪表输出追随被检测变化的特性	当被检测突然变化后，仪表动作都有惯性迟延(时间常数)和检测传递滞后(纯滞后)，必须经过一段时间才能准确显示出来，这样造成的误差就是动态误差

1.2.2 测量误差

在生产过程中对各种变量进行检测时，尽管检测技术有所不同，但从本质上看有共同之处，即可以将检测环节分成两个部分：一是能量形式的一次或多次转换过程；二是将被测变量与其相应的检测单位进行比较并输出检测结果。而检测仪表就是实施检测功能的工具。由于在检测过程中所使用的工具本身准确性有高低之分，或者检测环境发生变化，加之观测者的主观意志的差别，因此检测结果的准确性必然受到影响，使从检测仪表获得的被测值与实际被测变量真实值存在一定的差距，即测量误差。但是被检测的真值是无法真正得到的，可用约定真值（即在没有系统误差的情况下多次检测值的平均值）或相对真值（即用精度更高的标准表得到的检测值）替代被检测的真值。

测量误差有不同分类方法，见表 1-2。

表 1-2 测量误差分类

分类依据	名称		意义	说明
与使用条件的关系	基本误差		在检测工具使用的标准条件下应用所产生的误差	
	附加误差		检测工具偏离标准使用条件下应用所产生的附加误差	
误差数值表示	绝对误差		检测结果 X 和真值 X_0 之间的代数差；$\Delta X = X - X_0$	说明了误差本身的大小
	相对误差	实际	绝对误差 ΔX 和真值 X_0 之比	多用于理论分析或精密检测中
		标称	绝对误差 ΔX 和真值 X 之比	多用于检定和工程检测中
		引用	绝对误差 ΔX 和仪表量程(检测上限与检测下限值之差)之比	用于划分仪表精确度等级
与被检测随时间变化的关系	静态误差		被检测处于稳态时的测量误差	
	动态误差		被检测随时间变化过程中检测所附加的误差	由检测装置的动态特性造成
误差的规律	系统误差		在相同条件下，多次检测同一被检测的过程中出现的误差，其绝对值和符号保持不变，或者在条件变化时按某一规律变化	系统误差可以通过实验或分析的方法，找到其变化规律及产生的原因，对检测结果进行修正。系统误差越小，检测越准确
	随机误差		在相同条件下，多次检测同一被检测的过程中出现的误差，其绝对值和符号以不可预计的方式变化	随机误差是由检测过程中偶发因素引起的，无法消除。单次检测的随机误差难以预测，但是多次重复检测时，随机误差有服从一定的统计规律的分布特性(多为正态分布)。随机误差是检测值与数学期望值之差，表明了检测结果的弥散性。随机误差越小，精密度越高
	缓变误差		误差数值随时间缓慢变化	由零部件老化等所致
	粗大误差		明显与事实不符的误差，无规律可循	操作过失或重大干扰所致

粗大误差可以从定性分析和定量分析两个方面进行判断。在检测过程中定量分析时按统计方法进行数据处理，如果发现异常检测值（坏值）就必须剔除，重新检测。常用的剔除准则有拉依达准则（3σ 准则）、格拉布斯准则、t 检验准则等。

此外，有些被检测通过间接检测法得到，即通过直接检测 n 个有关量后，根据一定的函数关系算出被检测值，这样直接检测的误差将会传递给由计算而得的被检测值，即产生误差传递。在设计间接检测时需进行误差分配，根据总的误差要求，将误差分配给各直接检测值。一个检测系统在检测过程中会有多个系统误差和随机误差，需将这些单项误差合成为总误差。

1.2.3　测量误差与仪表精度等级的关系

测量误差有绝对误差和相对误差之分。绝对误差是指仪表指示值 x 与被检测的真值 x_0 之间的差值，即

$$\Delta=|x-x_0| \tag{1-1}$$

但是被检测的真值是无法真正得到的。因此在一台仪表的标尺范围内，各点读数的绝对误差是指用标准表（精确度较高）和该表（精确度较低）对同一变量检测时得到的两个读数值之差，即把式(1-1)中的被检测真值用标准表的读数代替。

但是检测仪表都有各自检测标尺范围，即仪表的量程。同一台仪表量程若发生变化，也会影响检测的准确性。因此工业上定义了一个相对误差——仪表引用误差，它是绝对误差与检测标尺范围之比，即

$$\delta=\frac{\pm(X-X_0)}{\text{标尺上限}-\text{标尺下限}}\times 100\% \tag{1-2}$$

考虑整个检测标尺范围内的最大绝对误差，则可得到仪表最大引用误差为

$$\delta_{\max}=\frac{\pm(X-X_0)_{\max}}{\text{标尺上限}-\text{标尺下限}}\times 100\% \tag{1-3}$$

仪表最大引用误差又称为允许误差，它是仪表基本误差的主要形式。

各种检测过程都是在一定的环境条件下进行的，外界温度、湿度、电压的波动以及仪表的安装等都会造成附加的测量误差。因此考虑仪表测量误差时不仅要考虑其自身性能，还要注意使用条件，尽量减小附加误差。

仪表的精确度简称精度，是用来表示仪表检测结果的可靠程度。任何检测过程都存在着测量误差。在使用仪表检测生产过程中的工艺变量时，我们不仅需要知道仪表的指示值，而且还应该了解仪表的精度。

仪表的精度等级是按国家统一规定的允许误差大小来划分成若干等级的。仪表精度等级数值越小，说明仪表检测准确度越高。目前我国生产的仪表精度等级有 0.005，0.02，0.05，0.1，0.2，0.4，0.5，1.0，1.5，2.5，4.0 等。仪表的精度等级是将仪表允许误差的“±”号及“%”去掉后的数值，以一定的符号形式表示在仪表标尺板上，如 1.0 外加一个圆圈或三角形。精度等级 1.0，说明该仪表允许误差为 1.0%。

校验仪表时确定仪表的精确度等级与根据工艺要求来选择仪表的精确度等级是不一样的。根据仪表校验数据确定仪表精度等级时，仪表的允许误差应比仪表校验所得的引用误差的最大值要大或相等；而根据工艺要求确定仪表精度等级时，仪表的允许误差应该小于或等于根据工艺要求计算出的引用误差的最大值。

仪表精度与量程有关，量程是根据所要检测的工艺变量来确定的。在仪表精度等级一定的前提下适当缩小量程，可以减小测量误差，提高检测准确性。一般而言，仪表的上限应为被测工艺变量的 4/3 倍或 3/2 倍，若工艺变量波动较大，例如检测泵的出口压力，则相应取为 3/2 倍或 2 倍。为了保证检测值的准确度，通常被测工艺变量的值以不低于仪表全量程的 1/3 为宜。

1.3 化工过程生产安全防爆技术简介

石油、化工、天然气、液化气等行业是我国重要的支柱产业和基础产业。这些行业的生产场所存在易燃易爆气体、蒸汽或固定粉尘，它们与空气混合后成为具有火灾或爆炸危险的混合物，属于危险场所。安装在这些场所的仪表装置如果产生火花或者热效应能量能够点燃危险混合物，就会引发火灾或爆炸。因此化工自动化系统电气设备必须考虑防爆措施。

在爆炸危险区域的自控系统设计中，人们在实践中积累了各种防爆方法，主要有隔爆型、本质安全型等。

(1) 隔爆型仪表

隔爆型仪表具有隔爆外壳，仪表的电路和接线端子全部置于防爆壳体内。隔爆型仪表能够承受仪表内部因故障产生爆炸性气体混合物的爆炸压力，并阻止内部的爆炸向外壳周围爆炸性混合物传播；适用于爆炸性气体 1 区和 2 区等级危险场所。

(2) 本质安全防爆仪表

本质安全防爆仪表（简称本安仪表）工作原理是利用安全栅技术，将提供给现场仪表的电能量限制在不能产生足以引爆的火花，又不能产生足以引爆的仪表表面温升的安全范围内。本安仪表的全部电路均为本质安全电路。

本安仪表设备按安全程度和使用场所不同，可分为 Ex ia 和 Ex ib。Ex ia 的防爆级别高于 Ex ib。Ex ia 级在正常工作状态下以及电路中存在一个和两个故障时，电路元件不会发生燃爆。Ex ia 级适用于危险等级最高的 0 区，Ex ib 级在正常工作状态下以及电路中存在一起故障时，电路元件不发生爆炸。在 Ex ib 级适用于 1 区和 2 区。

(3) 本安防爆系统

要使控制系统具有本安防爆性能，应满足两点：在危险场所使用本安仪表；在控制室仪表与危险场所仪表之间设置安全栅，限制流入危险场所的能量。此外系统的安装与布线等也要符合国家相关电气安全规程。

所谓安全栅就是接在本安电路与非本安电路之间，限制送往本安电路的电压和电流的装置。所以，在控制室（非危险场所）的入口及出口都必须设置安全栅。

目前使用的安全栅有四种：电阻式安全栅、齐纳式安全栅、中断放大式安全栅、隔离式安全栅。

本安防爆系统结构归纳起来有三种。

① 从点对点接线到点对点接线（Point to Point），即传统安全栅方案。这类本安防爆接口以隔离式和齐纳式安全栅为代表。应用特点是现场仪表以点对点的接线方式接至安全栅，安全栅再以点对点的接线方式接至控制系统（DCS/PLC）的 I/O 卡，如图 1-4 所示，这是传统的本安防爆接口技术。

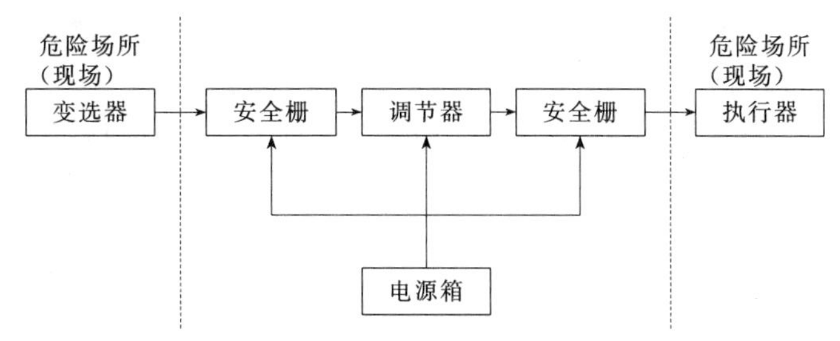

图 1-4　点对点的本安防爆系统

② 从总线到总线（Bus to Bus），即现场总线方案。代表产品为现场总线本安中继器、安全网桥、本安配电链接模块和本安配电链接现场模块等。应用特点是现场仪表以现场总线方式连接，经过上述产品，仍以现场总线方式接至控制系统的现场总线网卡。这是最新的本安防爆接口技术。

③ 从点对点接线到总线（Point to Bus），即远程 I/O 方案。代表产品为远程 I/O 型的隔离栅和本安型的远程 I/O。应用特点是现场仪表以点对点的接线方式接至远程 I/O，而远程 I/O 则以总线方式接至控制系统的通信总线或现场总线网卡。显然，这是兼顾前两类应用方案的一种中间方案。国外主要的本安仪表厂商已经推出了远程本安防爆系统及其配套的远程本安防爆模块的产品，如在霍尼韦尔（Honeywell）公司早期的 TDC—2000 系统中就已经出现；ABB 推出了 S800 系列远程 I/O；以 MTL，P＋F，Turck 为代表的安全栅制造商将安全栅型的远程 I/O 产品其与安全栅融为一体，安装位置能尽量靠近现场仪表，从而节省了安全栅的应用量，减少了安装空间，节省了电缆的数量，降低了投资成本。

思考题与习题

1-1　举例说明测控仪表在过程控制系统中所起的作用。

1-2　过程测控仪表按照结构可分为哪几类?

1-3　仪表有哪些主要性能指标?

1-4　测量误差是如何分类的?

1-5　如何确定仪表的精度等级?

1-6　隔爆型仪表与本质安全型仪表有何区别?

第2章 温度检测

温度是表征物体冷热程度的物理量。物体的许多物理现象和化学性质都与温度有关。大多数生产过程都是在一定温度范围内进行的。因此对温度的检测和控制是过程自动化的一项重要内容。

为了客观地计量物体温度，必须建立温标，有华氏温标、摄氏温标、热力学温标。我国工业测量采用摄氏温标。

摄氏温度与华氏温度的关系为：

$$\text{摄氏度(℃)}=[\text{华氏度(℉)}-32]\times\frac{5}{9} \tag{2-1}$$

摄氏温度与热力学温度的关系为：

$$\text{摄氏度(℃)}=\text{热力学温度(K)}-273.16 \tag{2-2}$$

2.1 温度检测方法

温度检测是基于冷热不同的物体之间的热交换，以及物体的某些物理性质随冷热程度不同而变化的特性进行间接的测量。

温度检测方法按测温元件和被测介质接触与否可以分成接触式和非接触式两大类。

接触式测温时，测温元件与被测对象接触，依靠传热和对流进行热交换。接触式温度计结构简单、可靠，测温精度较高，但是由于测温元件与被测对象必须经过充分的热交换且达到平衡后才能测量，这样容易破坏被测对象的温度场，同时带来测温过程的延迟现象，不适于测量热容量小的对象、极高温的对象、处于运动中的对象，不适于直接对腐蚀性介质测量。

非接触式测温时，测温元件不与被测对象接触，而是通过热辐射进行热交换，或测温元件接收被测对象的部分热辐射能，由热辐射能大小推出被测对象的温度。从原理上讲测量范围从超低温到极高温，不破坏被测对象温度场。非接触式测温响应快，对被测对象干扰小，可用于测量运动的被测对象和有强电磁干扰、强腐蚀的场合。但缺点是容易受到外界因素的干扰，测量误差较大，且结构复杂，价格比较昂贵。

表2-1列出了几种主要的测温方法。

表 2-1　主要温度检测方法及特点

测温方式	类别和仪表		测温范围/℃	作用原理	使用场合
接触式	膨胀式	玻璃液体	−100～600	液体受热时产生热膨胀	轴承、定子等处的温度作现场指示
		双金属	−80～600	两种金属的热膨胀差	
	压力式	气体	−20～350	封闭在固定体积中的气体、液体或某种液体的饱和蒸汽受热后产生体积膨胀或压力变化	用于测量易爆、易燃、振动处的温度，传送距离不很远
		蒸汽	0～250		
		液体	−30～600		
	热电类	热电偶	0～1600	热电效应	液体、气体、蒸汽的中、高温，能远距离传送
	热电阻	铂电阻	−200～850	导体或半导体材料受热后电阻值变化	液体、气体、蒸汽的中、低温，能远距离传送
		铜电阻	−50～150		
		热敏电阻	−50～300		
	其他电学	集成温度传感器	−50～150	半导体器件的温度效应	
		石英晶体温度计	−50～120	晶体的固有频率随温度变化	
	光纤类	光纤温度传感器	−50～400	光纤的温度特性或作为传光介质	强烈电磁干扰、强辐射的恶劣环境
非接触式		光纤辐射温度计	200～4000		
	辐射式	辐射式	400～2000	物体辐射能随温度变化	用于测量火焰、钢水等不能接触测量的高温场合
		光学式	800～3200		
		比色式	500～3200		

2.2　热电偶

2.2.1　热电偶工作原理

热电偶的测温原理是基于热电偶的热电效应，如图 2-1(a)所示。将两种不同材料的导体或半导体 A 和 B 连在一起组成一个闭合回路，而且两个接点的温度 $\theta \neq \theta_0$，则回路内将有电流产生，电流大小正比于接点温度 θ 和 θ_0 的函数之差，而其极性则取决于 A 和 B 的材料。显然，回路内电流的出现，证实了当 $\theta \neq \theta_0$ 时内部有热电势存在，即热电效应。图 2-1(a)中 A、B 称为热电极，A 为正极，B 为负极。被测介质放置于温度为 θ 的一端，称工作端或热端；另一端称参比端或冷端（通常处于室温或恒定的温度之中）。在此回路中产生的热电势可用下式表示：

$$E_{AB}(\theta,\theta_0)=E_{AB}(\theta)-E_{AB}(\theta_0) \tag{2-3}$$

式中，E_{AB}（θ）表示工作端（热端）温度为 θ 时在 A、B 接点处产生的热电势，E_{AB}（θ_0）表示参比端（冷端）温度为 θ_0 时在 A、B 另一端接点处产生的热电势。为了达到正确测量温度的目的，必须使参比端温度维持恒定，这样对一定材料的热电偶总热电势 E_{AB} 便是被测温度的单值函数了。

$$E_{AB}(\theta,\theta_0)=f(\theta)-C=\varphi(\theta_0) \tag{2-4}$$

此时只要测出热电势的大小，就能判断被测介质温度。

在热电偶测量温度时，要想得到热电势数值，必定要在热电偶回路中引入第三种导体，接入测量仪表。根据热电偶的“中间导体定律”可知：热电偶回路中接入第三种导体后，只要该导体两端温度相同，热电偶回路中所产生的总热电势与没有接入第三种导体时热电偶所产生的总热电势相同；同理，如果回路中接入更多种导体时，只要同一导体两端温度相同，也不影响热电偶所产生的热电势值。因此热电偶回路可以接入各种显示仪表、变送器、连接导线等，见图 2-1(b)。

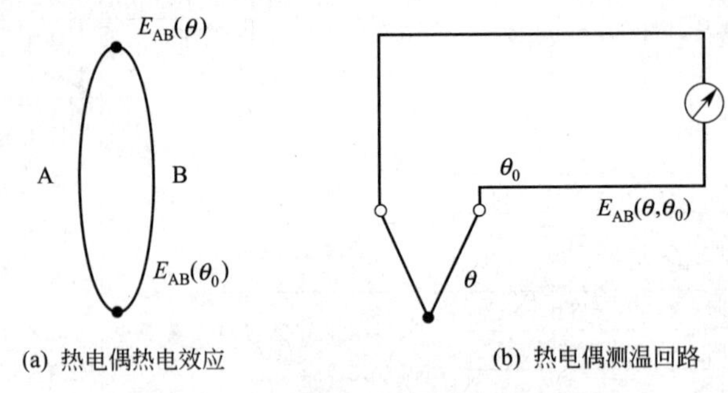

(a) 热电偶热电效应　　(b) 热电偶测温回路

图 2-1　热电偶原理及测温回路示意图

在参比端温度为 0℃条件下，常用热电偶热电势与温度一一对应的非线性关系都可以从标准数据表中查到。这种表称为热电偶的分度表，与分度表所对应的该热电偶的代号则称为分度号。

2.2.2　热电偶种类

目前列在国际电工委员会推荐的 8 种标准热电偶如下。

① 铂铑$_{10}$-铂热电偶（S 型）。适用于氧化气氛中测温，不推荐在还原性气氛中，短期可用于真空场合。长期使用温度范围为 0～1300℃，短期为 0～1600℃。

② 铂铑$_{13}$-铂热电偶（R 型）。适用场合同 S 型热电偶。

③ 铂铑$_{30}$-铂铑$_{6}$热电偶（B 型）。适用于氧化气氛中测温，其主要特点为稳定性好，参考端温度在 0～100℃时可不用补偿导线。长期使用温度范围为 0～1600℃，短期为0～1800℃。

④ 镍铬-镍硅热电偶（K 型）。适用于氧化气氛中测温，不推荐在还原性气氛中使用。测温范围决定于偶丝直径，一般为－200～1200℃（1000℃偶丝直径为 1.5mm，1100℃为 2.5mm，1200℃为 3.2mm）。

⑤ 镍铬硅-镍硅热电偶（N 型）。测温范围为 0～1300℃，稳定性好。

⑥ 镍铬-康铜热电偶（E 型），适用于氧化及弱还原性气氛中测温，测温范围为－200～900℃。

⑦ 铁-康铜热电偶（J 型）。适用于氧化及还原性气氛中和真空下测温，测温范围为－40～750℃。

⑧ 铜-康铜热电偶（T 型）。适用于－200～400℃范围内测温，其主要特点是精度高，稳定性好，低温灵敏度高，价廉。

除了上述国际标准化热电偶外，还有适用于某些特殊测温场合和条件的非标准化热电偶，如下所列。

① 钨铼$_{3}$-钨铼$_{25}$热电偶（WRe3/25 型）。根据美国 ASTMEE-988-84 标准，这种电偶适用于惰性气体、氢气及真空下，测温范围为 0～2200℃。

② 钨铼$_{5}$-钨铼$_{26}$热电偶（WRe5/26 型）。适用于惰性气体、氢气中测温，也可用于真空场合，测温范围为 0～2200℃。

③ 镍铬-金铁热电偶。适用于 0～273K 低温范围的液氢、液氮介质。

④ 非金属热电偶。具有热电势大、熔点高等特点。如石墨-碳化钛热电偶可在含碳和中性气氛中可测 2000℃高温；碳化硼-石墨热电偶坚硬耐磨、耐高温、抗氧化，在 600～2000℃范围内线性好且热电势大。但是非金属热电偶复现性差，机械强度较低。

2.2.3　热电偶结构

工业常用热电偶外形结构基本上有以下几种。

(1) 普通型热电偶

普通型热电偶主要由热电极、绝缘管、保护套管、接线盒、接线端子组成，见图 2-2。

在普通型热电偶中，绝缘管用于防止两根热电极短路，其材质取决于测温范围。保护套管的作用是保护热电极不受化学腐蚀和机械损伤，其材质要求耐高温、耐腐蚀、不透气和具有较高的导热系数等。不过，热电偶加上保护套管后，其动态响应变慢，因此要使用时间常数小的热电偶保护套管。接线盒主要供热电偶参比端与补偿导线连接用。

(2) 铠装热电偶

用金属套管、陶瓷绝缘材料和热电极组合加工而成，外径在 $\Phi 2 \sim 5$mm 之间，偶丝与管壁间充填氧化镁绝缘，其结构如图 2-3 所示。铠装热电偶具有能弯曲、耐高压、热响应时间快和坚固耐用等优点，可适应复杂结构的安装要求，如在弯曲处的测量。

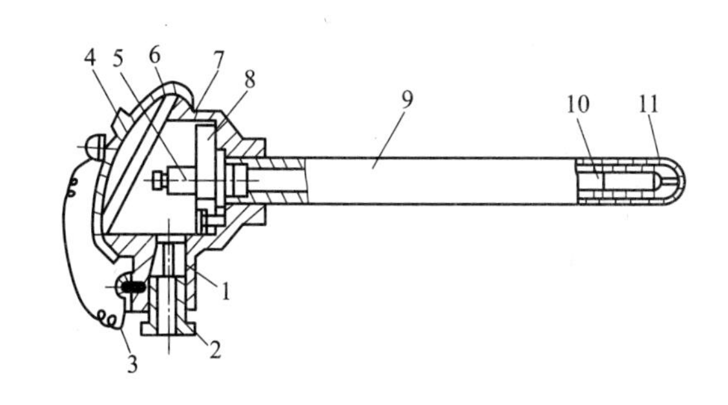

图 2-2　普通型热电偶基本结构图

1—出线孔密封圈；2—出线孔螺母；3—链条；4—面盖；5—接线柱；6—密封圈；7—接线盒；8—接线座；9—保护管；10—绝缘子；11—热电偶

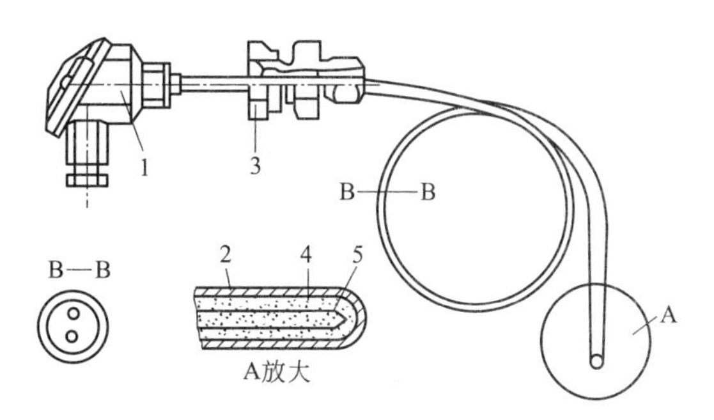

图 2-3　铠装热电偶

1—接线盒；2—金属套管；3—固定装置；4—绝缘材料；5—热电极

(3) 多点式热电偶

多支不同长度的热电偶感温元件，用多孔的绝缘管组装而成。适合于化工生产中反应器不同高度的几点温度测量，如测合成塔不同位置的温度。

(4) 隔爆型热电偶

隔爆型热电偶基本参数与普通型热电偶一样，区别在于采用了防爆结构的接线盒。当生产现场存在易燃易爆气体的条件下必须使用隔爆型热电偶。

(5) 表面型热电偶

表面型热电偶是利用真空镀膜法将两电极材料蒸镀在绝缘基底上的薄膜热电偶，专门用于测量各种形状的固体表面温度，如测量轴承、轧辊等表面温度、测量设备或高压容器的表面温度等。反应速度极快，热惯性极小，可作为一种便携式测温计。

此外还有一些特殊场合用热电偶，如耐磨热电偶，适用于流化床中测量床层温度，能经受催化剂的冲刷、摩擦。在超高温（大于 2000℃）场合可选用碳-碳化硅热电偶（最高测温可达2700℃）和钨锌热电偶（最高测温可达2800℃等）。在超低温（低于－200℃以下）场合可选用金铁-镍铬热电偶或铜-金铁热电偶，这种电偶低温稳定性好，灵敏度高，最低测温可达－271℃，主要用于宇航及超导等超低温过程。

2.2.4 补偿导线

热电偶测温时要求参比端温度恒定。由于热电偶工作端与参比端靠得很近，热传导、辐射会影响参比端温度；此外，参比端温度还受到周围设备、管道、环境温度的影响，这些影响很不规则，因此参比端温度难以保持恒定。这就希望将热电偶做得很长，使参比端远离工作端且进入恒温环境，但这样做要消耗大量贵重的电极材料，很不经济。因此使用专用的导线，将热电偶的参比端延伸出来，以解决参比端温度的恒定问题。这种导线就是补偿导线。

补偿导线通常用比两根热电极材料便宜得多的两种金属材料做成，它在0～100℃范围内的热电性质与要补偿的热电偶的热电性质几乎完全一样，所以使用补偿导线犹如将热电偶延长，把热电偶的参比端延伸到离热源较远、温度较恒定又较低的地方。补偿导线的连接如图2-4所示。

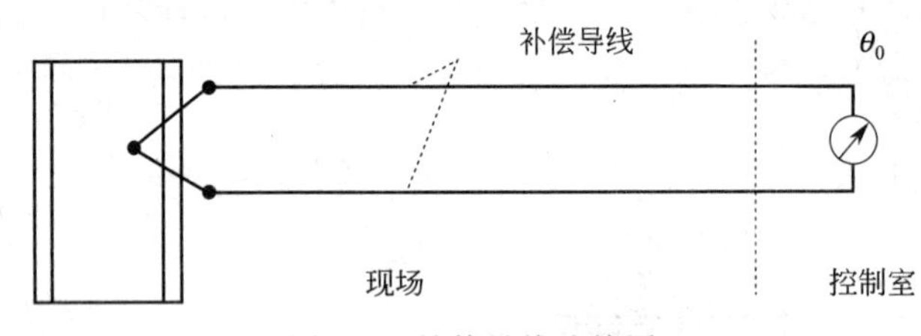

图2-4 补偿导线连接图

图2-4中原来的热电偶参比端温度很不稳定，使用补偿导线后，参比端可移到温度恒定的θ_0处。

补偿导线是热电偶测温的附件。在使用补偿导线时，必须注意热电偶与补偿导线的两个接点要保持同温，且补偿导线要和热电偶配套使用，不同分度号热电偶要选用配套用的补偿导线，不能混淆。补偿导线的绝缘层和保护层分普通用、耐热用和屏蔽用三种。普通用的两层都为聚氯乙烯；耐热用的绝缘层为聚四氟乙烯，保护层为玻璃丝；屏蔽用的是外层覆盖有镀锌钢丝或镀锡铜丝的上述导线。

常用补偿导线见表2-2。

表2-2 常用热电偶的补偿导线

补偿导线型号	配用热电偶的分度号	补偿导线材料		绝缘层着色	
		正极	负极	正极	负极
SC	S(铂铑$_{10}$-铂)	铜	铜镍	红	绿
KC	K(镍铬-镍硅 镍铬-镍铝)	铜	铜镍	红	蓝
EX	E(镍铬-康铜)	镍铬	康铜	红	棕

注：C—补偿型；X—延伸型。

2.2.5 热电偶参比端温度补偿

使用补偿导线只解决了参比端温度比较恒定的问题。但是在配热电偶的显示仪表上面的温度标尺分度或温度变送器的输出信号都是根据分度表来确定的。分度表是在参比端温度为

0℃的条件下得到的。由于工业上使用的热电偶其参比端温度通常并不是 0℃，因此测量得到的热电势如不经修正就输出显示，则会带来测量误差。测量得到的热电势必须通过修正，即参比端温度补偿，才能使被测温度与热电势的关系符合分度表中热电偶静态特性关系，以使被测温度能真实地反映到仪表上来。

参比端温度补偿原理可以这样理解：

当热电偶工作端温度为 θ，参比端温度为 θ_0 时，热电偶产生的热电势

$$E(\theta,\theta_0)=E(\theta)-E(\theta_0)=E(\theta,0)-E(\theta_0,0) \tag{2-5}$$

也可写成

$$E(\theta,0)=E(\theta,\theta_0)+E(\theta_0,0) \tag{2-6}$$

这就是说，要使热电偶的热电势符合分度表，只要将热电偶测得的热电势加上 $E(\theta_0,0)$ 即可。各种补偿方法都是基于此原理得到的。

参比端温度补偿方法如下。

(1) 计算法

根据补偿原理计算修正。根据式(2-6)，将热电偶测得的热电势 $E(\theta,\theta_0)$ 加上根据参比端温度查分度表所得电势 $E(\theta_0,0)$，得到工作端温度相对于参比端温度为 0℃对应的电势 $E(\theta,0)$，再查分度表得到工作端温度 θ。

例：

用镍铬-镍硅（K）热电偶测温，热电偶参比端温度 $\theta_0=20$℃，测得的热电势 $E(\theta,\theta_0)=32.479$mV。由 K 分度表中查得 $E(20,0)=0.798$mV，则

$$\begin{aligned}E(\theta,0)&=E(\theta,20)+E(20,0)\\&=32.479+0.798\\&=33.277(\text{mV})\end{aligned}$$

再反查 K 分度表，得实际温度是 800℃。

计算法由于要查表计算，使用时不太方便，因此仅在实验室或临时测温时采用。

(2) 冰浴法

将热电偶的参比端放入冰水混合物中，使参比端温度保持 0℃。这种方法一般仅用于实验室。

(3) 机械调零法

一般仪表在未工作时指针指在零位（机械零点）。在参比端温度不为 0℃时，可以预先将仪表指针调到参比端温度处。如果参比端温度就是室温，那么就将仪表指针调到室温，但若室温不恒定，则也会带来测量误差。

(4) 补偿电桥法

在温度变送器、电子电位差计中采用补偿电桥法进行自动补偿。补偿电桥法是利用参比端温度补偿器产生的不平衡电势去补偿热电偶因温度变化而引起的热电势变化值，其原理在温度变送器及电子电位差计章节中介绍。

目前在温度变送器、电子电位差计中经常采用补偿电桥法进行自动补偿，即利用参比端温度补偿器产生的不平衡电势去补偿热电偶因温度变化而引起的热电势变化值。

一些智能仪表和计算机监控系统中在硬件上加有参比端温度补偿模块，或者通过事先编写好的查分度表和计算的软件程序进行自动补偿。

2.2.6 热电偶串、并联线路

热电偶除了一般的测温线路外，还可根据需要采用串、并联线路达到不同的测量目的。

(1) 热电偶串联线路

① 正向串联。将 n 支同型号热电偶依次按正、负极性相连，且要求各支热电偶的参比端处于相同温度，如图 2-5 所示。整个回路热电势大（为各支热电偶电势之和），测量精度比单支热电偶高，灵敏度高，可以检测微小温度变化。

② 反向串联。将两支同型号热电偶的相同极性串联起来，如图 2-6 所示。反向串联用来测量两点的温度差，要求各支热电偶的参比端处于相同温度。同时，两支热电偶的热电特性皆应近似为线性。

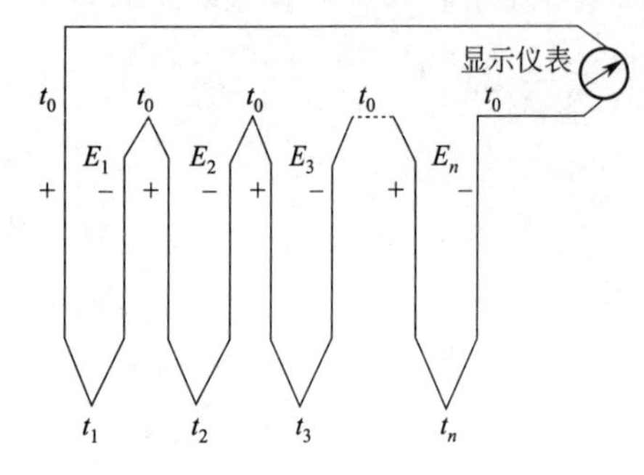

图 2-5 热电偶正向串联接线

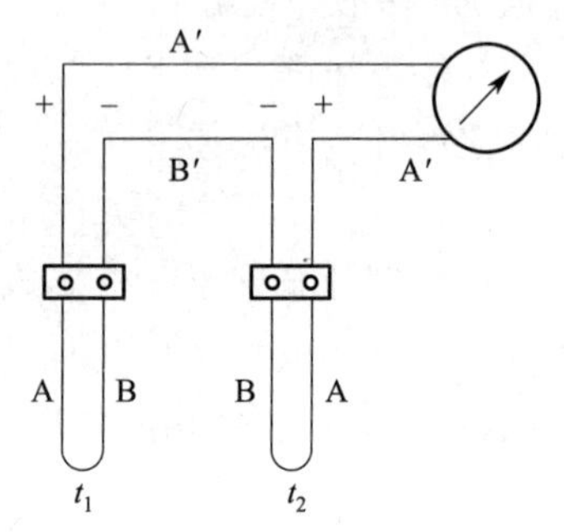

图 2-6 热电偶反向串联接线

(2) 热电偶并联线路

将 n 支同型号热电偶的正极和负极分别连在一起，如图 2-7 所示。如果各支热电偶的电阻值均相等，则并联线路的总电势就等于 n 支热电偶热电势的平均值。

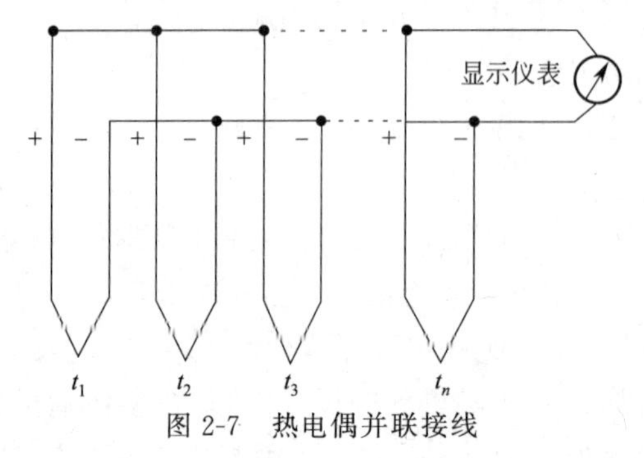

图 2-7 热电偶并联接线

2.3 热电阻

随着温度的改变，导体和半导体的电阻值也会发生改变，热电阻测温就是利用导体的这个特性。对于热电阻测温的材料要求是其电阻温度系数大，电阻与温度成线性关系，电阻率大，热容量小和热稳定性好。

2.3.1 金属热电阻

金属导体电阻与温度的关系一般表示为：

$$R_t = R_{t_0}\,[1+\alpha(t-t_0)] \tag{2-7}$$

式中，R_t 为温度为 t 时的电阻值；R_{t_0} 为温度为 t_0 时的电阻值；α 为电阻温度系数，即温度每升高 1℃时的电阻相对变化量。

一般金属材料的电阻与温度变化是非线性关系，非常数，但在某个范围内可近似为常数。

工业用典型的金属热电阻为铂热电阻和铜热电阻。

(1) 铂热电阻

工业用铂热电阻多用于－200～500℃的温度范围。铂热电阻的优点是精度高，稳定性好，测量可靠；缺点是在还原性介质中使用时，特别是高温场合易被氧化物还原而使铂丝变脆，从而改变电阻和温度间的关系，所以工业用铂热电阻必须采用外保护套。

铂热电阻的分度号有 Pt_{10}($R_0=10\Omega$)、Pt_{50}($R_0=50\Omega$)和 Pt_{100}($R_0=100\Omega$)。

(2) 铜热电阻

工业用铜热电阻多用于－50～150℃的温度范围。铜热电阻的优点是电阻温度系数大，线性度好，价格低廉；缺点是长期工作在 100℃以上环境容易被氧化。铜热电阻使用时要外加保护套管。

铜热电阻的分度号为 Cu_{50} ($R_0=50\Omega$) 和 Cu_{100} ($R_0=100\Omega$)。

工业用热电阻的结构形式有普通型、铠装型和专用型等。普通型热电阻一般包括电阻体、绝缘子、保护套管和接线盒等部分。见图 2-8。

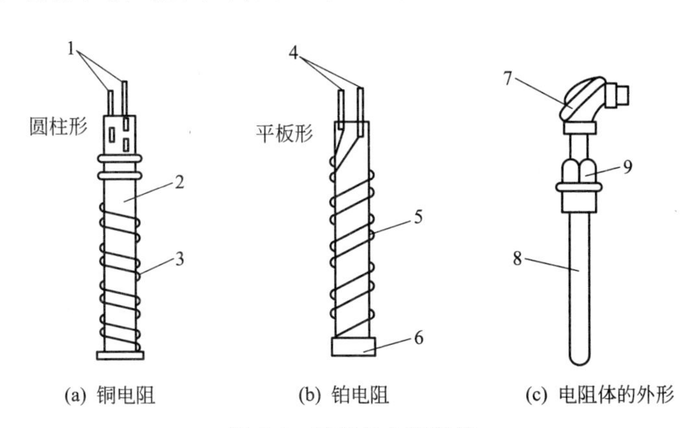

图 2-8　普通热电阻结构

1—铜丝引出线；2—塑料骨架；3—铜电阻丝；4—银丝引出线；
5—铂电阻丝；6—云母片骨架；7—接线盒；8—保护管；9—螺纹接口

铠装热电阻将电阻体预先拉制成型并与绝缘材料和保护套管连成一体，直径小，易弯曲，抗震性能好。

专用热电阻用于一些特殊的测温场合。如端面热电阻由特殊处理的线材绕制而成，与一般热电阻相比，能更紧地贴在被测物体的表面；轴承热电阻带有防震结构，能紧密地贴在被测轴承表面，用于测量带轴承设备上的轴承温度。

2.3.2　半导体热敏电阻

半导体热敏电阻是利用某些半导体材料的电阻值随温度的升高而减小（或增大）的特性制成的。

具有负温度系数的热敏电阻称为NTC型热敏电阻，大多数热敏电阻属于此类。温度升高时，电阻降低，而且是非线性的指数变化规律。变化的关系式为

$$R_t = R_{t_0} \lambda^{B\left(\frac{1}{T}-\frac{1}{T_0}\right)} \tag{2-8}$$

式中，R_t为热敏电阻元件在温度t(K)时电阻值；R_{t_0}为热敏电阻元件在温度t_0(K)时电阻值；λ为自然对数的底；B为常数，与半导体材料成分和制造方法有关。

NTC型热敏电阻主要由锰、镍、铁、钴、钛、钼、镁等复合氧化物高温烧结而成，通过不同的材料组合得到不同的温度特性。NTC型热敏电阻在低温段比在高温段更灵敏。

具有正温度系数的热敏电阻称为PTC型热敏电阻，它是在由$BaTiO_3$和$SrTiO_3$为主的成分中加入少量Y_2O_3和Mn_2O_3烧结而成的。PTC型热敏电阻在某个温度段内电阻值急剧上升，可用作位式（开关型）温度检测元件。

半导体热敏电阻结构如图2-9所示。

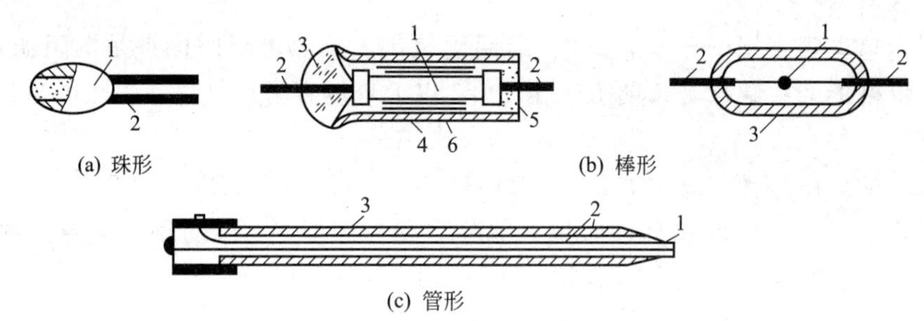

图2-9　半导体热敏电阻的结构

1—热电阻体；2—引出线；3—玻璃壳层；4—保护管；5—密封填料；6—锡箔

半导体热敏电阻结构简单、电阻值大、灵敏度高、体积小、热惯性小，但是非线性严重、互换性差、测温范围较窄。

2.4　热电偶、热电阻的选用

2.4.1　选择

热电偶和热电阻都是常用工业测温元件，一般热电偶用于较高温度的测量，在500℃以下（特别是300℃以下），用热电偶测温就不十分妥当。这是因为：

① 在中低温区，热电偶输出的热电势很小，对测量仪表放大器和抗干扰要求很高；

② 由于参比端温度变化不易得到完全补偿，在较低温度区内引起的相对误差就很突出。

所以，在中低温区采用热电阻进行测温。

另外，选用热电偶和热电阻时，应注意工作环境，如环境温度、介质性质（氧化性、还原性、腐蚀性）等，选择适当的保护套管、连接导线等。

2.4.2　安装

① 选择有代表性的测温点位置，测温元件有足够的插入深度。测量管道流体介质温度时，应迎着流动方向插入，至少与被测介质正交。测温点应处在管道中心位置，且流速最大。如图2-10所示为测温元件安装示意图。

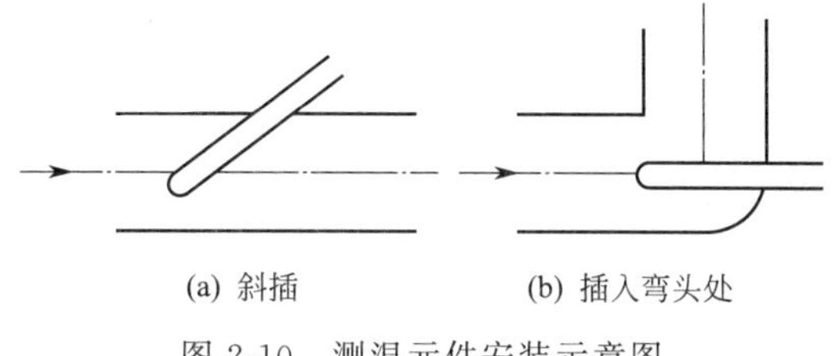

图 2-10　测温元件安装示意图

② 热电偶或热电阻的接线盒的出线孔应朝下，以免积水及灰尘等造成接触不良，防止引入干扰信号。

③ 检测元件应避开热辐射强烈影响处。要密封安装孔，避免被测介质逸出或冷空气吸入而引入误差。

2.4.3　使用

热电偶测温时，一定要注意参比端温度补偿。除正确选择补偿导线，正、负极性不能接反外，热电偶的分度号应与配接的变送、显示仪表分度号一致。在与采用补偿电桥法进行参比端温度补偿的仪表（如电子电位差计、温度变送器等）配套测温时，热电偶的参比端要与补偿电阻感受相同温度。

金属热电阻在与自动平衡电桥、温度变送器等配套使用时，为了消除连接导线阻值变化对测量结果的影响，除要求固定每根导线的阻值外，还要采用三导线法。此外，热电阻分度号要与配接的温度变送器、显示仪表分度号一致。

所谓三导线接线，就是从现场的金属热电阻两端引出三根材质、长短、粗细均相同的连接导线，其中两根导线被接入相邻两对抗桥臂中，另一根与测量桥路电源负极相连，如图 2-11 所示。由于流过两桥臂的电流相等，因此当环境温度变化时，两根连接导线因阻值变化而引起的压降变化相互抵消，不影响测量桥路输出电压的大小。

但是对于半导体热敏电阻而言，由于在常温下阻值很大，通常在几千欧姆以上，这时连接导线电阻（一般不超过 10Ω）几乎对测温没有影响，也就不必采用三导线接线。

2.5　辐射式测温仪表

在物体处于热力学温度零度以上时，由于其内部带电粒子热运动会向外部发射出不同波长的电磁波。这类电磁波的传播过程被称为热辐射。在图 2-12 所示的电磁波谱中可以看到辐射温度探测器所能接收的热辐射波段约为 0.3～40μm，大部分在可见光和红外光的某些波段下。

如果接收物体是能够将热辐射能全部吸收的绝对黑体，则根据普朗克定律，辐射强度（辐射能力与波长 λ 之比）与热力学温度 T 的关系为：

$$M_{\mathrm{b}}(\lambda,T)=c_1\lambda^{-5}\left(\mathrm{e}^{\frac{c_2}{\lambda T}}-1\right)^{-1} \tag{2-9}$$

式中，c_1 为第一辐射常数，$c_1=3.7418\times10^{-16}\,\mathrm{W\cdot m^2}$；$c_2$ 为第二辐射常数，$c_2=1.4388\times10^{-2}\,\mathrm{m\cdot K}$。

可见测出辐射强度的大小，就可以测量被测对象的温度。绝大多数的被测对象都是非黑体，如果把黑体辐射定律直接用于实际的测温将出现困难，即确定物体的热辐射并不一定能确定该物体的真实温度。

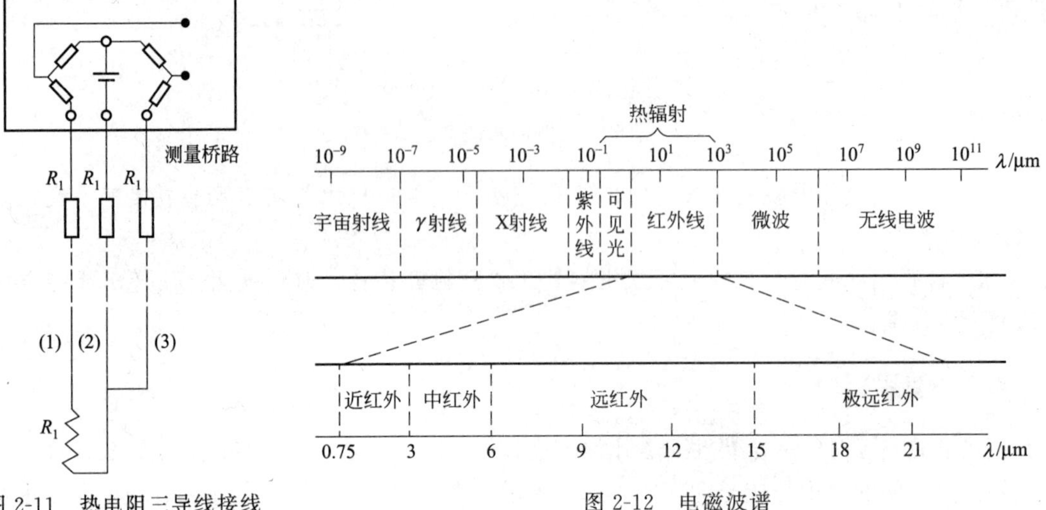

图 2-11　热电阻三导线接线

图 2-12　电磁波谱

表观温度包括亮度温度、辐射温度和颜色温度，它们能在物体的发射率未知的情况下把实际物体的温度测量同黑体辐射定律直接联系起来。由这三种表观温度可以引出三种测温方法及其仪器。

目前广泛应用的热辐射温度计有以下几种。

(1) 光学高温计

光学高温计分精密光学高温计、标准光学高温计、工业用光学高温计。当物体的温度高于 800℃时，会明显发出具有一定亮度的可见光。光学高温计根据物体光谱辐射亮度与温度之间的关系进行测温，测温范围为 800～3200℃。

亮度温度计算公式如下：

$$\frac{1}{T_{\mathrm{s}}}=\frac{\lambda}{c_2}\ln\frac{1}{\varepsilon_{\lambda T}}+\frac{1}{T} \tag{2-10}$$

式中，T_{s} 为实际物体的亮度温度；$\varepsilon_{\lambda T}$ 为实际物体的光谱发射率（小于 1 的正数）。

实际物体的亮度温度小于它的实际温度 T，偏离程度与光谱发射率及波长有关。在一定的波长下，光谱发射率越小，偏离程度越大；在光谱发射率一定时，偏离程度随波长的增大而增大。

(2) 光电高温计

光电高温计由光学高温计发展而来，采用光电器件自动进行亮度平衡，从而达到连续测量的目的。测量范围为 200～1600℃。

(3) 全辐射温度计

当实际物体的辐射亮度（包括所有波长）与黑体的辐射亮度相等时，该黑体的温度就称为实际物体的辐射温度。

辐射温度计算公式如下：

$$T_{\mathrm{p}}=T\sqrt[4]{\varepsilon} \tag{2-11}$$

式中，T_{p} 为实际物体的辐射温度；ε 为实际物体的全发射率（小于 1 的正数）。

实际物体的辐射温度T_p小于它的实际温度 T，偏离程度与发射率有关。

全辐射温度计根据全辐射定律，利用敏感元件感受被测物体的全辐射能量来测量温度。测量得到的是实际物体的辐射温度。测量范围为 400～2000℃。

(4) 比色温度计

如果黑体与实际物体（非黑体）在某一光谱区域内的两个波长下的单色辐射亮度之比相等，该黑体的温度就称为实际物体的颜色温度（或比色温度）。颜色温度计算公式如下：

$$\frac{1}{T_c}=\frac{1}{T}-\frac{\ln\frac{\varepsilon_{\lambda_1}}{\varepsilon_{\lambda_2}}}{c_2\left(\frac{1}{\lambda_1}-\frac{1}{\lambda_2}\right)} \tag{2-12}$$

式中，T_c为实际物体的颜色温度；ε_{λ_1}为实际物体在 λ_1 时的光谱发射率；ε_{λ_2}为实际物体在 λ_2 时的光谱发射率。

比色温度计根据物体在两个不同波长下的光谱辐射亮度之比与温度之间的关系来实现辐射测温，测量得到的是实际物体的颜色温度（比色温度）。由于比色温度受实际物体的发射率以及辐射途径上各种介质的选择性吸收辐射能的影响较小，因此与真实温度很接近，一般可以不进行校正。

(5) 红外测温仪

当温度处于 0～800℃时，物体向外辐射的能量不是可见光，而是红外辐射。红外测温仪的结构与其他辐射温度计相似，区别在于光学系统和光电检测元件接收的是被测物体产生的红外波长段的辐射能。

2.6　光纤温度传感器

光导纤维（简称光纤）是一种由透明度很高的材料制成的传输光信息的导光纤维。光纤测量温度有接触式和非接触式。光纤温度传感器的特点是灵敏度高，传输损耗小；电绝缘性好，可以适用于强电磁干扰、强辐射环境；体积小，质量轻，可弯曲。

光纤传感器由光源激励、光源、光纤（含敏感元件）、光检测器、光电转换及处理系统等组成。光纤传感器可以分为功能型和非功能型两种形式。功能型传感器利用光纤的各种特性，由光纤本身感受被测量的变化，光纤兼有敏感元件和传输介质功能；非功能型传感器由其他敏感元件感受被测量的变化，光纤仅作为光信号的传输介质。

基于非功能型温度传感器制成的温度计有液晶光纤温度传感器、荧光光纤温度传感器、半导体光纤温度传感器、光纤辐射温度计等。

思考题与习题

2-1　热电偶测温为什么要进行参比端温度补偿？有哪些补偿方法？

2-2　用 K 分度号热电偶测温，已知参比端温度为 25℃，测得电势为 33.275mV，求实际被测温度。

2-3　热电阻测温时为什么采用三线制接线？

2-4　选择和使用热电偶、热电阻时应该注意哪些问题？

2-5　简述各种辐射式温度计测温原理。

第 3 章 压力检测

压力是化工生产过程中一个重要参数，特别是化学反应器，压力既影响物料平衡也影响反应速度。在有压的蒸馏系统中，压力波动会在很大程度上影响物料的分离度，只有保持一定的压力才能保证馏分分离的要求。有些特殊的化工过程还需要检测高温或低温下有强腐蚀及易燃易爆介质的压力。

另外，有些变量的测量，如流量和液位，也可以通过测量压力或差压而获得。

3.1 压力单位和压力检测方法

3.1.1 压力的单位

在工程上，压力定义为垂直均匀地作用于单位面积上的力，用符号 p 表示。在国际单位制中定义 1 牛顿力垂直作用于 1 平方米面积上所形成的压力为 1 帕斯卡（简称“帕”，符号 Pa）。目前虽然规定帕斯卡为法定计量单位，但其他一些压力单位还在普遍使用。表 3-1 给出了各种压力单位之间的换算关系。

表 3-1 压力单位换算表

单位	帕 (Pa)	巴 (bar)	工程大气压 (kgf/cm^2)	标准大气压 (atm)	毫米水柱 (mmH_2O)	毫米汞柱 (mmHg)	磅力/平方英寸 (lbf/in^2)
帕 (Pa)	1	1×10^{-5}	1.019716×10^{-5}	0.9869236×10^{-5}	1.019716×10^{-1}	0.75006×10^{-2}	1.450442×10^{-4}
巴 (bar)	1×10^{5}	1	1.019716	0.9869236	1.019716×10^{4}	0.75006×10^{3}	1.450442×10
工程大气压 (kgf/cm^2)	0.980665×10^{5}	0.980665	1	0.96784	1×10^{4}	0.73556×10^{3}	1.4224×10
标准大气压 (atm)	1.01325×10^{5}	1.01325	1.03323	1	1.03323×10^{4}	0.76×10^{3}	1.4696×10
毫米水柱 (mmH_2O)	0.980665×10	0.980665×10^{-4}	1×10^{-4}	0.96784×10^{-4}	1	0.73556×10^{-1}	1.4224×10^{-3}
毫米汞柱 (mmHg)	1.333224×10^{2}	1.333224×10^{-3}	1.35951×10^{-3}	1.3158×10^{-3}	1.35951×10	1	1.9338×10^{-2}
磅力/平方英寸 (lbf/in^2)	0.68949×10^{4}	0.68949×10^{-1}	0.70307×10^{-1}	0.6805×10^{-1}	0.70307×10^{3}	0.51715×10^{2}	1

3.1.2　压力的表示方法

压力有三种表示方法，即绝对压力、表压力、负压或真空度，它们之间的关系见图 3-1。

绝对压力是指物体所受的实际压力。

表压力是指一般压力仪表所测得的压力，它是高于大气压力的绝对压力与大气压力之差，即

$$p_{表}=p_{绝}-p_{大气压力} \tag{3-1}$$

真空度是指大气压与低于大气压的绝对压力之差，是负的表压（负压），即

$$p_{真空度}=p_{大气压力}-p_{绝} \tag{3-2}$$

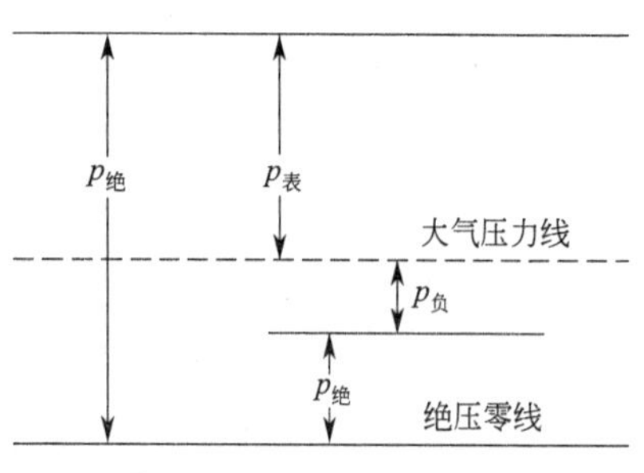

图 3-1　表压、绝压和负压关系

通常情况下，由于各种工艺设备和检测仪表本身就处于大气压力之下，因此工程上经常采用表压和真空度来表示压力的大小，一般压力仪表所指示的压力也是表压或真空度。

3.1.3　压力的检测方法

压力检测方法主要有以下几种。

(1) 弹性力平衡方法

基于弹性元件的弹性变形特性进行测量。弹性元件受到被测压力作用而产生变形，而因弹性变形产生的弹性力与被测压力相平衡。测出弹性元件变形的位移就可测出弹性力。此类压力计有弹簧管压力计、波纹管压力计、膜式压力计等。

(2) 重力平衡方法

主要有活塞式和液柱式。活塞式压力计是将被测压力转换成活塞上所加平衡砝码的质量来进行测量的，测量精度高，测量范围宽，性能稳定可靠，一般作为标准型压力检测仪表来校验其他类型的测压仪表。液柱式压力计是根据流体静力学原理，将被测压力转换成液柱高度进行测量的，最典型的是 U 形管压力计，结构简单且读数直观。

(3) 机械力平衡方法

其原理是将被测压力变换成一个集中力，用外力与之平衡，通过测量平衡时的外力来得到被测压力。机械力平衡方法较多用于压力或差压变送器中，精度较高，但结构复杂。

(4) 物性测量方法

基于在压力作用下测压元件的某些物理特性发生变化的原理，如电气式压力计、振频式压力计、光纤压力计、集成式压力计等。

3.2　常用压力检测仪表

与压力检测方法对应的压力测量仪表有弹性式压力表、液柱式压力计、负荷式压力计、压力传感器、压力开关等。

3.2.1　弹性式压力表

弹性式压力表是根据弹性元件受压后产生的变形与压力大小有确定关系的原理工作的。

其结构简单，测压范围广（0～10^3 MPa），是目前生产过程中使用最广泛的压力表。常见的测压用弹性元件主要是膜片、波纹管和弹簧管。如图 3-2 所示为常见弹性元件的示意图。

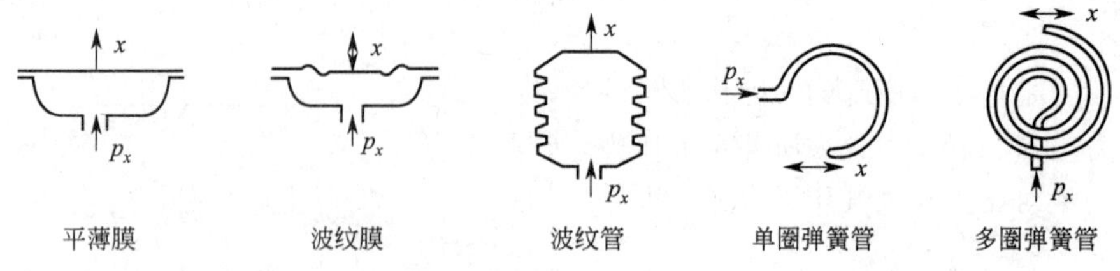

图 3-2　弹性元件示意图

常用弹性式压力表分类和特点见表 3-2。

表 3-2　弹性式压力表分类和特点

类别	工作原理	用途	特点
弹簧管压力表	胡克定律（弹性元件受力变形）	适用范围广泛	结构简单，价格低廉；量程大，精度高；对冲击、振动敏感；正、反行程有滞回现象
膜片式压力表		适用于黏度高或浆料的绝压、差压测量	超载性能好，线性度好；尺寸小，价格适中；抗振、抗冲击性能差；测量压力较低，维修困难
膜盒式压力表		适用于无腐蚀性气体微压或负压的测量	由两块波纹膜片对接而成
波纹管压力表		用于低、中压力测量	输出推力大；价格适中；需要环境温度补偿

(1) 膜片

膜片是一种圆形薄板或薄膜，其周边固定在壳体或基座上。当膜片两边的压力不等时就会产生位移。将膜片成对地沿着周边密封焊接，就构成了膜盒。若将膜盒内部抽成真空，则当膜盒外压力变化时，膜盒中心就会产生位移。这种真空膜盒常用于测量大气的绝对压力。

膜片受到压力作用产生的位移量较小，虽然可以直接带动传动机构指示，但是灵敏度低，指示精度不高，一般为 2.5 级。在更多的情况下，都是将膜片和其他转换元件结合在一起使用。例如，在力平衡式压力变送器中，膜片受压后的位移，通过杠杆和电磁反馈机构的放大和信号转换等处理，输出标准电信号；在电容式压力变送器中，将膜片与固定极板构成平行板电容器，当膜片受压产生位移时，测出电容量的变化就间接测得压力的大小；在光纤式压力变送器中，入射光纤的光束照射到膜片上产生反射光，反射光被接收光纤接收，其强度是光纤至膜片的距离的函数，当膜片受压产生位移后，接收到的光强度信号相应会发生变化，通过光电转换元件和有关电路的处理，就可以得到与被测压力对应的电信号。

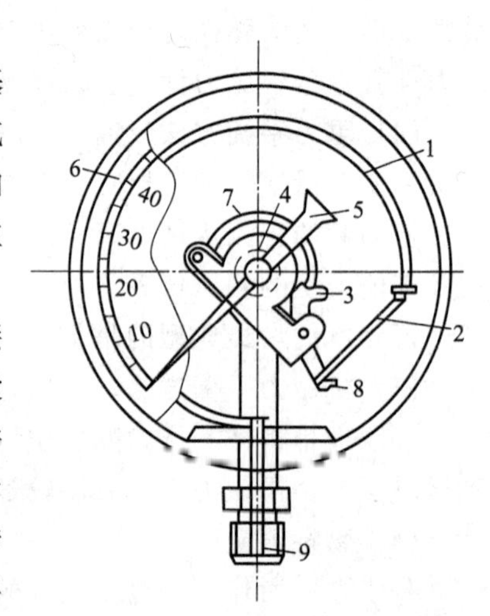

图 3-3　弹簧管压力表

1—弹簧管；2—拉杆；3—扇形齿轮；4—中心齿轮；5—指针；6—面板；7—游丝；8—调节螺钉；9—接头

(2) 波纹管

波纹管是一种轴对称的波纹状薄壁金属筒体，当它受到轴向力作用时能产生较大的伸长或收缩位移。波纹管的位移相对较大，通常在其顶端安装传动机构，带动指针直接读数。波纹管灵敏度较高，适合检测低压信号，测压范围是 1.0～10^6 Pa，但波纹管时滞较大，测量精度一般只能达到 1.5 级。

(3) 弹簧管

弹簧管是弯成圆弧形的空心管子，其横截面积呈椭圆或扁圆形。弹簧管一端固定，一端可以自由移动。当被测压力从弹簧管的固定端输入时，随着压力的改变，弹簧管的自由端发生位移，中心角 θ 发生变化。弹簧管有单圈和多圈之分。单圈弹簧管的中心角变化量较小，而多圈弹簧管的中心角变化量较大。在弹簧管自由端上装上指针，配上传动机构和压力刻度，就能构成就地指示式弹簧管压力表，如图 3-3 所示。也可以用适当的转换元件将弹簧管自由端的位移变成电信号输出。

弹簧管压力表的结构简单，使用方便，价格便宜，使用范围广泛，测量范围宽，可以测量负压、微压、低压、中压和高压，因而是目前工业上用得最多的测压仪表，其测量精度最高可以达到 0.15 级。

3.2.2 液柱式压力计

液柱式压力计根据流体静力学原理，将被测压力转换成液柱高度进行测量。此类压力计有 U 形管压力计、单管压力计、斜管压力计等。液柱式压力计分类和特点见表 3-3。

表 3-3　液柱式压力计分类和特点

类别	工作原理	用途	特点
U 形管压力计	流体静力学原理	实验室低压、负压和小差压测量	适合静压测量；需两次读数，读数误差大；测量范围 −10～10kPa，精度 0.2 级、0.5 级
单管压力计		压力基准仪器或压力测量	适合静压测量；只需一次读数，读数误差比 U 形管压力计小
斜管压力计		微压（小于 1.5kPa）测量	适合静压测量；倾斜度越小，灵敏度越高，但测量范围也越小

3.2.3 负荷式压力计

负荷式压力计直接按压力的定义制作。根据静力学原理，被测压力等于活塞系统和砝码的重力除以活塞的有效面积。此类压力计有活塞式压力计、浮球式压力计、钟罩式微压计等。负荷式压力计分类和特点见表 3-4。

表 3-4　负荷式压力计分类和特点

类别	工作原理	用途	特点
活塞式压力计	静力平衡（压力转换成砝码重量）	中、高压标准校验仪器	结构简单，性能稳定，精度高；操作稍复杂，不能直接测量
浮球式压力计		低压标准压力发生器	结构简单，性能稳定，精度高；操作方便
钟罩式微压计		微压标准校验仪器和标准微压发生器	精度与灵敏度高，可测正压、负压、绝对压力

3.2.4 压力传感器

压力传感器基于在压力作用下测压元件的某些物理特性发生变化的原理工作，能够检测压力并提供远传信号，能够满足自动化系统集中检测显示和控制的要求。当压力传感器输出的电信号进一步变换成标准统一信号时，又将它称为压力变送器。品种有电阻应变片压力传感器、压电式压力传感器、电感式压力传感器、电容式压力传感器、电位器式压力传感器、霍尔压力传感器、光纤压力传感器、谐振式压力传感器等。压力传感器分类和特点见表 3-5。

表 3-5 压力传感器分类和特点

类别	工作原理	用途	特点
电阻应变片压力传感器	应变效应或压阻效应	用于将压力转换成电信号，实现远距离监测、控制	将应变片粘贴在弹性元件上，在弹性元件受压变形的同时应变片也发生应变，其电阻值发生变化，通过测量电桥输出测量信号
压电式压力传感器	压电效应		长期稳定性能好，线性好，重复性好，迟滞小，使用温度范围宽，频率响应范围宽，体积小，质量轻
电感式压力传感器	压力引起磁路磁阻变化，造成铁芯线圈等效电感变化		结构简单、灵敏度高、输出功率大、输出阻抗小、抗干扰能力强；响应较慢，分辨率随测量范围增大而减小。测量范围 0～100kPa，精度在 0.2～1.5 级之间
电容式压力传感器	压力引起电容变化		体积小，质量轻；陶瓷薄膜材料性能稳定，耐腐蚀；可将模拟量远距离传送，也可用脉冲频率调制法传输，抗干扰性能好，不必用屏蔽导线；精度高，可达±0.2%；测量范围广，可从 0～4kPa 到 0～6MPa；可在粉尘和有爆炸危险场合下应用
电位器式压力传感器	压力推动电位器滑头移动		
霍尔压力传感器	霍尔效应		受温度影响大，需采取恒温或温度补偿措施
光纤压力传感器	用光纤测量由压力引起的位移变化		
谐振式压力传感器	压力改变振体的固有频率		结构简单，性能稳定可靠。测量范围 0～42MPa，精度 0.02～0.5 级

(1) 应变片式压力传感器

应变片是由金属导体或半导体材料制成的电阻体，基于应变效应工作。在电阻体受到外力作用时，其电阻阻值发生变化，相对变化量为

$$\frac{\Delta R}{R}=k\varepsilon \tag{3-3}$$

式中，ε 是材料的轴向长度的相对变化量，称为应变；k 是材料的电阻应变系数。

金属电阻应变片的结构形式有丝式、箔式和薄膜式等。图 3-4 是金属电阻应变片的几种结构形式。

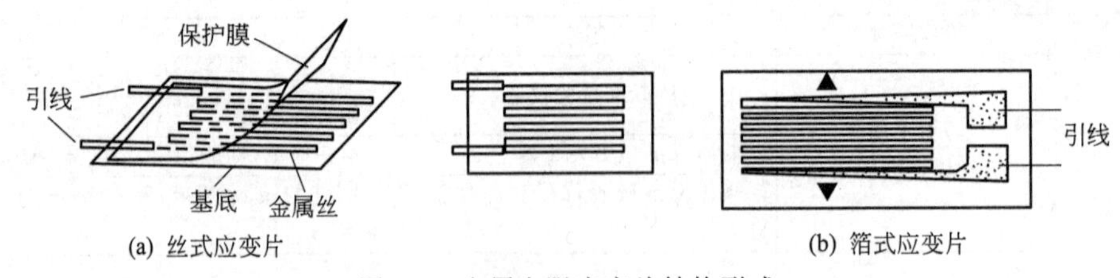

(a) 丝式应变片　(b) 箔式应变片

图 3-4　金属电阻应变片结构形式

半导体材料应变片的灵敏度比金属应变片的灵敏度大，但受温度影响较大。

应变片一般要和弹性元件结合在一起使用，将应变片粘贴在弹性元件上，在弹性元件受压变形的同时应变片也发生应变，其电阻值发生变化，通过测量电桥输出测量信号。应变片

式压力传感器测量精度较高，测量范围可达几百兆帕。

(2) 压电式压力传感器

当某些材料受到某一方向的压力作用而发生变形时，内部就产生极化现象，同时在它的两个表面上就产生符号相反的电荷；当压力去掉后，又重新恢复不带电状态。这种现象称为压电效应。具有压电效应的材料称为压电材料。压电材料种类较多，有石英晶体、人工制造的压电陶瓷，还有高分子压电薄膜等。

图 3-5 是一种压电式压力传感器的结构图。压电元件被夹在两块弹性膜片之间，压电元件一个侧面与膜片接触并接地，另一个侧面通过金属箔和引线将电量引出。压力作用于膜片时，压电元件受力而产生电荷，电荷量经放大可转换成电压或电流输出。

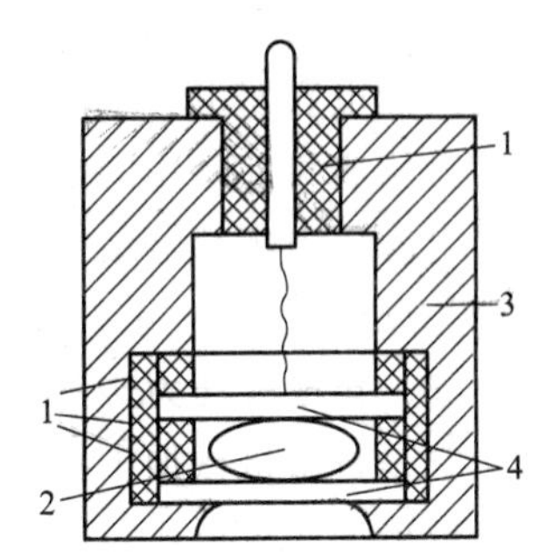

图 3-5 压电式压力传感器结构示意图

1—绝缘体；2—压电元件；3—壳体；4—膜片

压电式压力传感器结构简单、体积小、线性度好、量程范围大。但是由于晶体上产生的电荷量很小，因此对电荷放大处理的要求较高。

(3) 压阻式压力传感器

压阻元件是指在半导体材料的基片上用集成电路工艺制成的扩散电阻。它是基于压阻效应工作的，即当它受压时，其电阻值随电阻率的改变而变化。常用的压阻元件有单晶硅膜片以及在 N 型单晶硅膜片上扩散 P 型杂质的扩散硅等，也是依附于弹性元件而工作。图 3-6 是一种压阻式压力传感器结构示意图。在硅杯底部布置着 4 个应变电阻。硅杯将两个气腔隔开，一端通入被测压力，另一端通入参考压力。当存在压力差时，硅杯底部的膜片发生变形，使得两对应变电阻的阻值产生变化，电桥就失去平衡，其输出电压与膜片承受的压差成比例。

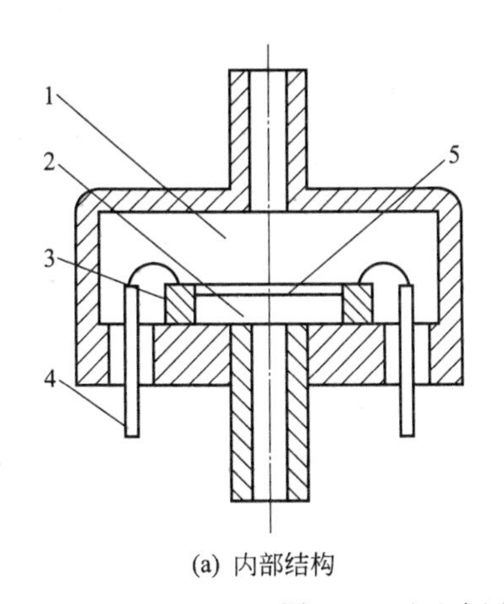

(a) 内部结构

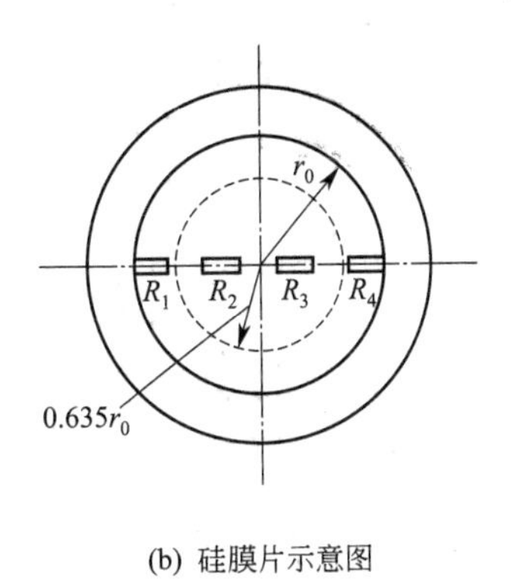

(b) 硅膜片示意图

图 3-6 压阻式压力传感器结构示意图

1—低压腔；2—高压腔；3—硅杯；4—引线；5—硅膜片

压阻式压力传感器主要优点是体积小、结构简单、性能稳定可靠、寿命长、精度高，无活动部件，能测出微小压力的变化，动态响应好，便于成批生产。主要缺点是测压元件容易受到温度的干扰影响而改变压电系数。为克服这一缺点，在加工制造硅片时利用集成电路的制造工艺，将温度补偿电路、放大电路甚至电源变换电路都集中在同一块硅片上，从而大大提高了传感器性能。这种传感器也称为固态压力传感器。

(4) 电容式压力传感器

电容式压力传感器的测量原理是将弹性元件的位移转换为电容量的变化。将测压膜片作为电容器的可动极板，它与固定极板组成可变电容器。当被测压力变化时，由于测压膜片的弹性变形产生位移改变了两块极板之间的距离，造成电容量发生变化。图 3-7 是一种电容压力传感器的示意图。测压元件是一个全焊接的差动电容膜盒，以玻璃绝缘层内侧凹球面金属镀膜作为固定电极，以中间弹性膜片作为可动电极。整个膜盒用隔离膜片密封，在其内部充满硅油。隔离膜片感受两侧的压力，通过硅油将压力传到中间弹性膜片上，使它产生位移，引起两侧电容器电容量的变化。电容量的变化再经过适当的转换电路输出 4～20mA 标准信号，就构成目前常用的电容式压力传感器。

电容压力传感器结构紧凑、灵敏度高、过载能力大，测量精度可达 0.2 级，可以测量压力和差压。

(5) 集成式压力传感器

它是将微机械加工技术和微电子集成工艺相结合的一类新型传感器，有压阻式、微电容式、微谐振式等形式。图 3-8 是压阻式集成传感器检测元件的示意图。硅杯底部是 E 型断面，构成作为检测元件的硅膜片。在硅膜片断面减薄部分，沿应力灵敏度大的方向形成力敏电阻，感受差压引起的切向和径向应力变化；在硅膜片断面加厚部分也形成力敏电阻，感受静压的作用；在加厚部分切向和径向压阻系数接近零的方向形成温敏电阻，感受温度的变化。

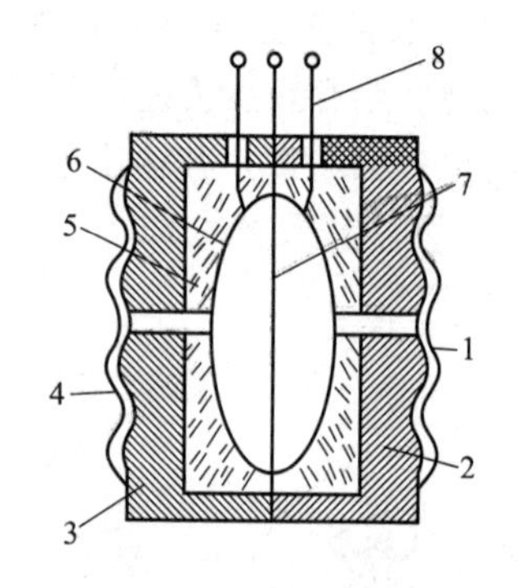

图 3-7 电容式压力传感器示意图

1,4—隔离膜片；2,3—不锈钢基座；5—玻璃绝缘层；6—固定电极；7—弹性膜片；8—引线

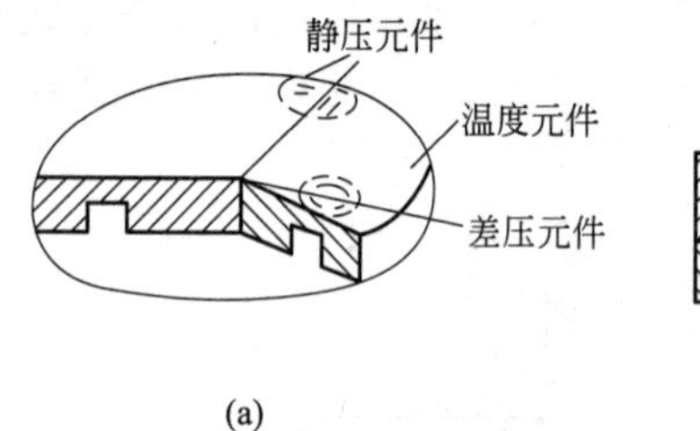

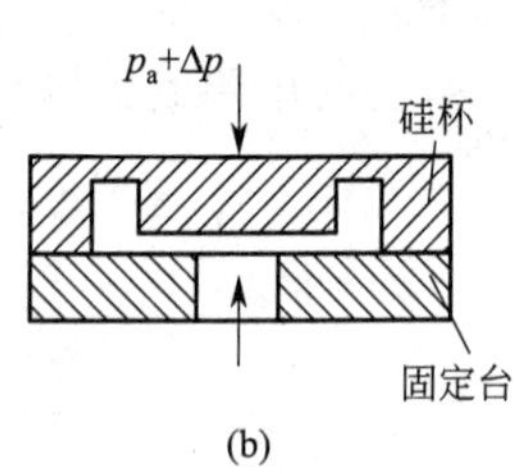

图 3-8 压阻式集成传感器检测元件示意图

将差压、静压和温度同时测出，再送入微机系统经过运算处理后就可以得到修正后的被测差压值、静压值和温度值。

集成式压力传感器测量精度高，可以达到 0.1 级，功耗低、响应快、质量轻，稳定性和可靠性高，目前正处于开发和逐渐应用阶段。

3.2.5 压力开关

压力开关是与电器开关相结合的装置。当系统内压力高于或低于额定的安全压力时，感应器弹性元件的自由端产生位移，直接或经过比较后推动开关元件，改变开关元件的通断状态，达到控制被测压力的目的。

压力开关采用的弹性元件有单圈弹簧管、膜片、膜盒及波纹管等。

压力开关分机械型、电子型、隔爆型等。

3.3　压力表的选用

压力表的选用主要包括仪表型式、量程范围、精度和灵敏度、外形尺寸以及是否还需要远传和其他功能，如指示、记录、报警、控制等。选用的依据如下：

① 必须满足工艺生产过程的要求，包括量程和精度；

② 必须考虑被测介质的性质，如温度、压力、黏度、腐蚀性、易燃易爆程度等；

③ 必须注意仪表安装使用时所处的现场环境条件，如环境温度、电磁场、振动等。

在选择量程时应注意，对于稳定状况，正常压力应为刻度上限处；对于脉动压力，正常压力应为刻度上限处；对于高压压力，正常压力应为刻度上限以下。

从被测介质性质来看，对腐蚀性较强的介质选用耐腐的隔膜压力计或与介质接触部分用耐腐材料；对黏性、结晶及易堵介质选用隔膜压力计；按爆炸危险介质分类选用耐压防爆或本安型防爆栅；测量氧气、氨气、氢气、乙炔、硫化氢等介质应选择专用的压力仪表。

从对仪表输出信号要求来看，对于只需要观察压力变化的情况，可选用弹簧管或 U 形液柱式那样直接指示型的仪表；对于需要将压力信号远传到控制室或其他电动仪表的情况，则应选用电气式压力检测仪表或其他具有电信号输出的仪表，如应变片压力传感器、电容式压力传感器等；对于要检测快速变化的压力信号的情况，则应选用电气式压力检测仪表，如扩散硅压力传感器。

从仪表使用环境来看，对于温度特别高或特别低的环境，应选择温度系数小的敏感元件；对于爆炸性较强的环境，在使用电气式压力表时，应选择安全防爆型压力表。

各种压力表各有其特点和适用范围。在选择压力表后，还应该正确安装，避免因安装不当造成的测量误差。有关压力表的安装必须严格按照各种压力表的使用说明书规定进行。

思考题与习题

3-1　什么叫压力？表压、负压力（真空度）和绝对压力之间有何关系？

3-2　常用压力检测方法有哪些？

3-3　压力传感器有哪几类？各有何特点？

3-4　如何正确选用压力检测仪表？

第4章 流量检测

流量测量发展历史久远。20 世纪 50 年代，工业中使用的主要流量计有孔板、皮托管、浮子流量计三种，被测介质的范围较窄，测量准确度只满足低水平的生产需要。为满足不同种类流体特性以及不同流动状态下的流量测量问题，人们研制开发并投入使用了新的流量计。例如在石油化工生产中，从石油的开采、运输、炼制加工直至销售，任何一个环节都离不开流量计量，否则将无法保证石油工业的正常生产和贸易交往，无法保证化工产品质量，严重的还会发生生产安全事故。即使在人们日常生活中，自来水、煤气、天然气、油等也都离不开流量测量仪表。流量测量也是能源计量的重要组成部分，直接影响到节能降耗。

4.1 流量基本概念和检测方法

4.1.1 流量基本概念

流量是指单位时间内流过管道某一截面的流体的数量，即瞬时流量。在某一时段内流过流体的总和，即瞬时流量在某一时段的累积量称为累积流量（总流量）。

流量通常有以下三种表示方法。

(1) 质量流量 q_m

单位时间内流过某截面的流体的质量，其单位为 kg/s。

(2) 工作状态下的体积流量 q_v

单位时间内流过某截面的流体的体积，其单位为 m^3/s。它与质量流量 q_m 的关系是：

$$q_m = q_v \rho \text{ 或 } q_v = q_m / \rho$$

式中，ρ 是流体密度。

(3) 标准状态下的体积流量 q_{vn}

气体是可压缩的，q_v 会随工作状态而变化，q_{vn} 就是折算到标准的压力和温度状态下的体积流量。在仪表计量上多数以 20℃及 1 个物理大气压为标准状态。

q_{vn} 与 q_m 和 q_v 的关系是：

$$q_{vn} = q_m / \rho_n \quad \text{或} \quad q_m = q_{vn} \rho_n$$

$$q_{vn} = q_v \rho / \rho_n \quad \text{或} \quad q_v = q_{vn} \rho_n / \rho$$

式中，ρ_n 是气体在标准状态下的密度。

4.1.2　流量检测的主要方法

由于流量检测的复杂性和多样性，流量检测的方法非常多，常用于工业生产中的有 10 多种。

流量测量与仪表可以按照多种原则进行分类。

按测量目的分类，可以分为测量瞬时流量和总流量两类。生产过程中流量大多作为监控参数，测量的是瞬时流量，但在物料平衡和能源计量的贸易结算中多数使用总量表。有些流量计备有累积流量的装置，可以作为总量表使用。也有一些总量表备有流量的发讯装置用来测量瞬时流量。

按测量方法和结构分类，大致可以分成两大类：测量体积流量和测量质量流量。

（1）测体积流量

测体积流量的方法又可分为两类：容积法（又称直接法）和速度法（又称间接法）。

① 容积法。在单位时间内以标准固定体积对流动介质连续不断地进行度量，以排出流体的固定容积数来计算流量。流量越大，度量的次数越多，输出的频率越高。容积法受流体流动状态影响较小，适用于测量高黏度、低雷诺数的流体。

根据回转体形状不同，产品有适于测量液体流量的椭圆齿轮流量计、腰轮流量计（罗茨流量计）、旋转活塞和刮板式流量计；适于测量气体流量的伺服式容积流量计、皮膜式流量计等。

② 速度法。速度法先测出管道内的平均流速，再乘以管道截面积求得流体的体积流量。速度法可用于各种工况下的流体的流量检测，但测量平均流速受管路条件影响较大，流动产生的涡流以及截面上流速分布不对称等都会影响测量精度。

基于速度法测量流量的方法主要有以下几种。

a. 差压式。又称节流式，利用节流件前后的差压和流速关系，通过差压值获得流体的流速。

b. 电磁式。导电流体在磁场中运动产生感应电势，感应电势大小与流体的平均流速成正比。

c. 旋涡式。流体在流动中遇到一定形状的物体会在其周围产生有规则的旋涡，旋涡释放的频率与流速成正比。

d. 涡轮式。流体作用在置于管道内部的涡轮上使涡轮转动，其转动速度在一定流速范围内与管道内流体的流速成正比。

e. 声学式。根据声波在流体中传播速度的变化得到流体的流速。

f. 热学式。利用加热体被流体的冷却程度与流速的关系来检测流速。

基于速度法的流量检测仪表有节流式流量计、靶式流量计、弯管流量计、转子流量计、电磁流量计、旋涡流量计、涡轮流量计、超声流量计等。

（2）测质量流量

尽管体积流量乘以密度可以得到质量流量，但测量结果却与密度有关。在化工生产过程中有时流体密度不恒定，不能得到质量流量，而许多场合又需要得到质量流量。如石化行业要对产品流量精确计量，希望得到不受外界条件影响的质量流量，如果采用先测得体积流量再乘以流体密度求取质量流量的方法，由于流体密度会随着温度、压力而变化，因此须在测量体积流量和密度的同时，测量流体介质温度值及压力值，进行补偿，再得到质量流量。当温度、压力变化频繁或组分波动时，增加了换算次数，无法提高计量精度。

质量流量计是以测量流体流过的质量为依据的流量检测仪表，具有精度不受流体的温度、压力、密度、黏度等变化影响的优点。质量流量的测量方法也分直接法和间接法两类。直接法测量质量流量有科里奥利力式流量计、量热式流量计、角动量式流量计等；间接法（又称推导法）测出流体的体积流量，以及密度（或温度和压力），经过运算求得质量流量，主要使用压力温度补偿式质量流量计。

4.2 体积式流量计

4.2.1 差压流量计

差压流量计是一种以测量流体流经节流装置所产生的静压差来得到流量大小的一种流量计。差压流量计最基本的配置包括节流装置、差压信号管路和差压计三个部分。节流装置有许多种，但我国计量机构对角接取压和法兰取压的孔板以及角接取压的喷嘴制定了国家标准，称为标准节流装置。采用标准节流装置时，节流装置的尺寸计算、设计、制造加工和安装可利用标准中的实验数据、图表和方法进行，加工安装后不必再行标定，给制造、使用带来很大方便。有时为了避免安装上造成的附加误差，设计上往往要求在节流装置前后附有一定长度的直管段，随同节流装置由制造厂成套供应。除了标准孔板和标准喷嘴外，还有一些适合于特殊用途的非标准节流装置，如压力损耗很小的文丘里管及道尔管；可适用于测污秽、含颗粒流体的圆缺孔板及偏心孔板；测雷诺数很小用的圆喷嘴和测微小流量用的内藏孔板（内藏孔板一般装在差压变送器内部，变送器直接与工艺管道连接）等。

(1) 差压流量计工作原理

充满管道的流体流经管道内节流件时，如图 4-1 所示，流束将在节流件处形成局部收缩，因而流速增加，静压力降低，在节流件前后产生压差，流体流量越大，产生的压差越大，因而可依据压差来衡量流量的大小。这种测量方法是以流动连续性方程（质量守恒定律）和伯努利方程（能量守恒定律）为基础的，压差大小不仅与流量还与其他许多因素有关，如节流装置形式、流体的物理性质（密度、黏度等）以及雷诺数等。当流体雷诺数大于4000，处于紊流状态时，管道内流体各个质点流速近似相等。

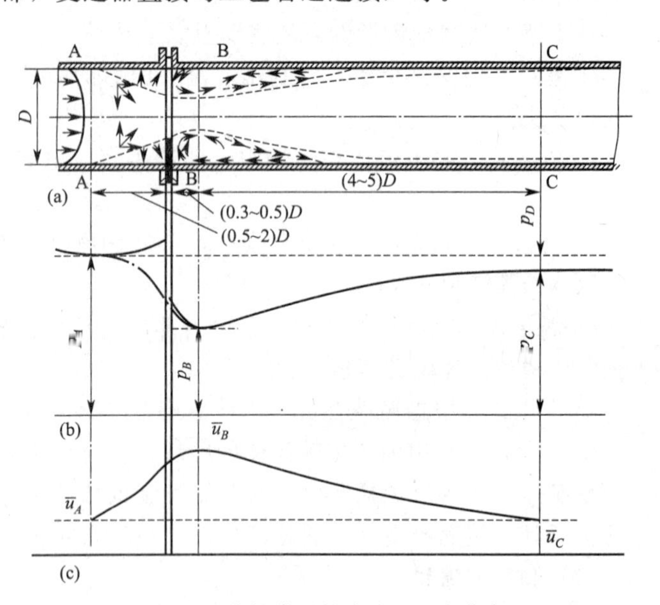

图 4-1 孔板附近的流速和压力分布

不论是标准的节流装置还是非标准的节流装置，流量与差压 Δp 关系都是基于下列流量基本方程式，即

$$q_v = F_0 a \sqrt{\frac{2g}{\rho} \times \Delta p} \tag{4-1}$$

或
$$q_m = F_0 a\sqrt{2g\rho \times \Delta p} \tag{4-2}$$

式中，q_v为流体的体积流量，m^3/h；q_m为流体的质量流量，kg/h；F_0为节流装置流通截面积，mm^2；g 为重力加速度，m/s^2；

a 为流量系数，a 根据不同节流装置结构形式，其值也不相同。

流量q_v与 Δp 的关系中的流量系数a 以流出系数C 表示，C 与a 的关系为：

$$a = C\frac{1}{\sqrt{1-\beta^4}} \tag{4-3}$$

式中，β 为直径比，即节流件孔径 d 与管道内径 D 的比值。

从式(4-1)可知：

① 流量q_v（或q_m）与差压 Δp 是非线性的关系，如果在使用中未作线性化处理，显示仪表流量刻度标尺是非线性的，越接近下限的最小流量读数误差会越大；

② 流体的密度是随着不同工况发生变化的，尤其是可压缩的流体如气体和蒸汽，在温度、压力、气体组成的成分变化时，密度也会随着变化。因此，设计时的计算数据与实际生产运行时数据不同，读数就会发生误差。如果需要精确计量，必须要考虑温度、压力等的自动补偿，以减少检测误差。

(2) 节流装置

① 常见的节流装置主要有如下几种。

a. 标准孔板：又称同心直角边缘孔板，其轴向截面如图 4-2所示。孔板是一块加工成圆形同心的具有锐利直角边缘的薄板。孔板开孔的上游侧边缘应是锐利的直角。标准孔板有三种取压方式：角接、法兰及 D-$D/2$ 取压，如图 4-3 所示。为从两个方向的任一个方向测量流量，可采用对称孔板，节流孔的两个边缘均符合直角边缘孔板上游边缘的特性，且孔板全部厚度不超过节流孔的厚度。

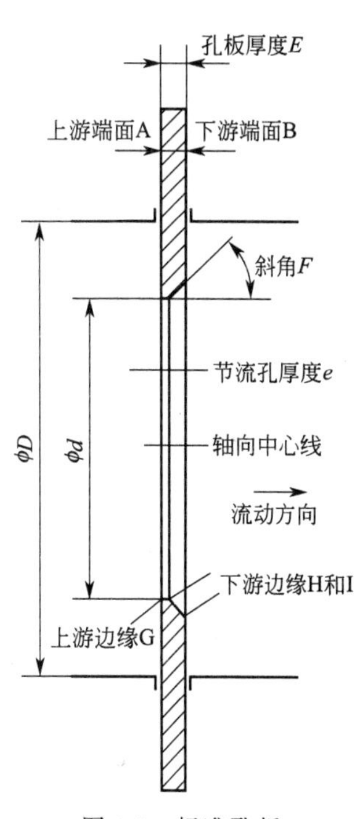

图 4-2　标准孔板

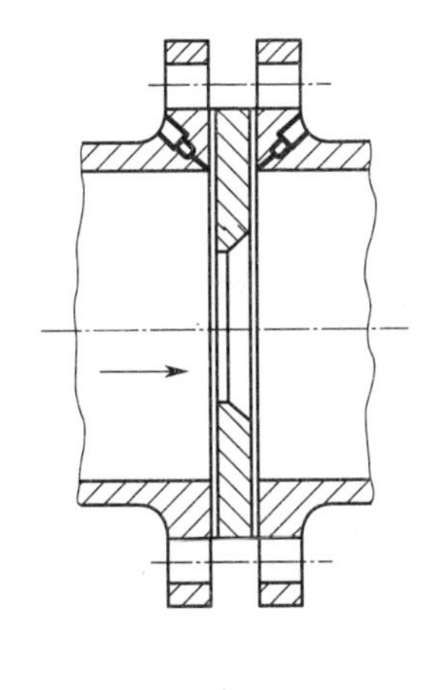

(a) 角接取压

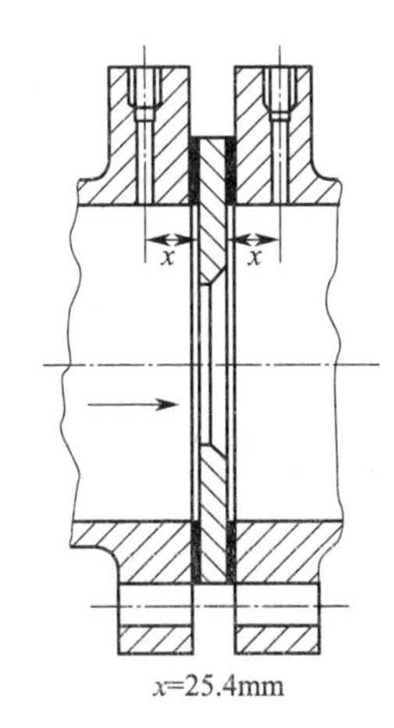

(b) 法兰取压

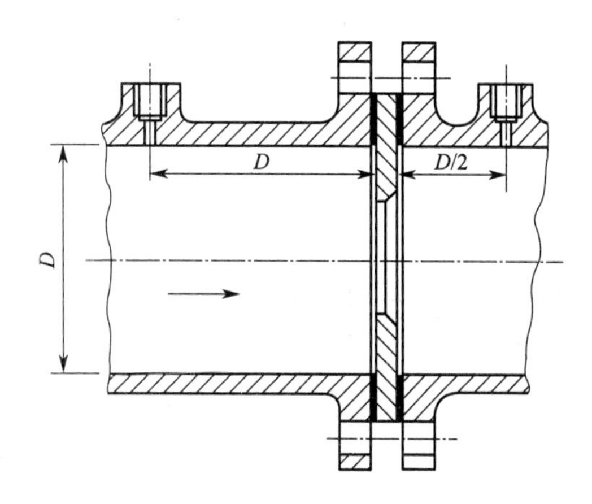

(c) D-$D/2$取压

图 4-3　孔板的三种取压方式

b. 标准喷嘴：有 ISA 1932 喷嘴和长径喷嘴两种结构形式。

ISA 1932 喷嘴（图 4-4）：上游面由垂直于轴的平面、廓形为圆周的两段弧线所确定的收缩段、圆筒形喉部和凹槽组成的喷嘴；ISA 1932 喷嘴的取压方式仅角接取压一种。

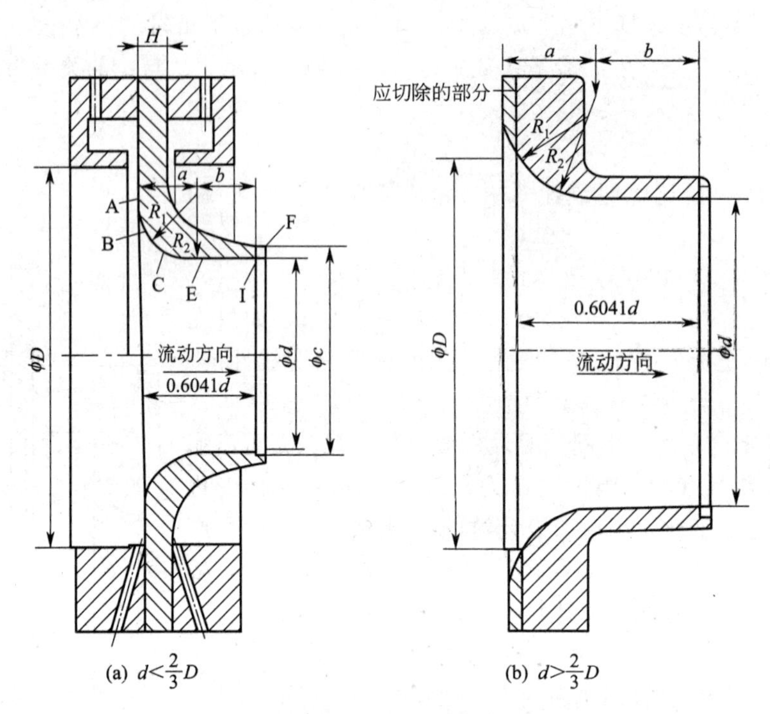

图 4-4　ISA 1932 喷嘴

c. 长径喷嘴（图 4-5）：上游面由垂直于轴的平面、廓形为 1/4 椭圆的收缩段、圆筒形喉部和可能有的凹槽或斜角组成的喷嘴；有高比值喷嘴（$0.25<\beta<0.50$）和低比值喷嘴（$0.20<\beta<0.80$）。当 β 值介于 0.25 与 0.50 之间时可采用任意一种结构的喷嘴。长径喷嘴的取压方式仅 D-$D/2$ 取压一种。

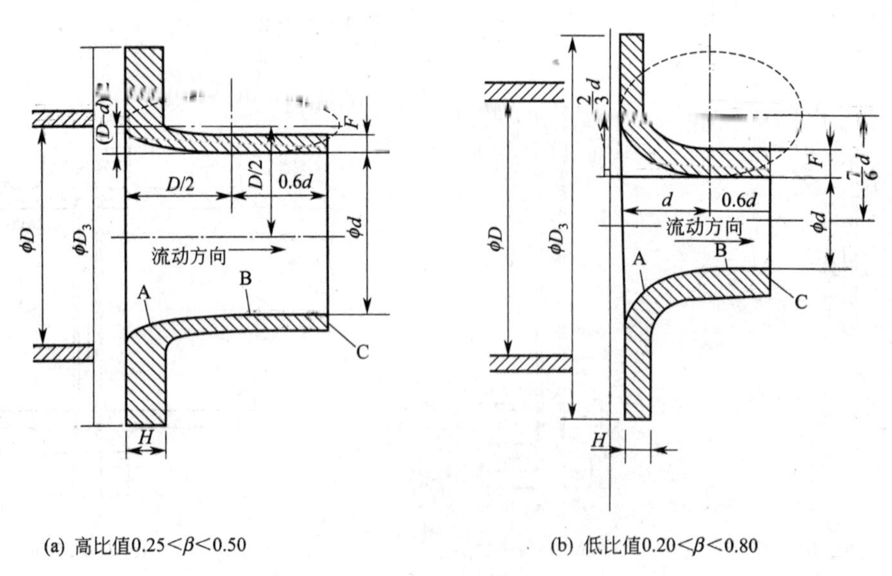

图 4-5　长径喷嘴

d. 经典文丘里管：由入口圆筒段 A、圆锥收缩段 B、圆筒形喉部 C 和圆锥扩散段 E 组成，如图 4-6 所示。有三种结构形式：具有粗铸收缩段的；具有机械加工收缩段的；具有铁板焊接收缩段的。不同结构形式的 L_1、L_2、R_1、R_2 与 D、d 的关系如表 4-1 所示。

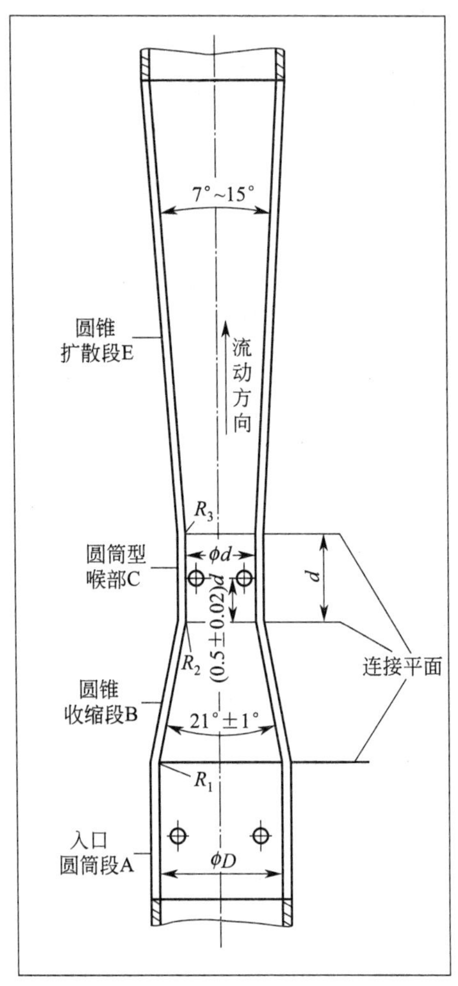

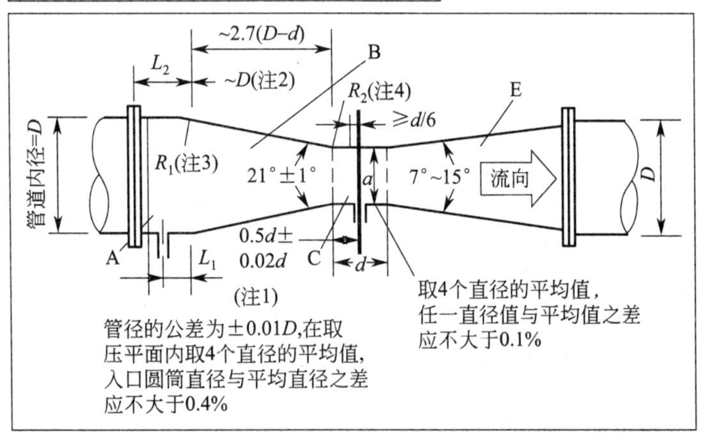

图 4-6 经典文丘里管

表 4-1　L_1、L_2、R_1、R_2 与 D、d 关系

注	粗铸入口	机械加工的入口	粗焊的铁板入口
1	$\pm 0.25D$（100mm$<D<$150mm）	$L_1=0.5D\pm0.05D$	$L_1=0.5D\pm0.05D$
2	$L_2=1D$ 或 $0.25D+250$mm 两个量中的小者	$L_2\geqslant D$（入口直径）	$L_2\geqslant D$（入口直径）
3	$R_1=1.375D+20\%$	$R_1<0.25D$	$R_1=0$，焊缝除外
4	$R_2=3.625d\sim3.8d$	$R_2<0.25D$	$R_2=0$，焊缝除外

e. 线性孔板：又称变压头变面积孔板，如图 4-7 所示。其孔隙面积随流量大小而自动变化，曲面圆锥形塞子在差压和弹簧力的作用下来回移动，使孔板孔隙变动，输出信号（差压或位移）与流量成线性关系，并极大地扩大范围度。

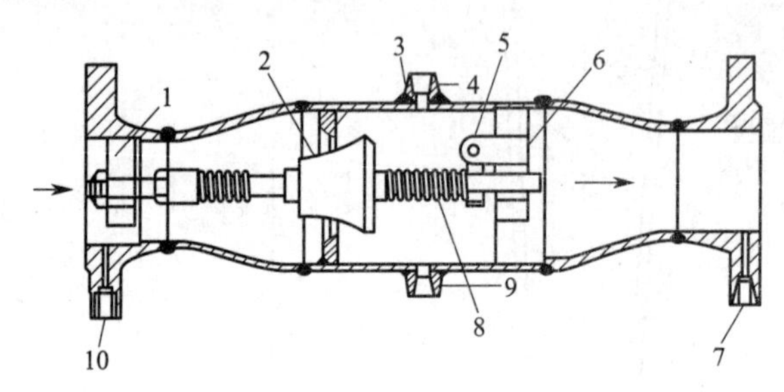

图 4-7　线性孔板（GILFLO 型节流装置）

1—稳定装置；2—纺锤形活塞；3—固定孔板；4—排气孔；
5—标定和锁定蜗杆装置；6—轴支撑；7—低压侧差压检出接头；
8—高张力精密弹簧；9—排水孔；10—高压侧差压检出接头

f. 环形孔板：结构如图 4-8 所示。它由一个被同心固定在测量管中的圆板、三脚支架和中心轴管组成，中心轴管将上下游压力传送到差压变送器。环形孔板的优点是既能疏泄管道底部的较重物质又能使管道中气体或蒸汽沿管道顶部通过。

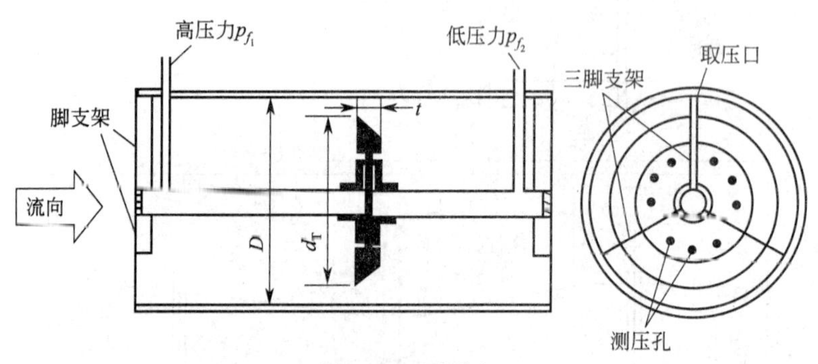

图 4-8　环形孔板

② 节流装置的设计与计算。通常有两类计算命题，都是以节流装置的流量方程式为依据。

a. 已知管道内径及现场布置情况、流体性质和工作参数，根据给出的流量测量范围，要求设计标准节流装置。包括以下工作内容：选择节流件形式；选择差压计形式及量程范围；计算确定节流件开孔尺寸并提出加工要求；建议节流件在管道上的安装位置；估算流量测量误差。

b. 已知管道内径及节流件开孔尺寸、取压方式、被测流体参数等必要条件，要求根据所测得的差压值计算流量。

(3) 弯管

结构如图 4-9 所示。利用管道系统弯头作检测件，无附加压损及专门安装节流件是其优点，弯管取压口开在 45°或 22.5°处，取压口结构与标准孔板相同，两个平面内的两个取压口对准，使其能处于同一条直线上，弯管内壁应尽量保持光滑。

(4) 差压流量计主要特点

差压流量计应用范围广泛，可测量全部单相流体，包括液、气、蒸汽。可测量部分混相流，如气固、气液、液固等。差压流量计产品覆盖一般生产过程的管道直径、工作状态（压力和温度）。应用最普遍的标准孔板，结构易于复制，简单牢固，性能稳定可靠，使用期长，价格低廉。标准型检测元件得到国际标准化组织和国际法制计量组织的认可，无需实流校准即可投用。

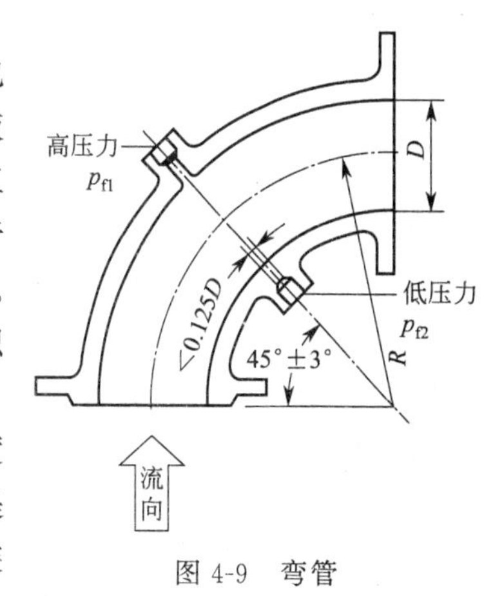

图 4-9 弯管

差压流量计还存在一些缺点：测量的重复性、精确度在流量计中属中等水平，由于众多因素的影响，精确度提高比较困难；范围度窄，一般为 3∶1 或 4∶1；现场安装条件要求较高，如需较长直管段长度（如孔板、喷嘴等），一般较难满足；检测元件与差压显示仪表之间的引压管线易产生泄漏、堵塞、冻结及信号失真等故障；压损大（指孔板、喷嘴等）。

(5) 差压流量计的选用

选用标准节流装置无需个别校准。非标准节流装置原则上要校准后才能使用。选用标准节流装置时，要注意每一种节流件皆有管道直径、直径比、雷诺数、管道内壁粗糙度等限制值。孔板价格便宜，是首选类型。在同样差压下，经典文丘里管比孔板和喷嘴的压力损失要低 4～6 倍。经典文丘里管要求的上游侧最短直管段长度比孔板、喷嘴和文丘里喷嘴少得多。对腐蚀性流体或高速流体（如高压蒸汽），孔板入口边缘很快变钝，流出系数发生偏移，采用喷嘴、文丘里管。由于喷嘴、文丘里管几何形状复制比孔板困难，未经校准的流出系数不确定度较高，如果采取实流校准则流出系数不确定度可降低。

正确选用节流装置类型需考虑如下因素。

① 被测流体类型方面，是测液体、气体还是蒸汽？是洁净的还是脏污的？是否有腐蚀性或磨蚀性？

② 被测流体压力、温度界限、密度、黏度等参数、是否脉动流等情况。

③ 检测件安装条件，如管道内径准确值、直管段长度、阻流件类型等。

④ 仪表性能要求，如精确度、范围度、重复性等。

⑤ 是用于计量还是自动控制。

(6) 仪表安装和运行费用

正确选择检测件类型：

① 脏污流用圆缺孔板、楔形孔板、偏心孔板；

② 要求低压损，采用文丘里管或均速管；

③ 低雷诺数用 1/4 圆孔板或锥形入口孔板；

④ 宽范围度用线性孔板。

注意防止测量误差：选用标准节流装置时必须严格遵循标准文件要求，否则会造成较大的测量误差。

(7) 差压流量计的安装使用

① 安装注意事项。差压式流量计的安装要求包括管道条件、管道连接情况、取压口结构、节流装置上下游直管段长度以及差压信号管路的敷设情况等。

a. 测量管。测量管是指节流件上下游直管段。用于计算节流装置直径比的管道内径 D 值应为上游取压口的上游 $0.5D$ 长度范围内的内径平均值。直管段管道内表面在紊流状况下光滑管与粗糙管的流速分布是不一样的。对于新安装的管道应选用符合粗糙度要求的管道，如果达不到要求需要采取措施，如加涂层或进行机加工。在仪表长期使用后，由于测量介质特性（腐蚀、黏结、结垢等）作用，内表面可能发生改变，应定期检查进行清洗维护。

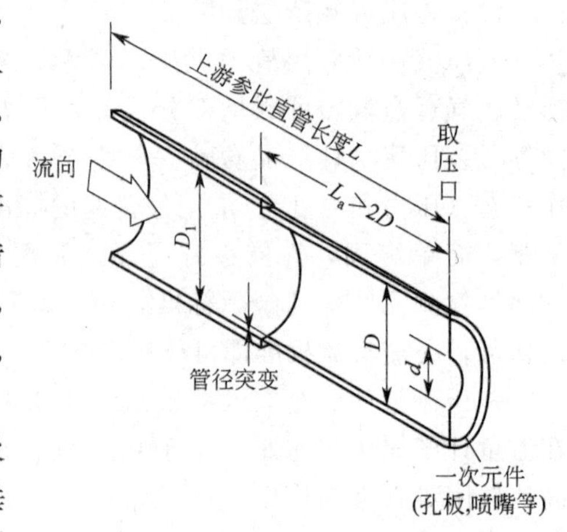

图 4-10 节流件与管道连接示意图

b. 节流件。节流件安装的垂直度、同轴度及与测量管之间的连接都有严格的规定。节流件应垂直于管道轴线。节流件应与管道或夹持环（采用时）同轴。节流件前后测量管的安装离节流件 $2D$ 以外，节流件与第一个上游阻流件之间的测量管，可由一段或多段不同截面的管子组成，如图 4-10 所示。

c. 差压信号管路。差压信号管路是指节流装置与差压变送器（或差压计）的导压管路。差压流量计故障中导压管路引起的故障最多，如堵塞、腐蚀、泄漏、冻结、假信号等，因此差压信号管路的安装很重要。

取压口 取压口一般设置在法兰、环室或夹持环上，当测量管道为水平或倾斜时取压口的安装方向如图 4-11 所示。它可以防止测液体时气体进入导压管或测气体时液滴或污物进入导压管。当测量管道为垂直时，取压口的位置在取压位置的平面上，方向可任意选择。

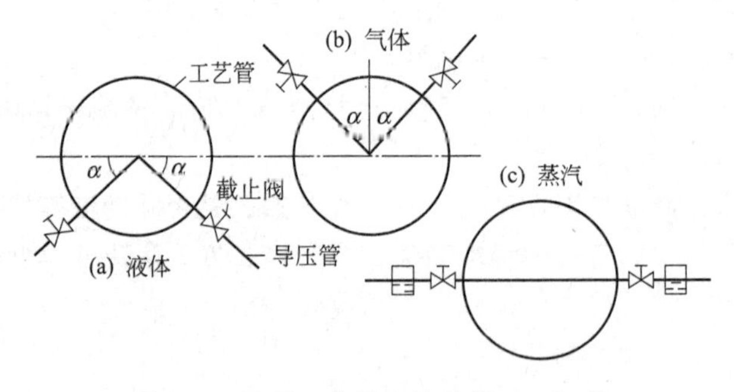

图 4-11 取压口位置安装示意（$\alpha \leqslant 45°$）

导压管 导压管的材质应按被测介质的性质和参数选用耐压、耐腐蚀材料制造，其内径及长度的建议值如表 4-2 所示。导压管应垂直或倾斜敷设，其倾斜度不小于 1∶12，黏度高的流体，其倾斜度应更大。当导压管长度超过 30m 时，导压管应分段倾斜，并在最高点与最低点装设集气器（或排气阀）和沉淀器（或排污阀）。正负导压管应尽量靠近敷设，防止两管子温度不同使信号失真，严寒地区导压管应加防冻保护，用电或蒸汽加热保温，要防止过热引起导压管中流体汽化，造成假差压。

表 4-2　导压管的内径及长度的建议值　　单位：mm

被测流体	导压管长度/mm		
	<16000	16000～45000	45000～90000
水、水蒸气、干气体	7～9	10	13
湿气体	13	13	13
低、中黏度的油品	13	19	25
脏液体或气体	25	25	38

差压信号管路的安装　根据被测介质和节流装置与差压变送器（或差压计）的相对位置，差压信号管路有以下几种安装方式。

被测流体为清洁液体时，信号管路的安装方式如图 4-12 所示。

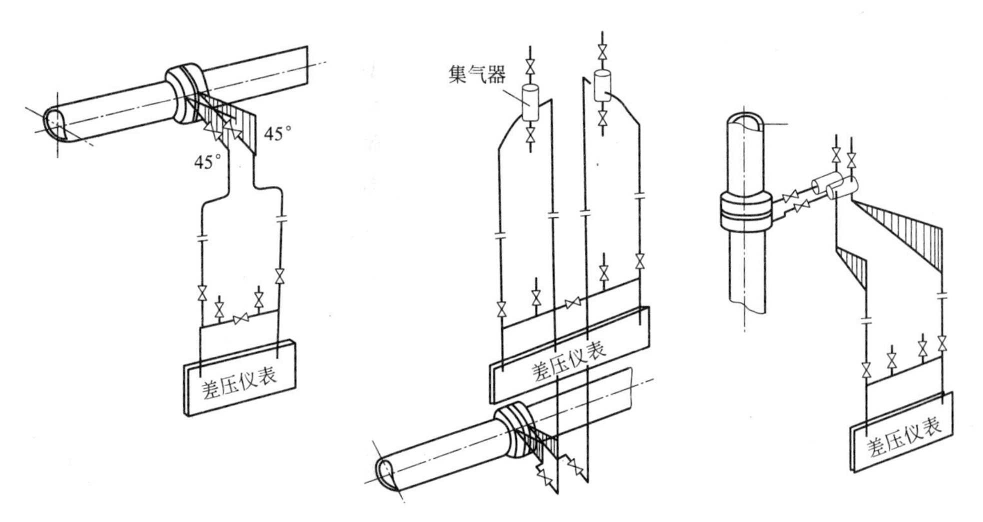

(a) 仪表在管道下方　(b) 仪表在管道上方　(c) 垂直管道,被测流体为高温液体

图 4-12　被测流体为清洁液体时信号管路安装示意

被测流体为清洁干气体时，信号管路的安装方式如图 4-13 所示。

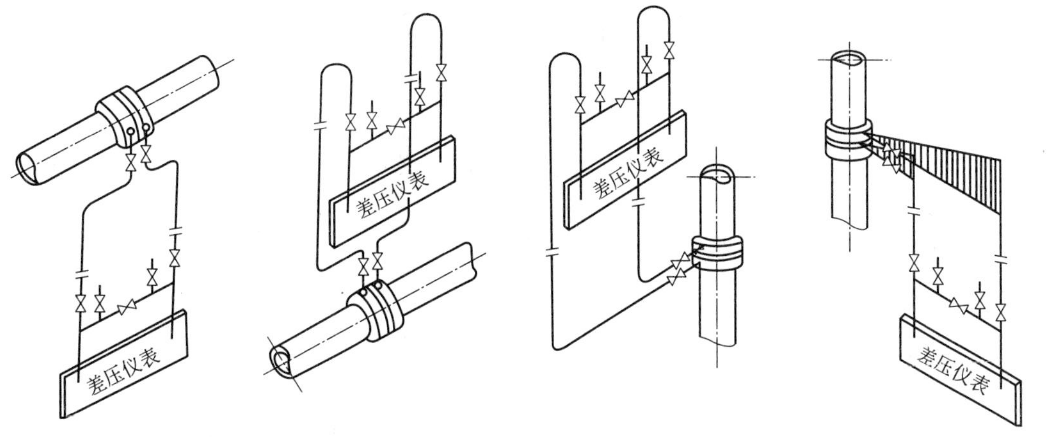

(a) 仪表在管道下方　(b) 仪表在管道上方　(c) 垂直管道,仪表在取压口上方　(d) 垂直管道,仪表在取压口下方

图 4-13　被测流体为清洁干气体时信号管路安装示意

被测流体为水蒸气时，信号管路的安装方式如图 4-14 所示。

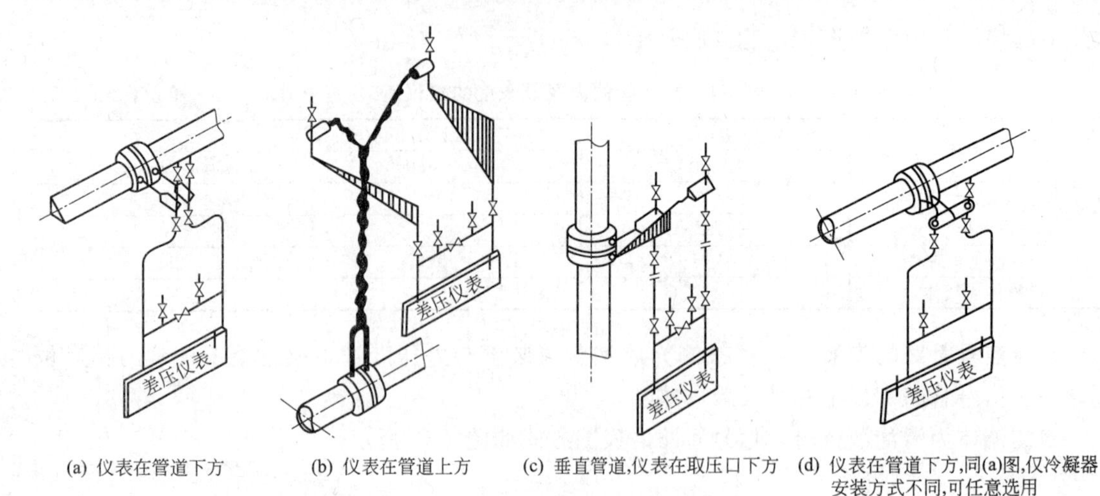

(a) 仪表在管道下方　(b) 仪表在管道上方　(c) 垂直管道,仪表在取压口下方　(d) 仪表在管道下方,同(a)图,仅冷凝器安装方式不同,可任意选用

图 4-14　被测流体为水蒸气时信号管路安装示意

被测流体为清洁湿气体时，信号管路的安装方式如图 4-15 所示。

d. 辅助设备。差压信号管路的辅助设备包括截断阀、冷凝器、集气器、沉降器、隔离器、喷吹系统等。靠近节流件和冷凝器的信号管路上要安装截断阀。冷凝器的容积应大于全量程内差压仪表空间的最大容积变化的 3 倍。在导压管的最高点上安装集气器或排气阀，以便定期收集和排出信号管路中的气体，尤其当差压仪表的安装高于主管道时。在导压管的最低点应安装沉降器或排污阀，以便定期收集和排出信号管路中的积液。对于高黏度、有腐蚀、易冻结、易析出固体物的被测流体，应采用隔离器和隔离液，使被测流体不与差压仪表接触，以免破坏仪表工作性能。隔离器中隔离液的体积变化应大于差压仪表在全量程范围内工作空间的最大体积变化。正负压隔离器应装在垂直安装的导压管上，并有相同高度。应确定隔离器中隔离液的最高液面和最低液面位置。

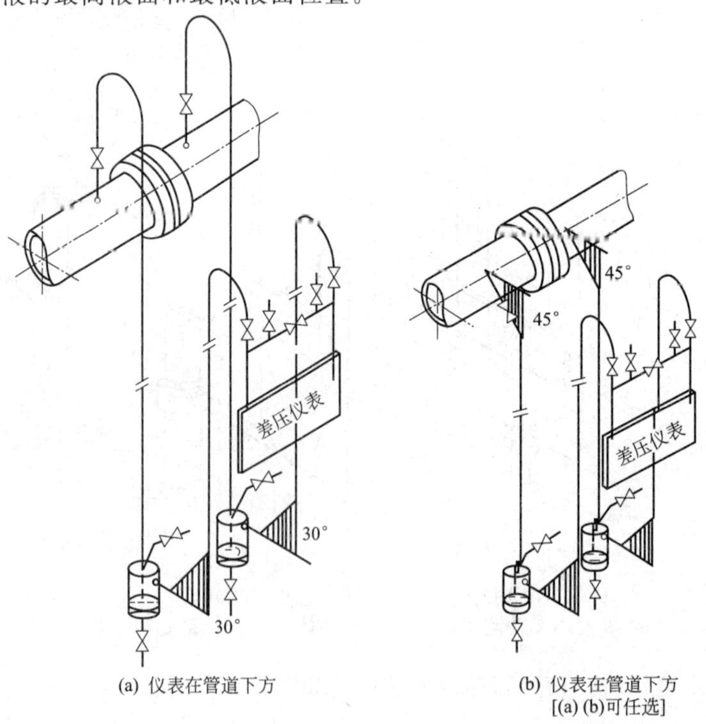

(a) 仪表在管道下方　(b) 仪表在管道下方 [(a) (b)可任选]

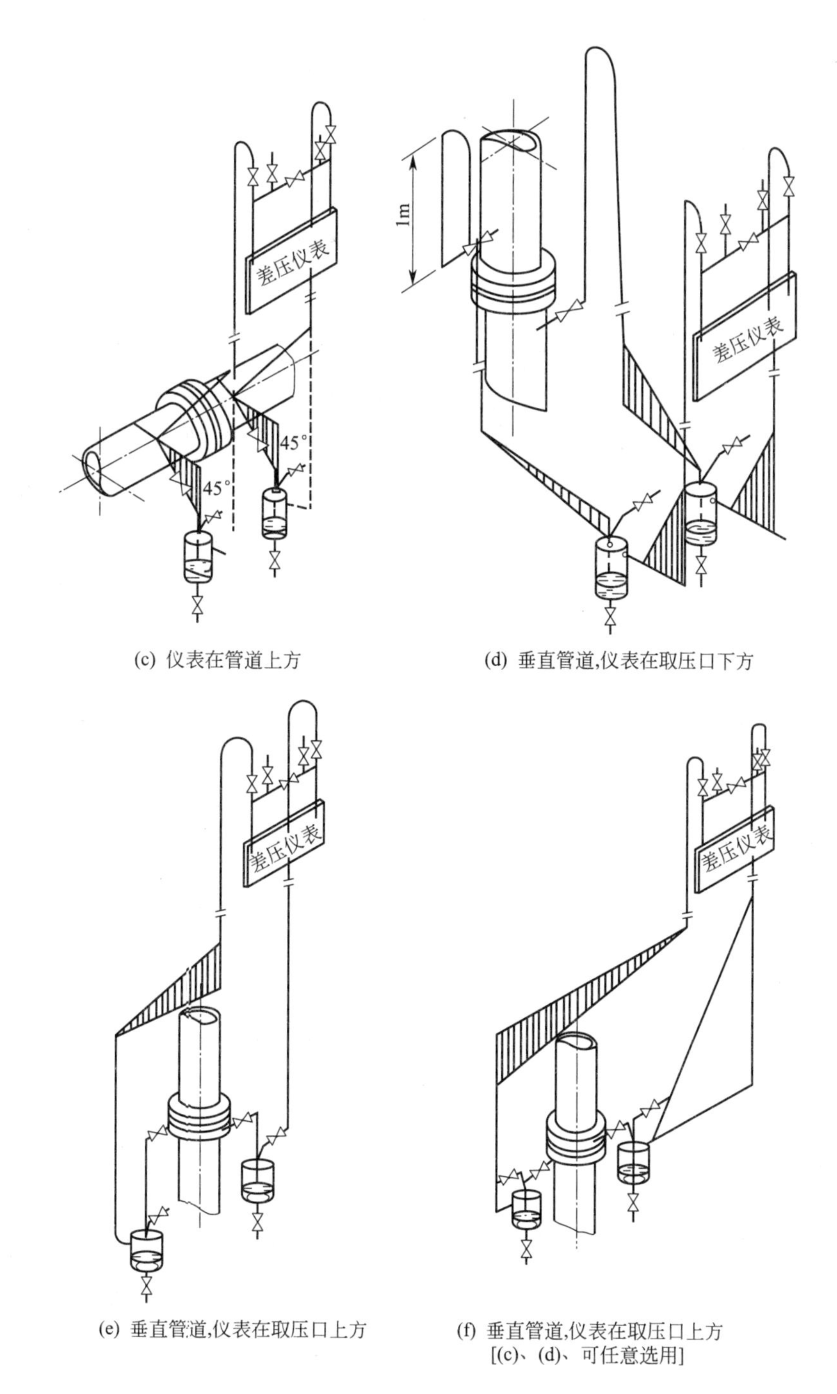

(c) 仪表在管道上方　　(d) 垂直管道,仪表在取压口下方

(e) 垂直管道,仪表在取压口上方　　(f) 垂直管道,仪表在取压口上方 [(c)、(d)、可任意选用]

图 4-15　被测流体为清洁湿气体时信号管路安装示意

② 使用注意事项。差压流量计标准规定的工作条件在现场要完全满足比较困难，所以应估计偏离标准的程度，如果能进行适当的补偿（修正）是最好的，否则要加大估计的测量误差。

节流装置安装在现场长期运行后，无论管道或是节流装置都会发生一些变化，如堵塞、结垢、磨损、腐蚀等，要定期检查。

在节流装置设计计算任务书中的使用条件在仪表投用后发生变化，使被测介质的物性参数发生变化，这时要及时检查工艺参数，对仪表进行修正或采取一些措施，如更换节流件，调整差压变送器量程等。

4.2.2 电磁流量计

电磁流量计（EMF）出现于 20 世纪 60 年代，根据法拉第电磁感应定律制成，用来测量导电流体的体积流量。

(1) 电磁流量计原理与分类

① 电磁流量计测量原理。在磁感应强度为 B 的均匀磁场中，垂直于磁场方向放一个内径为 D 的不导磁管道，当导电液体在管道中以流速 u 流动时，导电流体就切割磁力线。如果在管道截面上垂直于磁场的直径两端安装一对电极（图 4-16），则可以证明，只要管道内流速分布为轴对称分布，两电极之间将产生感应电动势：

$$e=BD\bar{u} \tag{4-4}$$

式中，$\bar{u}$ 为管道截面上的平均流速。由此可得管道的体积流量为

$$q_v=\frac{\pi D^2}{4}\bar{u}=\frac{\pi De}{4B} \tag{4-5}$$

由上式可见，体积流量 q_v 与感应电动势 e 和测量管内径 D 成线性关系，与磁场的磁感应强度 B 成反比，与其他物理参数无关。要使式(4-5)严格成立，必须使测量条件满足下列假定：

a. 磁场是均匀分布的恒定磁场；

b. 被测流体的流速轴对称分布；

c. 被测液体是非磁性的；

d. 被测液体的电导率均匀且各向同性。

② 按励磁方式分类。要产生一个均匀恒定的磁场，就需要选择一种合适的励磁方式。如按励磁电流方式划分，有直流励磁、交流（工频或其他频率）励磁、低频矩形波励磁和双频矩形波励磁。几种励磁方式的波形见图 4-17。

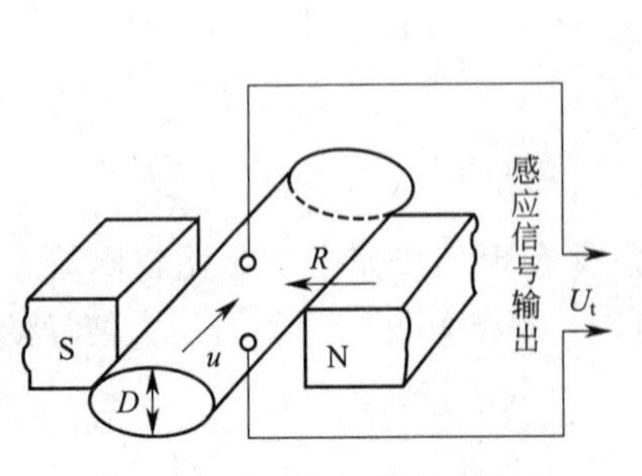

图 4-16　电磁流量计原理简图

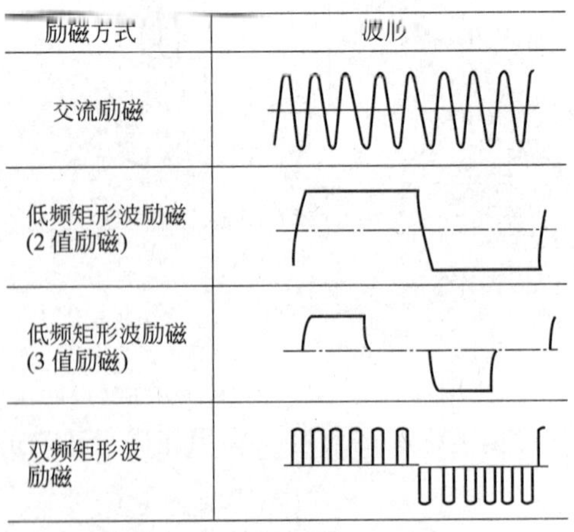

图 4-17　各种励磁方式的波形

a. 直流励磁。直流励磁方式用直流电或采用永久磁铁产生一个恒定的均匀磁场。这种直流励磁变送器的最大优点是受交流电磁场干扰影响很小，因而可以忽略液体中的自感现象的影响。但是使用直流磁场易使通过测量管道的电解质液体被极化，即电解质在电场中被电解，导致正负电极分别被相反极性的离子所包围，严重影响仪表的正常工作。所以，直流励磁一般只用于测量非电解质液体，如液态金属流量（常温下的汞和高温下的液态钠、锂、钾）等。

b. 交流励磁。工业上使用的电磁流量计，大都采用工频（50Hz）电源交流励磁方式产生交变磁场，避免了直流励磁电极表面的极化干扰。但是用交流励磁会带来一系列的电磁干扰问题（例如正交干扰、同相干扰、零点漂移等）。现在交流励磁正在被低频方波励磁所代替。

c. 低频矩形波励磁。低频矩形波励磁波形有 2 值（正-负）和 3 值（正-零-负-零）两种，其频率通常为工频的 1/32～1/2。低频矩形波励磁能避免交流磁场的正交电磁干扰，消除由分布电容引起的工频干扰，抑制交流磁场在管壁和流体内部引起的电涡流，排除直流励磁的极化现象。

d. 矩形波励磁。电磁流量传感器采用的双频矩形波励磁技术，高低频率结合使用，低频励磁有助于提高零点的稳定性；高频励磁可降低浆液对电极产生的极化电压，减弱了测量输出的抖动，有效提高测量精度。

(2) 电磁流量计的主要特点

电磁流量计的变送器结构简单，没有可动部件，也没有任何阻碍流体流动的节流部件，所以当流体通过时不会引起任何附加的压力损失，同时它不会引起诸如磨损、堵塞等问题，特别适用于测量带有固体颗粒的矿浆，污水等液固两相流体，以及各种黏性较大的浆液等。如果采用耐腐蚀绝缘衬里和选择耐腐材料制成电极，可用于各种腐蚀性介质的测量。

电磁流量计在测量过程中不受被测介质的温度、黏度、密度以及电导率（在一定范围内）的影响。因此，电磁流量计只需经水标定以后，就可以用来测量其他导电性液体的流量，而不需要附加其他修正。

电磁流量计的量程范围极宽，同一台电磁流量计的量程比可达 1∶100。此外，电磁流量计只与被测介质的平均流速成正比，而与轴对称分布下的流动状态（层流或紊流）无关。

由于电磁流量计无机械惯性，反应灵敏，可以测量瞬时脉动流量，而且线性好，因此可将测量信号直接用转换器线性地转换成标准信号输出，可就地指示，也可远距离传送。

但是，电磁流量计不能用于测量气体、蒸汽以及含有大量气体的液体。不能用来测量电导率很低的液体介质，被测液体介质的电导率不能低于 10^{-5}（S/cm），相当于蒸馏水的电导率。不能用来测量石油制品或者有机溶剂等。由于测量管绝缘衬里材料受温度的限制，电磁流量计还不能测量高温高压流体。电磁流量计受流速分布影响，在轴对称分布的条件下，流量信号与平均流速成正比，所以电磁流量计前后必须有一定长度的前后直管段。此外电磁流量计易受外界电磁干扰的影响。

(3) 电磁流量计的正确选用

电磁流量计应用领域广泛。大口径仪表较多应用于给排水工程。中小口径常用于固液双相等难测流体或高要求场所，如测量造纸工业纸浆液和黑液、有色冶金业的矿浆、选煤厂的煤浆、化学工业的强腐蚀液等。小口径、微小口径常用于医药工业、食品工业、生物工程等有卫生要求的场所。

被测液体必须是导电的，液体电导率不能低于阈值。使用时还取决于传感器和转换器间流量信号线长度及其分布电容。实际应用的液体电导率最好要比仪表制造厂规定的阈值至少大一个数量级。因为制造厂仪表规范规定的下限值是在各种使用条件较好状态下可测量的最低值，是受到一些使用条件限制的，如电导率均匀性、连接信号线、外界噪声等，否则会出现输出晃动现象等。

液体中混入成泡状流的微小气泡仍可正常工作，但测得的是含气泡体积的混合体积流量；如气体含量增加到一定程度，因电极可能被气体盖住使电路瞬时断开，出现输出晃动甚至不能正常工作。含有非铁磁性颗粒或纤维的固液双相流体同样可测得二相的体积流量。固体含量较高的流体，如钻井泥浆、钻探固井水泥浆、纸浆等实际上已属非牛顿流体。由于固体在载体液中一起流动，两者之间有滑动，速度上有差别，会产生附加误差。

测量易在管壁附着和沉淀物质的流体时，若附着的是比液体电导率高的导电物质，信号电势将被短路而不能工作，若是非导电层则首先应注意电极的污染，可选用不易附着尖形或半球形突出电极、可更换式电极、刮刀式清垢电极等。

与流体接触的传感器零部件有衬里（或绝缘材料制成的测量管）、电极、接地环和密封垫片，其材料的耐腐蚀性、耐磨耗性和使用温度上限等影响仪表对流体的适应性。电极既要考虑耐腐蚀性，又要避免产生电极表面效应。接地环连接在塑料管道或衬绝缘衬里金属管道的流量传感器两端，耐腐蚀要求比电极低，但需定期更换，通常选用耐酸钢或哈氏合金。

综上所述，应根据各电磁流量计产品特点，结合生产工艺的具体要求，选择合适的电磁流量计。

（4）电磁流量计的安装

要避开容易产生电导率不均匀场所。使用时传感器测量管必须充满液体。液体应与地同电位，必须接地。通常电磁流量传感器外壳防护等级为 IP65（GB 4208 规定的防尘防喷水级），对安装场所有以下要求：

① 测量混合相流体时，选择不会引起相分离的场所；测量双组分液体时，避免装在混合尚未均匀之处；测量化学反应管道时，要装在反应充分完成段的下游；

② 尽可能避免测量管内变成负压；

③ 选择震动小的场所，特别对一体型仪表；

④ 避免附近有大电机、大变压器等，以免引起电磁场干扰；

⑤ 易于实现传感器单独接地的场所；

⑥ 尽可能避开周围环境有高浓度腐蚀性气体；

⑦ 环境温度在－25～50℃范围内，一体型仪表的温度还受制于电子元器件，范围要窄些；

⑧ 环境相对湿度在 10%～90%范围内；

⑨ 尽可能避免受阳光直照；

⑩ 避免雨水浸淋，不会被水浸没。

如果防护等级是 IP67（防尘防浸水级）或 IP68（防尘防潜水级），则无需上述⑧、⑩两项要求。

电磁流量传感器上游要有一定长度直管段，一般为 5～10 倍直径长度的直管段。下游直管段为 2～3 倍直径长度或无要求。

传感器安装方向水平、垂直或倾斜均可，不受限制。但测量固液两相流体最好垂直安装，自下而上流动。这样能避免水平安装时衬里下半部局部磨损严重、低流速时固相沉淀等缺点。

水平安装时要使电极轴线平行于地平线，不要垂直于地平线，因为处于底部的电极易被沉积物覆盖，顶部电极易被液体中偶存气泡擦过遮住电极表面，使输出信号波动。如图4-18所示管系中，c，d 为适宜位置；a，b，e 为不宜位置，b 处可能液体不充满，a，e 处易积聚气体，且 e 处传感器后管段短也有可能不充满，排放口最好如 f 形状所示。对于固液两相流 c 处亦是不宜位置。

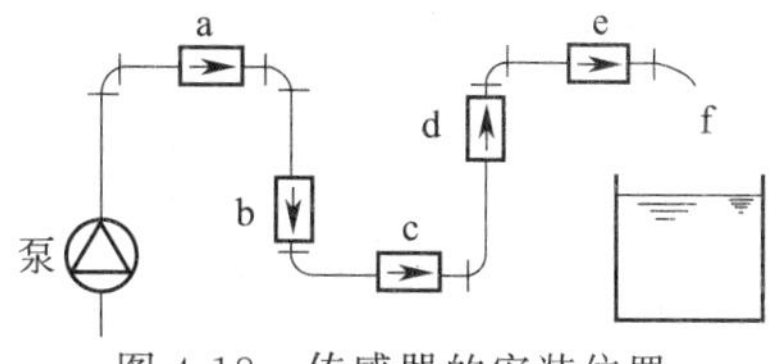

图 4-18　传感器的安装位置

一体型无单独安装转换器。分离型转换器安装在传感器附近或仪表室。转换器和传感器间距离受制于被测介质电导率和信号电缆型号，即电缆的分布电容、导线截面和屏蔽层数等。为了避免干扰信号，信号电缆必须单独穿在接地保护钢管内，不能把信号电缆和电源线安装在同一钢管内。

4.2.3　转子流量计

转子流量计又称浮子流量计，主要用于中小口径流量测量，可以测液体、气体、蒸汽等，产品系列规格齐全，得到广泛的应用。

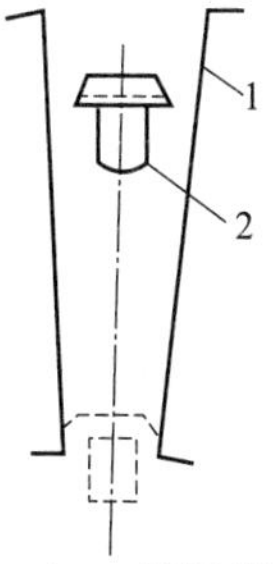

(1) 工作原理

根据转子在锥形管内的高度来测量流量，如图 4-19 所示。利用流体通过转子和管壁之间的间隙时产生的压差来平衡转子的重量，流量越大，转子被托得越高，使其具有更大的环隙面积，也即环隙面积随流量变化，所以一般称为面积法。它较多地利用于中、小流量的测量，有配以电远传或气远传发信器的类型。

图 4-19　转子流量计示意图

1—锥形管；2—转子

体积流量 q_v 的基本方程

$$q_v = \alpha\varepsilon\Delta F\sqrt{\frac{2gV_f(\rho_f-\rho)}{\rho F_f}}\quad (m^3/s) \tag{4-6}$$

式中，α 为仪表流量系数；ε 为被测流体为气体时气体膨胀系数，ε 通常很小可以忽略，液体 $\varepsilon=1$；ΔF 为流通环形面积，m^2；g 为当地重力加速度，m/s^2；V_f 为转子体积，m^3；ρ_f 为转子材料密度，kg/m^3；ρ 为被测流体密度，kg/m^3；F_f 为转子工作直径（最大直径）处的横截面积，m^2；当转子的几何形状和材料、被测流体密度一定时，并且雷诺数大于某界限值，则 α 为常数；当被测介质为气体时需乘以气体膨胀系数 ε，一般 ε 很小而被忽略；当被测介质为液体时 $\varepsilon=1$。若 α 为常数则可认为体积流量 q_v 与流通环形面积 ΔF 成正比。

流通环形面积与转子高度之间的关系

$$\Delta F = \pi\left(dh\,\mathrm{tg}\frac{\beta}{2}+h^2\mathrm{tg}^2\frac{\beta}{2}\right)=ah+bh^2\quad (m^2) \tag{4-7}$$

式中，d 为转子最大直径，m；h 为转子从锥形管内径等于转子最大直径处上升高度，m；β 为锥形管的圆锥角；a，b 为常数。

当圆锥角 β 较小时，可认为 ΔF 与 h 成线性关系，即体积流量与转子位移成线性关系。

(2) 转子流量计分类

按材料区分转子流量计可分为透明锥形管、金属锥形管。

透明锥形管材料有玻璃管、透明工程塑料如聚苯乙烯、聚碳酸酯、有机玻璃等。透明锥形管转子流量计的典型结构如图 4-20 所示，口径 15～40mm。流量分度直接刻在锥管外壁上，或者在锥形管旁另外装分度标尺。

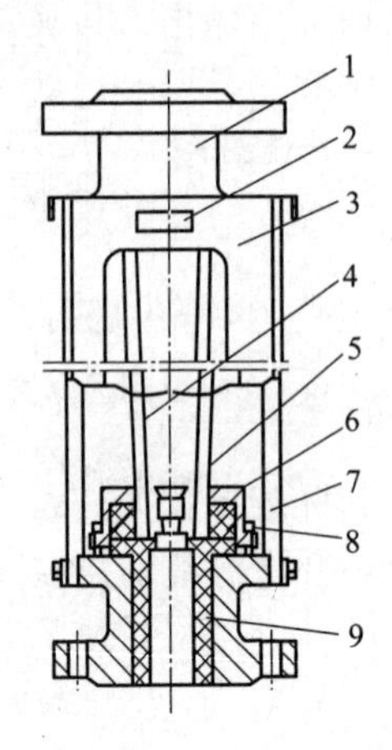

图 4-20　透明锥形管转子流量计结构

1—基座；2—标牌；3—防护罩；4—透明锥形管；
5—转子；6—压盖；7—支承板；8—螺钉；9—衬套

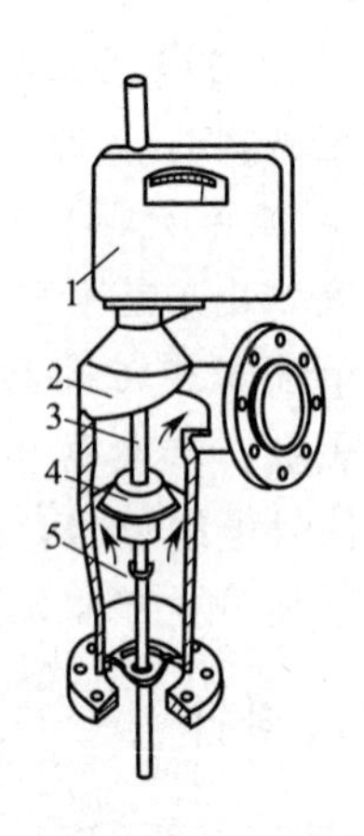

图 4-21　金属锥形管转子流量计结构

1—转换部分；2—传感部分；3—导杆；
4—转子；5—锥形管部分

图 4-21 是金属锥形管转子流量计典型结构图，口径 15～40mm。通过磁钢耦合等方式，将转子的位移传给套管外的转换部分。与透明锥形管转子流量计相比，可用于较高的介质温度和压力，并且不易破碎。

转子流量计能实现现场指示、气动远传信号输出、电动远传信号输出、报警等功能。透明锥形管转子流量计都是现场指示型。有时装有接近开关，输出上下限报警信号。远传信号输出型仪表的转换部分将转子位移量转换成电流或气压模拟量信号输出，分别成为电远传转子流量计和气远传转子流量计。

(3) 转子流量计的主要特点

转子流量计适用的被测流体种类多，在小、微流量测量领域中应用最多。对上游直管段长度要求不高。宽范围度，一般为 10∶1。输出特性近似为线性，压力损失较小。玻璃管转子流量计结构简单，价格便宜，多用于现场就地指示。金属管转子流量计可以用在高温高压场所，并且有标准信号输出，但价格较贵。使用流体和出厂标定流体不一致时，要进行流量示值修正。一般校准流体液体为水，气体为空气，现场被测流体密度与黏度有变化时要进行流量示值修正。

(4) 转子流量计的选用与安装

转子流量计可以作为直观流动指示或测量精确度要求不高的现场指示仪表使用，主要解决小、微流量测量。测量的对象主要是单相液体或气体。如果需要远传输出信号作流量控制或总量积算，一般选用电远传金属管转子流量计。如环境要求防爆则选用气远传金属管转子流量计或者防爆型电远传金属管转子流量计。测量温度高于环境温度的高黏度液体和降温易析出结晶或易凝固的液体时，应选用带夹套的金属管转子流量计。

转子流量计垂直安装在无振动的管道上，流体自下而上流过仪表。测量污脏流体时应在仪表上游安装过滤器。如果流体本身有脉动，可加装缓冲罐。如仪表本身有振荡，可加装阻尼装置。要排尽液体用仪表内的气体。

4.2.4　涡轮流量计

涡轮流量计（简称 TUF）是叶轮式流量（流速）计的主要品种，叶轮式流量计还包括风速计和水表等。涡轮流量计由传感器和转换显示仪表组成，传感器采用多叶片的转子感受流体的平均流速，从而推导出流量或总量。转子的转速（或转数）可用机械、磁感应、光电检测方式检出并由读出装置进行显示和传送记录。

在全部流量计中，涡轮流量计与容积式流量计及科里奥利质量流量计为三大类重复性、准确度最好的流量计。涡轮流量计已经广泛应用于石油、有机液体、无机液体、液化石油气、天然气、低温液体等。除了工业部门外，还在一些特殊部门获得广泛应用，如科研实验、国防科技、计量部门等。

涡轮流量计的原理示意图如图 4-22 所示。在管道中心安放一个涡轮，两端由轴承支撑。当流体通过管道时，冲击涡轮叶片，对涡轮产生驱动力矩，使涡轮克服摩擦力矩和流体阻力矩而产生旋转。在一定的流量范围内，对一定的流体介质黏度，涡轮的旋转角速度与流体流速成正比。涡轮的转速通过装在机壳外的传感线圈来检测。当涡轮叶片切割由壳体内永久磁钢产生的磁力线时，就会引起传感线圈中的磁通变化。传感线圈将检测到的磁通周期变化信号送入前置放大器，对信号进行放大、整形，产生与流速成正比的脉冲信号，送入单位换算与流量积算电路得到并显示累积流量值；同时亦将脉冲信号送入频率-电流转换电路，将脉冲信号转换成模拟电流量，进而指示瞬时流量值，如图 4-23所示。

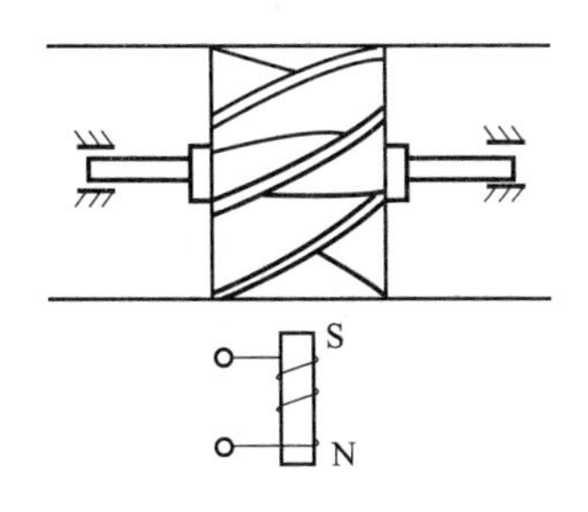

图 4-22　涡轮流量计结构原理示意图

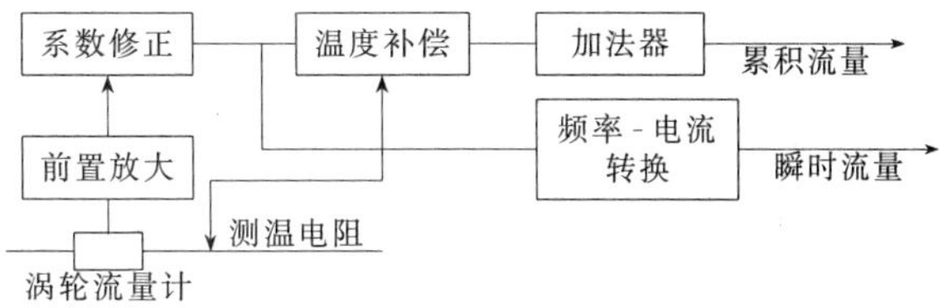

图 4-23　涡轮流量计总体原理框图

4.2.5　旋涡流量计

旋涡流量计应用流体振动原理测量流量。目前应用的有两种：一种是应用自然振动的卡曼旋涡列原理，相应的流量计又称为卡曼涡街流量计；另一种是应用强迫振动的旋涡旋进原理，相应的流量计称为旋进式旋涡流量计。

旋涡流量计的特点是管道内无可动部件，使用寿命长，线性测量范围宽，几乎不受温度、压力、密度、黏度等变化的影响，压力损失小，精确度等级为 0.5～1.0 级。仪表的输出是与体积流量成比例的脉冲数字信号。旋涡流量计对气体、液体都适用。

涡街流量计的测量方法基于流体力学中的卡曼涡街原理。把一个旋涡发生体（如圆柱体、三角柱体等非流线型对称物体）垂直插在管道中，当流体绕过旋涡发生体时会在其左右两侧后方交替产生旋涡，形成涡列，且左右两侧旋涡的旋转方向相反。这种旋涡列就称为卡曼涡街。如图 4-24 所示。

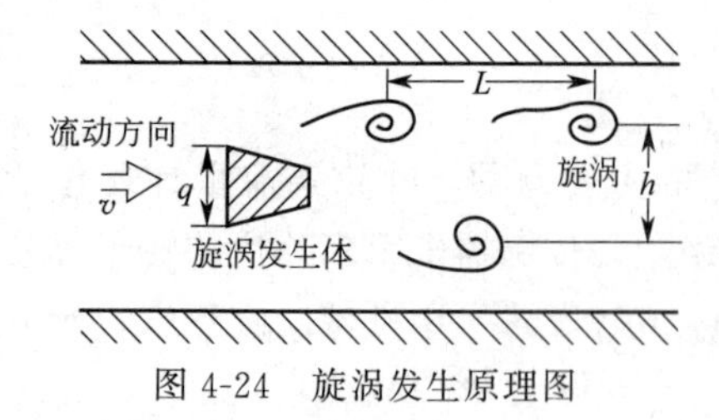

图 4-24　旋涡发生原理图

由于旋涡之间相互影响，旋涡列一般是不稳定的。而当两旋涡列之间的距离 h 和同列的两个旋涡之间的距离 L 满足公式 $h/L=0.281$ 时，非对称的旋涡列就能保持稳定。此时旋涡的频率 f 与流体的平均流速 v 及旋涡发生体的宽度 d 有如下关系：

$$f=S_t v/d \tag{4-8}$$

式中，S_t为斯特劳哈尔系数，与旋涡发生体宽度 d 和流体雷诺数 Re 有关。在雷诺数 Re 为 $2\times10^4\sim7\times10^6$ 的范围内 S_t为一常数，而旋涡发生体宽度 d 也是定值，因此旋涡产生的频率 f 与流体的平均流速 v 成正比。再根据体积流量与流速的关系，可推导出体积流量 q_v与旋涡频率 f 的关系式：

$$q_v=f/K \tag{4-9}$$

式中，K 为流量计流量系数，其物理意义是每升流体的脉冲数。当流量计管道内径 D 和旋涡发生体宽度 d 为确定值时，K 值也随之确定。

当测量气体流量时，涡街流量计的流量计算公式为

$$q_{vn}=q_v\frac{pT_nZ_n}{p_nTZ}=\frac{f}{K}\times\frac{pT_nZ_n}{p_nTZ} \tag{4-10}$$

式中，p_n，T_n 分别为标准状态下压力和温度；Z，Z_n 分别为工作状态下和标准状态下的气体压缩系数；q_{vn}为标准状态下（20℃，101.325kPa）体积流量；p，T 分别为工作压力和温度。

从式(4-8) 可知，在一定的雷诺数 Re 范围内，体积流量 q_v 与旋涡的频率 f 成线性关系。只要测出旋涡的频率 f 就能求得流过流量计管道流体的体积流量 q_v。

4.2.6　超声流量计

超声流量计（简称 USF）是通过检测流体流动对超声束（或超声脉冲）的作用来测量流量的仪表。近 20 多年来超声流量计不仅用于工业生产过程，还用于医疗、环保、海洋河流测试等领域，适于测量不易接触和观察的流体以及大管径流量。

超声流量计测量精确度几乎不受被测流体温度、压力、黏度、密度等参数的影响，又可制成非接触及便携式测量仪表，可解决其他类型仪表所难以测量的强腐蚀性、非导电性、放射性及易燃易爆介质的流量测量问题。封闭管道用超声波流量计按测量原理主要有传播时间法和多普勒效应法等。

超声流量计主要特点包括：可作非接触测量，检测件内无阻碍物，无可动易损零部件，不干扰流场，不会堵塞，适用于测量脏污流、混相流等被测介质。无附加压力损失，可用于大口径能源（水、空气等）计量，节约泵能耗。夹装式换能器在工艺管道外部任意选择位置安装，可适用于高压、易爆、高黏度、易挥发、强腐蚀、放射性介质等，测量范围广泛。多普勒效应法适用于测量固相含量较多或含有气泡的液体；而传播时间法只能用于清洁液体和气体，不能测量悬浮颗粒和气泡超过某一范围的液体。相对而言多普勒效应法测量精度不高。

4.2.7　容积流量计

容积式流量计又称定排量流量计（Positive Displacement Flow Meter，PDF），在全部

流量计中属于最准确的一类流量计，广泛用于计量昂贵介质的总量或流量，如流程工业中进药液注入、抽出或混合配比控制；化学液中添加剂的定量注入；向食品流体和化妆品添加香料；涂装线涂料的定量供给；石油制品等的储运交接和分发等计量以便作为财务核算的依据或作为纳税和买卖双方执行合同的法定计量。容积式流量计相对庞大笨重，尤其是大流量、大口径仪表，逐渐被涡轮式、电磁式、涡街式和科里奥利质量式替代一部分。

容积式流量计利用机械测量元件把流体连续不断地分割成单个已知的体积部分，根据计量室逐次、重复地充满和排放该体积部分流体的次数来测量流量体积总量。

容积式流量计主要品种有椭圆齿轮流量计、腰轮流量计、膜式气体流量计等。

(1) 椭圆齿轮流量计

椭圆齿轮流量计的测量部分主要由两个相互啮合的椭圆齿轮及其外壳（计量室）所构成，如图 4-25 所示。两个椭圆齿轮具有相互滚动进行接触旋转的特殊形状。p_1 和 p_2 分别表示入口压力和出口压力，显然 $p_1 > p_2$，图 4-25(a) 下方齿轮在两侧压力差的作用下，产生逆时针方向旋转，为主动轮；上方齿轮因两侧压力相等，不产生旋转力矩，为从动轮，由下方齿轮带动，顺时针方向旋转。在图 4-25(b) 位置时，两个齿轮均在差压作用下产生旋转力矩，继续旋转。旋转到图 4-25(c) 位置时，上方齿轮变为主动轮，下方齿轮则成为从动轮，继续旋转到与图 4-25(a) 相同位置，完成一个循环。

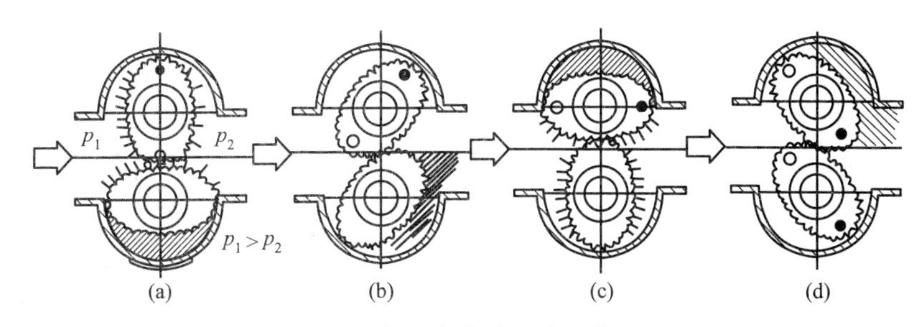

图 4-25　椭圆齿轮流量计工作原理

椭圆齿轮每转一周所排出的流体总量为半月形容积 v 的 4 倍，则通过椭圆齿轮流量计的体积流量 q_v 为：

$$q_v = 4nv$$

式中，n 为齿轮的转动次数。

这样，在椭圆齿轮流量计的半月形容积 v 一定的条件下，只要测出椭圆齿轮的旋转速度 n，便可知道被测介质的流量。

(2) 容积式流量计特点

计量室保持一定体积，很少受紊流及脉动流量的影响，因此计量准确度高。受测量介质的黏度等物理性质、流动状态的影响小，特别适用于浆状、高黏度液体计量；对低黏度流体也适用；还可测量其他流量计不易测量的脉动流量。耐高温高压，安装要求不高，流动状态变化对测量精度影响小，故对流量计前后的直管段无严格要求。但是容积式流量计结构复杂，体积大，笨重，尤其较大口径容积式流量计体积庞大，故一般只适用于中小口径。由于高温下零件热膨胀、变形，低温下材质变脆等问题，容积式流量计一般不适用于高低温场合。目前可使用温度范围大致在－30～＋160℃，压力最高为 10MPa。部分形式容积式流量计仪表（如椭圆齿轮式、腰轮式、旋转活塞式等）在测量过程中会给流动带来脉动，较大口径仪表还会产生噪声，甚至使管道产生振动。

4.3 质量流量计

4.3.1 科里奥利质量流量计

(1) 测量原理

基于流体在振动管中流动时将产生与质量流量成正比的科里奥利力（简称“科氏力”），图 4-26 是一种 U 形管式科氏力流量计的示意图。

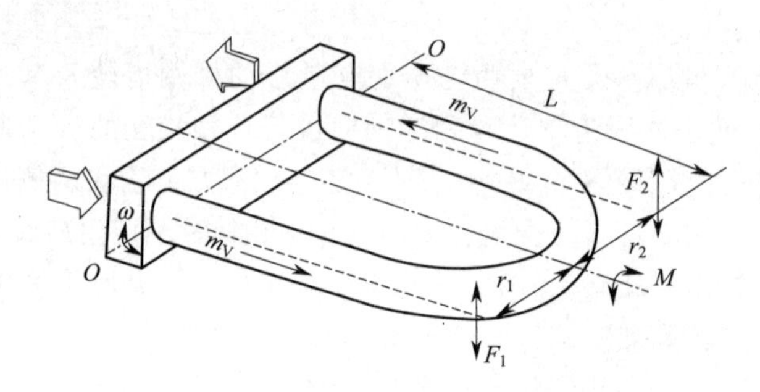

图 4-26 U 形管式科氏力流量计测量原理

U 形管的两个开口端固定，流体由此流入和流出。在 U 形管顶端装上电磁装置，激发 U 形管以 O-O 为轴，按固有的自振频率振动，振动方向垂直于 U 形管所在平面。U 形管内的流体在沿管道流动的同时又随管道作垂直运动，此时流体就会产生一科里奥利加速度，并以科里奥利力反作用于 U 形管。由于流体在 U 形管的两侧的流动方向相反，因此作用于 U 形管两侧的科氏力大小相等方向相反，于是形成一个作用力矩。U 形管在该力矩的作用之下将发生扭曲，扭转的角度与通过流体的质量流量成正比。如果在 U 形管两侧中心平面处安装两个电磁传感器测出 U 形管扭转角度的大小，就可以得到所测质量流量，其关系式为：

$$q_{m}=\frac{K_{s}\theta}{4\omega r} \tag{4-11}$$

式中，θ 为扭转角；K_s 为扭转弹性系数；ω 为振动角速度；r 为 U 形管跨度半径。

另外也可以由传感器测出 U 形管两侧中心平面的时间差 Δt，它与质量流量的关系式为

$$q_{m}-\frac{K_{s}\theta}{8r^{2}}\Delta t \tag{4-12}$$

此时所得测量结果与振动频率及角速度均无关。

(2) 科氏力流量计分类

有多种分类方法：如按用途分类，可分为液体用和气体用；按测量管形状分类，有弯管型、直管型；按测量管段数分类，有单管型、双管型。

(3) 科氏力流量计结构

以常见的 U 形测量管为例。如图 4-27 所示为单 U 形管，如图 4-28 所示为双 U 形管。

在单 U 形测量管结构中，电磁驱动系统以固定频率驱动 U 形测量管振动，当流体被强制接受管子的垂直运动时，在前半个振动周期内，管子向上运动，测量管中流体在驱动点前产生一个向下压的力，阻碍管子的向上运动，而在驱动点后产生向上的力，加速管子向上运动。这两个力的合成，使得测量管发生扭曲；在振动的另外半周期内，扭曲方向则相反。测

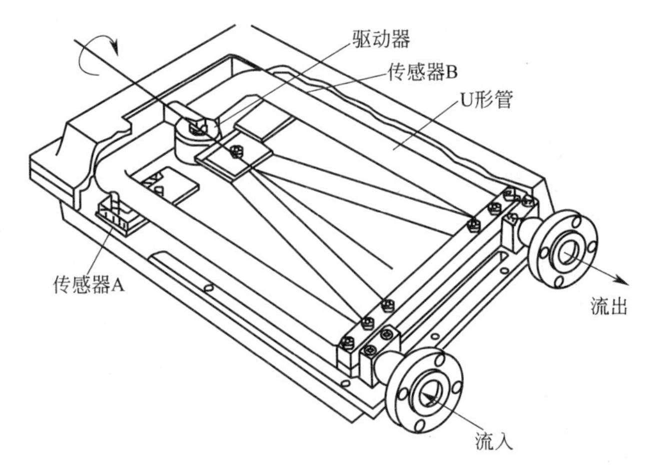

图 4-27　单 U 形管结构

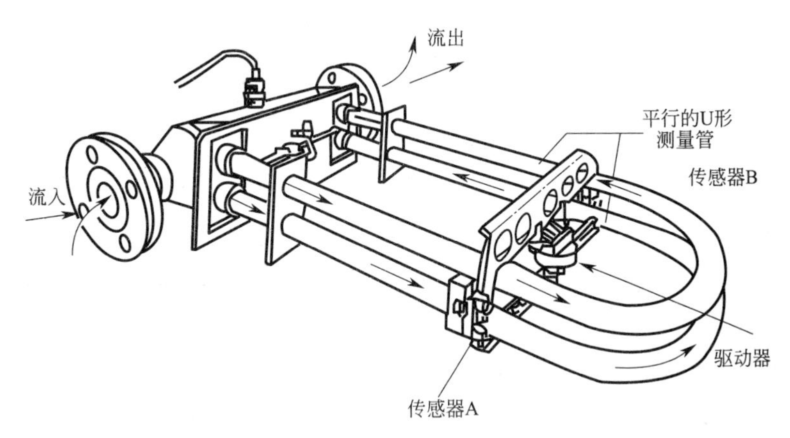

图 4-28　双 U 形管结构

量管扭曲的程度，与流体流过测量管的质量流量成正比，在驱动点两侧的测量管上安装电磁感应器，以测量其运动的相位差，这一相位差直接正比于流过的质量流量。

在双 U 形测量管结构中，两根测量管的振动方向相反，使得测量管扭曲相位相差 180°。相对单测量管型来说，双管型的检测信号有所放大，流通能力也有所提高。

(4) 科氏力流量计特点

可以直接测量质量流量，不受流体物性（密度、黏度等）影响，测量精度高。测量值不受管道内流场影响，无上、下游直管段长度的要求。可测量各种非牛顿流体以及黏滞的和含微粒的浆液。可作多参数测量，如同期测量密度、溶液中溶质所含浓度。

影响测量精度因素较多，如零点不稳定形成零点漂移；管路振动；测量管路腐蚀与磨损、结垢等。不能用于低密度气体的测量，液体中含气量较大会影响测量值。阻力损失较大。

(5) 科氏力流量计的选用注意事项

大部分科氏力流量计只适合测量液体，如果要测量气体，须明确在什么工况下使用。科氏力流量计对被测液体的黏度适应性范围宽，从低黏度的液化石油气到高黏度原油和沥青液，适用于非牛顿流体和液固双相流体，如乳胶、悬浮高岭土液、巧克力、肉糜浆等。用于混相流测量时，气液混合物中气泡小且分布均匀，以及液固混合物中含少量固体杂质是可以应用的。要注意游离气体的排出，注意测量管的磨损和堵塞。

(6) 科氏力流量计安装使用注意事项

① 由于测量管形状和结构设计的差异，同一口径相近流量范围不同型号的流量计尺寸和重量差别很大。有些可以直接接到管道上，有些需要加支撑。

② 注意安装姿势和位置，要使测量管内充满液体，避免测量管内残留固形物、滞留气体等。一般来说装于自下而上流动的垂直管道较为理想，但是对于非直形测量管的流量计装在垂直管道还是水平管道上取决于管道振动情况和应用条件。

③ 科氏力流量计上下游设置截止阀，并保证无泄漏。控制阀应装在流量计下游，流量计保持尽可能高的静压，以防止发生气蚀和闪蒸。

④ 注意现场脉动和振动频率是否接近科氏力流量计的共振频率，可采取设置脉动衰减器等措施。

⑤ 科氏力流量计法兰与管道法兰连接旋紧螺栓时要均匀，避免产生应力。

⑥ 定期监测、清洗测量管道，尤其是强磨蚀性浆液测量管。

⑦ 注意零点漂移和调零。调零必须在安装现场进行，流量传感器排尽气体，充满待测流体后再关闭上下游阀门，在接近工作温度的条件下调零。

4.3.2 热式质量流量计

热式质量流量计是利用传热原理检测流量的仪表，即根据流动中的流体与热源（流体中外加热的物体或测量管外加热体）之间热量交换关系进行测量；主要测量气体；有两大类，即热分布式和浸入式（或插入式）。

(1) 热分布式质量流量计

这种流量计的加热及测温元件都置于流体管道外，与被测流体不直接接触。热分布式质量流量计结构如图 4-29 所示。

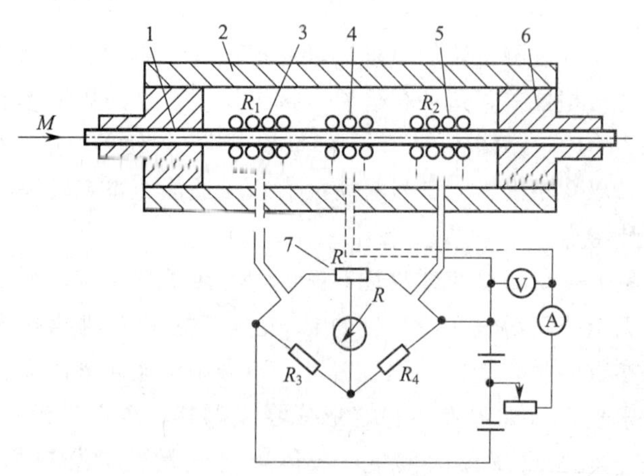

图 4-29　热分布式质量流量计

1—测量导管；2—等温外壳；3，5—测温线圈；4—加热线圈；6—黄铜套；7—调零电阻；8—检流计

仪表的测量导管，为薄壁小口径镍管，镍管外部两侧缠绕铂电阻丝 3，5 作为测温线圈，并作为测量电桥的两臂 R_1、R_2。两测温线圈的中间缠绕着锰铜丝加热线圈 4，作为仪表的加热器。当流体静止时，由于测温线圈对称地安装在加热器两侧且阻值相等（各 100Ω 左

右），因此测量电桥处于平衡状态。当气体流量流动时，气体将上游的部分热量带给下游，因而上游段温度下降，而下游段温度上升，破坏了加热器的温度场，根据两组线圈的平均温差 ΔT 即可求得质量流量。

$$q_{\mathrm{m}}=\frac{K}{c_{\mathrm{p}}}\Delta T \tag{4-13}$$

式中，K 为与检测件形状有关的常数；c_{p} 为气体的定压比热容。

（2）浸入式热式质量流量计

如图 4-30 所示，两温度传感器（热电阻）分别置于两金属细管内，一根用于测量气体温度 T，另一根由加热功率 P 加热至温度 T_{v}。当气体流过检测件时，该温度将随气流流速而变，这时加热功率 P 与温差 $\Delta T=T_{\mathrm{v}}-T$ 以及气体质量流量关系式如下：

$$P/\Delta T=D+Eq_{\mathrm{m}}^{K} \tag{4-14}$$

式中，D 为与实际流动有关的常数；E 为与所测气体物性如热导率、比热容、黏度等有关的系数；K 为常数，取值范围 1/3～1/2。

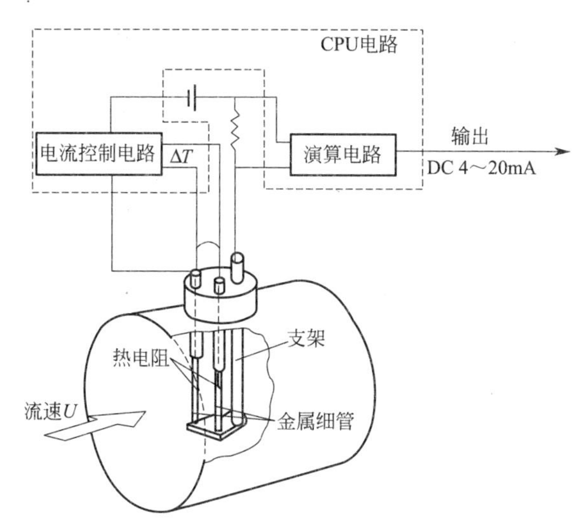

图 4-30　浸入式热式质量流量计原理

（3）热式质量流量计特点

① 热分布式质量流量计的主要特点：直接测量质量流量无需温压补偿；非接触式，无活动部件，无阻流件，压力损失小，可靠性高；可测量低流速微小气体流量，最低 5mL/min（标准状态）；要求气体介质干燥洁净，不含水分、油等杂质；分流型可获线性特性，可用于测量大、中气体流量，使用时要保证分流比恒定；动态响应慢，时间常数 5s 左右。

② 浸入式热式质量流量计的主要特点：直接测量质量流量无需温压补偿；无活动部件，可靠性高；适用于大口径、非圆截面管道、现场空间狭窄处测量（插入式）；检测件为带不锈钢外壳的铂电阻传感器，对于气体中的粉尘、固体颗粒、油分、水分不敏感。插入式可以不断流取出维修更换。可用于测量脏污流体测量。

（4）热式质量流量计的选用

① 针对小、微量气体流量，热分布式质量流量计可用于单一组分气体或固定比例的混合气体测量。

② 大口径流量测量中可选用插入式浸入式热式质量流量计。

(5) 热式质量流量计安装使用注意事项

① 安装姿势方面，大部分热分布式的质量流量计可任何姿势（水平、垂直或倾斜）安装，只要在安装好后在工作条件压力、温度下作电气零点调整，但是有些仪表则对安装姿势敏感，必须严格按说明书进行。大部分浸入式热式质量流量计性能不受安装姿势影响，但是在低流速时要严格按说明书进行。

② 前置直管段方面，热分布式不敏感，而带测量管的浸入式流量传感器和插入式仪表需要一定长度前置直管段，按制造厂家建议值设置。

③ 连接热式质量流量计的管道在常见范围内的振动不会产生振动干扰；而插入式热式质量流量计的检测杆必须固定于管道并避开振动场所。

④ 热式质量流量计响应时间长，不适用于脉动流。

4.3.3 间接式质量流量计

间接法又称推导法，测出流体的体积流量以及密度（或温度和压力），经过运算求得质量流量。主要应用压力温度补偿式质量流量计。

间接式质量流量计的工作原理是，在测量体积流量的同时测量被测流体密度，再将体积流量和密度结合起来求得质量流量。密度的测量还可以通过压力和温度的测量来得到。几种间接式质量流量计组合示意图参见图 4-31。

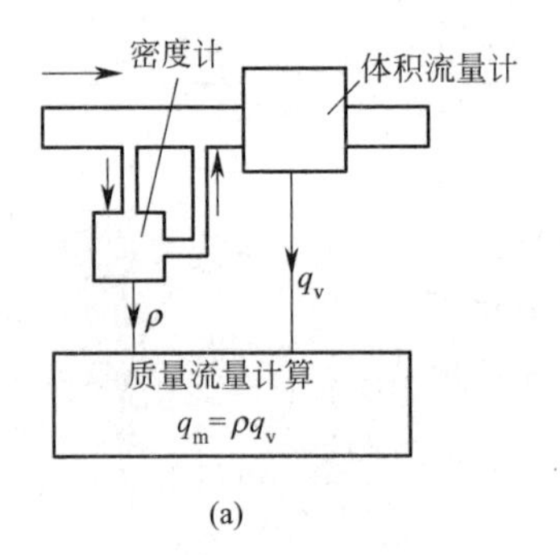

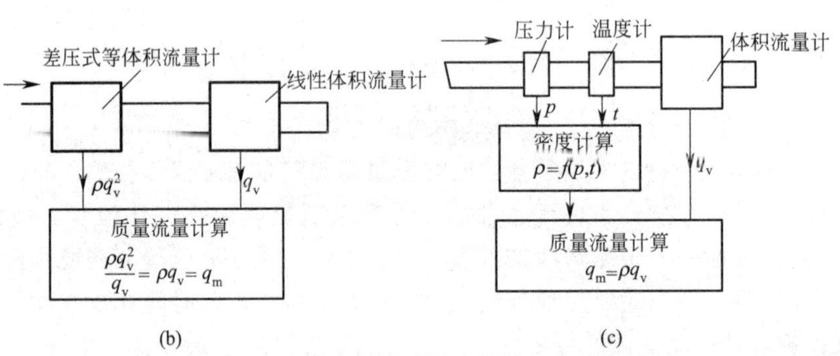

图 4-31 几种间接式质量流量计组合示意图

从图 4-31 中看到，间接式质量流量计结构复杂。目前多将微机技术用于间接式质量流量计中以实现有关计算功能。

4.4 流量测量仪表现场校验

流量计在出厂之前已按检定规程经过检定。有些种类流量计，如涡街流量计、电磁流量计、涡轮流量计、科氏力质量流量计等还在流量标准装置上通入校准流体，对被检表进行逐台校准，对刻度进行标定。但是出厂检定合格的流量计安装到使用现场后，一般还得经过流量计示值准确性的现场验证。这是因为一台流量计安装到使用现场后，往往还要同其他相关联的仪表（如二次表）配套，连同被测对象一起组成流量测量系统，并在特定的使用环境中运行。一个流量测量系统中所包含的各台计量器具可能全部是合格的，但组成一个流量测量系统时，如果器具选型不当、量程选择不当、器具之间匹配不合适、安装不合理、环境恶劣使器具不能适应、测量对象对器具测量范围度要求太高等原因，都会造成系统误差太大。因此在现场进行流量计示值校验是一项重要的工作。在使用现场对流量测量系统进行校验，一般包括零点校验和零点以外的示值校验，通常先进行零点校验，在零点正常后，如果有条件才进行其他点的示值校验。

4.4.1　零点校验

零点校验时，先使流过流量计的流量为零，然后读取流量显示仪表的示值。零点校验容易实施，但需注意如下各点。

① 保证通过流量计的流体流量确实为零。

② 在流量计测量通道中必须充满被测介质。这一点对于电磁流量计尤为重要，因为测量管空管时，电极之间开路，使示值超过满度，致使大多数电磁流量计在空管时都会指向满度值。

③ 小信号切除问题。对于以模拟信号输出的流量计，由于模拟电路难免有些漂移，导致零点出现微小的偏移。通常用小信号切除的方法予以解决，但是切除点以下的小流量信号也一起被切除了，所以切除点不能定得太高。现在很多流量仪表可通过编程设置切除点。有些变送器（例如差压变送器）由于安装位置有一定的倾斜，或因承受机械应力，导致零点漂移，不能用小信号切除的方法解决，只能用零点校准的方法解决。

④ 振动对涡街流量计零点的影响。涡街流量计在测量管充满被测介质时，如果零点示值偏高，一般都可通过噪声平衡调整和触发电平调整使输出回零。但若安装现场振动较严重，往往无法用仪表调整的方法解决问题，因为将触发电平调得太高，或将放大器增益调得太小，必将导致提高可测最小流量值，甚至在流量较大时涡街所产生的信号仍低于触发门槛值，而被当作噪声予以滤除。这时就得另想办法，例如减小振动，换上耐振性更佳的仪表等。

⑤ 涡街流量计在零流量时易引入干扰，主要是因为其传感器前置放大器的变增益特性。微弱的信号送入涡街流量计的前置放大器，该放大器为了将幅值悬殊的频率信号放大到幅值近似相等的信号，采用了变增益放大器，即流速高时输入频率高、增益小，流速低时输入频率低、增益大，当然，输入频率为零时，增益最大，这时，各种干扰也一同被放大了很多倍，而高于触发器的门槛值，最终被当作信号送到输出端。

4.4.2　示值校验

示值校验需注意如下各点。

(1) 校验前的准备工作

要预留校验口和切断阀，在仪表安装时就已设置好。如果只设置出料校验口，则只能用流量计实际被测流体校验；如果既装设了出料校验口又装设了进料校验口，就也可用其他合适的流体校验。

(2) 用容积法进行校验

用容积法对被校表进行校验，其管道连接如图 4-32 所示。适用于液体流量校验，流量校验点一般取被校流量计常用流量，可在不影响生产操作的情况下实施校验。标准容器的容量不应小于 1min 的输送量。

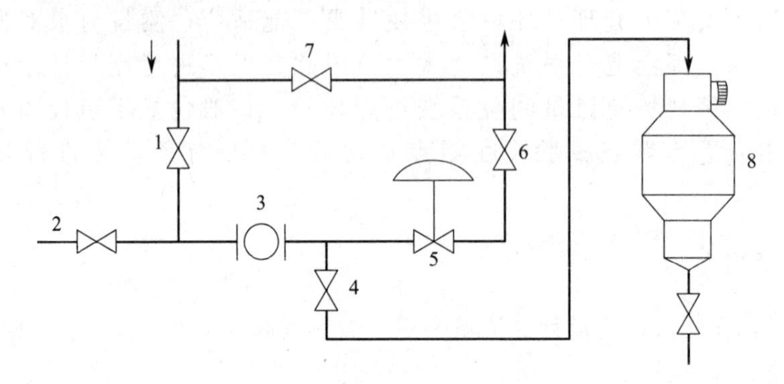

图 4-32　容积法校验系统

1—上游切断阀；2—进料校验口；3—被校表；4—出料校验口；5—调节阀；6—下游切断阀；7—旁通阀；8—标准容器

(3) 用称量法进行校验

用称量法对被校表进行现场校验，其管路连接如图 4-33 所示。

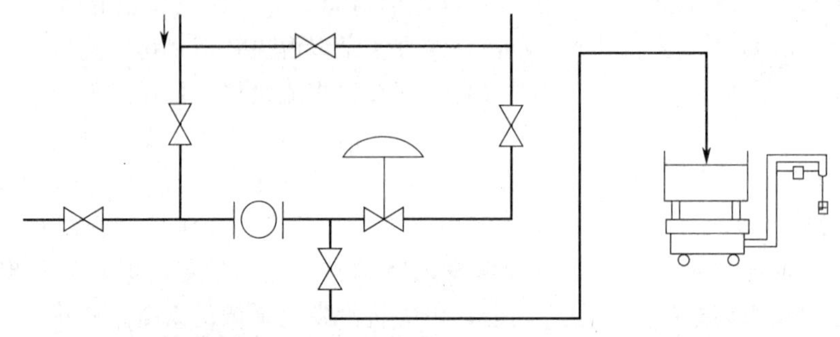

图 4-33　称量法现场校验管路连接

计算标准装置测得的体积值并进一步计算被校表误差。称量法在现场校验中比容积法用得多，原因是标准秤比标准容器容易得到，灵活性也更大。

(4) 用标准表法进行校验

容积法和测量法只能用液体进行校验，而标准表法既适用于液体又适用于气体。用标准表法进行现场校验，流程如图 4-34 所示。

标准表的选择灵活性很大，对于液体，可选精确度优于 0.2 级的涡轮流量计；对于气体，流量不大时选用煤气表，流量较大时，选用临界流流量计。连接管道时应注意以下各点。

① 保证前后直管段。

② 保证管道中充满被测流体。因此，当被测流体为液体时，常将管道末端向上翻高，如图 4-34 所示。当被测流体为气体时，如果气体状态偏离标准状态较远，则需进行压缩系数修正。

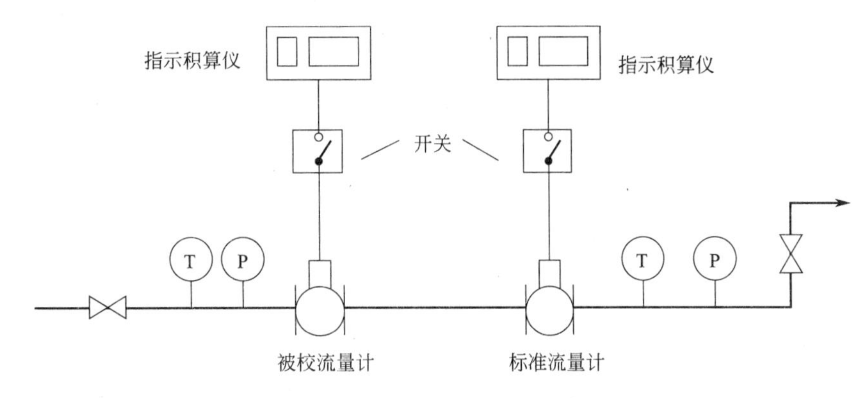

图 4-34　标准表法现场校验管路连接

③ 在用标准表法对现场流量计进行校验时，由于被校流量计和标准流量计安装在同一根管道上，而且相隔距离又很近，两台表很容易相互影响引起误差增大，甚至无法工作。例如，用科氏力质量流量计对现场的一台科氏力质量流量计进行校验时，两台仪表都应用支架固定牢固，如果两台表的振动相互干扰难以消除，可在两台表之间用一段挠性管连接。

在用旋转式容积流量计作标准表对涡街流量计等进行校验时，应注意旋转式容积流量计工作时可能引发的流动脉动对被校表的影响。

对于涡街流量计等流动脉动非常敏感的仪表，应避免采用容易引发流动脉动的标准表，或在被校表和标准表之间增设阻尼器。

(5) 用夹装式超声流量计进行校验

上面所述的三种方法（容积法、称量法、标准表法）都不适用于高温高压流体、易燃易爆流体、强腐蚀流体以及有毒有害流体。用夹装式超声流量计进行现场校验在安全方面具有独特的优点，因为超声探头被夹装在管道外面，对管道内流体的流动毫无影响。但是超声流量计精确度欠佳，所以用其作校验，实为作比对或验证。

4.5　流量检测仪表的选用

各种流量测量方法都是建立在不同的原理上，相应的各种流量计具有各自不同的特点和适用场合。因此要综合仪表自身特点、对象特点、安装条件、使用环境以及经济性等诸多因素来选用流量测量仪表。

4.5.1　仪表选型步骤

仪表选型步骤如下。

① 明确是否真有必要安装流量仪表。如果只是希望知道流体是否在管道中流动和大致的数量值，则选用廉价的流量指示器即可。

② 确定要安装流量测量仪表后，可按表 4-3 中所列初选流量测量方法和仪表。对候选仪表，从仪表性能、流体特性、安装条件、环境条件和经济因素方面进行综合比较分析。各方面考虑因素参见表 4-4。

③ 逐步淘汰不合适的候选仪表，直至最终留下一种合适的仪表作为选中仪表。

表 4-3　流量测量方法和仪表初选表

符号说明：
√最适用
△通常适用
? 在一定条件下适用
×不适用
输出特性：SR 平方根
L 线性

类型	方法	流体特性与工艺过程条件																				测量性能								安装条件	
		液体														气体															
		流体特性									工艺过程条件																				
		清洁	脏污	含颗粒纤维浆	腐蚀性浆	腐蚀性	黏性	非牛顿流体	液液混合	液气混合	高温⑧	低温	小流量	大流量	脉动流	一般	小流量	大流量	腐蚀性	高温⑧	蒸汽	精确度	最低雷诺数	范围度	压力损失	输出特性	高精度流量适用性	高精度总量适用性	公称通径范围/mm	传感器安装方位和流动方向	上游直管段长度要求
差压式	孔板	√	√①	×	×	△	√③	?	√	△	√	√	△	√	?	√	△	△	△	√	√	中	2×10^4	小	中～大	SR	?	×	50～1000	任意	短～长
	喷嘴	√	?	×	×	△	△	?	√	△	√	?	×	√④	?	√	△	△	△	√	√	中	1×10^4	小	小～中	SR	?	×	50～500	任意	短～长
	文丘里管	√	△	×	×	△	△	?	√	△	√	?	×	√	?	√	△	△	△	√	√	中	7.5×10^4	小	小	SR	?	×	50～1200(1400)	任意	很短～中
	弯管	√	△	△	△	△	×	?	√	△	?	?	×	√	?	√	×	×	△	?	×	低	1×10^4	小	小	SR	×	×	>50	任意	很短～中
	楔形管	√	√	√	√	△	√	?	√	△	△	△	×	×	?	×	×	×	×	?	×	低	5×10^2	小～中	中	SR	×	×	25～300	任意	短～中
	均速管	√	×	×	×	△	×	×	√	△	√	√	×	√	?	√	×	√	△	√	√	低	10^4	小	小	SR	×	×	>25	任意	短～中
浮子式	玻璃锥管	√	×	×	×	△	△	×	×	×	×	×	√	×	×	√	√	×	△	×	×	低～中	10^4	中	中	L	×	×	1.5～100	垂直从下向上	无
	金属椎管	√	×	×	×	△	△	×	×	×	△	×	√	×	×	√	√	×	△	×	√	中	10^4	中	中	L	?	×	10～150		无
容积式	椭圆齿轮	√	×	×	×	×	△	×	△	×	?	×	√	×	×	×	×	×	×	×	×	中～高	10^2	中	大	L	×	√	6～250	水平⑦或垂直	无
	腰轮	√	×	×	×	×	△	×	△	×	?	×	×	√④	×	√	×	×	×	×	×	中～高	10^2	中	大	L	×	√	15～500		无
	刮板	√	×	×	×	×	△	×	△	×	×	×	×	×	×	×	×	×	×	×	×	中～高	10^3	中	大～很大	L	×	√	15～100		无
	膜式	√	×	×	×	×	×	×	×	×	×	×	×	×	×	√	√	×	×	×	×	中	2.5×10^2	大	小	L	×	√	15～100	水平	无
涡轮式		√	×	×	×	×	?	×	△	△	×	√	×	√④	×	√	×	×	×	×	×	中～高	10^4	小～中	中	L	×	√	10～500	任意	短～中
电磁式		√	√	√	√	√	√	√	√	?	×	?	√	√	√	×	×	×	×	×	×	中～高	无限制	中～大	无	L	√	√	6～3000	任意	无～中
旋涡式	涡街	√	△	△	×	?	×	×	△	×	√	√	×	×	×	√	×	√⑥	×	√	√	中	2×10^4	小～中	小～中	L	√	√	任意	任意	很短～中
	旋进	√	×	×	×	×	×	×	×	×	×	×	×	×	×	√	×	×	×	×	×	中	1×10^4	中～大	中	L	?	×	任意	任意	很短
超声式	传播速度差法	√	×	×	×	×	?	?	△	×	?	?	×	√	√	?	×	×	?	×	×	中	5×10^3	中～大	无	L	?	×	任意	任意	短～长
	多普勒法	√	√	√	√	√	×	?	√	△	?	×	×	△	×	×	×	×	×	×	×	低	5×10^3	小～中	无	L	?	?	任意	任意	短
靶式		√	√	×	×	×	?	?	√	△	?	×	×	×	?	×	×	×	×	×	×	低～中	2×10^3	小	中	SR	×	×	15～200	任意	短～中
热式		×	×	×	×	×	×	×	×	×	×	×	×	×	×	√	×	×	×	×	×	中	10^2	中	小	L	?	×	4～30	任意	无
科氏力质量式		√	√	△	×	?	√	√	△	?	?	?	×	×	?	?⑤	×	×	?⑤	×	×	高	无数据	中～大	中～很大	L	×	×	6～150	水平或任意⑦	无
插入式(涡轮，电磁，涡街)		√	②	②	×	②	②	②	②	②	②	②	×	√	②	√	×	√	×	×	×	低	无数据	②	小	L	√	△	>100	②	中～长

注：√—最适用；△—通常适用；? —在一定条件下适用；×—不适用；SR—平方根；L—线性。

①圆缺孔板。②取决于测量头类型。③四分之一圆孔板、锥形入口孔板。④500mm 管径以下。⑤只适用高压气体。⑥250mm 管径以下。⑦取决于传感器结构。⑧>200℃。

表 4-4　流量计选型考虑因素

仪表性能方面	精确度，重复性，线性度，范围度，压力损失，上、下限流量，信号输出特性，响应时间
流体特性方面	流体压力，温度，密度，黏度，润滑性，化学性质，磨损，腐蚀，结垢，脏污，气体压缩系数，等熵指数，比热容，热导率，声速，导热系数，多相流，脉动流
安装条件方面	管道布置方向，流动方向，上下游管道长度，管道口径，维护空间，管道振动，接地，电源，气源，附属设备（过滤、消气），防爆
环境条件方面	环境温度，湿度，安全性，电磁干扰，维护空间
经济因素方面	购置费，安装费，维修费，校验费，使用寿命，运行费（能耗），备品备件

4.5.2　按仪表性能方面选用

由于测量目的不同，在对不同对象测量流量时对仪表性能各种因素选择有不同侧重点。在过程控制中多是连续测量流量，要求仪表具有良好的可靠性和重复性。在商贸结算和储运测量中对准确性要求较高。

（1）精确度方面

整体测量精确度要求多少？在较宽流量范围保持精确度，还是在某一特定范围即可？所选仪表的精确度能保持多久？是否易于校验？这些因素都要考虑。在流量控制系统中，检测仪表精确度要在整个系统控制精确度要求下确定，因为整个系统不仅有流量检测的误差，还有信号传输、控制调节、操作执行等环节的误差和各种影响因素，不能仅片面考虑流量测量仪表的精确度。另外，精确度概念是与仪表引用误差联系的，与仪表量程范围有关，这就意味着精确度高的仪表其测量误差不一定就小。

（2）重复性方面

重复性是指环境条件和介质参数等不变的条件下，对某一流量值短时间内同方向进行多次测量的一致性。重复性由仪表本身工作原理和制造质量决定的，应用时要求仪表重复性好。但是使用中如果流体性质参数（如密度、黏度等）的变化较大，会造成一些流量计测量重复性差，此时要考虑对被测流体参数的修正。

（3）线性度方面

流量仪表输出主要有线性和非线性平方根两种。大部分流量仪表的非线性误差已经包含在基本误差内。对于宽流量范围脉冲输出用作总量积算的仪表，线性度是一个重要指标，有时若在流量范围内用单一仪表系数，线性度差就会降低仪表精确度。随着微机技术在测量仪表中的普及应用，采用信号适配技术修正仪表系统非线性，以提高仪表精确度，扩大流量范围。如果在管道流量配比、流量相加或热量计要对温度差和流量相乘时，应选择线性输出的仪表，这样可以简化计算过程。

（4）上、下限流量和范围度方面

选择流量仪表的口径应按被测管道使用的流量范围和被选仪表的上、下限流量来确定，不能简单地按管道通径配用。大多情况下流量仪表上限流量的流速接近或略高于管道经济流速，仪表选择口径与管径相同的机会较多，安装比较方便。然而同一口径不同类型的仪表上限流量受各自工作原理和结构的约束，差别很大。此外，上限流量还需考虑不要因为流速过高而产生气穴现象。有些仪表流量上限值确定后不能改变，如容积式仪表和浮子式仪表。差压式仪表孔板等设计确定后下限流量不能改变，但上限流量变动可以调整差压变送器量程来适应。有些仪表则不经实流校验用户可以自行重新设定流量上限值，如某些型号的电磁流量计和超声流量计。

范围度是上限流量与下限流量之比值，该比值越大流量范围越宽。速度式流量计（电磁、涡轮、涡街、超声）的范围度比差压式流量计范围度大。通常线性仪表范围度 10∶1，非线性仪表范围度 3∶1。目前差压式流量计在范围度拓宽方面有所进展，如开发宽量程差压变送器或同时采用几台差压变送器切换来扩大范围度。要注意有些仪表范围度宽是尽量把最大上限流量的流速提得很高，如液体流速为 7～10m/s，气体流速为 50～75m/s，实际上这么高流速一般不用，范围度宽的关键是要有较低的下限流速。

(5) 压力损失方面

压力损失关系到能量消耗。除了电磁式、超声式等流量计外，大部分流量传感器要在流通通道中设置静止或活动检测元件或改变流动方向，产生随流量改变的不能恢复的压力损失。因此选表时要按照管道系统泵送能力和仪表进口压力等确定最大流量的容许压力损失，避免流动时产生过大压力损失而影响流通效率。有些液体还应注意过度的压降可能引发气穴现象和液相气化，造成测量精度降低和仪表损坏。

(6) 输出信号特性方面

仪表的输出信号有模拟量和数字量两种。模拟量输出一般适合于过程控制，测量仪表容易与控制回路其他单元仪表配接。脉冲量输出适合于总量和高精度测量流量。

(7) 响应时间方面

在脉动流动场所应注意仪表对流动阶跃变化的响应。瞬态响应时间常数在毫秒或秒级，响应频率在数百赫兹以下。如果配用显示仪表，可能延长响应时间。

按仪表性能进行仪表选型时，要注意各种性能指标不能单独考虑，因为要同时满足各项指标是相当困难的，因此要进行综合比较分析。

4.5.3 按流体特性方面选用

按流体类型等初步选定仪表品种后，还要考虑流体特性，进一步考虑对所选方案的适应性。这是因为流体的温度、压力、密度、黏度和润滑性、气体压缩系数及湿度、电导率、导热系数、腐蚀性、脏污结垢等流体特性对仪表应用有很大影响。

(1) 流体温度、压力的影响

测量气体时温度压力的变化会引起密度发生较大变化，影响到测量准确性。因此要作温度、压力的修正。测量气体时还要确认要得到的是标准状态下的还是工作状态下的体积流量。另外还要考虑流体的温度压力对流量仪表的结构强度和材质有无影响，特别是温度、压力的最大、最小值，以免影响使用寿命。

(2) 流体密度的影响

一般情况下液体密度可视为常数，不需修正。而在测量气体时，有些仪表的范围度和线性度取决于气体密度，通常要知道在标准状态下和使用状态下的密度，或者将流动状态的密度数值转换到某些公认的参比值。实际流量结算时经常采用质量流量，但通常测量体积流量居多，需要乘以密度值折算成质量流量，因此更应重视流体密度对测量结果的影响。

(3) 黏度与润滑性

黏度是判别牛顿流体和非牛顿流体的一个参数。气体是牛顿流体，各种气体黏度数值小，差别不明显，不会随温度压力的变化而有很大变化。大多数液体是牛顿流体。有些仪表只适用于牛顿流体，若测量非牛顿流体（例如油漆、巧克力、钻井泥浆、纸浆等）就会带来误差。有些仪表特性参数用管道雷诺数表示，而管道雷诺数是流体黏度、密度以及管道流速的函数。电磁式、超声式、科里奥利流量计的流量值在很宽的黏度范围内，可认为不受液体黏度影响。但是容积式、浮子式、涡轮式、涡街流量计受液体黏度影响较大，当黏度超过一定数值时影响过大而不能使用。大部分容积式仪表黏度增大范围度扩大，而涡轮式和涡街式流量计黏度增加而范围度减小。

润滑性与黏度有一定关系。润滑性对有活动测量元件的仪表（容积式或涡轮式）非常重要，有些液体特别是有机溶剂润滑性极差，会缩短仪表轴承寿命，进而影响仪表运行性能范围度。

(4) 化学腐蚀与结垢

流体化学腐蚀和结垢，会导致仪表接触零件受损，降低仪表性能和使用寿命。要针对不同腐蚀性流体，选择具有防腐蚀性能的仪表。

(5) 压缩系数和其他参量

知道气体压缩系数可以求得工作状态下的流体密度。某些流量测量方法还需要用到其他参量，如热式流量计的热传导和比热容、电磁流量计的液体电导率、超声流量计的声速等。

(6) 多相和多组分流

流量仪表都是测量单相流的。若是多相流或多组分流，或流动中液相与气相发生变化，会造成测量误差，甚至无法测量。一般浆液可用电磁流量计，或用专门设计的质量式、超声式和差压式流量计。

4.5.4 安装条件方面

各种流量计由于测量原理不同，则对安装条件提出不同要求。例如有些仪表（如差压式、涡轮式）需要长的直管段，以保证仪表进口端流动达到充分发展，而另有一些仪表（如容积式、浮子式）则无此要求或要求很低。安装条件方面需考虑的因素包括：仪表的安装方向、流动方向、上下游段管道状况、阀门位置、防护性配件、脉动流影响、振动、电气干扰和维护空间等。表 4-5 给出了常用流量计的一般安装条件。

表 4-5　常用流量计安装要求

符号说明：√可用 ×不可用 ？有条件下可用		传感器安装方位和流动方向				测双向流	上游直管段长度要求范围	下游直管段长度要求范围	装过滤器？			公称通径范围/mm
		水平	垂直由下向上	垂直由上向下	倾斜任意		(D/mm,公称直径)		推荐安装	不需要	可能需要	
差压式	孔板	√	√	√	√	√[2]	5～80	2～8		√		50～1000
	喷嘴	√	√	√	√	×	5～80	4		√		50～500
	文丘里管	√	√	√	√	×	5～30	4		√		50～1200(1400)
	弯管	√	√	√	√	√[3]	5～30	4		√		>50
	楔形管	√	√	√	√	√	5～30	4		√		25～300
	均速管	√	√	√	√	×	2～25	2～4			√	>25
浮子式	玻璃锥管	×	√	×	×	×	0	0			√	1.5～100
	金属椎管	×	√	×	×	×	0	0			√	10～150
容积式	椭圆齿轮	√	?	?	×	×	0	0	√			6～250
	腰轮	√	?	?	×	×	0	0	√			15～500
	刮板	√	×	×	×	×	0	0	√			15～100
	膜式	√	×	×	×	×	0	0		√		15～100
涡轮式		√	×	×	×	√	5～20	3～10			√	10～500
电磁式		√	√	√	√	√	0～10	0～5		√		6～3000

续表

符号说明： √可用 ×不可用 ？有条件下可用		传感器安装方位和流动方向				测双向流	上游直管段长度要求范围	下游直管段长度要求范围	装过滤器？			公称通径范围/mm
		水平	垂直由下向上	垂直由上向下	倾斜任意		(D/mm,公称直径)		推荐安装	不需要	可能需要	
旋涡式	涡街	√	√	√	√	×	1～40	5		√		50～300
	旋进	√	√	√	√	×	3～5	1～3		√		50～150
超声式	传播速度差法	√	√	√	√	√	10～50	2～5		√		>100(25)
	多普勒法	√	√	√	√	√	10	5		√		>25
靶式		√	√	√	√	×	6～20	3～4.5		√		15～200
热式		√	√	√	√	×	无数据	无数据	√			4～30
科氏力质量式		√	√	√	√	×	0	0		√		6～150
插入式(涡轮,电磁,涡街)		√	①	①	①	①	10～80	5～10	①			>100

注：√—可用；×—不可用；?—有条件下可用。

① 取决于测量头类型。② 双向孔板可用。③ 45°取压可用。

管道安装布置方向应该遵守仪表制造厂家规定。有些仪表水平安装和垂直安装对测量性能有较大影响；在水平管道可能沉淀固体颗粒，因此测量浆体的仪表最好装在垂直管道上。

通常在仪表外壳表面标注流体流动方向，必须遵守，因为反向流动可能损坏仪表。为防止误操作可能引起反向流动，有必要安装止回阀保护仪表。有些仪表允许双向流动，但正向和反向之间的测量性能也可能存在差异，需要对正反两个流动方向分别校验。

理想的流动状态应该是无旋涡、无流速分布畸变。大部分仪表或多或少受进口流动状况的影响，管道配件、弯管等都会引入流动扰动，可以适当调整上游直管段改善流动特性。对于推理式流量计，上下游直管段长度的要求是保证测量准确度的重要条件，具体长度要求参照制造厂家的建议。

流量计较准是在实验室稳定流条件下进行的，但是实际管道流量并非全是稳定流，如管路上装有定排量泵、往复式压缩机等就会产生非定常流（脉动流），增加测量误差。因此安装流量计必须远离脉动源处。

工业现场管道振动对流量计（涡街流量计、科里奥利质量流量计等）的测量准确性也有影响。可以对管道加固支撑、加装减震器等。

仪表的口径与管径尺寸不同，可用异径管连接。流速过低仪表误差增加甚至无法工作，而流速过高误差也会增加，同时还会因使测量元件超速或压力降过大而损坏仪表。

4.5.5 环境条件方面

环境条件因素包括环境温度、湿度、大气压、安全性、电气干扰等。仪表的电子部件和某些仪表流量检测部分会受环境温度变化的影响。湿度过高会加速大气腐蚀和电解腐蚀并降低电气绝缘，湿度过低则容易感生静电。电力电缆、电机和电气开关都会产生电磁干扰。应用在爆炸性危险环境，按照气氛适应性、爆炸性混合物分级分组、防护电气设备类型以及其他安全规则或标准选择仪表。有可燃性气体或可燃性尘粒时必须用特殊外壳的仪表，同时不能用高电平电源。如果有化学侵蚀性气氛，仪表外壳必须具有外部防腐蚀和气密性。有些场所还要求仪表外壳防水。

表 4-6 给出了常用流量计在各种环境条件下的适应性。

表 4-6　环境影响和适应性比较

符号说明： √可用 ×不可用		温度影响	电磁干扰、射频干扰影响	本质安全防爆适用	防爆型适用	防水型适用
差压式	孔板	中	最小～小	①	①	①
	喷嘴	中	最小～小	①	①	①
	文丘里管	中	最小～小	①	①	①
	弯管	中	最小～小	①	①	①
	楔形管	中	最小～小	①	①	①
	均速管	中	最小～小	①	①	①
浮子式	玻璃锥管	中	最小	√	√	√
	金属椎管	中	小～中	√	√	√
容积式	椭圆齿轮	大	最小～小	√	√	√
	腰轮	大	最小～小	√	√	√
	刮板	大	最小～小	√	√	√
	膜式	大	最小～小	√	√	×
涡轮式		中	中	√	√	√
电磁式		最小	中	×③	√	√
旋涡式	涡街	小	大	√	√	√
	旋进	小	大	×	×③	√
超声式	传播速度差法	中～大	大	×③	√	√
	多普勒法	中～大	大	√	√	√
靶式		中	中	×	√	√
热式		大	小	√	√	√
科氏力质量式		最小	大	√	√	√
插入式(涡轮、电磁、涡街)		最小～中	中～大	②	√	√

注：√—可用；×—不可用。

① 取决于差压计。② 取决于测量头类型。③ 国外有产品。

4.5.6　经济方面

经济方面不能只考虑仪表本身购置费用，还必须包括附件费、安装费、运行费、维护费、校验费、备品备件费等。表 4-7 给出了常用流量计经济性相对费用的比较。

表 4-7　经济性相对费用比较

		仪表购置费用	安装费用	流量校验费用	运行费用	维护费用	备件及修理费用
差压式	孔板	低～中	低～高	最低	中～高	低	最低
	喷嘴	中	中	中	中～高	中	低
	文丘里管	中	高	最低～高	低～中	中	中
	弯管	低～中	中	最低	低	低	最低
	楔形管	中	中	中	中	低	中
	均速管	低～中	中	中～高	低	低	低
浮子式	玻璃锥管	最低	最低	低	低	最低	最低
	金属椎管	中	低～中	低	低	低	低
容积式	椭圆齿轮	中～高	中	高	高	高	最高
	腰轮	高	中	高	高	高	最高
	刮板	中	中	高	高	高	最高
	膜式	低	中	中	最低	低	低
涡轮式		中	中	高	中	高	高
电磁式		中～高	中	中	最低	中	中

续表

		仪表购置费用	安装费用	流量校验费用	运行费用	维护费用	备件及修理费用
旋涡式	涡街	中	中	中	中	中	中
	旋进	中	中	高	中	中	中
超声式	传播速度差法	高	最低～中	中	最低	中	低
	多普勒法	低～中	最低～中	低	最低	中	低
靶式		中	中	中	低	中	中
热式		中	中	高	低	高	中
科氏力质量式		最高	中～高	高	高	中	中
插入式(涡轮、电磁、涡街)		低	低	中	低	低～中	低～中

各种流量计安装费用差别很大，如有的需要直管段、旁路管、截止阀等，费用不低甚至超过仪表本身。流量计运行费用主要是工作时能量消耗，包括电力消耗、气源耗能、大口径管道泵送能消耗等。商贸结算和储运发放用仪表为了维持准确度，必须花费资金配有校验装置。维护费用是仪表投入使用后保持正常工作所需费用，包括维护劳务和备用件费，有些进口仪表的备用件费用相对于整台仪表要贵得多。在选择仪表时要综合考虑性价比。

思考题与习题

4-1　体积流量与质量流量各有哪些检测方法？

4-2　简述差压流量计工作原理和特点。

4-3　节流装置有哪几类？什么是标准孔板？

4-4　差压信号管路有哪几种安装方式？

4-5　如何正确选用电磁流量计？

4-6　简述涡街流量计工作原理。

4-7　容积式流量计有何特点？

4-8　简述科里奥利力流量计工作原理及选用注意事项。

4-9　流量测量仪表为什么要进行现场校验？

4-10　如何正确选用流量检测仪表？

第 5 章 物位检测

物位包括三个方面：①液位，指设备或容器中液体介质液面的高低；②料位，指设备或容器中块状、颗粒状或粉末状固体堆积高度；③界位，指两种液体（或液体与固体）分界面的高低。生产过程中经常需要对物位检测，主要目的是监控生产的正常和安全运行，保证物料平衡。

5.1 物位检测方法

物位检测面临的对象不同，检测条件和检测环境也不相同，因而检测方法很多。归纳起来大致有以下几种方法。

（1）直读式

这种方法最简单也最常见。在生产现场经常可以发现在设备容器上开一些窗口或接旁通玻璃管液位计，用于直接观察液位的高低。该方法准确可靠，但只能就地指示，容器压力不能太高。

（2）静压式

根据流体静力学原理，静止介质内某一点的静压力与介质上方自由空间压力之差同该点上方的介质高度成正比。因此可通过压差来测量液体的液位高度。基于这种方法的液位计有差压式、吹气式等。

（3）浮力式

该方法指利用浮子高度随液位变化而改变，或液体对沉浸于液体中的沉筒的浮力随液位高度而变化的原理而工作。前者称恒浮力法，后者称变浮力法。基于这种方法的液位计有浮子式、浮筒式、磁翻转式等。

（4）机械接触式

该方法指通过测量物位探头与物料面接触时的机械力实现物位的测量。主要有重锤式、音叉式、旋翼式等。

（5）电气式

该方法指将敏感元件置于被测介质中，当物位变化时，其电气性质如电阻、电容、磁场等会相应改变。这种方法既适用于测量液位，又适用于测量料位。主要有电接点式、磁致伸缩式、电容式、射频导纳式等。

(6) 声学式

该方法指利用超声波在介质中的传播速度及在不同相界面之间的反射特性来检测物位，可以检测液位和料位。

(7) 射线式

放射线同位素所放出的射线（如γ射线等）穿过被测介质时会被介质吸收而减弱，吸收程度与物位有关。

(8) 光学式

该方法指利用物位对光波的遮断和反射原理工作，光源有激光等。

(9) 微波式

利用高频脉冲电磁波反射原理进行测量，相应地有雷达液位计。

在物位检测中，有时需要对物位进行连续测量，时刻关注物位的变化；而有时仅需要测量物位是否达到上限、下限或某个特定的位置，这种定点测量用的仪表被称为物位开关，常用来监视、报警及输出控制信号。物位开关有浮球式、电学式、超声波式、射线式、振动式等，其工作原理与相应的物位计工作原理相同。

5.2 常用物位检测仪表

5.2.1 浮力式液位计

浮力式液位计有浮子式、浮球式、浮筒式和磁翻转式等。浮力式液位计分类和特点见表 5-1。

表 5-1 浮力式液位计分类

<table>
<tr><th>类别</th><th>工作原理</th><th>用途</th><th>特点</th></tr>
<tr><td>浮子式液位计</td><td>基于浮力原理，利用漂浮于液面上的浮子升降位移反映液位的变化</td><td rowspan="4">就地指示，可附加电远传信号</td><td>受滑轮摩擦力影响较大</td></tr>
<tr><td>浮球式液位计</td><td>浮球置于液面上，通过连杆与转动轴相连，与转动轴另一端加载平衡重物的杠杆进行力矩平衡，再通过杠杆外侧指针变化指示液位高低</td><td>适用于温度、黏度较高而压力不太高的密闭容器的液位测量，安装维护方便，当用于液位波动频率快时，输出信号应加阻尼器</td></tr>
<tr><td>浮筒式液位计</td><td>浸没在液体中的浮筒所受浮力随液位浸没高度而变化</td><td>适用于介质密度和操作压力变化范围较宽场合的液位和分界面测量</td></tr>
<tr><td>磁翻转式液位计</td><td>在与容器连通的非导磁管内，带有磁铁的浮子随管内液位的升降，使紧贴该管外侧标尺上磁性翻板或翻球产生翻转，有液体的位置红色向外，无液体的位置白色向外，红白分界之处就是液位高度</td><td>就地指示观察效果好</td></tr>
</table>

5.2.2 差压式液位计

利用静压原理来测量。差压式液位计测量液位时，液位 h 与压差 Δp 之间的关系可简述如下。

设容器底部的压力为 p_B，液面上压力为 p_A，两者的距离即为液位高度 h，根据静力学原理，$\Delta p=p_B-p_A=h\rho g$，由于液体密度 ρ 一定，故压差与液位成一一对应关系，知道了压差就可以求出液位高度。对于敞口容器，p_A 为大气压力，只需将差压变送器的负压室通大气即可，如图 5-1(a) 所示。对于密闭容器，差压式液位计的正压侧与容器底部相通，负压侧连接容器上面部分的气空间，如图 5-1(b) 所示。如果不需要远传，可在容器底部或侧面液位零位处引出压力信号到压力表上，仪表指示的表压力直接反映对应的液柱静压，可根据压力与液位的关系直接在压力表上按液位进行刻度。

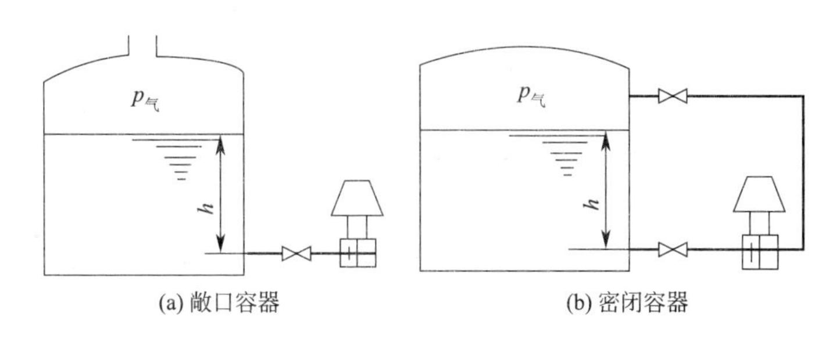

(a) 敞口容器　　(b) 密闭容器

图 5-1　静压式液位测量原理

在使用差压式液位计实际测量时，要注意零液位与检测仪表取压口（差压式液位计的正压室）保持同一水平高度，否则会产生附加的静压误差。但是现场往往由于客观条件的限制不能做到这一点，因此必须进行量程迁移和零点迁移。现以电动差压式液位计为例予以说明。

用电动差压式液位计测量液位时，其输出信号为 4～20mA 电流信号，如果按照图 5-1(b) 的安装方法，即当液位高度 $h=0$ 时，输出为 4mA，h 为最高液位时，输出为 20mA，而当 h 在零与最高液位之间时，则对应在 4～20mA 之间有一输出信号，这是液位测量中最简单的情况。为了区别于图 5-2 和图 5-3 所示情况，我们称它为“无迁移”。令正压室压力为 p_1，负压室压力为 p_2，则：

$$p_1=p_A+h\rho g \tag{5-1}$$

$$p_2=p_A \tag{5-2}$$

$$\Delta p=p_1-p_2=h\rho g \tag{5-3}$$

当 $h=0$ 时，$\Delta p=0$，此时差压式液位计输出信号为 4mA。

但如图 5-2 所示，差压式液位计的取压口不是与容器底部安装在同一水平面上，而是低于储槽底部，在实际应用中，则在液位为零时，液位计并不对应输出为 4mA，其输出信号中包含了静液柱的影响。为了提高测量精度，必须对差压式液位计进行量程迁移，缩小量程，消除静液柱的影响。

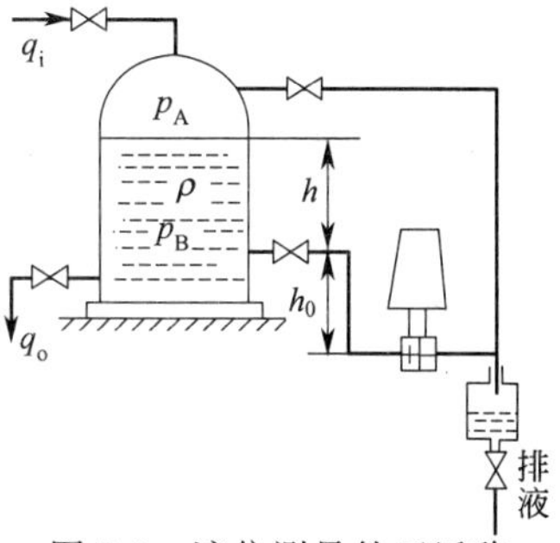

图 5-2　液位测量的正迁移

由图 5-2 可知，

$$p_1=p_B+h_0\rho g=p_A+h\rho g+h_0\rho g \tag{5-4}$$

$$p_2=p_A \tag{5-5}$$

$$\Delta p=p_1-p_2=h\rho g+h_0\rho g \tag{5-6}$$

在无迁移情况下，实际测量范围是 $0\sim(h_0\rho g+h_{max}\rho g)$，原因是这种安装方法时 Δp 多出一项 $h_0\rho g$。当 $h=0$ 时，$\Delta p=h_0\rho g$，因此 $p_0>4$mA。为了迁移掉 $h_0\rho g$，即在 $h=0$ 时仍然使 $p_0=4$mA，可以通过仪表的调零机构预加一个作用力进行零点迁移，即将仪表的零点迁移到与液位零点相重合。由于 $h_0\rho g$ 作用在正压室上，我们称之为正迁移量。预加作用力

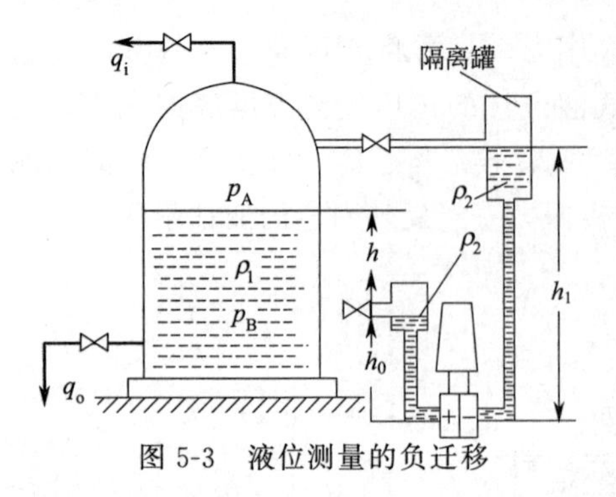

图 5-3　液位测量的负迁移

抵消了 $h_0\rho g$ 在正压室内产生的力，达到正迁移的目的。量程迁移后，测量范围为 $0\sim h_{\max}\rho g$，再通过零点迁移，使差压式液位计的测量范围调整为 $h_0\rho g\sim(h_0\rho g+h_{\max}\rho g)$。

如图 5-3 所示的情况为负迁移。

对于腐蚀性流体，在差压式液位计正、负压室与取压点之间应分别装有隔离罐，并充以隔离液，以防止具有腐蚀作用的液体或气体进入液位计造成对仪表的腐蚀。若此时被测介质密度为 ρ_1，隔离液密度为 $\rho_2(\rho_2>\rho_1)$，则

$$p_1=p_A+h\rho_1 g+h_0\rho_2 g \tag{5-7}$$

$$p_2=p_A+h_1\rho_2 g \tag{5-8}$$

$$\Delta p=p_1-p_2=h\rho_1 g-(h_1-h_0)\rho_2 g \tag{5-9}$$

对比无迁移情况，Δp 多了一项压力 $(h_1-h_0)\rho_2 g$，它作用在负压室上，我们称之为负迁移量。当 $h=0$ 时，$\Delta p=-(h_1-h_0)\rho_2 g$，因此 $p_0<4\text{mA}$。为了迁移掉 $-(h_1-h_0)\rho_2 g$ 的影响，可以调整预加作用力来进行负迁移以抵消掉 $-(h_1-h_0)\rho_2 g$ 在负压室内产生的力，以达到负迁移的目的。迁移调整后，差压式液位计的测量范围调整为

$$-(h_1-h_0)\rho_2 g\sim[h_{\max}\rho_1 g-(h_1-h_0)\rho_2 g]$$

利用差压式液位计还可以测量液体的分界面，如图 5-4 所示。

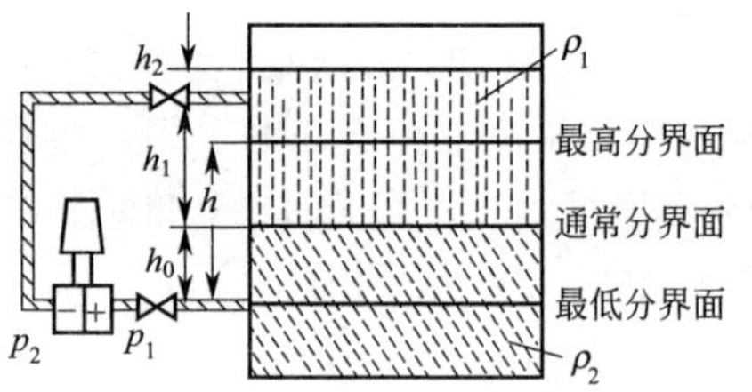

液位计正、负压室受力情况如下：

$$p_1=h_0\rho_2 g+(h_1+h_2)\rho_1 g \tag{5-10}$$

$$p_2=(h_2+h_1+h_0)\rho_1 g \tag{5-11}$$

$$\Delta p=p_1-p_2=h_0 g(\rho_2-\rho_1) \tag{5-12}$$

图 5-4　用差压式液位计测分界面原理图

由于 $\rho_2-\rho_1$ 是已知的，所以压差 Δp 与分界面高度 h_0 成一一对应关系。

5.2.3　电容式物位计

电容式物位计是基于圆筒电容器工作的，其结构如图 5-5 所示，电容量为

$$C_0=\frac{2\pi\varepsilon L}{\ln D/d} \tag{5-13}$$

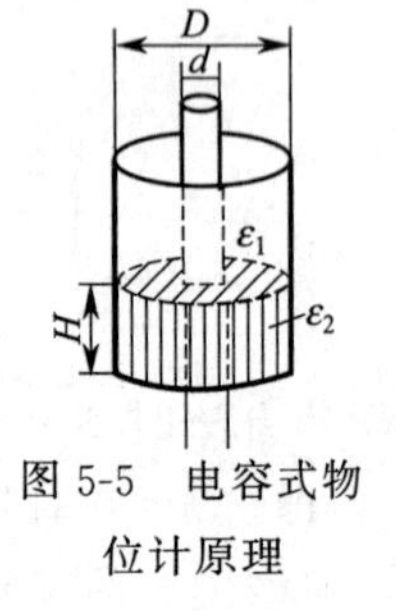

图 5-5　电容式物位计原理

式中，L 为极板长度；D，d 分别为外电极和内电极外径；ε 为极板间介质的介电常数。

当圆筒型电极间的一部分被物料浸没时，极板间存在的两种介质的介电常数将引起电容量的变化。令原有中间介质的介电常数是 ε_1，被测物料介电常数 ε_2，被浸没电极长度为 H，则可以推导出电容变化量 ΔC 是：

$$\Delta C=2\pi\frac{(\varepsilon_2-\varepsilon_1)}{\ln D/d}H \tag{5-14}$$

由式(5-14) 可以看出：当电容器几何尺寸 D、d 以及介电常数 ε_1、ε_2 保持不变时，电容变化量 ΔC 就与物位高度 H 成正比。因此只要测出电容变化量就可测得物位。

电容式物位计可以检测液位、料位和界位。但是电容变化量较小，准确测量电容量就成为物位检测的关键。常见的电容检测方法有交流电桥法、充放电法和谐振电路法等。

当测量非导电介质物位时，可用同心套筒电极，如图 5-6 所示。也可以在容器中心设内电极，将金属容器壁作为外电极，如图 5-7 所示。

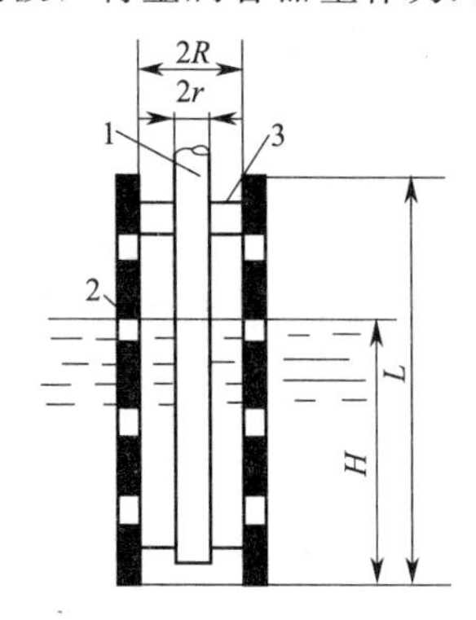

图 5-6　非导电液体位测量

1—内电极；2—外电极；3—绝缘套

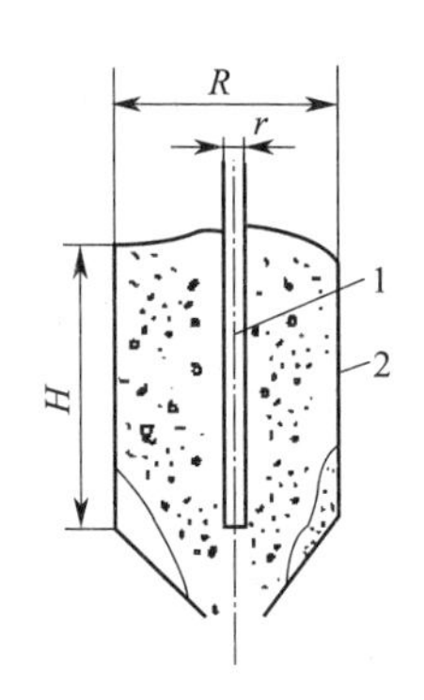

图 5-7　非导电固体料位测量

1—金属棒内电极；2—容器壁

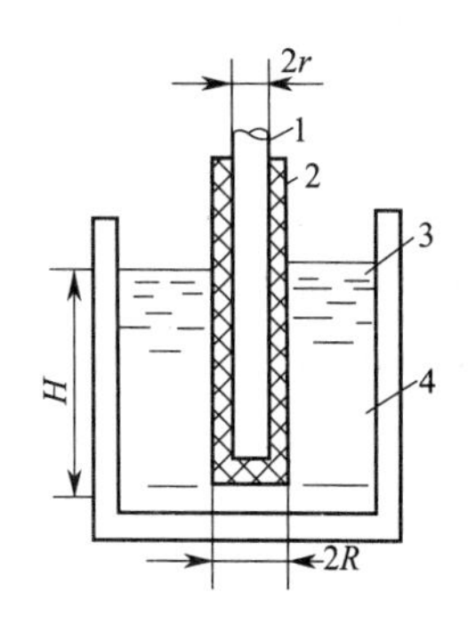

图 5-8　导电液体液位测量

1—内电极；2—绝缘套管；3—外电极；4—导电液体

当测量导电介质液位时，可用包有一定厚度绝缘外套的金属棒作为内电极，而外电极即为液体介质本身。如图 5-8 所示。

电容式物位计适用范围广泛，一般不受真空、压力、温度等环境条件的影响；但要求介质介电常数保持稳定，介质中没有气泡。

5.2.4　超声波物位计

超声波在气体、液体和固体介质中以一定速度传播时因被吸收而衰减，但衰减程度不同，在气体中衰减最大，而在固体中衰减最小；当超声波穿越两种不同介质构成的分界面时会产生反射和折射，且当这两种介质的声阻抗差别较大时几乎为全反射。利用这些特性可以测量物位，如回波反射式超声波物位计通过测量从发射超声波至接收到被物位界面反射的回波的时间间隔来确定物位的高低。

图 5-9 是超声波测量物位的原理图。在容器底部放置一个超声波探头，探头上装有超声波发射器和接收器。当发射器向液面发射短促的超声波时，在液面处产生反射，反射的回波被接收器接收。若超声波探头至液面的高度为 H，超声波在液体中传播的速度为 c，从发射超声波至接收到反射回波间隔时间为 t，则有如下关系：

$$H=\frac{1}{2}ct \tag{5-15}$$

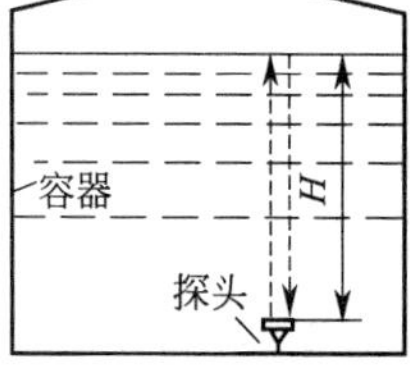

图 5-9　超声波测量物位原理

由式(5-15) 可以看出：只要 c 已知，测出 t，就可得到物位高度 H。

超声波物位计主要包括超声换能器和电子装置两部分。超声换能器由压电材料制成，实现电能和机械能的相互转换，其发射器和接收器可以装在同一个探头上，也可分开装在两个探头上，探头可以装在容器的上方或者下方。电子装置用于产生电信号激励超声换能器发射超声波，并接收和处理经过超声换能器转换的电信号。由于超声波物位计检测的精度主要取决于超声传播速度和传播时间，而传播速度容易受到介质温度、成分等变化的影响，因此需要进行补偿。通常的补偿方法是在超声换能器附近安装一个温度传感器，根据已知的声速与温度之间的关系自动进行声速补偿。另外，也可以设置一个校正器具定期校正声速。

超声波物位计采用的是非接触测量，适用于液体、颗粒状、粉状物以及黏稠、有毒介质的物位测量，能够实现防爆，但如果介质对超声波吸收能力很强时则无法采用超声波检测方法。

5.2.5 核辐射式物位计

核辐射式物位计是利用放射源产生的 γ 射线穿过被测介质时，射线强度被吸收而衰减的现象来测量物位。当射线射入一定厚度的介质时，射线强度随着所通过的介质厚度的增加而衰减，其变化规律如下式：

$$I=I_0 e^{-\mu H} \tag{5-16}$$

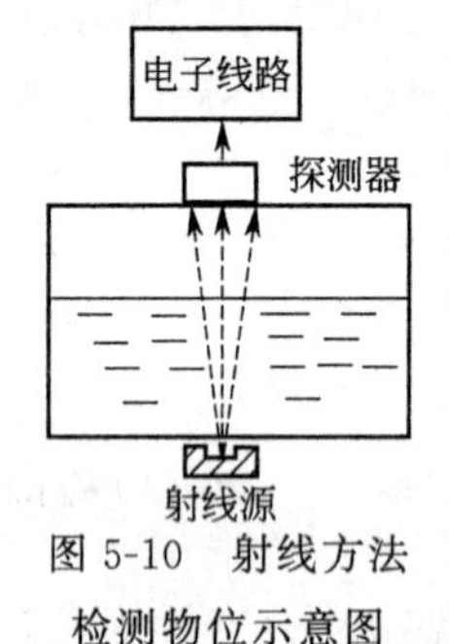

图 5-10　射线方法检测物位示意图

式(5-16) 中，I_0，I 分别是射入介质前和通过介质后的射线强度；μ 是介质对射线的吸收系数；H 是射线通过的介质厚度。

介质对射线的吸收能力不同，一般固体吸收能力最强，液体其次，气体最弱。当射线源和被测介质确定后，I_0 和 μ 就是常数，测出 I 就可以得到 H（即物位）。图 5-10 是用射线方法检测物位的示意图。

核辐射式物位计属于非接触式测量，适用于操作条件苛刻的场合，如高温、高压、强腐蚀、易结晶等工艺过程，几乎不受温度、压力、电磁场等环境因素的影响。但由于放射线对人体有害，必须加强安全防护措施。

5.2.6 雷达物位计

雷达物位计利用微波经天线向被测容器的液面发射，当电磁波碰到液面后反射回来。检测出发射波及回波的时差，可计算出物位高度。

雷达物位计有非接触式和接触式两类，如表 5-2 所示。非接触式常用喇叭或杆式天线发射微波和接收回波信号，天线安装在料仓上顶端，原理如图 5-11 所示。非接触式又有脉冲雷达物位计、调频连续波雷达物位计。

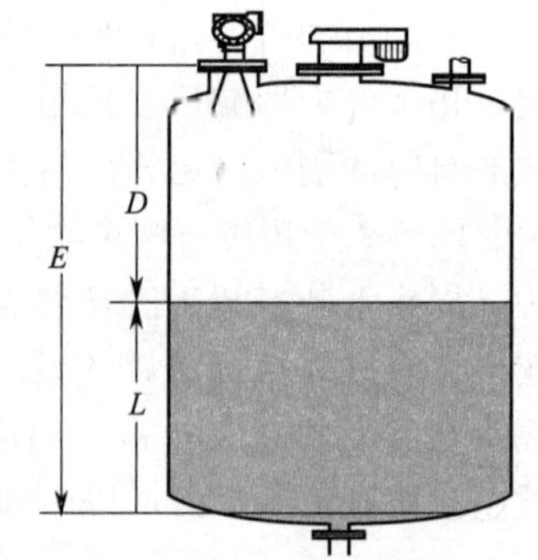

图 5-11　雷达物位计

E—空罐高度；L—液位高度；D—雷达波发射端至液面的空间距离

雷达液位计到介质表面的空间距离 D：

$$D=\frac{t\cdot c}{2} \tag{5-17}$$

式中，c 是电磁波传播速度（光速，$3\times10^8\,\mathrm{m/s}$）；$t$ 是从发射电磁波到回收信号经历的时间；液位高度 L 即为空罐高度 E 与雷达液位计到介质表面的空间距离 D 之差。

接触式采用金属波导体（杆或钢缆）传导微波，故又称为导波雷达物位计，其导波杆从料仓顶部延续至底部，如图 5-12 所示，发射的微波沿着导波杆外部向下传播，在到达物料面时产生反射，又沿着导波杆返回微波发射器被接收。

表 5-2　雷达物位计分类

类别		测量原理	特点
非接触式	脉冲雷达式	雷达传感器装在高度为 L 的容器顶部，雷达天线发射固定频率脉冲波至介质表面，反射后由接收器接收，测出此过程经历的时间即可得到发射天线至介质表面的距离 D，则物位高度 $H=L-D$	常见天线按形状分为喇叭形天线、平面式天线、抛物形天线。测量距离长。 低介电常数工况下，接收的信号微弱且不稳定。对于容器内结构较复杂的情况，干扰回波多，信号处理困难
	调频连续波式	容器顶部雷达天线发射的微波是频率波线性调制的连续波，当回波被天线收到时，天线发射频率已经改变，频率差与物位高度 H 成正比关系	
接触式	导波雷达式	微波脉冲通过从罐顶伸入到罐底的导波管传播，当液体与导波管接触时产生的反射脉冲被雷达传感器接收到时，与基线反射脉冲相比较，得到液位高度	能耗低。由于信号在导波管内传输不受液面波动和罐中障碍物影响，抗干扰性强；且介质密度、介电常数、雾气和泡沫对测量结果几无影响。 导波管需要考虑介质的腐蚀性和黏附性。测量距离不够长

雷达液位计不受气体、真空、高温、变化的压力、变化的密度、气泡等因素影响，可用于易燃、易爆、强腐蚀性等介质的液位测量，如检测大型固定顶罐、浮顶罐或球形罐内的液体或者固体物位，全套仪器由雷达头、天线、温度传感器、数据采集单元和显示单元组成。雷达物位计安装在罐的顶部，但不能装在顶部中央，避免多次强波反射；不能装在进料口上方；电磁波通道应避免被障碍物阻挡。

雷达物位计输出信号有数字和模拟两种，可以与 DCS 相通信，符合 MODBUS 通信协议。当用雷达波液位计测量大批储罐群时，可通过数据采集单元（DAU）连接到 DCS 操作站，可精确地计算各储罐内储存的物料量，进行调度管理。

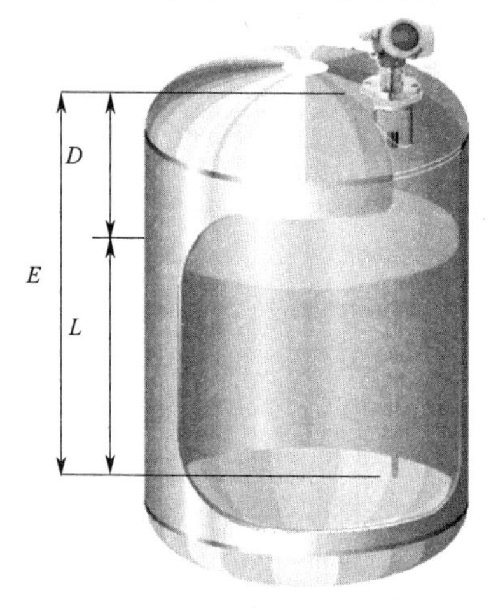

图 5-12　导波雷达物位计

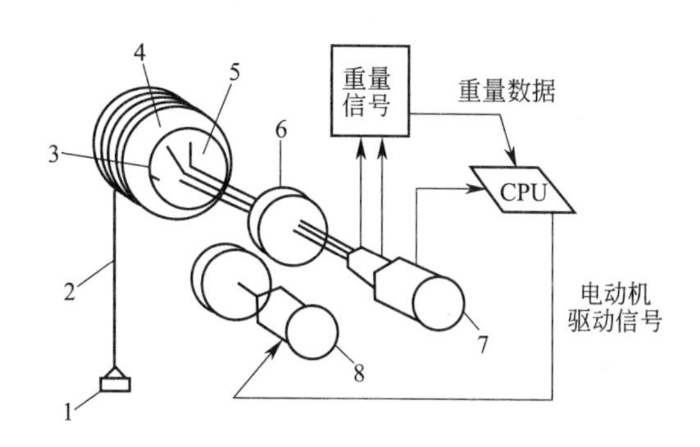

图 5-13　伺服式液位计

1—浮子；2—测量钢丝；3—霍尔元件；4—外轮鼓；5—内轮鼓；6—齿轮；7—编码器；8—伺服电机

5.2.7　伺服液位计

伺服式液位计工作原理如图 5-13 所示。浮子用测量钢丝悬挂在仪表外壳内，测量钢丝绕在外轮鼓上，外磁铁固定在外轮鼓内，并与固定在内轮鼓的内磁铁耦合在一起。液位计工作时，浮子作用于细钢丝上的重力在外轮鼓的磁铁上产生力矩，使轮鼓组件间的磁通量变化，导致内磁铁上的霍尔元件输出电压信号发生变化，其电压值与储存于CPU的参考电压相比较。当浮子的位置平衡时，其差值为零。当液位变化时，浮子浮力变化造成磁耦力矩改变，霍尔元件输出电压信号与参考电压的差值驱动伺服电机转动，带动浮子上下移动重新达到新的平衡点。由于整个系统构成了闭环回路，可提高精度。

5.2.8 磁致伸缩液位计

利用磁致伸缩原理、通过两个不同磁场相交产生一个应变脉冲信号被探测所需时间来测量。测量元件是一根波导管，波导管内的敏感元件由特殊的磁致伸缩材料制成的。测量过程是由传感器的电子室内产生电流脉冲，该电流脉冲在波导管内传输，从而在波导管外产生一个圆周磁场，当该磁场和套在波导管上作为位置变化的活动磁环产生的磁场相交时，由于磁致伸缩的作用，波导管内会产生一个应变机械波脉冲信号以固定的声音速度传输，传输时间和活动磁环与电子室之间的距离成正比。

磁致伸缩液位计测量精度高，测量范围大，传感器元件与被测液体非接触，可广泛应用于石油、化工、制药、食品、饮料等行业。

5.2.9 物位开关

(1) 音叉物位开关

音叉料位信号器适用于检测各种非黏滞性的干燥粉状及小颗粒固体物料，作为高低料位的控制和信号报警的一种高灵敏度检测仪表。图5-14为音叉料位信号器的外形图，它由发信部分的音叉和电气部分组成。其工作原理为：在音叉端部紧压两组压电晶体，一组是驱动元件，作用是产生电磁激励，在音叉间发出一定频率的振动，另一组是检测元件，将音叉振动变换成电压。二者分别接于放大器的输入端和输出端，形成机械-电子振荡电路。当物料高度达到音叉位置时，叉体被物料挤满，振荡器停振，继电器输出开关信号。

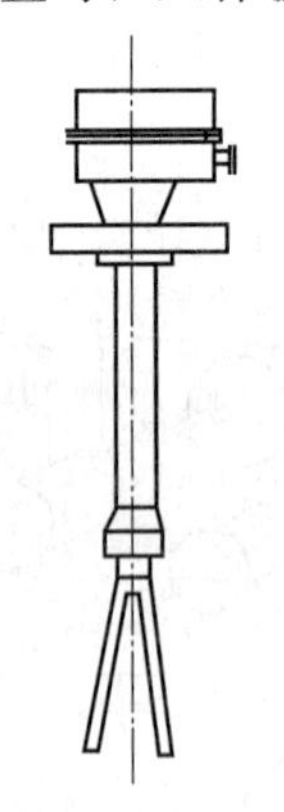

图5-14 音叉料位信号器

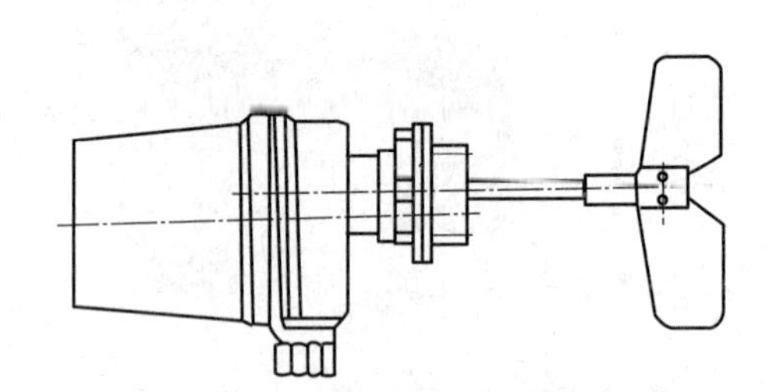

图5-15 阻旋式料位信号器

(2) 阻旋式料位开关

阻旋式料位信号器可广泛应用于料仓内固体颗粒或粉状物料位的控制和报警。

图5-15为阻旋式料位信号器的外形图，其工作原理为：当料仓料位低时，信号器的旋转叶片一直在转动；当料位高时，物料对旋转叶片产生阻旋作用，使阻旋式料位信号器的负载检测器动作，继电器发出开关信号，使外接电路发出信号或控制进料（或出料），从而使电机停止或启动。

这种信号器的特点是体积小，质量轻，接点容量大，可直接带负载，装拆和维修方便。

(3) 浮球型液位开关

浮球型液位开关种类多，应用广。

① 电缆浮球液位开关。利用微动开关或水银开关做接点零件，当电缆浮球以重锤为原点上扬一定角度时，开关接通（或断开)。电缆浮球型液位开关可以加工成多点控制，实现多个液位报警。

② 小型浮球液位开关。浮球内部装有环型磁铁，固定在杆径内磁簧开关相关位置上。浮球随液体的变化而上下浮动，利用浮球内部磁铁吸引磁簧开关的闭合，产生开关动作来控制液位。

③ 磁性浮子液位开关。在磁翻板液位计旁路管的外侧加装磁性开关，作为电器接点信号输出。磁性浮子液位开关适用于高温、高压等场合及强酸、强碱的液位检测。

④ 光电式液位开关。利用光的全反射原理工作，主要由发射光源、光电接收器等组成，如图 5-16 所示。光源发射的光信号经过液位传感器的直角三棱镜与空气接触时产生全反射，大部分光被光敏二极管接收，液位传感器输出信号为高电平。当液位达到传感器检测位置时，光线发生折射，光敏二极管接收的光信号明显减弱，传感器输出低电平信号。传感器输出信号经过放大电路驱动带动相应开关动作。光电式液位开关体积小，安装容易，适用于有杂质或带有黏性液体的液位检测。

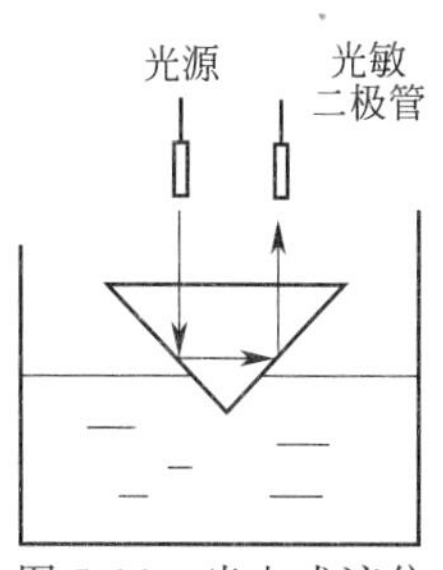

图 5-16　光电式液位开关原理示意图

⑤ 静电容式物位开关。在电容式物位计基础上增加检测开关。当物位高度对应的电容量达到开关内部设定线路值时，测量线路产生高频谐振，检出谐振信号，转换成开关动作。

⑥ 射频导纳式物位开关。基于射频电容技术，通过电路产生稳定的高频信号来检测被测介质的阻抗变化。工作时将高频信号加在测量电极上，并将空气的介电常数产生的阻抗设为仪表零点。当探头与被测介质接触并产生阻抗变化达到设定的数值时，产生开关信号输出。射频导纳物位开关在测量电极与接地电极间增加了保护电极，可以解决粘附、挂料等问题，增加了温度修正电路解决工作点漂移问题，工作性能稳定可靠，能适用于复杂的测量环境。多用于固体、浆料等料位测量及高压场合。

5.3　物位检测仪表的选用

各种物位检测仪表都有其特点和适用范围，有些可以检测液位，有些可以检测料位。选择物位计时必须考虑的测量范围、测量精度、被测介质的物理化学性质、环境操作条件、容器结构形状等因素。在液位检测中最为常用的就是静压式和浮力式测量方法，但必须在容器上开孔安装引压管或在介质中插入浮筒，因此在介质为高黏度或者易燃易爆场合不能使用这些方法。在料位检测中可以采用电容式、超声波式、射线式等测量方法。各种物位测量方法的特点都是检测元件与被测介质的某一个特性参数有关，如静压式和浮力式液位计与介质的密度有关，电容式物位计与介质的介电常数有关，超声波物位计与超声波在介质中传播速度有关，核辐射物位计与介质对射线的吸收系数有关。这些特性参数有时会随着温度、组分等变化而发生变化，直接关系到测量精度，因此必须注意对它们进行补偿或修正。

思考题与习题

5-1　物位检测有哪些方法？

5-2　差压式液位计使用时应注意哪些问题？

5-3　如何用电容式液位计测量导电和非导电介质液位？

5-4　物位开关有何作用？有哪些种类？

第6章　成分分析仪表

在工业生产过程中，成分是最直接的控制指标。对于化学反应过程，我们要求产量多，收率高；对于分离过程，我们要求得到更多的纯度合格产品。为此，一方面要对温度、压力、液位、流量等变量进行观察、控制，使工艺条件平稳；另一方面又要取样分析、检验成分。例如在氨的合成中，合成气中一氧化碳（CO）和二氧化碳（CO_2）含量一高，合成塔触媒会中毒；氢氮比不适当，转化率会低。像这些成分都需要进行分析。又如在石油蒸馏中，塔顶及侧线产品的质量不仅取决于沸点温度，也与比重等许多物性参数有关。大气环境监测分析，需要对有关气体成分参数进行测量。因此，对于成分、物性的测量和控制是非常重要的。

下面介绍几种常用成分和物性的检测方法，从中了解影响成分和物性检测元件静态特性的误差因素及如何排除这些误差。

6.1　成分分析方法

6.1.1　热导式气体成分检测

热导式气体分析仪是一种使用最早的物理式气体分析仪，用于分析气体混合物中的某个组分的含量。由于具有结构简单、工作稳定、体积小等优点，在生产过程中得以广泛应用，主要用于分析混合气体中某些气体的含量，如 N_2，O_2，H_2，CO 等。

热导式气体成分检测是利用各种气体的导热系数不同来测出气体的成分。由传热学可知，各种气体都具有一定的导热能力，但程度有所不同，通常用导热系数 λ 来表示。导热系数 λ 越大，导热性能越好，其值的大小与物质的组分、结构、密度、温度、压力等有关。物体单位时间内传导的热量与温度梯度以及垂直于热流方向的截面积成正比，即：

$$d\theta = -\lambda \cdot dA \cdot \frac{\partial t}{\partial x} \tag{6-1}$$

式中，θ 为单位时间内传导的热量；λ 为介质的导热系数；A 为垂直于温度梯度方向的传热面积；$\frac{\partial t}{\partial x}$为温度梯度。

对于混合气体来说，导热系数 λ 可以近似为各组分导热系数的加权平均值，即：

$$\lambda = \lambda_1 C_1 + \lambda_2 C_2 + \cdots + \lambda_n C_n = \sum_{i=1}^{n} \lambda_i C_i \tag{6-2}$$

式中，λ 为混合气体的导热系数；λ_i 为混合气体中第 i 组分的导热系数；C_i 为混合气体中第 i 组分的体积百分含量。

当某一组分的含量发生变化时，必然会引起混合气体的导热系数的变化。因此，通过测量混合气体的导热系数就能检测混合气体中某一组分（称为待测组分）的含量。

从图 6-1 可以看出氢气（H_2）的导热系数最大，是空气的 7 倍多。在测量中必须满足两个条件：第一，待测组分的导热系数与混合气体中其余组分的导热系数相差要大，越大越灵敏；第二，其余各组分的导热系数要相等或十分接近。这样混合气体的导热系数随待测组分的体积含量而变化，因此只要测出混合气体的导热系数便可得知待测组分的含量。然而，直接测量导热系数很困难，故要设法将导热系数的差异转化为电阻的变化。为此，将混合气体送入热导池，通过在热导池内用恒定电流加热的铂丝，铂丝的平衡温度将取决于混合气体的导热系数，即待测组分的含量。例如，待测组分是氢气，则当氢气的百分含量增加后，铂丝周围的气体导热系数升高，铂丝的平衡温度将降低，电阻值则减少。电阻值可利用不平衡电桥来测得，如图 6-2 所示。

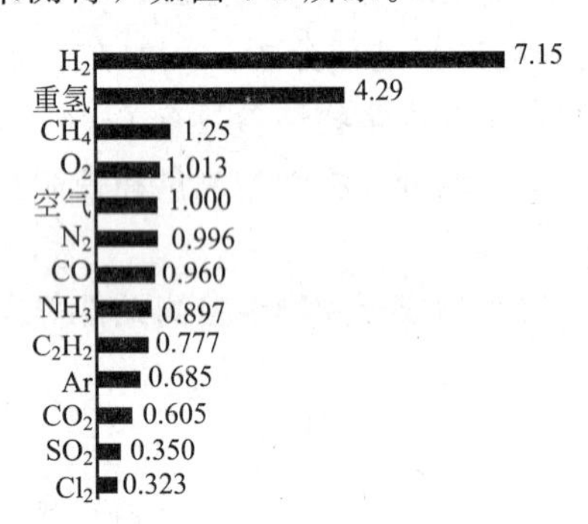

图 6-1　各种气体的相对导热系数

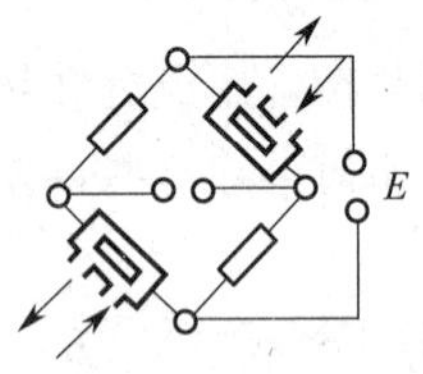

图 6-2　双臂-差比不平衡电桥

图 6-2 所示是一个双臂-差比不平衡电桥，以补偿电源电压及环境温度变化时对铂丝平衡温度的影响，并提高测量灵敏度。与待测气体成分成比例的桥路输出电压可转换成相应的标准直流电流信号。

6.1.2　磁导式含氧量检测

任何物质都具有一定的磁性，在外界磁场的作用下被磁化。各种物质具有不同的磁化率，磁化率为正的物质称为顺磁性物质，在外界磁场中被吸引；磁化率为负的物质在外界磁场中被排斥。

物质受磁化的程度可以用磁化强度来表示：

$$M = \kappa H \tag{6-3}$$

式中，M 为磁化强度；H 为外磁场强度；κ 为物质的磁化率。

物质的磁化率越大，受吸引或排斥的力也大。

磁导式含氧量检测是通过测定混合气体的磁化率来推知氧气浓度，从表 6-1 可以看出，氧气的体积磁化率最高而且是正值，故它在磁场中会受到吸引力。

表 6-1　气体的体积磁化率

气体名称	O_2	NO	空气	NO_2	C_2H_4	C_2H_2	CH_4	H_2	N_2	CO_2	水蒸气
体积磁化率 $\kappa\times10^{-9}$ (C. G. S. M)	+146	+50	+30.8	+9	+3	+1	+1	−0.164	−0.58	−0.84	−0.58

图 6-3 是热磁式含氧量分析的工作原理图，混合气体通过环室，在无氧组分时，水平通道中将无气体流动，铂丝 r_1 和 r_2 的温度及阻值相等，桥路输出为零；当混合气体中含有氧组分时，由于恒定的不均匀磁场的作用，则有气流通过水平通道，这股气流称为磁风，磁风将铂加热丝冷却，使它的电阻值降低，含氧量越高，气流速度越大，磁风也越大，铂丝的温度就越低，阻值也越低，完成成分-电阻的转换，电阻的变化使不平衡电桥输出相应的电压，经转换后获得标准直流电流信号。

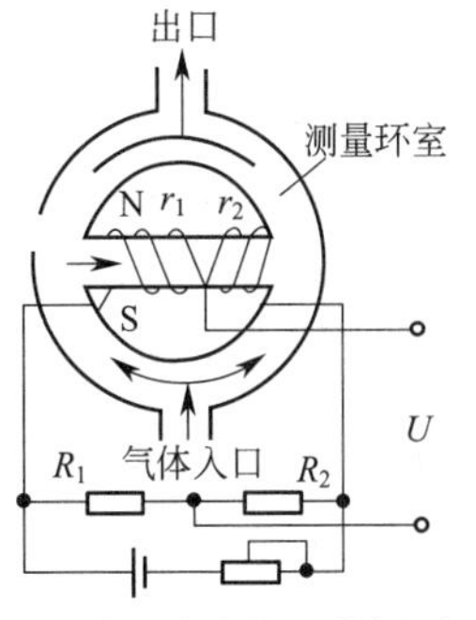

图 6-3　热磁式含氧量分析原理图

6.1.3　氧化锆分析器

氧化锆分析器属于电化学分析方法，基本工作原理基于氧浓差电池。在氧化锆（ZrO_2 管）电解质的两侧面分别烧结上多孔铂电极，在一定温度下，当电解质两侧氧浓度不同时，高浓度侧的氧分子被吸附在铂电极上与电子结合形成氧离子，使该电极带正电，氧离子通过电解质中的氧离子空位迁移到低氧浓度侧的铂电极上放出电子，转化成氧分子，使该电极带负电。电极间形成电势的大小与两侧氧分压和工作温度有对应的函数关系如下：

$$E=\frac{RT}{nF}\ln\frac{p_2}{p_1} \tag{6-4}$$

式中，E 为氧浓差电势，V；R 为理想气体常数，$R=8.3141\text{J/(mol·K)}$；F 为法拉第常数，$F=9.6487\times10^4\text{C/mol}$；$T$ 为热力学温度，K；n 为参加反应的每一个氧分子从正极带到负极的电子数，$n=4$；p_1 为待测气体中的氧分压，Pa；p_2 为参比空气中的氧分压，Pa。

如氧化锆温度值已知，参比气中氧分压（如空气中的氧含量为一定）已知，则从测得的电势 E 就可求出氧分压，进而获得氧含量。

利用这个原理制成的氧化锆分析器多用于测锅炉或炉窑的烟道气中的氧含量。

氧化锆分析器正常工作必须具备以下条件：

① 工作温度要恒定，一般工作温度保持在 850℃。

② 必须要有参比气体，参比气体氧含量稳定不变，且参比气体氧含量与待测气体氧含量差别越大，仪表的灵敏度越高。

③ 参比气体与被测气体压力应该相等，仪表可以直接以氧浓度来刻度。

6.1.4　红外线成分检测

各种不对称结构的双原子和多原子气体分子，由于分子运动和能量跃迁，都具有吸收红外波长的特征，并有相应的吸收系数。红外线的波段处于可见光（0.40～0.76μm）和无线电波之间，约为 0.76～420μm。根据不同波长又可分为远红外段（100～420μm）、中红外段（15～100μm）和近红外段（0.76～15μm）。一般作为红外线分析器用的红外波长约为 2～15μm，即属近红外段的非色散红外线。

被测气体在被红外线照射后会吸收掉一部分红外线的能量 ΔE，根据比尔定律可知

$$I=I_0\mathrm{e}^{-Kcl} \tag{6-5}$$

式中，I_0 为光源入射时的光强度；I 为被介质吸收后的光强度；K 为气体吸收系数；c 为气体浓度；l 为通过介质的厚度。

若某一被测气体已知，选定的波长和气体层厚度 l 已知，则可由被介质吸收后的光强度 I（即反映的 ΔE）求得被测气体浓度 c。

红外线气体成分检测采用间接测量方法。例如光声式检测器（又称薄膜电容器或微音器），它将一恒定的红外线能量与被气体吸收后的红外线能量进行比较，得出能量差 ΔE，继而把 ΔE 变为电容的变化，最后把电容调制成低频电信号，再经过放大、整流，用电流显示出待测气体浓度，如图 6-4 所示。

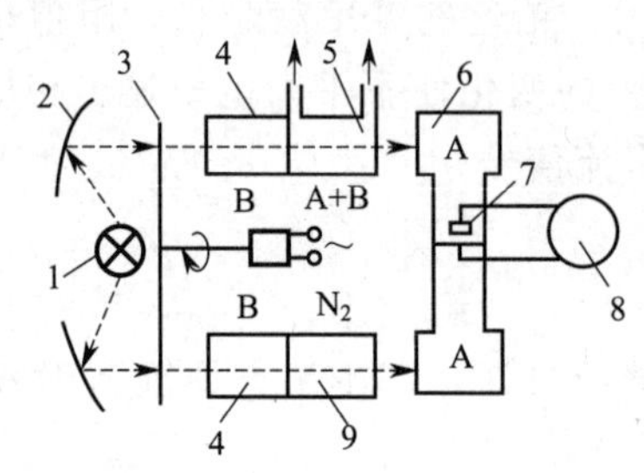

图 6-4 红外线气体成分检测原理图

1—红外光源；2—反射镜；3—由马达带动的切光片，将红外光先调制成脉动光，作为红外工作光；4—过滤气室；5—测量气室；6—吸收气室，内充有纯的被分析组分气体；7—薄膜式电容敏感元件的电量检测室；8—电测仪表；9—参比气室；A—待分析组分；B—干扰组分；N_2—氮气，它不吸收 1～25μm 范围内的红外辐射能

红外线气体成分检测可以用来测量一氧化碳（CO）、二氧化碳（CO_2）、甲烷（CH_4）、氨（NH_3）、乙醇（C_2H_5OH）及水蒸气的含量，有常量和微量两种分析。

6.1.5 电导式浓度监测

电导式浓度检测是利用测量电解质溶液的电导率来推知待测组分的浓度。待分析的介质可以是液体，也可以是气体。例如，合成氨中微量一氧化碳（CO）、二氧化碳（CO_2）的测量就是气体介质，当二氧化碳（CO_2）通过氢氧化钠（NaOH）电解质溶液时，反应生成碳酸钠（Na_2CO_3），因此溶液的电导率降低。二氧化碳（CO_2）含量越高，电导率降低也越多。这样就可以根据溶液的电导率或电阻值来确定二氧化碳（CO_2）的含量。同样，通过电桥和转换装置将电阻转换成标准统一电信号。对于一氧化碳（CO）必须先氧化成二氧化碳（CO_2）后再进行测量。另外，硫酸（H_2SO_4）浓度和水中含盐量等液体介质的测定也可采用电导分析法。

6.1.6 色谱分析

气相色谱仪适用于多组分混合物的分析。色谱仪是利用连续流动的载气（载送试样气的气体如 H_2，N_2，Ar，He），将一定量的试样送入色谱柱。由于色谱柱中的填充剂对试样中各个组分有着不同的吸附、脱附、溶解、解析能力，在不断流动的载气推动下，试样中各组分在流动相和固定相间进行连续分配，从而把试样中的各组分按顺序分离开来，分配系数小的组分先被载气带出进入检测器，分配系数大的组分则后被载气带出进入检测器。检测器将组分的浓度信号转换为相应的电信号（即谱峰值）在显示仪上按不同馏出时间记录下来，如

图 6-5 所示。

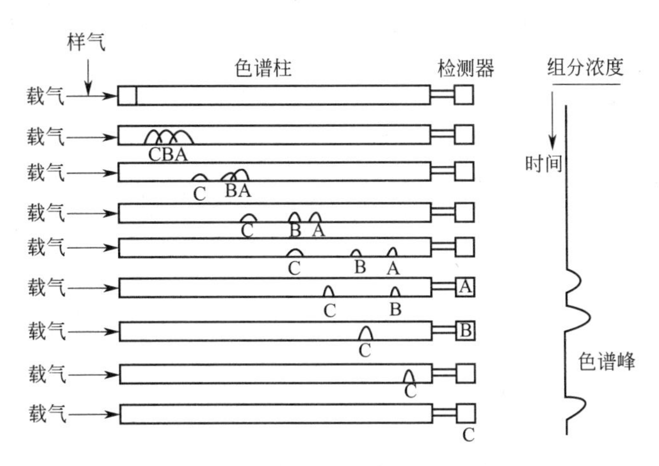

图 6-5　混合物在色谱柱中的分离

物质在色谱柱中的分配情况类似于在精馏塔塔板上的分离。色谱仪的原理如图 6-6 所示。

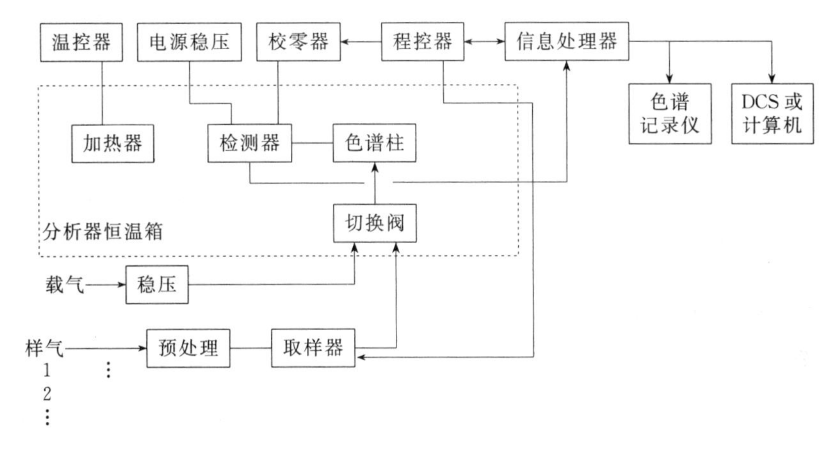

图 6-6　工业气相色谱仪原理方框图

色谱仪通常是由分析器、程序控制器、信息处理器和记录仪组成，其分析过程如流路选择、进样、柱子切换、校零、量程选择、拾峰及记录仪断续走纸等一系列动作都是自动进行的。色谱柱、检测器系统、载气系统、进样切换系统和温度控制系统是分析器的关键部分。

色谱柱是一根细的不锈钢管，管内装有固体吸附剂或涂有一层很薄的固定液作为固定相。载气作为移动相，有的是将固定液涂在毛细管内表面上，称为毛细管色谱柱。色谱柱根据被分析组分情况，可以由一根柱子也可以由多根柱子组成。多柱切换技术多用于复杂的多组分的分析。有时为了要缩短分析时间，在需要的组分分离后，即用载气从反向吹入，将不需要的重组分吹出；有时多组分物料不能用一根柱子分离开，需要用几根柱子来完成；也有的情况如有用的组分后馏出，不需要的组分先馏出，这时可采用预切割方法，用预切柱先将它们分离，将需要保留部分进入分离柱作进一步的分离。多柱切换需要馏出时间不变，基线稳定，用程序控制器来完成。

检测器有热导池（TCD）和氢焰离子（FID）两种。热导池是利用载气和被测气体组分的不同导热系数进行测定，一般用于常量分析。氢焰离子（FID）是以氢气和空气燃烧的火焰为能源使被测组分燃烧并部分电离，产生正、负离子，由设在火焰上下的一对电极（在电极上施加电压）可收集到微电流，此电流大小与被测组分成比例，这种方法多用于微量ppm级分析。

程序控制器是仪器的指令系统，它发出指令去控制分析器、信息处理器、记录仪、集散控制系统（DCS）或专用计算机。

信息处理器的主要作用是按照程序控制器的指令，对检测器送来的与被测组分浓度相对应的信号进行处理，以符合记录仪或专用计算机等的要求。记录仪记录方式有棒图和谱峰图两种。

为了使色谱仪与DCS连接，有些制造厂备有专用网间连接器的通信接口，通过它可把信息处理器中各组分的峰值信号以数字量方式送出。

6.1.7 酸度（pH）检测

酸度（pH）检测用来测定水溶液的酸碱度（指水溶液中氢离子的浓度［H^+］，用pH表示）。当pH＜7时溶液呈酸性；pH＞7时溶液呈碱性；pH＝7时溶液呈中性。因而它是通过测量水溶液中［H^+］浓度来推知酸碱度。然而，直接测量［H^+］浓度是困难的，故通常采用由［H^+］浓度不同所引起的电极电位变化的方法来实现酸碱度的测量，如图6-7所示。其测量方法是用一个恒定电位的参比电极（如甘汞电极）和测量电极（如玻璃电极）组成一原电池，原电池电动势大小取决于［H^+］浓度，也就是取决于溶液的酸碱度，电动势也可转换成相应的标准电信号。

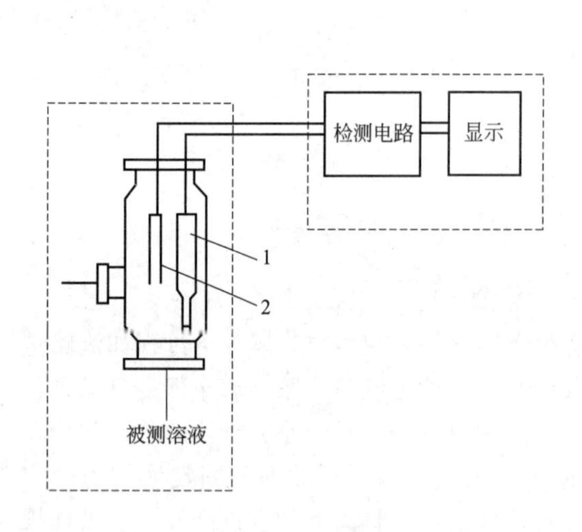

图6-7　pH检测示意图

1—甘汞电极；2—玻璃电极

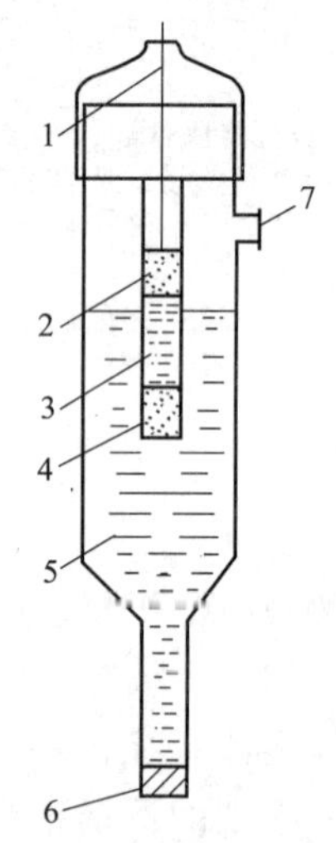

图6-8　甘汞电极

1—引出线；2—汞；3—甘汞（糊状）；4—棉花；5—饱和KCl；6—多孔陶瓷；7—注入口

参比电极是原电池中的基准电极，其电极电位恒定不变，作为另一电极的参照物，工业中常用的参比电极是甘汞电极，如图6-8所示。内管的上部装有少量的汞，并插入导电的引线，汞的下面是糊状的甘汞，组成甘汞电极，产生电极电位；作为盐桥，外管装有饱和的KCl，并通过下端的多孔陶瓷塞渗透到溶液中，使甘汞电极能与被测溶液进行电的联系。

指示电极的电极电位是待测溶液pH值的函数，指示出待测溶液中氢离子浓度的变化情况。工业中常用的指示电极是玻璃电极，如图6-9所示。玻璃电极包括银-氯化银组成的内电极和敏感玻璃泡做成的外电极，两电极通过具有恒定的pH值的缓冲溶液相连。

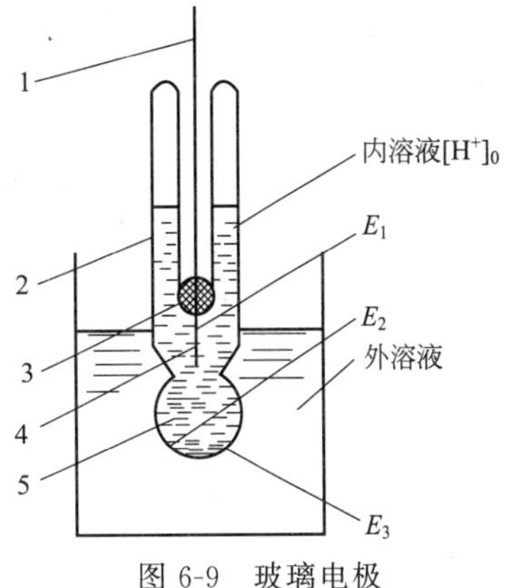

图6-9　玻璃电极

1—引出线；2—支持玻璃；3—锡封；4—Ag-AgCl电极；5—敏感玻璃

测量总电势E表达式为：

$$E=E_0+2.303\frac{RT}{F}(pH_x-pH_0) \tag{6-6}$$

式中，E_0为Ag-AgCl电极电位，V；R为理想气体常数，$R=8.3141J/(mol\cdot K)$；F为法拉第常数，$F=9.6487\times10^4C/mol$；T为热力学温度，K；pH_x为被测溶液（外溶液）的pH值，pH_0为内溶液的pH值。

测量总电势与溶液pH值在pH=1～10范围内两者的关系曲线呈线性特性。测量总电势还受温度的影响，温度越高，关系曲线斜率越大。

pH检测应用极广，染料、制药、肥皂、食品等行业都会用到，在废水处理过程中pH检测起着很重要的作用。

6.1.8　湿度检测

检测湿度的湿度计有干湿球湿度计、露点式湿度计、电解式湿度计、电容式湿度计等。这里介绍利用电容量变化来检测湿度的方法。对于一定几何形状的电容器，其电容量与两极板间介质的介电常数ε成正比。一般介质的介电常数ε在2～5之间，而水的介电常数ε特别大，ε为81。电容法（利用电容量变化）检测湿度就是基于这点。当介质中含有水分时，会引起电容量变化，从而使其振荡器的输出频率发生变化，频率高低与湿度成正比，因此检测频率信号就可得知湿度。

6.1.9　密度检测

检测密度的密度计有浮力式密度计、压力式密度计、重力式密度计、振动式密度计等。这里介绍通过测定振荡管的自由振荡频率来检测密度的方法，单管振动式密度检测原理如图6-10所示。外管为非导磁性的不锈钢管，内放有导磁性的薄膜镍合金管作为振动管，当被测液体自下而上通过振动管内外时，由于电磁感应，振动管振动，且振动频率随被测液体的密度而变化。液体密度增大，则振动频率下降；反之，液体密度减小，则振动频率上升。经对振动频率检测放大、反馈等处理，输出相应的4～20mA直流电流。

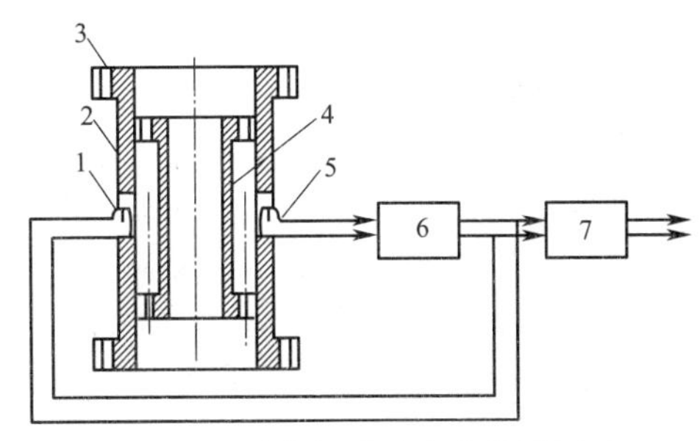

图6-10　单管振动式密度检测原理

1—驱动线；2—外管；3—法兰孔；4—振动管；5—检测线圈；6—驱动放大器；7—输出放大器

振动式密度计测量精度高，广泛应用于石油化工过程控制中。

6.1.10 水质浊度计

在一定条件下，表面散射光的强度与单位体积内微粒的数量成正比，浊度计就是利用这一原理制成的，如图 6-11 所示。

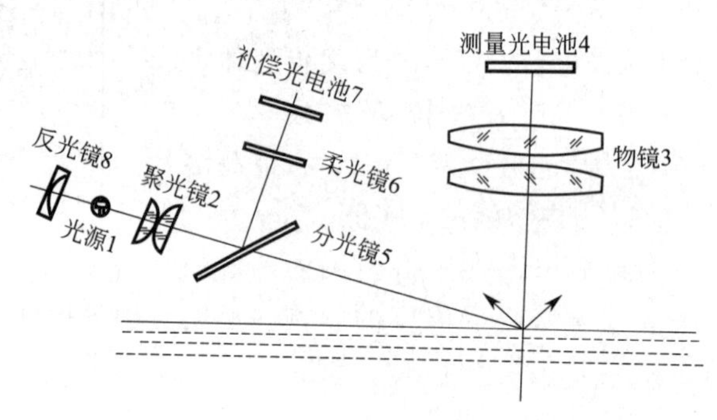

图 6-11 浊度计工作原理

自光源 1 发出的光经聚光镜 2 以后，以一定的角度射向水面。经水面反射和折射的两路光线均被水箱的黑色侧壁吸收，只有从水表面杂质微粒向上散射的光线才能进入物镜 3。物镜把这些散射光聚到测量光电池 4 上，经光电转换成电压后输出。

当水中无微粒时，光电池的输出为零，随着水中微粒的增加，散射光增强，光电池的输出电压与水的浊度成线性关系，因此由光电池的输出电压便可求得水的浊度。分光镜 5 使部分照明光在它表面反射，经柔光镜 6 后射到补偿光电池 7 上，其输出电压作为控制亮度补偿回路的信号。水质浊度计采取局部恒温措施来克服温度对光电池的影响。反光镜 8 用以提高光源的利用率。此外，还可采用双光束比较法对深色液体进行色补偿以及采用逆散反射原理进行测量。

水质浊度计主要特点是：光学系统设计时充分利用表面散射光的能量，杂光干扰小；为提高仪器性能设有亮度补偿和恒温装置；可直接指示浊度并输出标准信号；水样进测量系统前，先经过稳流和脱泡装置，以减少干扰，并有快速落水阀，便于水箱内沉积物的排出，清洗方便，仪器配有零浊度水过滤器和标准散射板，检查校正方便，进水量每分钟 2~5L。

6.1.11 溶解氧分析仪

溶解氧分析仪是一种电化学分析仪，目前国内产品有两种，极谱式溶解氧分析仪和电化学式溶解氧分析仪。

(1) 极谱式溶解氧分析仪

极谱式溶解氧分析仪的测量元件是一隔膜式极谱池，由浸在电解液中的铂阴极、银阳极和外包聚四氟乙烯的渗透隔膜组成。当两极间加上一定的极化电压时，溶解氧经过极谱池透过薄膜到达阴极时两极上发生氧化还原反应，产生与氧含量大小成正比的扩散电流，测出此电流并加以放大，就可得出溶解氧的量。同时气体透过薄膜的扩散速度随温度的上升而增加，电流也会随之增大而造成误差，因此在电极体内封装了一个热敏电阻，利用热敏电阻随温度变化的关系曲线和氧扩散电流随温度变化的关系曲线相似这一特点进行补偿。极谱式溶解氧分析仪有传感和显示两部分，结构简单，使用方便，反应快，被测水温允许范围 5～

35℃，被测水压力为常压，有两个热敏电阻用作温度补偿。极谱式溶解氧分析仪主要用于水质分析、污水处理及水产养殖等部门测量水中溶解氧的浓度。

(2) 电化学式溶解氧分析仪

电化学式溶解氧分析仪的工作原理是首先把电解池产生的氢气用燃烧法除去所含的微量氧，净化后的氢气通过一个装置与被测水样充分混合。此时水中的溶解氧气被氢气转换，经水气分离后，成为以纯净氢气为主体并含有被置换出来需要测量的氧的混合气体。此混合气被引入由黄金丝和镀铂黑的铂丝所组成的电极，此分析电极对氧量的变化极为敏感。氢和氧在电极表面产生电化学反应，在正常情况下，电极反映电流的大小与溶解氧的含量，如图6-12所示。

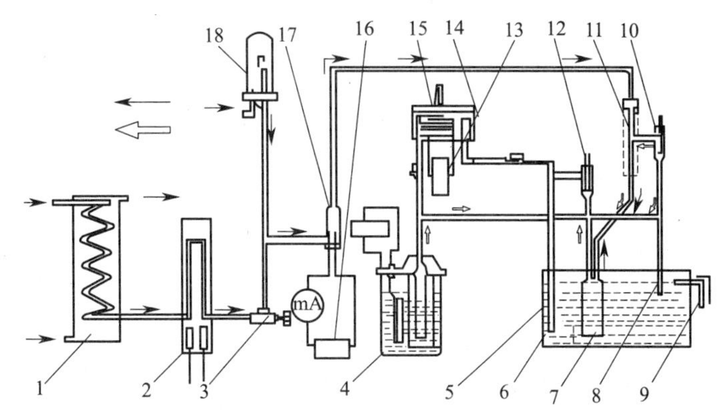

图6-12　气态电化学式溶解氧分析仪工作原理

1—水样冷却器；2—水样加热器；3—流量调节阀；4—氢气发生器；5—集水箱；6—水气分离管；7—水气分离器；8—氢气恒压管；9—排水管；10—净化炉；11—置换管；12—零检炉；13—放大器；14—检测室；15—电极；16—恒流源；17—校正电池；18—溢流器

电化学式溶解氧分析仪的主要特点是：不受水样电导度、pH值、温度和机械杂质的影响；采用溢流和氢气恒压管使水样流量和氢气压力稳定，使仪器工作稳定；如水样温度超过35℃，需要用水样冷却器，并通入5～30℃的冷却水。

电化学式溶解氧分析仪主要用于电站、锅炉房等锅炉供水中溶解氧的测定，以延长设备使用寿命及保证运行安全。

6.1.12　微量氧分析仪

微量氧分析仪的测量元件是一只对氧敏感的银-铅碱性原电池，当含有微量氧的样气通过原电池时进行如下反应：

阴极（Ag）：$O_2+2H_2O+4e\longrightarrow 4(OH)^-$

阳极（Pb）：$2Pb+2KOH+4(OH)^- -4e\longrightarrow 2KHPbO_2+2H_2O$

氧在阴极上还原氢氧根离子$(OH)^-$，并从外电路取得电子，铅阳极为氢氧化钾，同时向外电路输出电子，当接通外电路后便有电流通过，电流的大小随氧含量而变化，并有一定的对应关系，故测得原电池电路中的电流便可求得被测气中的氧含量。

微量氧分析仪的主要特点是：灵敏度高，其最小检测量可达满刻度值的0.3%；有校零和加氧装置及自动加水装置，校验、维护方便；发送器保持恒温，可减少环境温度变化的影响。

微量氧分析仪主要用于“空分”流程、高纯度气体生产、高级合金钢冶炼及半导体生产中使用保护气体和非酸性气体中微量氧的测定。

6.1.13 可燃气体及有毒气体报警器

可燃气体及有毒气体报警器用于监测可燃或有毒气体的浓度，对防止爆炸和人身中毒起到重要的作用。这类仪器分为接触燃烧式、半导体气敏元件式和电化学式三类，下面分别叙述。

(1) 接触燃烧式

接触燃烧式可燃气体及有毒气体报警器的检测器由检测元件、补偿元件、固定电阻组成不平衡电桥，检测元件和补偿元件是对称的，均为涂有催化剂的热敏电阻，前者接触周围空气，后者不接触。电桥加上一定电压后，如周围空气中无可燃气体，由于桥臂电阻相等，电桥无信号输出；当空气中有可燃气体并扩散到检测元件时，在催化剂作用下产生无焰燃烧，使检测元件的温度升高，电阻值增大，电桥失去平衡而输出电压信号，此信号与可燃气体的浓度成正比并被送到二次仪表显示和报警。

接触燃烧式可燃气体及有毒气体报警器的主要特点为：仪器结构紧凑，体积小，安装使用方便；检测器为隔爆型，防爆标志 B_3d；基本误差小于±0.5%L.E.L（爆炸浓度低限）；二次仪表为非防爆结构，有显示和报警功能。

接触燃烧式可燃气体及有毒气体报警器主要应用在烷、苯、烯、醇、酮类和氢、氨等单种或多种混合可燃气的泄漏检测。当可燃气体的浓度超过设定值时发出报警（声、光与接点开闭信号），防止发生爆炸事故。

(2) 半导体气敏元件式

半导体气敏元件式可燃气体及有毒气体报警器的半导体气敏元件大多是以金属氧化物半导体为基础材料（如 SnO_2，ZnO 等），在被电加热器加热到 200～400℃的条件下，当被测气体中可燃或有毒气体在半导体表面吸附后，使半导体自由电子的移动发生变化；吸附氧化气体时电阻减少，吸附还原气体时电阻增加，电阻的变化程度与被测气体的浓度有关。

半导体气敏元件式可燃气体及有毒气体报警器的主要特点是：检测范围比接触燃烧式广，其量程可做成 L.E.L%或 10^{-6}级，如 CO 的爆炸下限是 12.5%（体积），但人身安全要求的最高浓度为 50×10^{-6}，远远低于 L.E.L（爆炸下限），用接触燃烧式不能测到这样小的含量；检测器的取样方式有扩散和泵吸两种，有隔爆型，工作温度为－20～50℃；可输出标准信号。

半导体气敏元件式可燃气体及有毒气体报警器主要用于监测有毒或可燃性气体的浓度，及时发现泄漏，以保证生产和人身安全。

(3) 电化学式

电化学式可燃气体及有毒气体报警器中气样通过粉末冶金的隔爆片和薄膜扩散到传感器集气区的两个电极上，通过氧化、还原的电化学反应产生一个与气体浓度成正比的电流，将此电流放大就可显示气体的浓度值。

电化学可燃气体及有毒气体报警器可测微小的气体含量，适合于有毒气体的检测，常用气体包括 CO、H_2S、NO_2、SO_2和 Cl_2；主要用于有毒气体的检测，以保护人身安全。

6.2 成分、物性检测的静态特性

从以上简单介绍可知，大多数成分、物性的检测部分（称发送器）都是采用非电量电测的方法，即根据各成分物理性质或化学性质的差异，将成分或物性变化转换为某种电量变化，然后用相应的电气仪表来测量和变送。输入成分或物性与输出电信号的关系即为成分、物性检测元件的静态特性。成分、物性测量的关键也就在于信息的正确转换。因此，要使输出信号与成分或物性之间保持预定关系，排除误差因素就十分重要。下面提出有共性的若干种误差因素及排除措施。

① 进发送器的气体试样必须符合洁净、干燥、常温和无腐蚀要求，所以气体试样要经过预处理，除去机械杂质、有害物质、腐蚀性物质、水分等。例如试样含有水滴，往往是产生误差的原因之一。对于高温介质还可以达到冷却作用。

② 背景气体（指待分析气体以外的其余气体）中如有干扰组分存在，将会影响分析结果的准确性，所以干扰组分应除去。例如用热导式方法分析烟道气中二氧化碳（CO_2）含量，烟道气中的氢气（H_2）成分是干扰气体，因为它与其余气体如一氧化碳（CO)、氮气（N_2)、氧气（O_2）等的导热系数不接近，相差很大，所以必须预先除去。

③ 发送器的供电电压要稳定，供电电流要恒定。例如要使热导池中的铂丝平衡温度仅取决于气体成分，则加热电流必须恒定。在红外线气体成分分析中，镍铬丝发出的特定波长红外线与镍铬丝的加热电流有关。

④ 发送器所处的周围环境温度变化会引起分析结果变化，所以周界温度必须保持恒定。以热导式气体分析为例，铂丝的散热条件除与成分有关外，与热导池的室壁温度即周界温度也有关系。可以采用装设恒温控制器的方法使室壁温度恒定。

⑤ 进入发送器的气体流量要求稳定，例如热磁式氧分析中气体流量的变化将影响磁风的大小，从而影响测量结果。所以进发送器的气体要经过稳压和流量控制。

⑥ 流体温度的影响。例如用电导法测硫酸（H_2SO_4）浓度时，温度变化会引起电导率的较大改变。为此，应设有温度补偿装置。

此外，取样点的选择也是影响测量结果的一个重要因素，取样点要具有代表性，能正确反映待分析组分的浓度。对于混有杂质、油污或水分的气体，取样点宜选在管道上部。若是带有气泡的液体，则取样点选在管道下部为宜。

总之，要使成分、物性的测量结果能很好地作为一个成分、物性控制系统的被控变量，根本问题在于发送器的可靠性和快速性。此外，从上面分析可以看到影响成分、物性测量结果的各种因素很多，不同于温度、压力等变量的测量，因此测量精度较低。

6.3　成分、物性检测的动态特性

采用成分、物性作为被控变量是最令人满意的。然而在实施上，无论其静态特性或动态特性都有许多问题需要切实加以解决；静态特性已在上面进行了介绍，而动态特性是要解决测量中的纯滞后问题。

成分、物性系统的检测元件不像温度和流量检测元件那样直接装在设备内或管道上。成分、物性的测量是通过取样管，把一部分流体送往发送器，例如在热导式分析中送往热导池，在色谱分析中送往色谱柱等。这些发送器往往有恒温等要求，并须有较好的环境条件，所以一般是设在离现场较远的分析室内。如果流体取样管内的流速不高，纯滞后将是很显著的，如不采取措施，纯滞后时间可能要在 10min 以上。这就是说，如构成控制系统，是根据 10 多分钟以前的情况来控制控制阀，显然很不及时，且容易振荡，最大偏差也很大。

常用的解决方法如下。

① 加大取样管内流体的流速。进发送器的流体流量一般很小，因此采用大部分流体通过旁路放空的办法来增加流速，如图 6-13 所示。

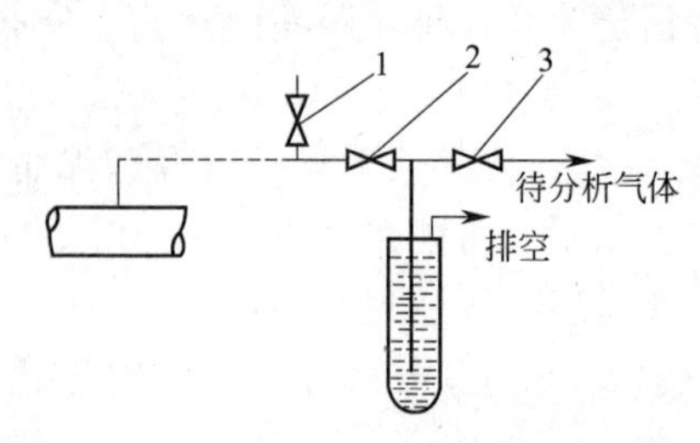

图 6-13　旁路放空

1—放大阀；2—减压阀；3—针阀

② 使发送器尽可能地靠近取样口，以缩短距离。当然，安装位置的环境条件仍必须满足要求且便于维护检修。

③ 考虑改进控制回路的构成方式。例如，用成分控制器的输出作为另一个控制器（副控制器）的设定值，前者进行细调，而让大多数（包括较大的）干扰由副控制器来控制，这就是所谓串级控制系统。

④ 考虑改变控制规律。在人工操作时，遇到纯滞后很大的过程，可以采取“看一步，调一步，停一停”的方式，在控制效果还没有显露出来之前，先等一小段时间，这样可避免被控变量大起大落，有利于控制过程的稳定。

思考题与习题

6-1　使用热导式气体分析仪时需注意满足什么测量条件？

6-2　简述红外线气体成分分析工作原理。

6-3　简述气相色谱仪工作原理。气相色谱仪有哪些基本环节？各部分有哪些作用？

6-4　简述 pH 计电极的基本结构。电极电位与温度有无关系？

6-5　可燃气体及有毒气体报警器主要有哪几类？

6-6　分析仪表使用时需注意排除哪些误差因素？

第7章 显示仪表

显示仪表用于各种检测变量显示、记录，在自动化仪表中占有重要地位。按仪表的显示方式，可以分为三类。

① 模拟式显示仪表。检测元件和变送器将被控变量（物理量或化学量）变换成另一物理量，此物理量随被控变量作相应变化，这种变化是对被控变量的模拟，与此相配套的显示仪表称模拟式显示仪表，用标尺、指针、曲线等方法显示、记录被控变量测量值。模拟式显示仪表一般由信号变换和放大环节、磁电偏转机构（或伺服电机）及指示记录机构组成，工作可靠，价格低廉，能够满足一定的精确度要求，能够反映和记录测量值变化趋势。但是，模拟式显示仪表结构较复杂，读数不够直观，测量速度不够迅速，测量重现性不够好。

② 数字式显示仪表。随着脉冲数字电路的发展以及微处理技术在显示记录仪表中的应用，显示仪表产品全面由模拟式向数字式方向发展。数字式显示仪表（简称数显仪表）是直接用数字量显示或以数字形式记录打印被测变量值的仪表。它具有模/数转换器，可将被测变量转换成十进制数码，显示清晰直观，无读数视差。由于其内部没有模拟式显示仪表中所必需的机械运动结构，因此测量和显示速度、测量准确性及重现性等都有很大提高。数显仪表在数字显示的同时还可以直接输出代码，与计算机接口通信，可直接用于生产过程计算机控制系统中。若在数显仪表内部配以数/模转换电路，则可输出模拟信号供生产过程控制器用。如再配置某种调节或控制电路就成为集测量显示与调节于一身的数字显示调节仪；配以微处理器可组成带有自诊断、自校正、非线性补偿等功能的智能化数显仪表。

数显仪表能与多种传感器配合测量显示各种工艺参数，并可进行巡回检测、越限报警及实现生产过程自动控制。由于数显仪表结构紧凑，功能齐全，可靠性强，且其价格正不断下降，因而在当今现代化生产过程中得到越来越广泛的应用。数显仪表正逐步取代模拟式显示仪表，在自动控制中起着重要作用。

③ 屏幕显示装置。屏幕显示装置是计算机控制系统的一个组成部分。它利用计算机的快速存取能力和巨大的存储容量，几乎是同一瞬间在屏幕上显示出逐个的或成组的数据，还可以在屏幕上显示出一连串数据信息构成的曲线或图像，如炉膛内的温度分布图等。由于功能强大，使得控制室的面貌发生根本变化，过去庞大的仪表盘将大为缩小，甚至可以取消。目前屏幕显示装置主要用于集散控制系统（DCS）中。

如上所述，显示仪表种类繁多，而且发展迅速。本节主要介绍模拟式和数字式显示仪表以及当前显示仪表的发展动态。

7.1 模拟式显示仪表

工业上常用的模拟式显示仪表是自动平衡式指示记录仪表，有电子电位差计和电子自动平衡电桥两类，它们通过自动调节电位差或电阻的方法，使电位差计或电桥达到平衡，从标尺上指针的位置读得测量结果。

7.1.1 电子电位差计

电子电位差计是用来测量直流电压信号的，凡是能转换成毫伏级直流电压信号的工艺变量都能用它来测量。在以电动单元组合仪表构成的控制系统中，与温度、流量、压力、差压、成分等变送器配套后，可以显示这些被控变量。也可以与热电偶组成温度检测系统来显示温度，或与其他成分发送器组成成分检测系统显示成分。

(1) 工作原理

电子电位差计是根据“电压补偿原理”工作的。下面以图 7-1 所示的电压测量系统说明电压补偿原理。图中 U_x 为被测电压，滑线电阻 W 与稳压电源 E 组成一闭合回路，因此流过 W 上的电流 I 是恒定的，这样就可将 W 的标尺刻成电压数值。G 为检流计。被测电压的测量方法是移动滑动触点 C，使通过检流计 G 的电流为零，这是触点 C 所指的电压值即是被测电压 U_x。因为要使检流计无电流通过，只有在已知电压 U_{CB}等于未知电压 U_x（即被测电压）时才有可能。这种用已知电压来补偿未知电压，使测量线路的电流等于零的测量电压的方法称之为“电压补偿法”。用这种方法测量电压比较精确，因为没有电流通过测量线路，也就不存在线路电阻影响问题。

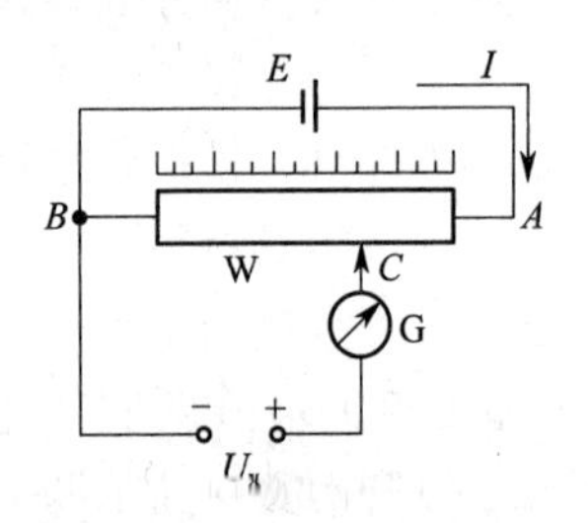

图 7-1 电压测量系统

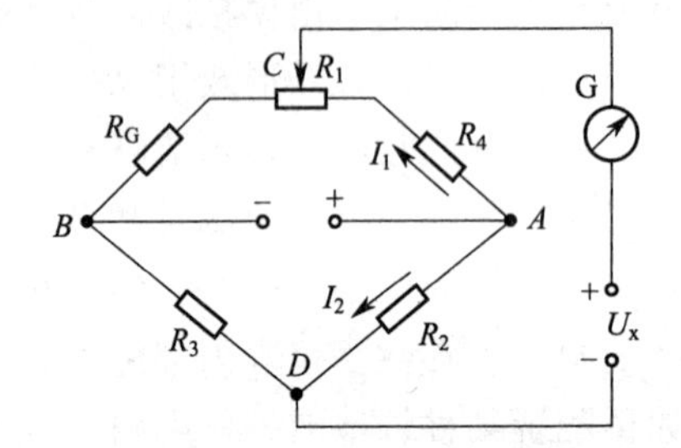

图 7-2 测量桥路原理图

在电子电位差计中，已知电压是由不平衡电桥产生，如图 7-2 所示。在此测量桥路中，是利用不平衡电桥的输出电压 U_{CD}来补偿被测电压 U_x 的。随着被测电压的变化，滑动触点 C 的位置也相应地作向左或向右移动。当检流计 G 指示为零时滑动触点 C 不再移动，固定在某一位置上，此时 $U_{CD}=U_x$，测量桥路呈现平衡状态。C 点的位置越往右，表示被测电压值越大。

如果用电子放大器代替检流计，将直流信号 U_{CE}变成交流信号后作为放大器的输入信号，再由放大器驱动可逆电机，通过一套机械传动机构来带动滑动触点 C，那么测量过程就可自动完成了，如图 7-3 所示。

放大器的输入电压

$$U_{CE}=U_{CD}-U_x=U_{CF}+U_{FB}-U_{DB}-U_x \tag{7-1}$$

如果测量桥路处于平衡状态，式(7-1) 中 $U_{CE}=0$，则

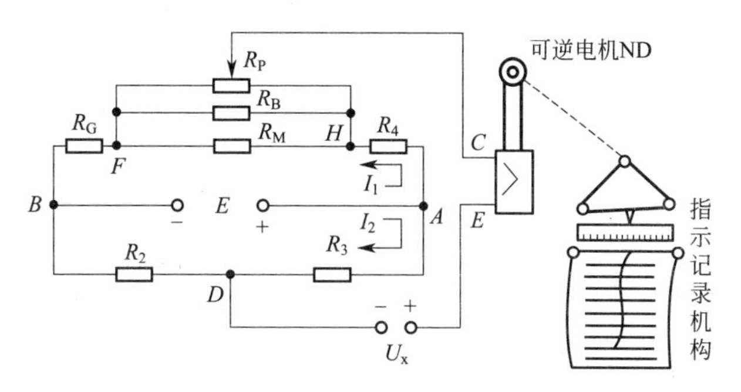

图7-3　电子电位差计的工作情况

$$U_{CF}+U_{FB}-U_{DB}-U_x=0 \tag{7-2}$$

当被测电压有了增高，即$U_x+\Delta U_x$，测量桥路就不再平衡，U_{CE}就不等于零。放大器有了正输入电压，可逆电机ND作顺时针方向转动，带动滑动触点C向右移到适当位置，即

$$U_{CE}=(U_{CF}+\Delta U_{CF})+U_{FB}-U_{DB}-(U_x+\Delta U_x)=0 \tag{7-3}$$

可逆电机带动滑动触点移动的同时，也带动指针和记录笔，指示和记录出增高后的电压值。

反之，当被测电压降低了，出现了$U_x-\Delta U_x$，放大器有了负输入电压，可逆电机逆转，滑动触点向左移动，平衡时指示出降低后的电压值。

（2）测量桥路中各电阻的作用

测量桥路的电源电压为1V，上支路电流I_1为4mA，下支路电流I_2为2mA，因此上支路总电阻值为250Ω，下支路则为500Ω。

① 起始电阻R_G。当仪表指示下限值时，C点应滑到最左端。由于仪表的下限值不一定为零，因此R_G大小对应着测量电压下限值。下限值增大，则须使R_G增大；反之，下限值减小，则须使R_G减小。若仪表的检测元件为热电偶，则测量下限电压不仅与起始电阻R_G有关，而且与热电偶种类有关。

② 量程电阻R_M。仪表指示上限值时，C点移到最右端。可见滑线电阻R_P两端电压的大小代表了测量范围的大小。如果只有一个滑线电阻R_P，那么对于量程不同的仪表就要制造不同数值的滑线电阻，而且要求很准确，阻值又很小（几欧或几十欧），结构尺寸也要一样，这在工艺上是很困难的。为了有利于成批生产，只绕制一种规格的滑线电阻，并允许有一定的误差，因而另外再用一个固定电阻R_B，通过选配和调整使R_P与R_B并联后得到一个比较准确而又固定的电阻值，这个数值的电阻与不同大小的R_M并联后，就可以得到不同的仪表量程。当R_M越大，它从上支路工作电流I_1中分得的电流越小，这时流过滑线电阻R_P的电流越大，仪表的量程就越大。反之，R_M越小，仪表的量程就越小。于是将R_M称为量程电阻。若仪表的检测元件为热电偶，则R_M大小由仪表量程及热电偶分度号来决定。

③ 限流电阻R_3与R_4。调整上支路限流电阻R_4，以保证上支路电流I_1为规定值4mA。调整下支路限流电阻R_3，以保证下支路电流I_2为规定值2mA。

④ 参比端温度补偿电阻R_2。当测量电压信号时，这个电阻是定值；当检测元件是热电偶时，这个电阻起到参比端温度补偿作用。

在配用热电偶时，R_2用铜丝绕制并安装在仪表背面接线板上，与热电偶参比端感受相同环境温度。若参比端温度变化（如温度上升）时，热电偶的热电势将会下降，而R_2的阻

值上升，使U_{DB}上升，结果正好补偿由于参比端温度变化引起的热电势变化，即

$$U_{CE}=U_{CB}-(U_{DB}+\Delta U_{DB})-[E(\theta,0)-E(\theta_0,0)]=0$$

这时测量桥路仍然平衡，滑动触点并不移动，所以指示温度也不偏低。

电子电位差计的型号用XW系列来命名，X表示显示仪表，W表示直流电位差计。该系列有小型长图显示、大型长图显示、圆图显示等。

7.1.2 电子自动平衡电桥

电子自动平衡电桥对于能转换成电阻值的各种变量显示记录。它通常与热电阻配套用以测量温度，在工业上与电子电位差计一样获得广泛应用。

电子自动平衡电桥是由测量桥路、放大器、可逆电机、同步电机等主要部分组成。它与电子电位差计相比，除了感温元件和测量桥路，其他组成部分几乎完全相同，甚至整个仪表的外壳，内部结构以及大部分零件都是通用的。因此工业上通常把电子电位差计和电子自动平衡电桥统称为自动平衡显示仪表。

电子自动平衡电桥的作用原理与电子电位差计是完全不同的，后者的测量桥路处于不平衡状态，其不平衡电压要与被测电压相补偿后仪表才能达到平衡，而前者的测量桥路却处于平衡状态。

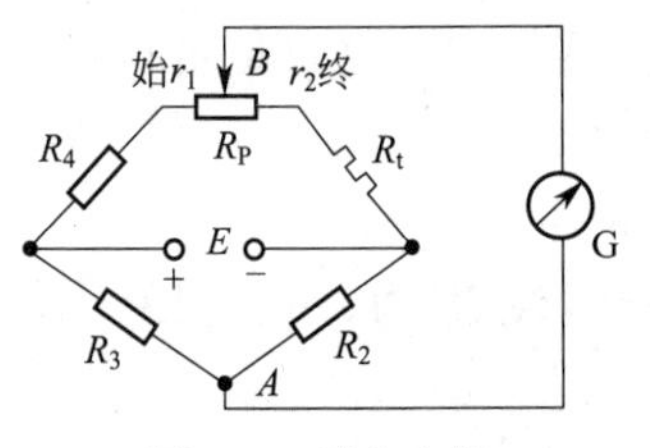

图 7-4 平衡电桥

图7-4为一具有检流计的平衡电桥。热电阻R_t为其中一个桥臂，R_P为滑线电阻，触点B可以左右移动，如滑线电阻的刻度值为温度，则在电桥达到平衡时（即检流计G中的电流等于零），滑动触点B所指示的温度就是被测温度。

当温度在量程起点，即R_t值最小时，移动滑动触点B，使检流计G指零，电桥达到平衡，这时触点B必然在滑线电阻最左端。根据电桥平衡条件，应有：

$$R_3(R_{t0}+R_P)=R_2R_4 \tag{7-4}$$

当温度升高后，由于R_t增大，要使电桥平衡，B点必然右移，这时

$$R_3(R_{t0}+\Delta R_t+R_P-r_1)=R_2(R_4+r_1) \tag{7-5}$$

由式(7-4)和式(7-5)整理可得：

$$r_1=\frac{R_3}{R_2+R_3}\Delta R_t \tag{7-6}$$

r_1与ΔR_t成正比关系，即滑动触点B的位置反映了电阻的变化，也即反映了温度的变化。

如果将检流计换成电子放大器，利用放大后的不平衡电压去驱动可逆电机，使可逆电机带动滑动触点B以达到电桥平衡，这就是电子自动平衡电桥的工作原理，如图7-5所示。

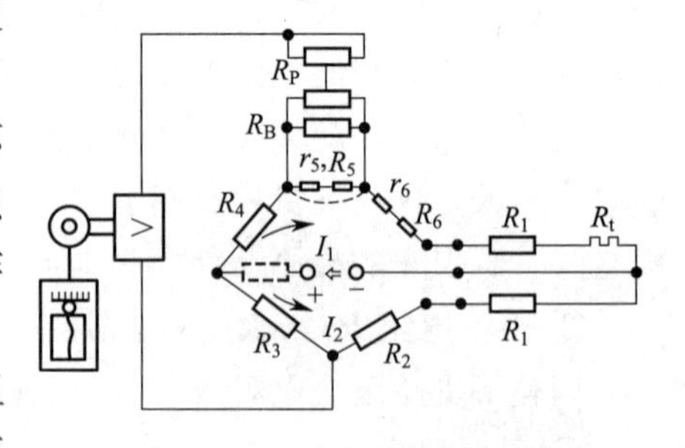

图 7-5 电子自动平衡电桥原理图

热电阻R_t采用三线制接法，规定每根导线电阻是2.5Ω。R_P为滑线电阻，R_P与R_B并联后的电阻值为90Ω，R_5为量程电阻，R_6为调整仪表起始刻度的电阻。当测量温度在量程起点时调整R_6，使滑动触点移到滑线电阻最左端；当测量温度在量程终点时调整R_5，使滑动触点移到滑线电阻最右端。R_4为限流电阻，它决定了上支路电流

的 I_1 大小。

目前我国生产的电子自动平衡电桥根据输出的不平衡电压是交流电还是直流电形式分为XD系列（交流平衡电桥）和XQ系列（直流平衡电桥）两种。

模拟式显示仪表除了上述自动平衡式以外，还有动圈式、光柱式等。动圈式显示仪表采用灵敏度较高的磁电系测量机构将被测信号转换为指针的角位移，其输入信号可以是直流毫伏信号，也可以将其他信号转换成毫伏信号后再显示。动圈式显示仪表发展较早，现已经逐渐被淘汰。光柱式显示仪表将输入信号通过由许多发光二极管组成的光柱显示，非常醒目，通常再配上报警装置构成显示报警器。

7.2 数字式显示仪表

数显仪表用数码管显示测量值或偏差值，清晰直观，读数方便，不会产生视差。数显仪表普遍采用中、大规模集成电路，线路简单，可靠性好，耐振性强。由于仪表采用模块化设计方法，即不同品种的数显仪表都是由为数不多的、功能分离的模块化电路组合而成，因此有利于制造、调试和维修，降低生产成本。数显仪表品种繁多，配接灵活，可输入多种类型测量信号，输出统一标准的电流信号（0～10mA直流电流或4～20mA直流电流）和报警信号。仪表具有非线性校正及开方运算电路，配接热电偶测温时具有冷端温度补偿功能，配接热电阻时考虑了外线电阻的补偿，配接差压变送器测流量时可直接显示流量值。仪表外形尺寸和开孔尺寸均按国家标准或国际IEC标准设计。

7.2.1 数显仪表的分类

数显仪表的品种规格已趋于齐全，分类方法较多。

① 按仪表功能划分，可分为显示型、显示报警型、显示调节型和巡回检测型四种。

② 按输入信号形式划分，可分为电压型和频率型两类。所谓电压型是指输入信号是电压或电流；而频率型是指输入信号是频率、脉冲或开关信号。

③ 按输入信号的点数划分，可分为单点和多点两种。

④ 按显示位数划分，可分为3位半和4位半等多种。所谓有半位的显示，是指最高位是1或为0。

⑤ 按测量速率划分，可分为低速型（每秒钟测量零点几次到几次）、中速型（每秒钟测量十几次到几百次）和高速型（每秒钟测量千次以上）。

7.2.2 数显仪表的主要技术指标

① 显示方式。一般采用3位半或4位半数码管显示，最大读数范围是－1999～＋1999（计量单位任选）。

② 分辨率。仪表末位数改变1个字时所代表的输入信号值，表明仪表所能显示被测参数的最小变化量。

③ 精度等级。0.5级或0.2级。

④ 输入阻抗。输入阻抗是指仪表在工作状态下呈现在仪表两输入端之间的等效阻抗，一般在10MΩ以上。

此外还有采样速度、干扰抑制系数等其他技术指标。

7.2.3 数显仪表的基本组成

尽管数显仪表品种繁多，结构各不相同，但基本组成相似。数显仪表通常包括信号变换、前置放大、非线性校正或开方运算、模/数（A/D）转换、标度变换、数字显示、电压/电流（V/I）转换及各种调节电路等部分，其构成原理如图 7-6 所示。

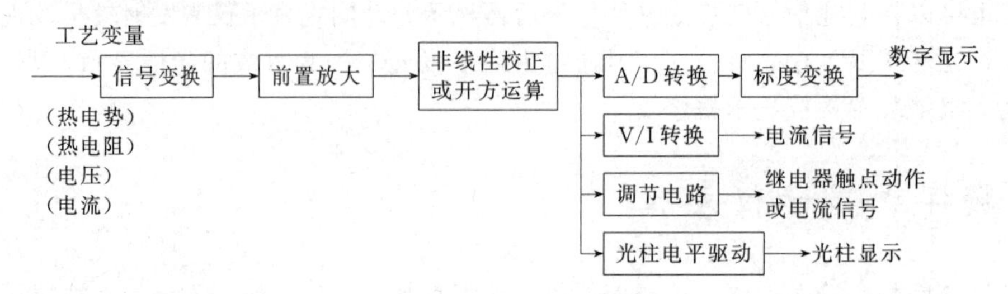

图 7-6 数显仪表组成结构

（1）信号变换电路

将生产过程中的工艺变量经过检测变送后的信号，转换成相应的电压或电流值。由于输入信号不同，可能是热电偶的热电势信号，也可能是热电阻信号等，因此数显仪表有多种信号变换电路模块供选择，以便与不同类型的输入信号配接。在配接热电偶时还有参比端温度自动补偿功能。

（2）前置放大电路

输入信号往往很小（如热电势信号是毫伏信号），必须经前置放大电路放大至伏级电压幅度，才能供线性化电路或 A/D 转换电路工作。有时输入信号夹带测量噪声（干扰信号），因此也可以在前置放大电路中加上一些滤波电路，抑制干扰影响。

（3）非线性校正或开方运算电路

许多检测元件（如热电偶、热电阻）具有非线性特性，须将信号经过非线性校正电路的处理后具备线性特性，以提高仪表测量精度。

例如在与热电偶配套测温时热电势与温度是非线性关系，通过非线性校正，使得温度与显示值变化成线性关系。

开方运算电路的作用是将来自差压变送器的差压信号转换成流量值。

（4）模数转换电路（A/D 转换）

数显仪表的输入信号多数为连续变化的模拟量，须经 A/D 转换电路将模拟量转换成断续变化的数字量，再加以驱动，点燃数码管进行数字显示。因此 A/D 转换是数显仪表的核心。

A/D 转换是把在时间上和数值上均连续变化的模拟量变换成为一种断续变化的脉冲数字量。A/D 转换电路品种较多，常见的有双积分型、脉冲宽度调制型、电压-频率转换型和逐次比较型。前三种属于间接型，即首先将模拟量转换成某一个中间量（时间间隔 T 或频率 F），再将中间量转换成数字量，抗干扰能力较强；而逐次比较型属于直接型，即直接将模拟量转换成数字量。数显仪表大多使用间接型。

① 双积分型 A/D 转换器。双积分型 A/D 转换器由基准电压 V_S、模拟开关 K_1、K_2、K_3、积分器、检零比较器、控制逻辑电路、时钟发生器、计数器和显示器等组成，如图 7-7 所示，积分过程如图 7-8 所示。

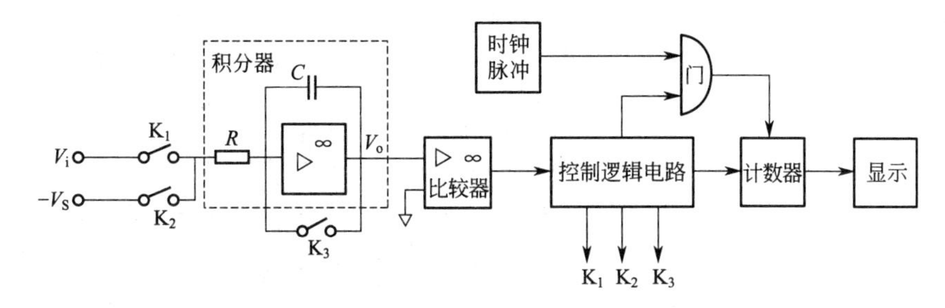

图 7-7　双积分型 A/D 转换器原理框图

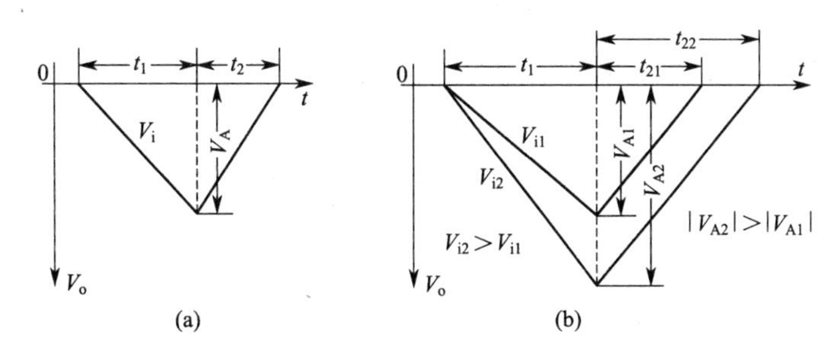

图 7-8　积分器输出电压波形图

采样积分阶段：

K_1 接通，K_2、K_3 断开，积分器在一固定时间 t_1 内对 V_i 积分。输出电压

$$V_o=-\frac{1}{RC}\int_0^{t_1}V_i\mathrm{d}t=V_A$$

$$\overline{V}_i=\frac{1}{t_1}\int_0^{t_1}V_i\mathrm{d}t$$

$$V_A=-\frac{1}{RC}\overline{V}_it_1 \tag{7-7}$$

比较测量阶段：

K_2 接通，K_1、K_3 断开，相反极性的基准电压 V_S 接入积分器，输出电压 V_o 下降。当 $V_o=0$ 时，比较器使控制逻辑电路发出复位信号，使 K_3 接通，K_1 和 K_2 断开，积分器输出复位到零。

$$V_o=V_A-\frac{1}{RC}\int_{t_1}^{t_1+t_2}(-V_S)\mathrm{d}t=0 \tag{7-8}$$

因此

$$V_A+\frac{1}{RC}V_St_2=0 \tag{7-9}$$

$$t_2=\frac{V_A}{-V_S}RC \tag{7-10}$$

$$\overline{V}_i=\frac{t_2}{t_1}V_S \tag{7-11}$$

如果时钟脉冲的固定频率为 f，则 t_2 时间内计数器的计数为

$$N=f\cdot t_2 \tag{7-12}$$

输入电压 V_i 的平均值与计数器显示数字量 N 成正比。从而实现了电压-数字量的转换。

② 逐位逼近型 A/D 转换器。逐位逼近型 A/D 转换器由寄存器 SAR、比较器，基准电源 E_R 和时钟发生器等组成。如图 7-9 所示，其原理类似天平称重量时的尝试法。

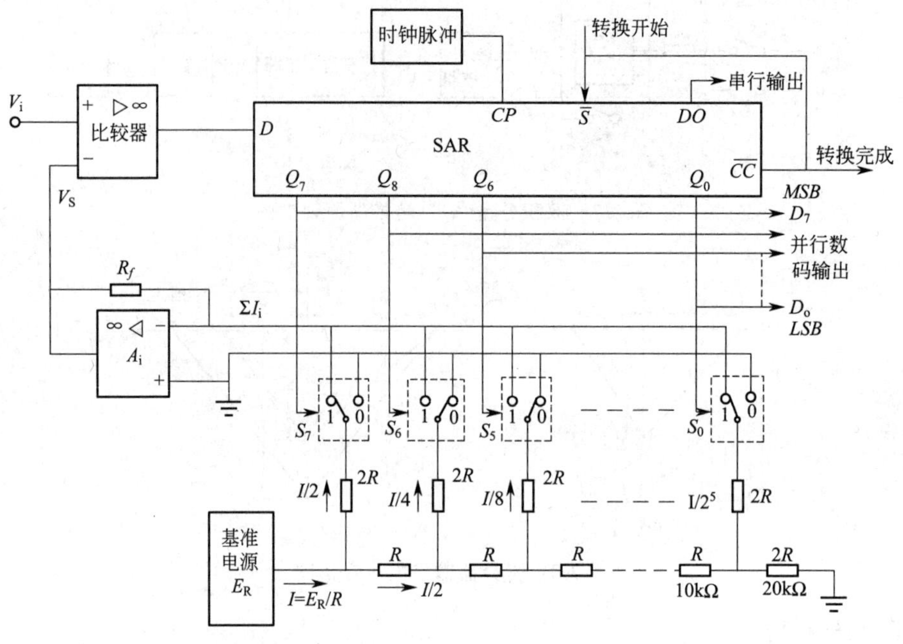

图 7-9 逐位逼近型 A/D 转换器原理线路

SAR 是一种特殊设计的位移寄存器。在时钟脉冲控制下，从 Q_7，Q_6，…，Q_0 依次输出脉冲，S_7，S_6，…，S_0 接通。S_i 打开时，2 分频电流在放大器上产生累加电压 V_S 送比较器与输入 V_i 比较。若 $V_S \leqslant V_i$，保持当前位的 S_i 接通（$Q_i=1$）；若 $V_S \geqslant V_i$，需使当前位 S_i 断开（$Q_i=0$）。从高到低逐次比较，V_S 逐渐逼近 V_i。输出编码为 Q_7，Q_6，…，Q_0 状态的排列。

③ 电压-频率型 A/D 转换器。电压-频率型 A/D 转换器由上、下通道，反向积分器组成，如图 7-10 所示。当 $V_i>0$ 时，下通道工作。当 $V_i<0$ 时，上通道工作。电压波形如图 7-11 所示。

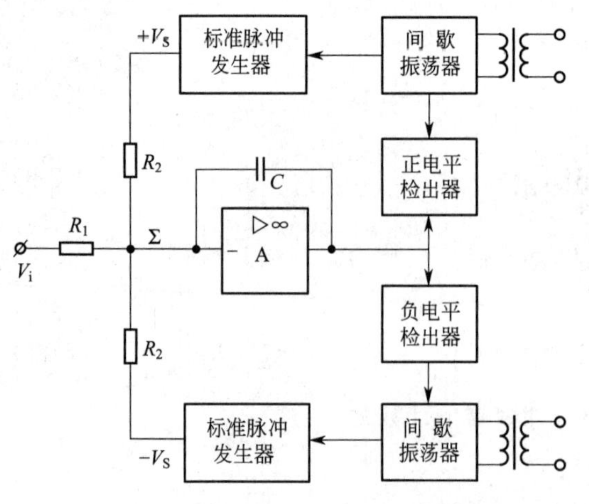

图 7-10 电压-频率型 A/D 转换器构成图

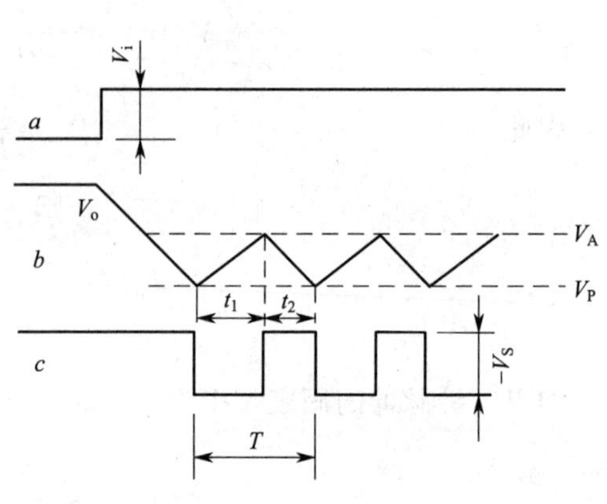

图 7-11 电压波形图

$V_i>0$ 时，$+V_i$ 反向积分，积分器输出 V_o 线性下降。当 V_o 下降到“负电平检出器”的检出电压值 V_P 时，触发下间歇振荡器，使之发出一个振荡脉冲，又触发下标准脉冲发生器，使之产生标准脉冲电压 $-V_S$ 脉冲（$V_S>V_i$，宽度 t_1 恒定）。t_1 时间内，积分器对 $V_i-V_S<0$ 积分，输出电压 V_o 回升。V_S 电压消失后，积分器又对 V_i 积分，重复前一过程。被测电压 V_i 大时 V_o 斜率大，t_2 间隔小，即标准脉冲的频率高，完成电压/频率的转换。转换公式为：

$$f=\frac{R_2}{R_1V_St_1}\overline{V}_i \tag{7-13}$$

$V_i<0$ 时，上通道工作。上标准脉冲发生器产生正电压脉冲。

(5) 标度变换电路

其作用是对被测信号进行量纲换算，使仪表能以工程量值形式显示被测参数大小。通常经过非线性校正的被测量与显示的工程量之间存在一定比例关系，将测量值乘上某个系数后才能使显示值与实际测量值相符。

(6) 数字显示电路及光柱电平驱动电路

数字显示方法很多，常用的有发光二极管显示器（LED）和液晶显示器（LCD）等。光柱电平驱动电路是将测量信号与一组基准值比较，驱动一列半导体发光管，使被测值以光柱高度或长度形式进行显示。

(7) V/I 转换电路

将电压信号转换成 0～10mA 直流电流或 4～20mA 直流电流标准信号，以便使数显仪表可与电动单元组合仪表、可编程调节器或计算机等连用。

(8) 调节电路

带有调节功能的数显仪表中配有调节电路，根据偏差信号按 PID 控制规律或其他控制规律进行调节，输出控制信号。

对于具体仪表，其组成部分可以是上述电路模块的全部或部分组合，且有些模块位置可以互换。正因如此，才组成了功能、型号各不相同且种类繁多的数显仪表。

常见的数显仪表有多种。如 XMZ 系列、XMT 系列、DR 系列、AH 系列等。其中 XMZ-100A 可与热电偶、热电阻、差压计等配合使用，将温度、压力、流量、液位等参数以数字形式显示出来；XMZ-100B 除了 XMZ-100A 全部功能外，还有变送、输出和报警功能。XMT 系列以微处理机（CPU）为核心，除具有一般的数字显示功能外，还具有多种控制功能。DR 系列除具有数字显示功能外，还有通过 CPU 电路控制多点测量切换显示、数据打印等功能。AH 系列多量程混合式记录仪表具有数字显示、笔式和打点式模拟记录、数字量打印记录、多路显示、越限报警等功能。这些仪表都具有数字式显示记录仪表一般特点。

7.3　新型显示仪表

当前的显示仪表是涉及微处理技术、新型显示技术、记录技术、数据存储技术和控制技术，把信号检测处理、显示、记录、数据储存、通信、控制、复杂数学运算等多个或全部功能集合于一体的新型仪表，具有使用方便、观察直观、功能丰富、可靠性高等优点。

7.3.1 显示仪表发展动态

(1) 显示和记录方式

显示方式多种多样，除了传统的指针式外，有液晶（LCD）、发光二极管（LED）、荧光数码管，有荧光带，还有彩色 CRT 显示器、超薄性（TFT）VGA 彩色液晶显示器等。

记录方式有在纤维记录纸上记录、热敏头在热敏纸上记录、彩色色带打印方式记录，还有通过 ICRAM 卡、磁盘等电子方式数据存储记录。现在一台显示记录仪上往往包含两种或两种以上记录方式，以满足不同需要。

(2) 输入信号、输入通道和记录通道

输入信号通用性加强，几乎国内外所有带微处理器的显示记录仪表都能同时直接接受来自现场的检测元件（传感器）和变送器信号，如各种热电偶、热电阻信号。热电偶、热电阻信号量程范围可以任意设定；直流电压信号量程从±1mV 到±100mV，直流电流信号量程从 1mA 到 500mA 。

各种显示记录仪表都有多输入、多记录通道供选用。小型长图显示记录仪（面板尺寸 144mm×144mm）有全部隔离输入 1～4 个通道显示，笔式连续模拟曲线记录及数字记录；有六通道全部隔离输入，六色打点曲线和数字记录。中型长图显示记录仪（面板尺寸 288mm×288mm）最多可有 32 个隔离通道输入、12 个通道连续模拟记录曲线。大型长图显示记录仪（面板尺寸 360mm×288mm）最多可有 96 个隔离通道输入、45 个通道同时模拟打印曲线记录。大、中型圆图显示记录仪最多可有四个全部隔离通道输入和显示记录。

不管笔式连续记录还是打点记录，响应时间都很快。

(3) 测量精度和采样周期

测量精度高，采样周期快。测量精度有些已经达到 0.05 级，一般也达到 0.1 级和 0.2 级。记录精度有些达到 0.1 级，一般都达到 0.25 级和 0.5 级。所有通道采样一次所需时间最短为 0.1s（六通道以内）和 1s（六通道以上）。

(4) 运算功能

普遍具有加、减、乘、除、比率、平方根、通道/分组平均、计算质量流量、蒸汽流量等几十种运算功能，还有非线性处理、自动校正、自动判别诊断功能。

(5) 报警、调节功能

根据需要组态配置报警功能，有绝对高/低值、偏差、变化率增/减、数字状态等报警。报警时面板指示，记录纸上或电子数据存储器中记录报警信息；还可附加多组继电器输出报警状态。

带微处理器的显示仪表通过软件实现控制功能。除了常规的位式控制和 PID 控制规律外，已把程序控制、PID 自整定、自适应 PID 及专家系统都放入其中，其调节功能接近于数字式调节器。

(6) 电子数据存储

数据可存入磁盘以便保存或日后分析使用；也可以存入 ICRAM 卡。

(7) 操作

方便的人机对话窗口，屏幕菜单式或屏幕图形界面按钮操作；同时也可以通过专门手操器、上位机对显示记录仪进行参数设定、组态、校验等操作。

(8) 虚拟显示仪表

采用多媒体技术，用个人计算机取代实际的显示仪表。

7.3.2　无纸记录仪

无纸记录仪是一种以 CPU 为核心、采用液晶显示的新型显示记录仪表，完全摒弃了传统记录仪的机械传动、纸张和笔。其记录信号是通过 CPU 来进行转化和保存的，记录信号可以根据需要在屏幕上放大或缩小，便于观察，并且可以将记录曲线或数据送往打印机进行打印，或送往个人计算机加以保存和进一步处理。无纸记录仪精度高，价格与一般记录仪相仿。如图 7-12 所示即为无纸记录仪原理框图。

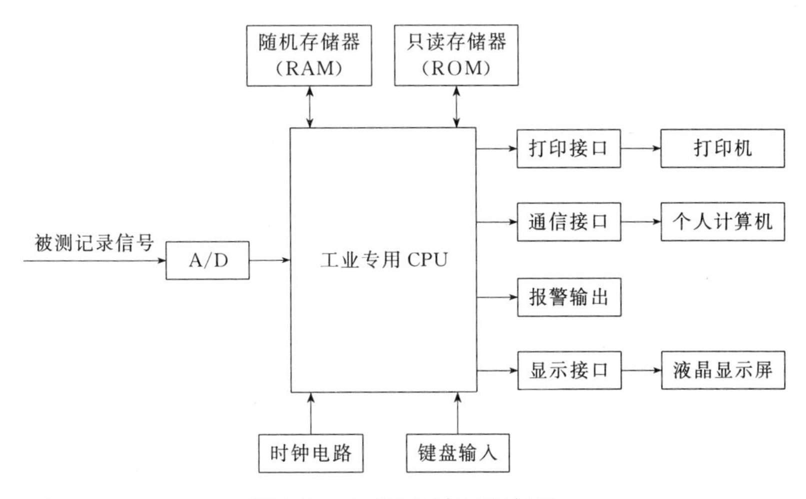

图 7-12　无纸记录仪原理框图

图 7-12 中，CPU 用来控制数据的采集、显示、打印、存储报警等；A/D 转换器将被测记录信号的模拟量转换成数字量，可以接 1～8 路模拟信号；ROM 中固化了 CPU 运行所必需的软件程序，只要记录仪上电，ROM 中程序就让 CPU 工作；RAM 中存放 CPU 处理后的历史数据，一般可以存放几个月的数据量。此外，记录仪掉电时有备用电池供电，保证记录数据和组态信号不因掉电而丢失；时钟电路产生记录时间间隔、日期。

无纸记录仪有组态界面，通过六种组态方式，组态各个功能，包括日期、时钟、采样周期、记录点数；页面设置、记录间隔；各个输入通道量程上下限、报警上下限、开方运算设置，流量、温度、压力补偿，如果想带 PID 控制模块，可以实现 4 个 PID 控制回路；通信方式设置；显示画面选择；报警信息设置。

7.3.3　虚拟显示仪表

虚拟显示仪表硬件结构简单，仅由原有意义上的采样、模数转换电路通过输入通道插卡插入计算机即可。虚拟显示仪表的显著特点是在计算机屏幕上完全模仿实际使用中的各种仪表，如仪表面盘、操作盘、接线端子等。用户通过计算机键盘、鼠标或触摸屏进行各种操作。

由于显示仪表完全被计算机所取代，除受输入通道插卡性能的限制外，其他各种性能如计算速度、计算的复杂性、精确度、稳定性、可靠性等都大大增强。此外，一台计算机中可以同时实现多台虚拟仪表，可以集中运行和显示。

思考题与习题

7-1 显示仪表分为几类？各有什么特点？

7-2 电子电位差计与电子自动平衡电桥工作原理是否相同？说出测温时它们各自可与哪些测温元件配套使用，以及配套测温时应注意的问题。

7-3 某台电子电位差计的标尺范围是 0～1100℃，热电偶的参比端温度为 20℃。如果不慎将热电偶短路，则电子电位差计指示值为多少？

7-4 热电阻短路或断路时，电子自动平衡电桥的指针分别指在何处？

7-5 数字式显示仪表由哪几部分组成？各部分有何作用？

7-6 简述双积分 A/D 转换、逐次比较 A/D 转换工作原理。

7-7 无纸记录仪和虚拟显示仪表各有何特点？

第 8 章　变　送　器

检测元件将被测参数如温度、压力、流量、液位、pH 值等检测出来，通过变送器变换成相应的统一标准信号，供显示、记录或进行下一步的调整控制。在自动控制系统中，检测变送是首要环节，只有获得精确和可靠的被控参数，才能进行准确的数据处理，进而才能获得高质量的控制效果。按照被测参数分类，变送器主要有压力变送器、温度变送器、液位变送器和流量变送器等。

8.1　变送器的构成

8.1.1　模拟变送器的构成

模拟变送器完全由模拟元器件构成，其性能也完全取决于所采用的硬件。从构成原理来看，模拟变送器由测量部分、放大器和反馈部分三部分组成，如图 8-1 所示。

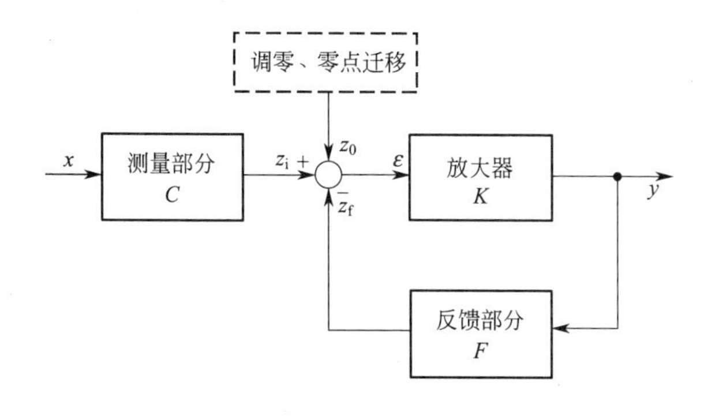

图 8-1　模拟变送器的构成原理图

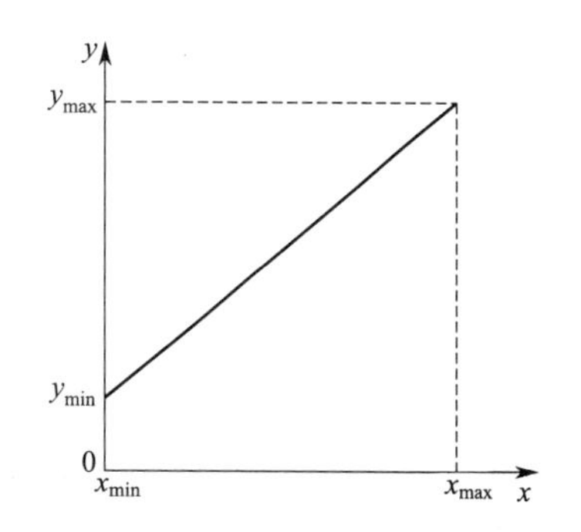

图 8-2　变送器的理想输入输出特性

测量部分包含检测元件，用于检测被测参数 x，并将其转换成放大器可以接收的信号 z_i。z_i 可以是电压、电流、位移和作用力等信号，由变送器类型决定。

反馈部分把变送器的输出信号 y 转换成反馈信号 z_f；再回送到输入端。在放大器的输入端还加有调零与零点迁移信号 z_0，z_0 由零点调整（简称调零）和零点迁移（简称零迁）环节产生。

z_i 与 z_0 的代数和同 z_f 进行比较，其差值 ε 由放大器进行放大，并转换成统一标准信号

y 输出。

由图 8-1 可以求得变送器输出与输入之间的关系为：

$$y=\frac{K}{1+KF}(Cx+z_0) \tag{8-1}$$

式中，K 为放大器的放大系数；F 为反馈部分的反馈系数；C 为测量部分的转换系数。

当满足深度负反馈的条件，即 $KF \gg 1$ 时，变送器的输出与输入之间的关系仅取决于测量部分特性和反馈部分特性，而与放大器特性几乎无关。如果测量部分的转换系数 C 和反馈部分的反馈系数 F 是常数，则变送器的输出与输入具有线性关系。

变送器的理想输入输出特性如图 8-2 所示。x_{max} 和 x_{min} 分别为变送器测量范围的上限值和下限值，即被测参数的上限值和下限值，图中 $x_{min}=0$。y_{max} 和 y_{min} 分别为变送器出信号的上限值和下限值。

变送器的输出一般表达式为

$$y=\frac{x}{x_{max}-x_{min}}(y_{max}-y_{min})+y_{min} \tag{8-2}$$

8.1.2 智能变送器的构成

智能变送器由以微处理器（CPU）为核心构成的硬件电路和由系统程序、功能模块构成的软件两大部分组成。

通常，智能变送器的构成框图如图 8-3(a) 所示；采用 HART 协议通信方式的智能式变送器的构成框图，如图 8-3(b) 所示。

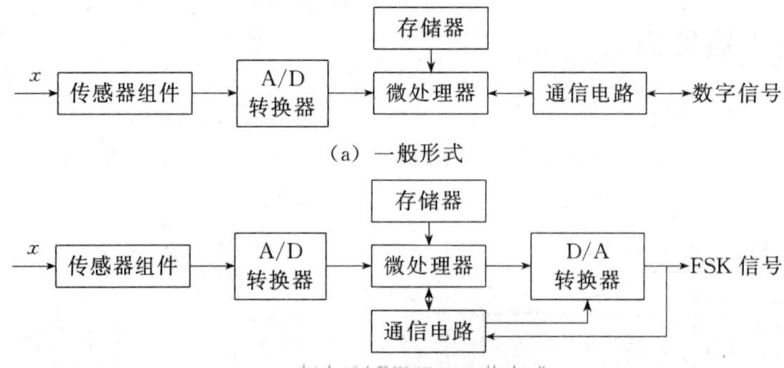

图 8-3 智能变送器的构成框图

由图 8-3 可知，智能变送器主要包括传感器组件、A/D 转换器、微处理器、存储器和通信电路等部分；采用 HART 协议通信方式的智能式变送器还包括 D/A 转换器。

传感器组件通常由传感器和信号调理电路组成，信号调理电路用于对传感器的输出信号进行处理，并转换成 A/D 转换器所能接收的信号。

被测参数 x 经传感器组件，由 A/D 转换器转换成数字信号送入微处理器，进行数据处理。

存储器中除存放系统程序、功能模块和数据外，还存有传感器特性、变送器的输入输出特性以及变送器的识别数据，以用于变送器在信号转换时的各种补偿，以及零点调整和量程调整。

智能变送器通过通信电路挂接在控制系统网络通信电缆上，与网络中其他各种智能化的现场控制设备或上位计算机进行通信，传送测量结果信号或变送器本身的各种参数，网络中其他各种智能化的现场控制设备或上位计算机也可对变送器进行远程调整和参数设定。

所谓 HART 协议通信方式，是指在一条电缆中同时传输 4～20mA 直流信号和数字信号，这种类型的信号称为 FSK 信号。采用 HART 协议通信方式的智能变送器，微处理器将数据处理之后，再传送给 D/A 转换器转换为 4～20mA 直流信号输出，如图 8-3(b) 所示。D/A 转换器还将通信电路送来的数字信号叠加在 4～20mA 直流信号上输出。

通信电路对 4～20mA 直流电流回路进行监测，将其中叠加的数字信号转换成二进制数字信号后，再传送给微处理器。

智能变送器的核心是微处理器。微处理器可以实现对检测信号的线性化处理、量程调整、零点调整、数据转换、仪表自检以及数据通信，同时还控制 A/D 和 D/A 转换器的运行，实现模拟信号和数字信号的转换。由于微处理器具有较强的数据处理功能，智能变送器可实现如下功能：使用单一传感器以实现常规的单参数测量；使用复合传感器以实现多种传感器检测的信息融合；一台变送器能够配接不同的传感器。

通常，智能式变送器还配置有手持终端（外部数据设定器或组态器），用于对变送器参数进行设定，如设定变送器的型号、量程调整、零点调整、输入信号选择、输出信号选择、工程单位选择和阻尼时间常数设定以及自诊断等。

智能变送器的软件分为系统程序和功能模块两大部分。系统程序对变送器硬件的各部分电路进行管理，并使变送器能完成最基本的功能，如模拟信号和数字信号的转换、数据通信、变送器自检等；功能模块提供了各种功能，供用户组态时调用以实现用户所要求的功能。

用户可以通过上位管理计算机或挂接在现场总线通信电缆上的手持式组态器，对变送器进行远程组态，调用或删除功能模块；也可以使用专用的编程工具对变送器进行本地调整。

8.1.3　量程调整、零点调整和零点迁移

变送器在使用之前，须进行量程调整和零点调整。

(1) 量程调整与上限调整

量程调整是使变送器的输出信号上限值 $y_{\max}$ 与测量范围的上限值 $x_{\max}$ 相对应。当下限为零或确定不变时，上限调整就是量程调整。如图 8-4 所示为变送器量程调整前后的输入输出特性。

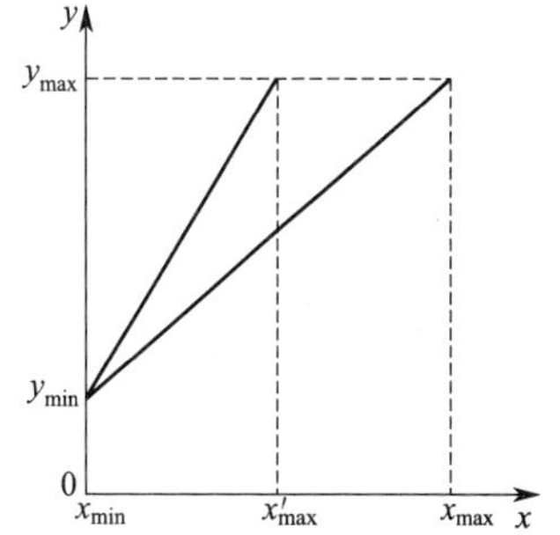

图 8-4　变送器量程调整前后的输入输出特性

量程调整相当于改变变送器的输入输出特性的斜率，也就是改变变送器输出信号 y 与输入信号 x 之间的比例系数。

对于模拟变送器，通常是改变反馈部分的反馈系数 F，F 越大，量程越大；反之 F 越小，量程越小。有些模拟变送器还可以通过改变测量部分转换系数 C 来调整量程。对于数字式变送器，量程调整一般是通过组态实现的。

(2) 零点调整和零点迁移（下限调整）

零点调整和零点迁移是使变送器的输出信号下限值 $y_{\min}$ 与测量范围的下限值 $x_{\min}$ 相对应，在 $x_{\min}=0$ 时，称为零点调整，在 $x_{\min}\neq 0$ 时，称为零点迁移。零点调整使变送器的测量起始点为零；零点迁移是把测量的起始点由零迁移到某一数值（正值或负值）。当测量的起始点由零变为某一正值，称为正迁移；当测量的起始点由零变为某一负值，称为负迁移。图 8-5 所示为变送器零点迁移前后的

输入输出特性。

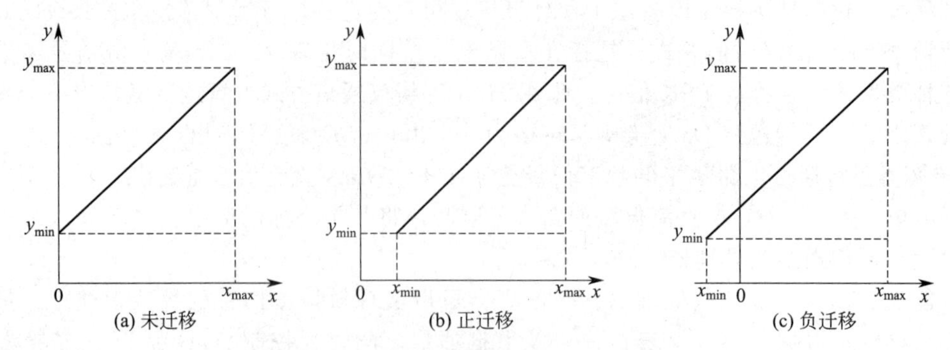

图 8-5　变送器零点迁移前后的输入输出特性

零点迁移使变送器的输入输出特性沿 x 坐标向右或向左平移了一段距离，其斜率不改变，即变送器的量程不变。进行零点迁移，再辅以量程调整，可以提高仪表的测量精度。零点调整的调整量通常比较小；零点迁移的调整量比较大，可达量程的一倍或数倍。各种变送器对其零点迁移的范围都有明确规定。

模拟变送器通过改变放大器输入端上的调零信号 z_0 的大小实现；智能变送器通过组态来完成的。

8.2　差压变送器

差压变送器是工业实践中最为常用的一种变送器，可用于测量液位、流量和压力。

8.2.1　电容式差压变送器

电容式差压变送器是没有杠杆机构的变送器，它采用差动电容作为检测元件，整个变送器无机械传动、调整装置，并且测量部分采用全封闭焊接的固体化结构，因此仪表结构简单，性能稳定、可靠，且具有较高的精度。

变送器包括测量部分和转换放大电路两部分，其构成方框如图 8-6 所示。输入差压 Δp_i 作用于测量部分的感压膜片，使其产生位移，从而使感压膜片（即可动电极）与两固定电极所组成的差动电容器的电容量发生变化。该电容变化量由电容-电流转换电路转换成电流信号，电流信号与调零信号的代数和同反馈信号进行比较，其差值送入放大电路，经放大得到整机的输出电流 I_o。

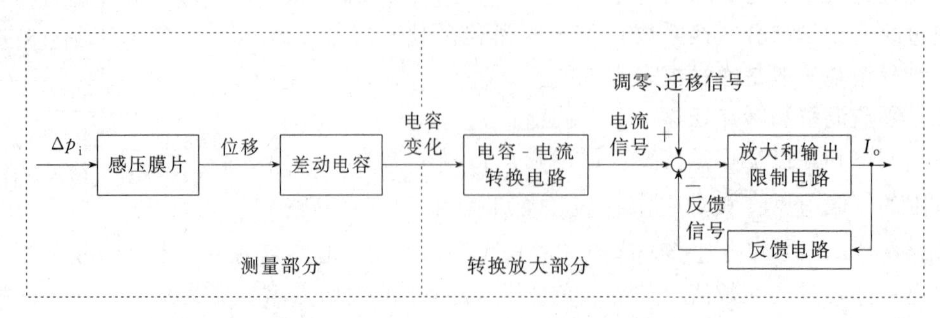

图 8-6　电容式差压变送器构成方框图

(1) 测量部分

测量部分的作用是把被测差压 Δp_i 成比例地转换为电容量的变化。它由正、负压测量室和差动电容检测元件（膜盒）等部分组成，其结构如图 8-7 所示。

当被测差压 Δp_i 通过正、负压侧导压口引入正、负压室，作用于正、负压侧隔离膜片上时，迫使硅油向右移动，将压力传递到中心感压膜片的两侧，使膜片向右产生微小位移 Δs，如图 8-8 所示。

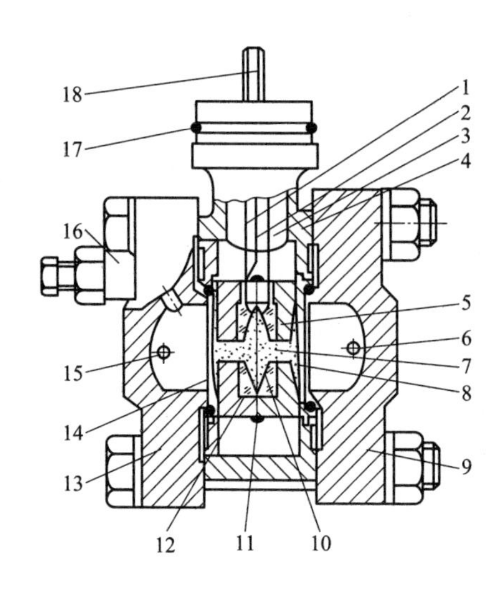

图 8-7　测量部件结构

1～3—电极引线；4—差动电容膜盒座；5—差动电容膜盒；6—负压侧导压口；7—硅油；8—负压侧隔离膜片；9—负压室基座；10—负压侧弧形电极；11—中心感压膜片；12—正压侧弧形电极；13—正压室基座；14—正压侧隔离膜片；15—正压侧导压口；16—放气排液螺钉；17—O 形密封环；18—插头

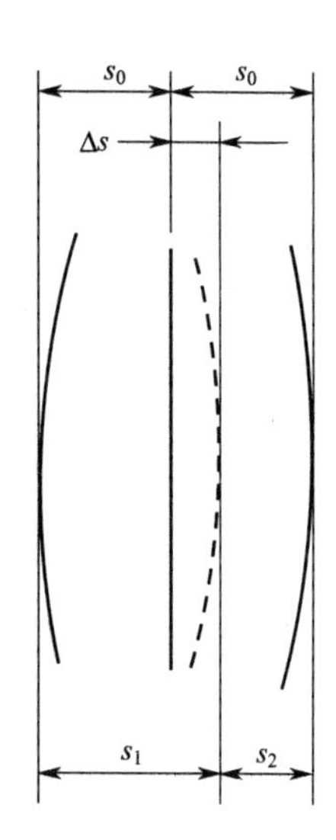

图 8-8　差动电容变化示意

输入差压 Δp_i 与中心感压膜片位移 Δs 的关系可表示为：

$$\Delta s = K_1 \Delta p_i \tag{8-3}$$

式中，K_1 为由膜片材料特性和结构变量所确定的系数。

设中心感压膜片与两边固定电极之间的距离分别为 s_1 和 s_2。当被测差压 $\Delta p_i=0$ 时，感压膜片与两边固定电极之间的距离相等。设其间距为 s_0，则 $s_1=s_2=s_0$。

当有差压输入，即 $\Delta p_i \neq 0$ 时，如上所述，感压膜片产生位移 Δs。此时有 $s_1=s_0+\Delta s$ 和 $s_2=s_0-\Delta s$。

若不考虑边缘电场的影响，感压膜片与其两边固定电极构成的电容 C_{i1} 和 C_{i2}，可近似地看成是平板电容器。其电容量分别为：

$$C_{i1}=\frac{\varepsilon A}{s_1}=\frac{\varepsilon A}{s_0+\Delta s} \tag{8-4}$$

和

$$C_{i2}=\frac{\varepsilon A}{s_2}=\frac{\varepsilon A}{s_0-\Delta s} \tag{8-5}$$

式中，ε 为极板间介质的介电常数；A 为固定极板的面积。

两电容之差为

$$C_{i2}-C_{i1}=\varepsilon A\left(\frac{1}{s_0-\Delta s}-\frac{1}{s_0+\Delta s}\right) \tag{8-6}$$

可见两电容的差值与感压膜片的位移 Δs 成非线性关系。但若取两电容之差与两电容之和的比值，则有：

$$\frac{C_{i2}-C_{i1}}{C_{i2}+C_{i1}}=\frac{\varepsilon A\left(\frac{1}{s_0-\Delta s}-\frac{1}{s_0+\Delta s}\right)}{\varepsilon A\left(\frac{1}{s_0-\Delta s}+\frac{1}{s_0+\Delta s}\right)}=\frac{\Delta s}{s_0}=K_2\Delta s \tag{8-7}$$

式(8-7) 表明了以下几点。

① 差动电容的相对变化值$\frac{C_{i2}-C_{i1}}{C_{i2}+C_{i1}}$与 Δs 成线性关系，因此转换放大部分应将这一相对变化值变换为直流电流信号。

② $\frac{C_{i2}-C_{i1}}{C_{i2}+C_{i1}}$与介电常数 ε 无关。这一点非常重要，因为 ε 是随温度变化的，现 ε 不出现在式中，无疑可大大减小温度对变送器的影响。

③ $\frac{C_{i2}-C_{i1}}{C_{i2}+C_{i1}}$的大小与 s_0 有关。s_0 越小，差动电容的相对变化量越大，即灵敏度越高。

将式(8-3) 代入式(8-7)，可得：

$$\frac{C_{i2}-C_{i1}}{C_{i2}+C_{i1}}=K_1K_2\Delta p_i \tag{8-8}$$

应当指出，在上述讨论中，并没有考虑到分布电容的影响。事实上，由于分布电容 C_0 的存在，差动电容的相对变化值变为：

$$\frac{(C_{i2}+C_0)-(C_{i1}+C_0)}{(C_{i2}+C_0)+(C_{i1}+C_0)}=\frac{C_{i2}-C_{i1}}{C_{i2}+C_{i1}+2C_0}$$

可见分布电容的存在将会给变送器带来非线性误差，为了保证仪表精度，应在转换电路中加以克服。

(2) 转换放大部分

转换放大部分的作用是将上述差动电容的相对变化值，转换成标准的电流输出信号。此外，还要实现零点调整、正负迁移、量程调整、阻尼调整等功能。其原理框图如图 8-9 所示。

该部分包括电容-电流转换电路及放大电路两部分。它们分别由振荡器、解调器、振荡控制放大器以及前置放大器、调零与零点迁移电路、量程调整电路（负反馈电路)、功放与输出限制电路等组成。

差动电容器 C_{i1} 和 C_{i2} 由振荡器供电，经解调（即相敏整流）后，输出两组电流信号：一组为差动信号；另一组为共模信号。差动信号随输入差压 Δp_i 而变化，此信号与调零及调量程信号叠加后送入运算放大器 IC_3，再经功放和限流得到 4～20mA 的输出电流。共模信号与基准电压进行比较，其差值经 IC_1 放大后，作为振荡器的供电，通过负反馈使共模信号保持不变。下面的分析将证实，当共模信号为常数时，能保证差动信号与输入差压之间成单一比例关系。

转换放大部分的完整电路如图 8-9 所示。

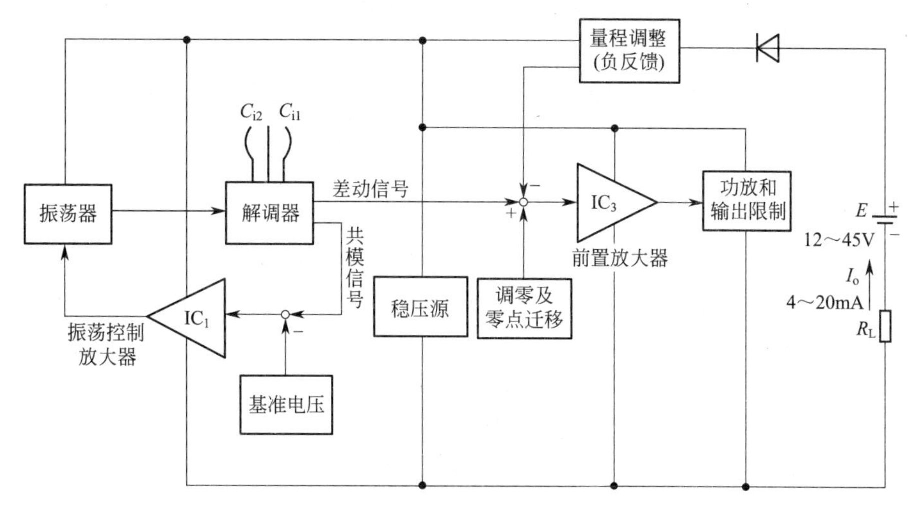

图 8-9　转换放大部分电路原理框图

① 电容-电流转换电路。其功能是将差动电容的相对变化值成比例地转换为差动电流信号（即电流变化值）。

a. 振荡器。振荡器用来向差动电容 C_{i1}、C_{i2} 提供高频电流，它由晶体管 VT_1、变压器 T_1 及一些电阻、电容组成。振荡器电路如图 8-10 所示。在电路设计时，只要适当选择电路元件的参数，便可满足振荡条件。

振荡器由放大器 IC_1 的输出电压 U_{o1} 供电，从而使 IC_1 能控制振荡器的输出幅度。振荡器的三个输出绕组（1-12、2-11、3-10），图中画出一个，其等效电感为 L。输出绕组的等效负载为电容 C，它的大小取决于变送器的差动电容值。电感 L 和电容 C 组成了并联谐振电路，其谐振频率也就是该振荡器的工作频率，其值约 32kHz。由于差动电容随输入差压而变，因此该振荡器的频率也是可变的。

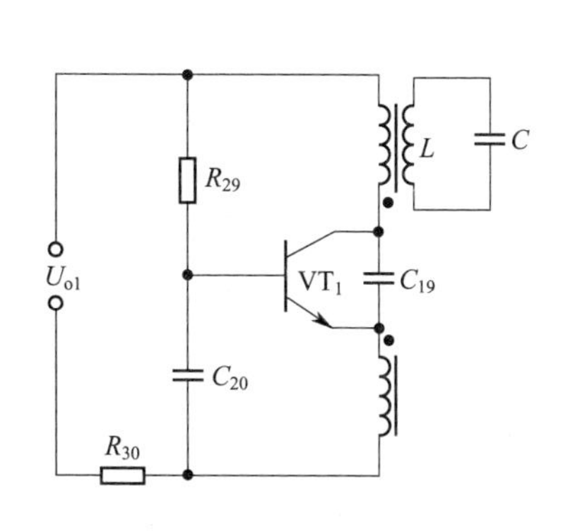

图 8-10　振荡器原理图

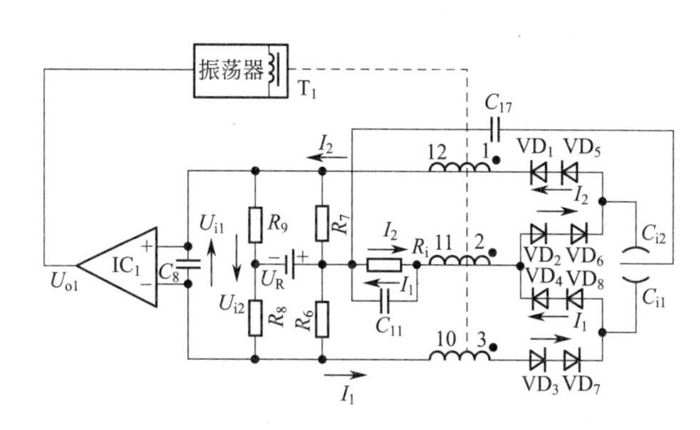

图 8-11　解调和振荡控制电路

b. 解调和振荡控制电路。这部分电路包括解调器和振荡控制放大器。前者主要由二极管 VD_1～VD_8 构成，后者即为集成运算放大器 IC_1。电路原理图如图 8-11 所示。

图中 R_i为并在电容 C_{11}两端的等效电阻。U_R是运算放大器 IC_2的输出电压。由电路总图 8-15 可知，此电压是稳定不变的，它作为 IC_1输入端的基准电压源。IC_1的输出电压 U_{o1}作为振荡器的电源电压。变压器 T_1 的三个绕组（1-12、2-11、3-10）分别与一些二极管和差动电容串接在电路中。由于差动电容器的容量很小，其值远远小于 C_{11} 和 C_{17}，因此在振荡器输出幅度恒定的情况下，通过C_{i1}和C_{i2}的电流的大小，主要取决于这两个电容的容量。

解调器用于对差动电容C_{i1}和C_{i2}的高频电流进行半波整流。

绕组2-11输出的高频电压，经VD_4、VD_8和VD_2、VD_6整流得到直流电流I_1和I_2。I_1的流经路线为

$$T_1(11)\to R_i\to C_{17}\to C_{i1}\to VD_8、VD_4\to T_1(2)$$

I_2的流经路线为

$$T_1(2)\to VD_2、VD_6\to C_{i2}\to C_{17}\to R_i\to T_1(11)$$

绕组3-10和绕组1-12输出的高频电压，经VD_3、VD_7和VD_1、VD_5整流，同样得到直流电流I_1和I_2（电路设计时，分别使流过VD_3、VD_7和VD_4、VD_8的电流以及流过VD_1、VD_5和VD_2、VD_6的电流相等）。此时I_1的流经路线为

$$T_1(3)\to VD_3、VD_7\to C_{i1}\to C_{17}\to R_6/\!/R_8\to T_1(10)$$

I_2的流经路线为

$$T_1(12)\to R_7/\!/R_9\to C_{17}\to C_{i2}\to VD_5、VD_1\to T_1(1)$$

从图中可以看出，经VD_4、VD_8和VD_2、VD_6整流而流经R_i的两个电流I_1和I_2，方向是相反的，两者之差I_1-I_2即为解调器输出的差动电流信号I_i。I_i在R_i上的压降将送至下一级放大。经VD_3、VD_7和VD_1、VD_5整流而流经$R_6/\!/R_8$和$R_7/\!/R_9$的两个电流，方向是一致的，两者之和I_1+I_2即为解调器输出的共模电流信号。

电路中每一电流回路均用两个二极管相串接进行整流，以使电路安全、可靠。

为了求得电流信号I_i与差动电容相对变化值的关系，先要确定电流I_1和I_2的大小。因电路时间常数比振荡周期小得多，可认为C_{i1}、C_{i2}两端电压的变化等于振荡器输出高频电压的峰-峰值U_{pp}。故可求得电流I_1和I_2的平均值如下：

$$I_1=\frac{C_{i1}U_{pp}}{T}=U_{pp}C_{i1}f \tag{8-9}$$

和

$$I_2=U_{pp}C_{i2}f \tag{8-10}$$

两电流平均值之差及两者之和分别为

$$I_2-I_1=U_{pp}(C_{i2}-C_{i1})f \tag{8-11}$$

$$I_2+I_1=U_{pp}(C_{i2}+C_{i1})f \tag{8-12}$$

由式(8-11)和式(8-12)得

$$I_i=I_2-I_1=(I_2+I_1)\frac{C_{i2}-C_{i1}}{C_{i2}+C_{i1}} \tag{8-13}$$

可见，只要设法使I_1+I_2维持恒定，即可实现差动电容相对变化值与电流信号I_i的线性关系。如何保持I_1+I_2为定值呢？这就是振荡控制放大器的作用。

由图8-11可知，IC_1的输入端接收两个电压信号：一个是基准电压U_R在R_9和R_8上的压降U_{i1}；另一个是I_1+I_2在$R_6/\!/R_8$和$R_7/\!/R_9$上的压降U_{i2}。这两个电压信号之差送入IC_1，经放大得到U_{o1}，去控制振荡器。当IC_1为理想运算放大器时，由IC_1、振荡器及解调器一部分电路所构成的深度负反馈电路，使放大器输入端的两个电压信号近似相等，即

$$U_{i1}=U_{i2} \tag{8-14}$$

据此可求得I_1+I_2的数值。

从电路分析可知，这两个电压信号的关系式分别为

$$U_{i1}=\frac{U_R}{R_6+R_8}R_8-\frac{U_R}{R_7+R_9}R_9$$

$$U_{i2}=\frac{I_1(R_6R_8)}{R_6+R_8}+\frac{I_2(R_7R_9)}{R_7+R_9}$$

因 $R_6=R_9$，$R_7=R_8$，故上两式可分别简化为

$$U_{i1}=\frac{R_8-R_6}{R_6+R_8}U_R$$

$$U_{i2}=\frac{R_6R_8}{R_6+R_8}(I_1+I_2)$$

再将 U_{i1} 和 U_{i2} 代入式(8-14) 可求得

$$I_1+I_2=\frac{R_8-R_6}{R_6R_8}U_R \tag{8-15}$$

式(8-15) 中的 R_6、R_8、R_9 和 U_R 均恒定不变，故 I_1+I_2 为一常数。

设 $K_3=\frac{R_8-R_6}{R_6R_8}U_R$，将式(8-15) 代入式(8-13) 得

$$I_i=I_2-I_1=K_3\ \frac{C_{i2}-C_{i1}}{C_{i2}+C_{i1}} \tag{8-16}$$

c. 线性调整电路。由于差动电容检测元件中分布电容的存在，将造成非线性误差。由式(8-16) 可知，分布电容将使差动电容的相对变化值减小，从而使 I_i 偏小。为克服这一误差，在电路中设计了线性调整电路。该电路通过提高振荡器输出电压幅度以增大解调器输出电流的方法，来补偿分布电容所产生的非线性。调整电路由 VD_9，VD_{10}，C_3，R_{22}，R_{23}，R_{P1} 等元件组成。现将这一电路画成如图 8-12 所示的原理简图进行分析。

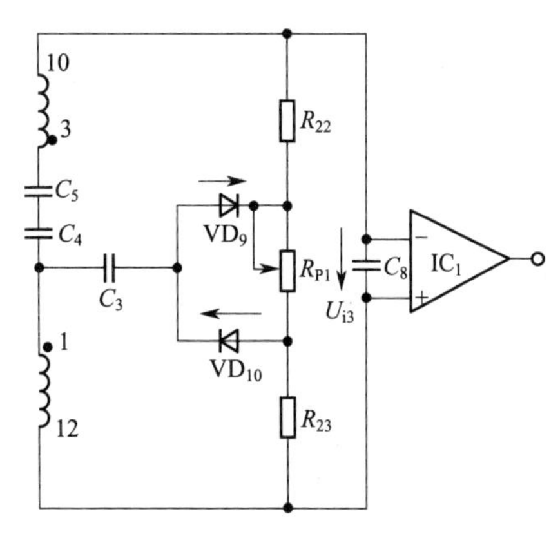

图 8-12　线性调整电路

绕组 3-10 和绕组 1-12 输出的高频电压经 VD_9、VD_{10} 整流，在 R_{22}，R_{P1}，R_{23} 上形成直流压降（即调整电压）U_{i3}。因 $R_{22}=R_{23}$，故当 $R_{P1}=0$ 时，绕组 3-10 和绕组 1-12 回路在振荡器正、负半周内所呈现的电阻相等，所以 $U_{i3}=0$，无补偿作用。当 $R_{P1}\neq0$ 时，两绕组回路在振荡器正、负半周内所呈现的电阻不相等，所以 $U_{i3}\neq0$，U_{i3} 的方向如图中所示。该调整电压作用于 IC_1，使 IC_1 的输出电位降低，振荡器的供电电压增加，从而使振荡器的振荡幅度增大，提高了 I_i，这样就补偿了分布电容所造成的误差。补偿电压大小取决于 R_{P1} 的阻值，R_{P1} 大，则补偿作用强。

② 放大及输出限制电路。这部分电路的功能是将电流信号 I_i 放大，并输出 4～20mA 的直流电流。其电路原理如图 8-13 所示。

a. 放大电路。放大电路主要由集成运算放大器 IC_3 和晶体管 VT_3、VT_4 等组成。IC_3 起前置放大作用，VT_3 和 VT_4 组成复合管，将 IC_3 的输出电压转换为变送器的输出电流。

电阻 R_{31}，R_{33}，R_{34} 和电位器 R_{P3} 组成反馈电阻网络，输出电流 I_o 经这一网络分流，得到反馈电流 I_f，它送至放大器的输入端，构成深度负反馈，从而保证了 I_o 与 I_i 之间的线性关系。

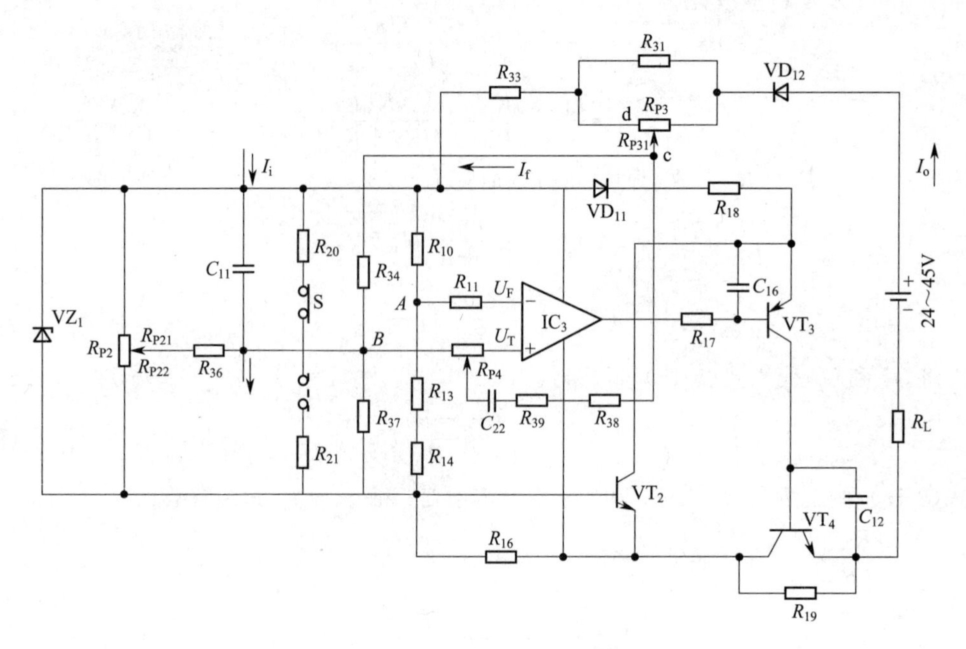

图 8-13 放大及输出限制电路原理

电路中 R_{P2} 为调零电位器，用以调整输出零位。S 为正、负迁移调整开关，开关拨至相应位置，可实现变送器的正向或负向迁移。R_{P3} 为调量程电位器，用以调整变送器的量程。

现对放大器的输入输出关系作进一步的分析。由图可知，IC_3 反相输入端的电压 U_F（即 A 点的电压 U_A），是由 VZ_1 的稳定电压通过 R_{10} 和 R_{13}、R_{14} 分压所得。该电压使 IC_3 输入端的电位在共模输入电压范围内，以保证运算放大器能正常工作。IC_3 同相输入端的电压 U_T（即 B 点的电压 U_B）是由三个电压信号叠加而成的。

第一个是解调器的输出电流 I_i 在 B 点产生的电压 U_i；第二个是调零电路在 B 点产生的调零电压 U'_o；第三个是调量程电路（即负反馈电路）的反馈电流 I_f 在 B 点产生的电压 U_f。

设 R_i 为并在电容 C_{11} 两端的等效电阻（参见图 8-11），则 $U_i=-R_iI_i$。U_i 为负值，是由于 C_{11} 上的压降为上正下负（参见图 8-13），即 B 点的电位随 I_i 的增加而降低。

调零电路如图 8-14(a) 所示。设 R'_o 为计算 U'_o 时在 B 点处的等效电阻。可由图求得调零电压 U'_o 为

$$U'_o=\frac{U_{VZ1}}{R_{P21}+R_{P22}/\!/(R_{36}+R'_o)}\times\frac{R_{P22}R'_o}{R_{P22}+R_{36}+R'_o}=aU_{VZ1}$$

其中
$$a=\frac{R_{P22}R'_o}{[R_{P21}+R_{P22}/\!/(R_{36}+R'_o)](R_{P22}+R_{36}+R'_o)}$$

调量程电路如图 8-14(b) 所示。设 R_f 为计算 U_f 时 I_f 流经 B 点处的等效负载电阻，R_{cd} 为电位器滑触点 c 和 d 之间的等效电阻，按 Δ-Y 变换方法可得

$$R_{cd}=\frac{R_{P31}R_{31}}{R_{P3}+R_{31}}$$

由于 $R_{34}+R_f\gg R_{cd}+R_{33}$，故可近似地求得反馈电流 I_f 为

$$I_f=\frac{R_{cd}+R_{33}}{R_{34}+R_f}I_o=\frac{I_o}{\beta}$$

所以
$$U_f=\frac{R_f L_o}{\beta}$$
其中
$$\beta=\frac{R_{34}+R_f}{R_{cd}+R_{33}}$$
当 IC_3 为理想运算放大器时，$U_T=U_F$（即 $U_A=U_B$），则有
$$U_A=U_i+U'_o+U_f \tag{8-17}$$
将 U_i、U'_o 和 U_f 的关系式代入式(8-17)，得
$$I_o=\frac{\beta R_i}{R_f}I_i+\frac{\beta}{R_f}(U_A-\alpha U_{VZ1}) \tag{8-18}$$
设 $K_4=\frac{\beta R_i}{R_f}$，$K_5=\frac{\beta}{R_f}$，并将式(8-16) 代入式(8-18)，则得
$$I_o=K_3K_4\frac{C_{i2}-C_{i1}}{C_{i2}+C_{i1}}+K_4K_5(U_A-\alpha U_{VZ1}) \tag{8-19}$$
再将式(8-8) 代入式(8-19) 得
$$I_o=K_1K_2K_3K_4\Delta p_i+K_4K_5(U_A-\alpha U_{VZ1}) \tag{8-20}$$
式(8-20) 表明了变送器输入差压 Δp_i 与输出电流 I_o 之间成比例关系。此式还有如下含义。

ⓐ 等式右边第二项为调零信号。在测量下限时，应调整该项使变送器的输出电流为 4mA。由图 8-14、图 8-15 可知，U'_o 值（即 αU_{VZ1}）可通过调节电位器 R_{P2} 或由开关 S 接通 R_{20} 或 R_{21} 来改变。当 R_{20} 接通时，U'_o 增加，变送器输出电流减小，从而可实现正向迁移；当 R_{21} 接通时，U'_o 减小，可实现负向迁移。

ⓑ K_4 为电路放大倍数，此值与 β 有关。调节电位器 R_{P3}，可改变 β 值，即可实现变送器的量程调整。

ⓒ 改变 β 值，不仅调整了变送器的量程，而且也影响了变送器的调零信号。同样，改变 U'_o 值，不仅改变了变送器零位，对满度输出也会有影响。因此，在仪表调校时，应反复调整零点和满度。

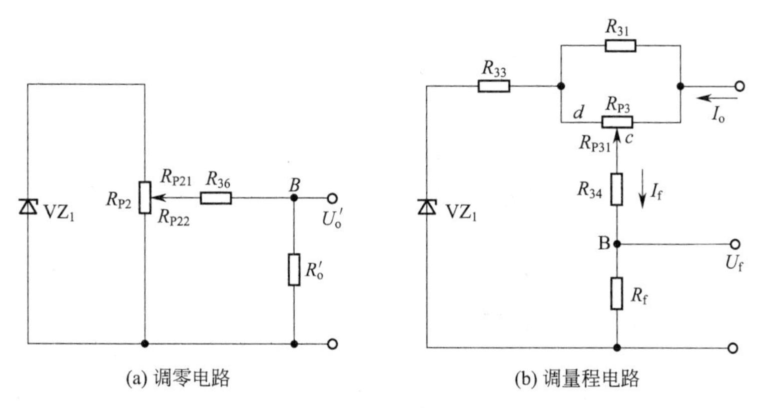

图 8-14　调零和调量程电路

b. 输出限制电路。该电路由晶体管 VT_2、电阻 R_{18} 等组成，如图 8-13 所示。其作用是防止输出电流过大，损坏器件。当输出电流超过允许值时，R_{18} 上压降变大，使 VT_2 的集电极电位降低，从而使该管处于饱和状态，因此流过 VT_2，也即流过 VT_4 的电流受到限制。

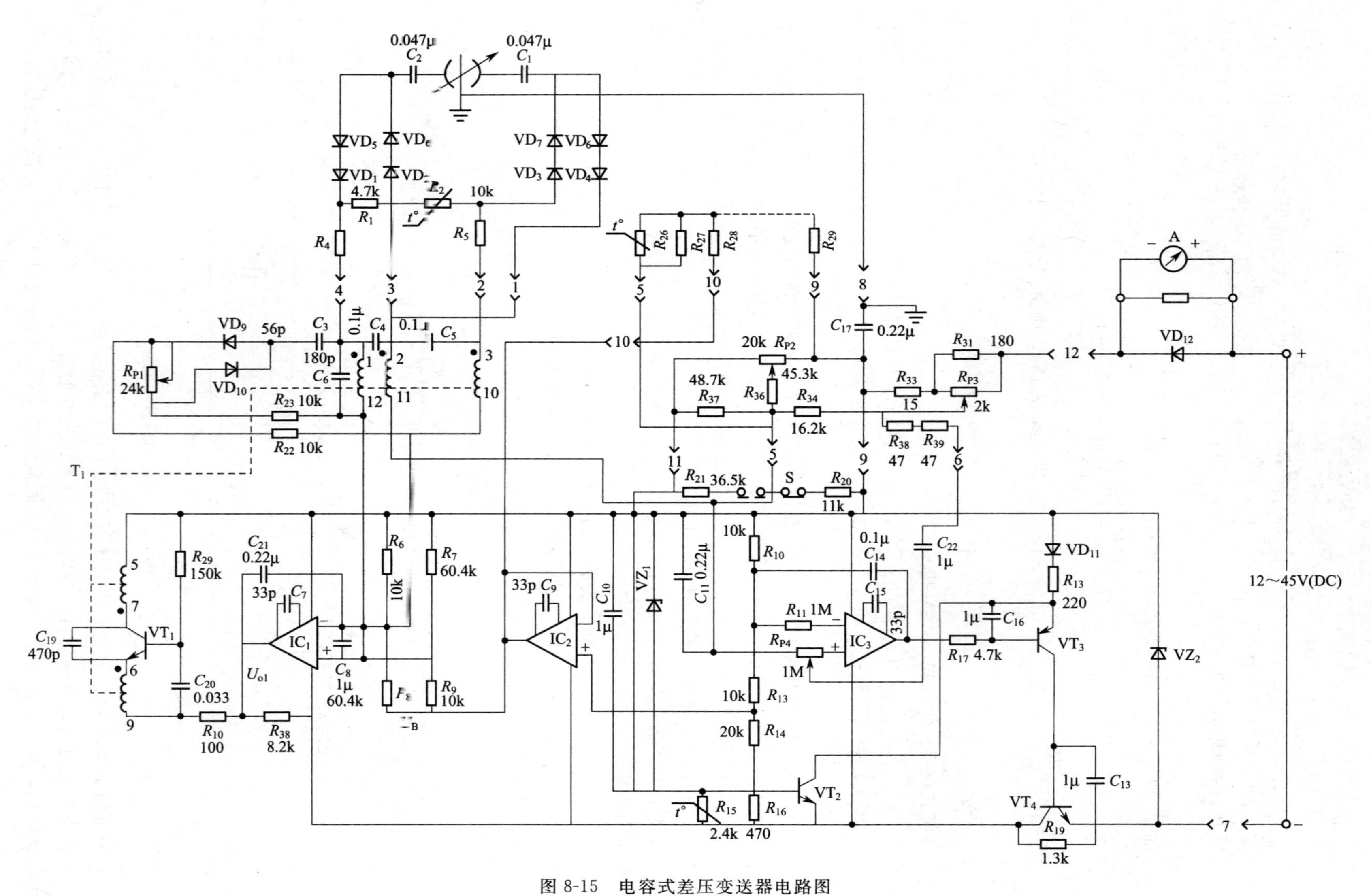

图 8-15 电容式差压变送器电路图

输出限制电路可保证在变送器过载时，输出电流 I_o 不大于 30mA。

放大电路中其他元件的作用如下。

R_{38}，R_{39}，C_{22}和 R_{P4}等构成阻尼电路，用于抑制变送器的输出因被测差压变化所引起的波动。R_{P4}为阻尼时间常数调整电位器，调节 R_{P4}可改变动态反馈量，即调整了变送器的阻尼程度。

VZ_2（图 8-15）除起稳压作用外，当电源反接时，它还提供反向通路，以防止器件损坏。VD_{12}用于在指示仪表未接通时，为输出电流 I_o 提供通路，同时起反向保护作用。

R_1、R_4、R_5和热敏电阻 R_2用于量程温度补偿；R_{27}、R_{28}和热敏电阻 R_{26}用于零点温度补偿。

8.2.2　压阻式差压变送器

压阻式差压变送器采用电阻应变片作为检测元件，将被测件上的应变变化转换成为电信号。通常是将应变片通过特殊的黏合剂紧密地粘在产生力学应变基体上，当基体受力发生应力变化时，电阻应变片也一起产生形变，使应变片的阻值发生改变，从而使加在电阻上的电压发生变化。这种应变片在受力时产生的阻值变化通常较小，一般这种应变片都组成应变电桥，并通过后续的仪表放大器进行放大，再传输给处理电路。

常见的压阻式差压变送器有扩散硅式和陶瓷式。陶瓷式差压变送器中，压力直接作用在陶瓷膜片的前表面，使膜片产生微小的形变，厚膜电阻印刷在陶瓷膜片的背面。扩散硅压阻传感器中的应变电阻是采用集成电路技术，直接在单晶硅片上用扩散、掺杂、掩膜等工艺制成。下面以扩散硅式差压变送器为例，如图 8-16 所示，扩散硅式差压变送器由测量部分和放大转换部分组成。

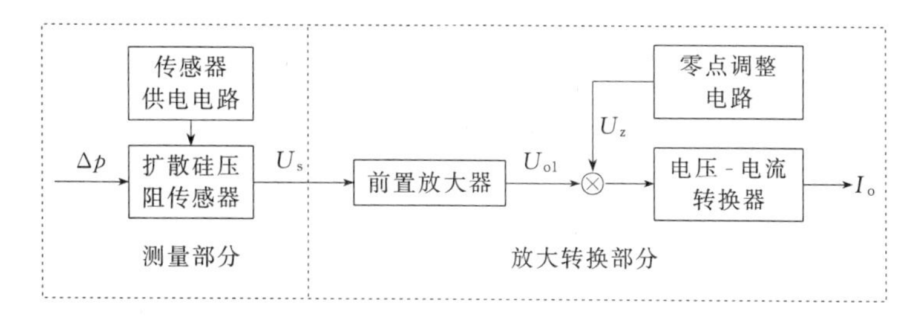

图 8-16　扩散硅式差压变送器构成方框图变化示意图

输入差压 Δp，作用于测量部分的扩散硅压阻传感器，压阻效应使硅材料上的扩散电阻（应变电阻）阻值发生变化，从而使这些电阻组成的电桥产生不平衡电压 U_s。U_s由前置放大器放大为 U_{o1}，U_{o1}与零点调整电路产生的调零信号 U_z的代数和送入电压-电流转换器转换为整机的输出信号 I_o。

(1) 测量部分

测量部分由扩散硅压阻传感器和传感器供电电路组成，其作用是把被测差压 Δp 成比例地转换为不平衡电压 U_s。供电电路为传感器提供恒定的桥路工作电流。

如图 8-17 所示，扩散硅压阻传感器由外壳、硅膜片（硅杯）和引线等组成。核心器件是一个周边固定支承的硅敏感膜片，即硅压阻芯片，因形状像杯故名硅杯。上面用扩散掺杂法做成四个相等的硅应变电阻条，经蒸镀金属电极及连线，接成惠斯登电桥，再用压焊法与外引线相连。膜片的一侧是和被测系统相连接的高压腔，另一侧是低压腔，通常和大气相连，也有做成真空的。

当膜片两边存在压力差时，膜片发生变形，产生应变，从而使扩散电阻的电阻值发生变化，电桥失去平衡，输出相对应的电压，其大小就反映了膜片所受压力差值。

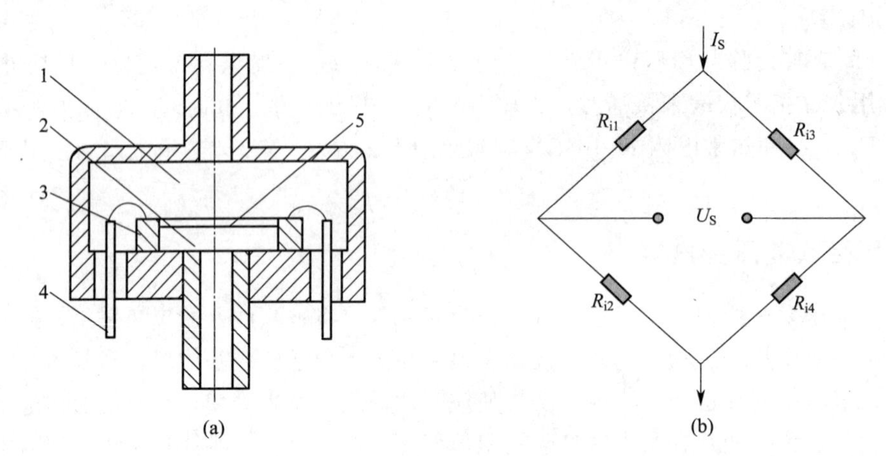

图 8-17　扩散硅压阻传感器

1—负压室；2—正压室；3—硅杯；4—引线；5—硅片

设被测差压 $\Delta p=0$ 时，$R_{i1}=R_{i2}=R_{i3}=R_{i4}=R$

$\Delta p \neq 0$ 时，$\Delta R_{i1}=\Delta R_{i4}=r_1$，$\Delta R_{i2}=\Delta R_{i3}=r_2$

由于流经两桥臂的电流始终相等，

$$U_S=\frac{(R_{i2}-R_{i4})I_S}{2}=\frac{(r_2-r_1)I_S}{2}=K_1\Delta p \tag{8-21}$$

(2) 放大转换部分

放大转换部分由前置放大器、电压-电流转换电路和零点调整电路组成。电路原理图如图 8-18 所示。

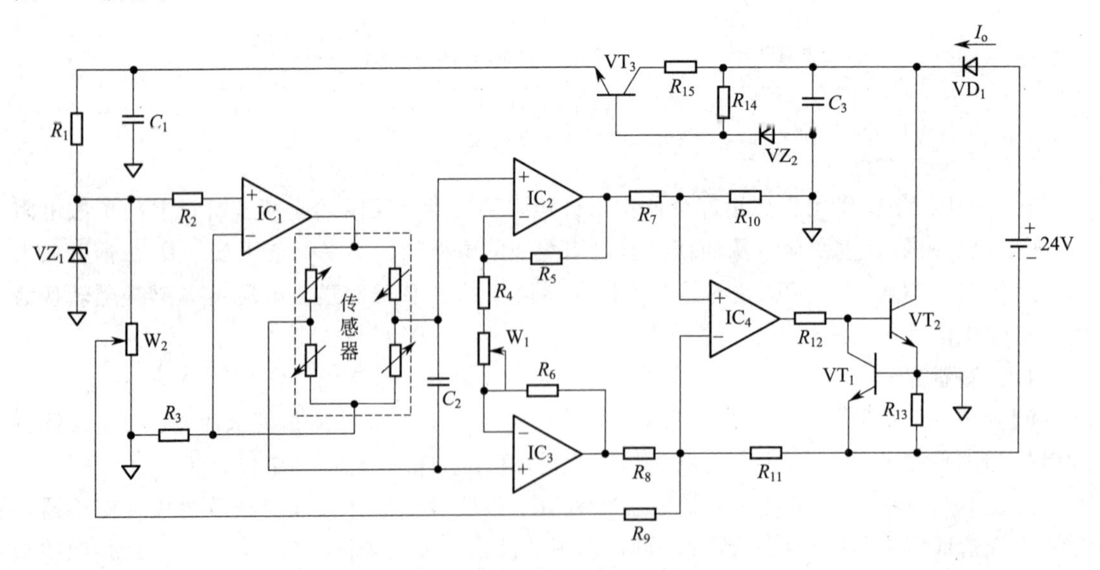

图 8-18　扩散硅差压变送器电路原理图

传感器供电电路为传感器（图 8-18 虚线框内的桥路）提供恒定的桥路工作电流，它由运算放大器 IC_1、稳压管 VZ_1 及一些电阻构成。传感器置于 IC_1 的反馈回路之中，其工作电流的大小取决于 VZ_1 的稳压值和 R_3 的阻值。

前置放大器起电压放大作用，它是一个由运算放大器 IC_2、IC_3 组成的高输入阻抗差动放大电路，传感器的输出电压加在 IC_2、IC_3 的同相输入端，IC_2、IC_3 的两个输出端之间的电压送至下一级。前置放大器的电压放大倍数可通过电位器 W_1 调整。

电压-电流转换电路把前置放大器的输出电压转换成 4～20mA 的直流输出电流。它由运算放大器 IC_4 和晶体管 VT_1、VT_2 组成。VT_2 起电流放大作用，VT_1 则有输出限幅的功能。当输出电流在 R_{13} 上所产生的压降使 VT_1 饱和导通时，输出电压不再增加而保持恒定。

图 8-18 中，晶体管 VT_3、稳压管 VZ_2 和电阻 R_{14}、R_{15} 组成稳压电路，用以对运算放大器和 VZ_1 供电。VD_1 为防止电源反接的保护二极管。

8.2.3　智能式差压变送器

3051C 差压变送器是罗斯蒙特（Rosemount）公司生产的智能变送器，有电容式和压电式两种，它将输入差压信号转换成 4～20mA 的直流电流，也可输出符合 HART 或 FF 通信协议的数字信号。HART 协议（Highway Addressable Remote Transducer，可寻址远程传感器数据公路）不是真正的现场总线，是由罗斯蒙特公司 1986 年提出的实现 4～20mA 模拟信号与数字通信兼容的标准，是现场总线的过渡性标准。FF 是基金会现场总线。

电容式 3051C HART 变送器的检测元件采用电容式压力传感器，除了电容式压力传感器之外，还配置了温度传感器，用以补偿热效应带来的误差。两个传感器的信号经 A/D 转换送到电子组件，原理框图如图 8-19 所示。

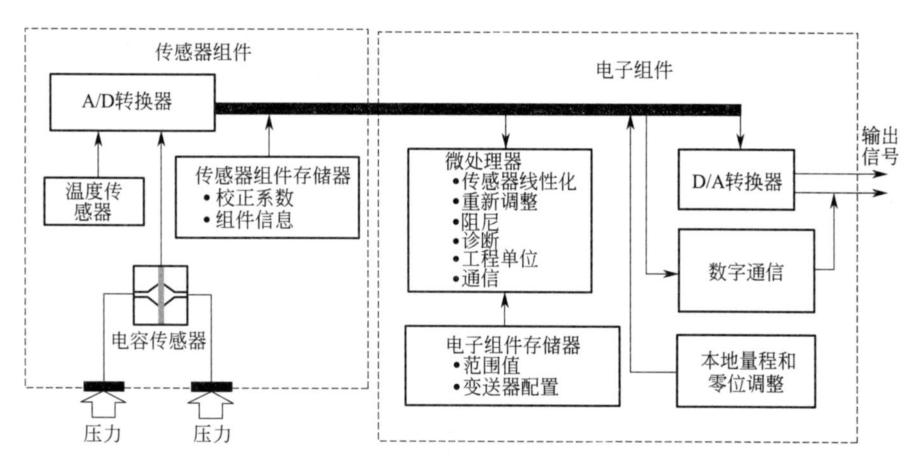

图 8-19　3051C HART 变送器原理方框图

传感器组件中的电容室采用激光焊封。机械部件和电子组件同外界隔离，既消除了静压的影响，也保证了电子线路的绝缘性能，同时检测温度值，以补偿热效应，提高测量精度。

变送器的电子部件安装在一块电路板上，使用专用集成电路和表面封装技术。微处理器完成传感器的线性化、温度补偿、数字通信、自诊断等功能，它输出的数字信号叠加在由 D/A 输出的 4～20mA(DC) 信号线上。通过数据设定器或任何支持 HART 通信协议的上位设备可读出此数字信号。

数据设定器可接在信号回路的任一端点，读取变送器输出的反映差压大小的数字信号，并对变送器进行组态。组态包括两部分：

① 变送器操作变量的设定，例如线性或平方根输出、阻尼时间、工程单位的选择等；

② 变送器的物理和初始信息，例如日期、描述符、标签、法兰材质、隔离膜片材质等。

8.3 温度变送器

温度变送器与各种热电偶或热电阻配合使用，将温度信号转换成统一标准信号，作为指示、记录仪和控制器等的输入信号，以实现对温度参数的显示、记录或自动控制。

温度变送器还可以作为直流毫伏转换器来使用，以将其他能够转换成直流毫伏信号的工艺参数也变成相应的统一标准信号。

从结构上来说，温度变送器有由测温元件和变送器连成一个整体的一体化结构，也有测温元件另配的分体式结构。

模拟式温度变送器在与测温元件配合使用时，其输出信号有两种形式：

① 输出信号与温度之间成线性关系，但输出信号与变送器的输入信号（E_t 或 R_t）之间成非线性关系；

② 输出信号与温度之间成非线性关系，而输出信号与变送器的输入信号（E_t 或 R_t）之间成线性关系。

两种形式的区别仅在于变送器中有否非线性补偿环节。后一种形式的温度变送器，由于没有设置非线性补偿环节，测温元件的非线性会影响测量精度，因此一般只适用于测温精度要求不高或温度测量范围比较小的场合。

智能式温度变送器通过软件进行测温元件非线性补偿非常方便，并且补偿精度高，因此其输出信号与温度之间总是成线性关系。

8.3.1 模拟式温度变送器

典型模拟式温度变送器由三部分：输入部分、放大器和反馈部分。测温元件，一般不包括在变送器内，而是通过接线端子与变送器相连接。

变送器的总体结构如图 8-20 所示。三个品种的变送器（直流毫伏变送器、热电偶温度

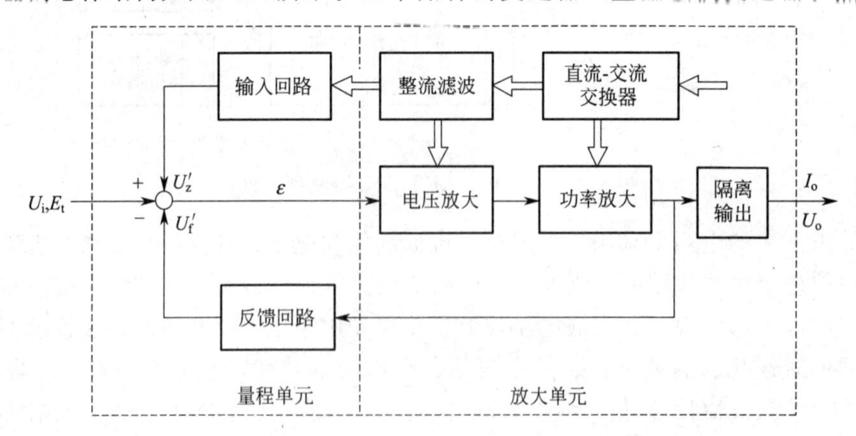

图 8-20 温度变送器结构方框图

变送器和热电阻温度变送器）在线路结构上都分为量程单元和放大单元两个部分，它们分别设置在两块印制电路板上，用接插件互相连接。其中放大单元是通用的，而量程单元则随品种、测量范围的不同而异。

方框图（图8-20）中，空心箭头表示供电回路，实线箭头表示信号回路。毫伏输入信号U_i或由测温元件送来的反映温度大小的输入信号E_t与桥路部分的输出信号U_z'及反馈信号U_f'相叠加，送入集成运算放大器。放大了的电压信号再由功率放大器和隔离输出电路转换成统一的4～20mA直流电流I_o和1～5V直流电压U_o输出。

(1) 直流毫伏变送器的量程单元

量程单元由输入回路和反馈回路组成。为了便于分析它的工作原理，将量程单元和放大单元中的运算放大器IC_1联系起来画在图8-21中。直流毫伏变送器的整机线路如图8-22所示。

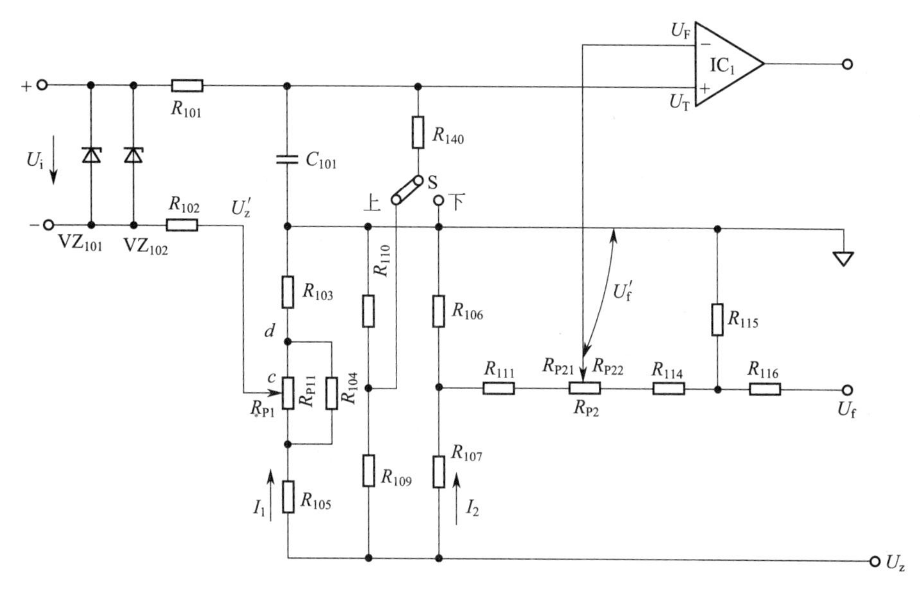

图8-21　直流毫伏变送器量程单元电路原理图

输入回路中的电阻R_{101}、R_{102}及稳压管VZ_{101}、VZ_{102}分别起限流和限压作用，它使流入危险场所的电能量限制在安全电平以下。C_{101}用以滤除输入信号U_i中的交流分量。电阻R_{103}、R_{104}、R_{105}及零点调整电位器R_{P1}等组成零点调整和零点迁移电路。桥路基准电压U_z由集成稳压器提供，其输出电压为5V。

R_{109}、R_{110}、R_{140}及开关S组成输入信号断路报警电路，如果输入信号开路，当开关置于“上”位置时，R_{110}上的压降（0.3V）通过电阻R_{140}加到运算放大器IC_1的同相端，这个输入电压足以使变送器输出超过20mA；而当开关S置于“下”的位置时，IC_1同相端接地，相当于输入回路输出信号$U_i=0$，变送器输出为4mA。在变送器正常工作时，因R_{140}的阻值很大（7.5MΩ），而输入信号内阻很小，故报警电路的影响可忽略。

反馈回路由电阻R_{106}、R_{107}、R_{111}、R_{114}～R_{116}及量程电位器R_{P2}等组成，电位器滑触点直接与运算放大器IC_1反相输入端相连。反馈电压U_f引自放大单元功率放大电路射极电阻R_4的两端。因R_4的阻值很小，故在计算IC_1反相输入端的电压U_F时，其影响可忽略不计。

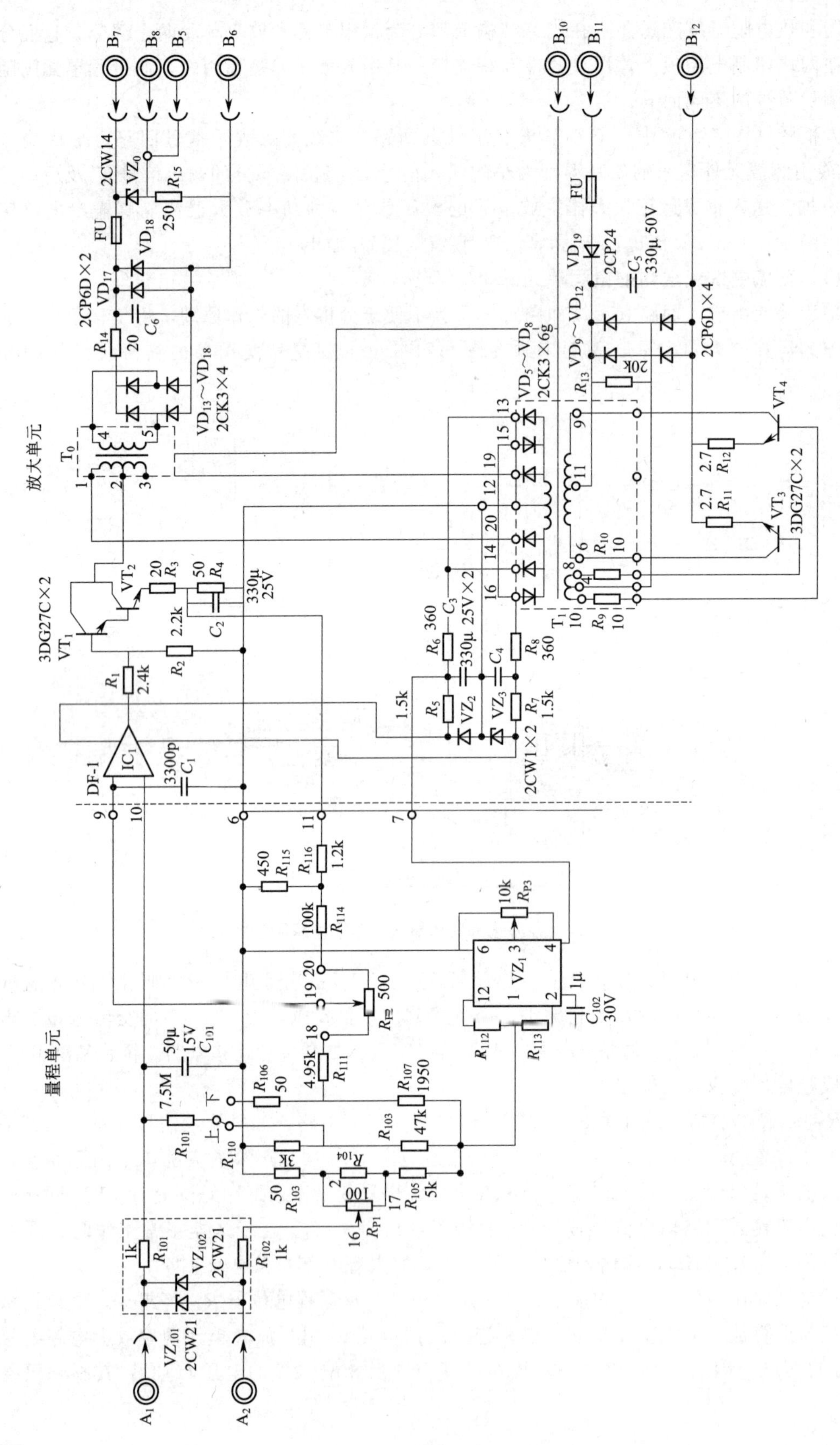

图 8-22　直流毫伏变送器电路图

由图 8-21 可知，IC_1 同相输入端的电压 U_T 是变送器输入信号 U_i 和基准电压 U_z 共同作用的结果；而它的反相输入端的电压 U_F 则是由基准电压 U_z 和反馈电压 U_f 共同作用的结果。按叠加原理，运算放大器同相输入端和反相输入端的电压分别为

$$U_T = U_i + U_z' = U_i + \frac{R_{cd} + R_{103}}{R_{103} + R_{P1} /\!/ R_{104} + R_{105}} U_z \tag{8-22}$$

$$U_F = U_f' = \frac{R_{106} /\!/ R_{107} + R_{111} + R_{P21}}{R_{106} /\!/ R_{107} + R_{111} + R_{P2} + R_{114} + R_{115} /\!/ R_{116}} \times \frac{R_{115}}{R_{115} /\!/ R_{116}} U_f + \frac{R_{P22} + R_{114} + R_{115} /\!/ R_{116}}{R_{106} /\!/ R_{107} + R_{111} + R_{P2} + R_{114} + R_{115} /\!/ R_{116}} \times \frac{R_{106}}{R_{106} /\!/ R_{107}} U_z \tag{8-23}$$

式中，R_{cd} 为电位器 R_{P1} 滑触点 c 点和 d 点之间的等效电阻，其值为

$$R_{cd} = \frac{R_{P11} R_{104}}{R_{P1} + R_{104}}$$

在线路设计时使

$$R_{105} \gg R_{103} + R_{P1} /\!/ R_{104}，R_{107} \gg R_{106}，R_{114} \gg R_{106} /\!/ R_{107} + R_{111} + R_{P2} + R_{115} /\!/ R_{116}$$

又

$$U_f = I_o R_4 = \frac{U_o}{R_{15}} R_4 = \frac{U_o}{5}$$

所以式(8-22) 和式(8-23) 可改写成

$$U_T = U_i + \frac{R_{cd} + R_{103}}{R_{105}} U_z \tag{8-24}$$

$$U_F = \frac{R_{106} + R_{111} + R_{P21}}{R_{111} + R_{114}} \times \frac{R_{115}}{R_{115} + R_{116}} \times \frac{U_o}{5} + \frac{R_{106}}{R_{107}} U_z \tag{8-25}$$

现设

$$\alpha = \frac{R_{cd} + R_{103}}{R_{105}}，\beta = \frac{5(R_{111} + R_{114})(R_{115} + R_{116})}{(R_{106} + R_{111} + R_{P21}) R_{115}}，\gamma = \frac{R_{106}}{R_{107}}$$

当 IC_1 为理想运算放大器时，$U_T = U_F$，可从式(8-24) 和式(8-25) 求得

$$U_o = \beta[U_i + (\alpha - \gamma) U_z] \tag{8-26}$$

上式即为变送器输出与输入之间关系式。这个关系式可以说明以下几点。

① $(\alpha-\gamma)U_z$ 这一项表示了变送器的调零信号，改变 α 值可实现正向或负向迁移。更换电阻 R_{103} 可大幅度地改变零点迁移量。而改变 R_{104} 和调整电位器 R_{P1}，可在小范围内改变调零信号。

② β 为输出与输入之间的比例系数，由于输出信号 U_o 的范围（1～5V）是固定不变的，因而比例系数越大就表示输入信号范围也即量程范围越小。改变 R_{114} 可大幅度地改变变送器的量程范围。而调整电位器 R_{P2}，可以小范围地改变比例系数。

③ 调整 R_{P2}，改变比例系数，不仅调整了变送器的输入（量程）范围，而且使调零信号也发生了变化，即调整量程会影响零位，这一情况与差压变送器相同。另一方面，调整 R_{P1} 不仅调整了零位，而且满度输出也会相应改变。因此在仪表调校时，零位和满度必须反复调整，才能满足精度要求。

(2) 热电偶温度变送器的量程单元

为便于分析，将量程单元和放大单元中的运算放大器 IC_1 联系起来画于图 8-23（断偶报

警电路略)。热电偶温度变送器的整机线路如图˙8-24 所示。

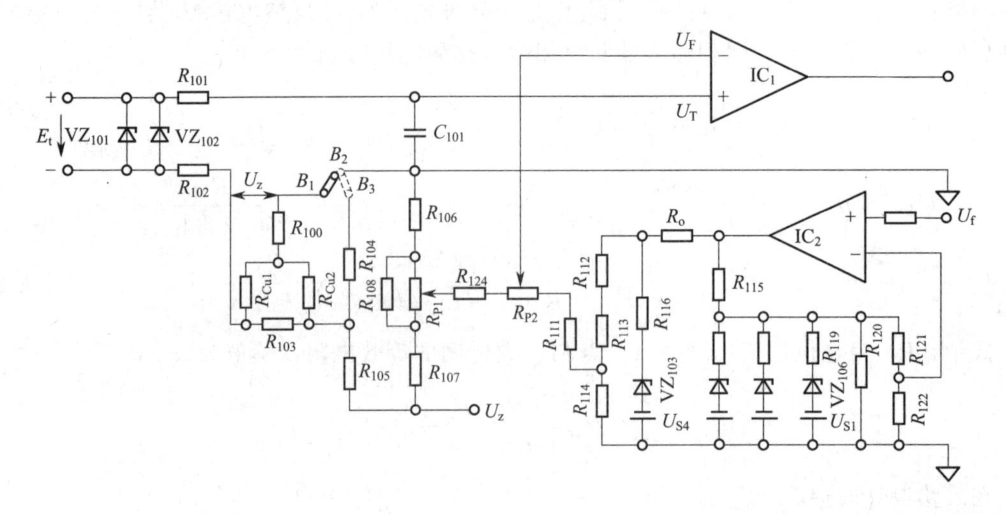

图 8-23　热电偶温度变送器量程单元电路原理

输入信号 E_t为热电偶所产生的热电势。输入回路中阻容元件 R_{101}，R_{102}，C_{101}，稳压管 VZ_{101}，VZ_{102}以及断偶报警（即输入信号断路报警）电路的作用与直流毫伏变送器相同。

零点调整、迁移电路以及量程调整电路的工作原理也与直流毫伏变送器大致相仿。所不同的是：在热电偶温度变送器的输入回路中增加了由铜电阻 R_{Cu1}，R_{Cu2}等元件组成的热电偶冷端温度补偿电路；同时把调零电位器 R_{P1}移到了反馈回路的支路上；在反馈回路中增加了由运算放大器 IC_2 等构成的线性化电路。

① 线性化。线性化电路的作用是使热电偶温度变送器的输出信号（U_o/I_o）与被测温度信号 t 之间成线性关系。

热电偶输出的热电势 E_t 与所对应的温度 t 之间是非线性的，而且不同型号的热电偶或同型号热电偶在测温范围不同时，其特性曲线形状也不一样。例如铂铑-铂热电偶，E_t-t 特性是下凹形的；而镍铬-镍铝热电偶的特性曲线，开始时呈下凹形，温度升高后又变成上凸形的了。在测量范围为 0～1000℃时的最大非线性误差，前者约为 6%，后者约为 1%。因此，为保证变送器的输出信号与被测温度之间成线性关系，必须采取线性化措施。

a. 线性化原理。热电偶温度变送器可画成如图 8-25 所示的方框图形式，将各部分特性描在相应位置上。由图可知，输入放大器的信号 $\varepsilon=E_t+U'_z-U'_f$，其中 U'_z 在热电偶冷端温度不变时为常数，而 E_t 和 t 的关系是非线性的。如果 U'_f 与 t 的关系也是非线性的，并且同热电偶 E_t-t 的非线性关系相对应，那么，E_t 和 U'_f 的差值 ε 与 t 的关系也就成线性关系了，ε 经线性放大器放大后的输出信号 U_o也就与 t 成线性关系。显然，要实现线性化，反馈回路的特性（U'_f-U_o 的特性亦即 U'_f-t 特性）需与热电偶的特性相一致。

b. 线性化电路 。线性化电路即非线性运算电路实际上是一个折线电路，它是用折线法来近似表示热电偶的特性曲线的。例如图 8-26 所示为由 4 段折线来近似表示某非线性特性的曲线，图中，U_f为反馈回路的输入信号，U_a为非线性运算电路的输出信号，γ_1，γ_2，γ_3，γ_4 分别代表四段直线的斜率。折线的段数及斜率的大小是由热电偶的特性来确定，一般情况下，用 4～6 段折线近似表示热电偶的某段特性曲线时，所产生的误差小于 0.2%。

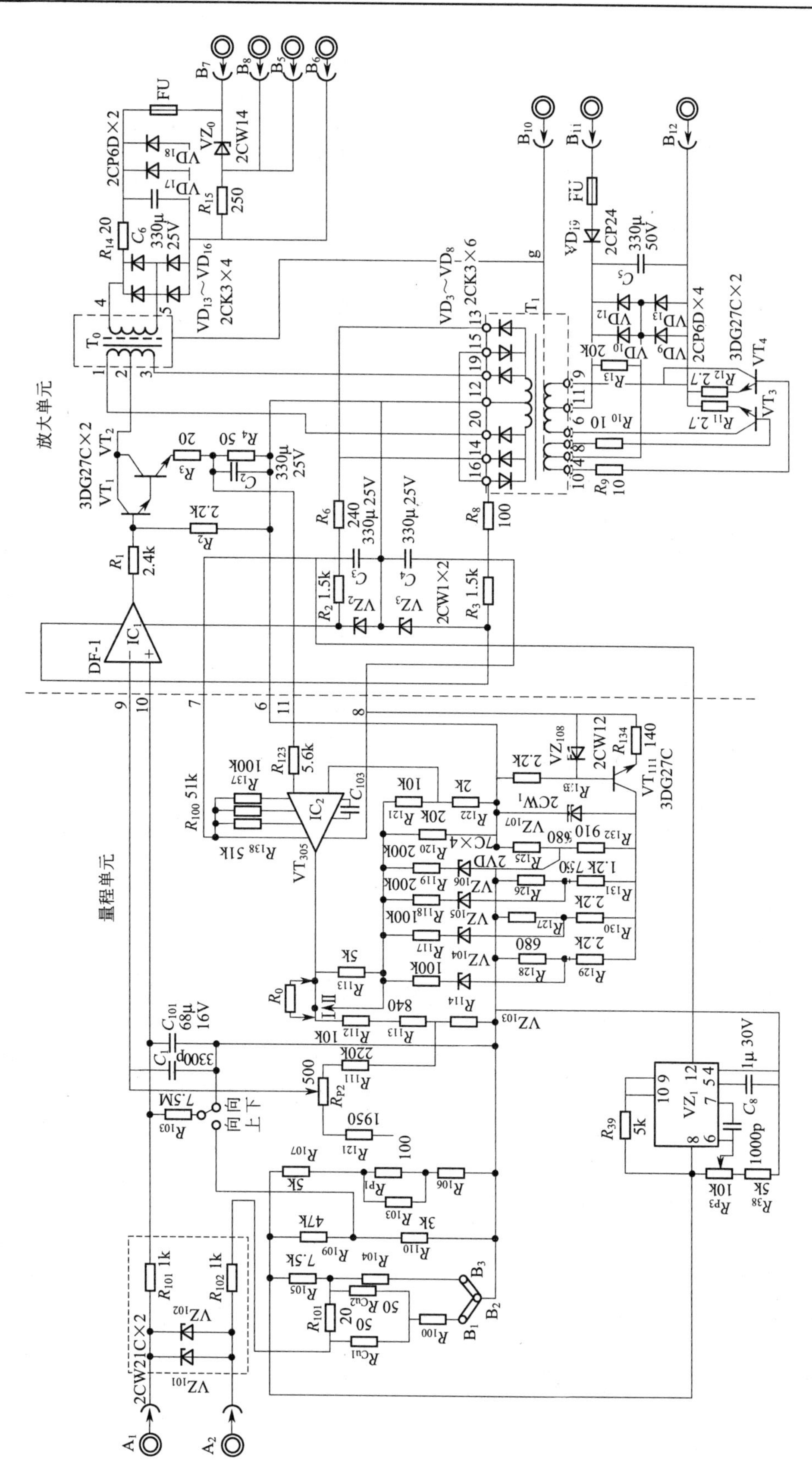

图 8-24　热电偶温度变送器电路图

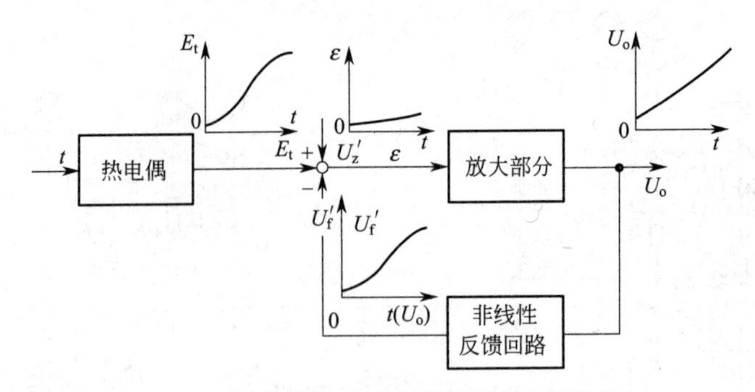

图 8-25　热电偶温度变送器线性化原理方框

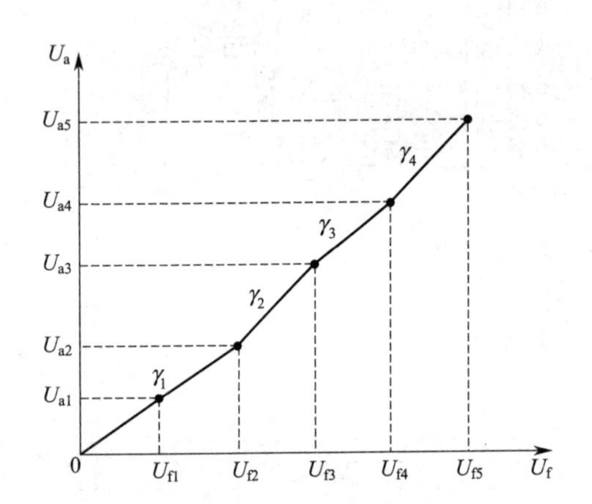

图 8-26　非线性运算电路特性曲线示例

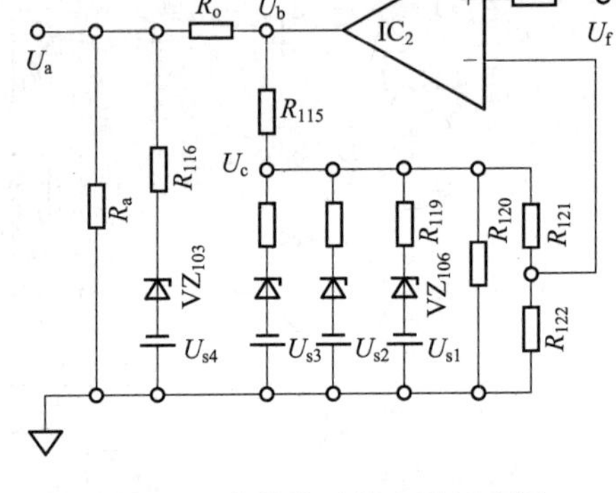

图 8-27　非线性运算电路原理图

要实现如图 8-26 所示的特性曲线，可采用图 8-27 所示的典型的运算电路结构。图中，VZ_{103}，VZ_{104}，VZ_{105}，VZ_{106}为稳压管，它们的稳压值为U_D，其特性是在击穿前，电阻极大，相当于开路，而当击穿后，动态电阻极小，相当于短路。U_{s1}，U_{s2}，U_{s3}，U_{s4}为由基准电压回路提供的基准电压，对公共点而言，它们均为负值。R_a为非线性运算电路的等效负载电阻。

IC_2，$R_{120}\sim R_{122}$，R_{115}，R_o，R_a组成了运算电路的基本线路（图 8-28），该线路决定了第一段直线的斜率γ_1。当要求后一段直线的斜率大于前一段时，如图 8-26 所示中的$\gamma_2>\gamma_1$，则可在R_{120}上并联一个电阻，如R_{119}，此时负反馈减小，输出U_a增加。如果要求后一段直线的斜率小于前一段时，如图 8-26 所示中的$\gamma_3<\gamma_2$，则可在R_a上并联一个电阻，如R_{116}，此时输出U_a减小。并联上去电阻的大小，决定于对新线段斜率的要求，而基准电压的数值和稳压管的击穿电压，则决定了什么时候由一段直线过渡到另一段直线，即决定折线的拐点。

下面按图 8-26 所示的特性曲线，以第一、二段直线为例进一步分析如图 8-27 所示的运算电路。

ⓐ 第一段直线，即$U_f\leqslant U_{f2}$，这段直线要求斜率是γ_1。

在此段直线范围内，要求$U_C\leqslant U_D+U_{s1}$，$U_C<U_D+U_{s2}$，$U_C<U_D+U_{s3}$，$U_C<U_D+U_{s4}$。此时，$VZ_{103}\sim VZ_{106}$均未导通。这样，图 8-26 可以简化成图 8-28。当IC_2为理想运算放大器时，则可由图 8-28 列出下列关系式：

$$\Delta U_f=\frac{R_{122}}{R_{121}+R_{122}}\Delta U_c \tag{8-27}$$

$$\Delta U_{c}=\frac{(R_{121}+R_{122})/\!/R_{120}}{(R_{121}+R_{122})/\!/R_{120}+R_{115}}\Delta U_{b} \tag{8-28}$$

$$\Delta U_{a}=\frac{R_{a}}{R_{o}+R_{a}}\Delta U_{b} \tag{8-29}$$

联立式(8-27)～式(8-29)，求解可得：

$$\gamma_{1}=\frac{\Delta U_{a}}{\Delta U_{f}}=\left[1+\frac{R_{121}}{R_{122}}+\frac{R_{115}}{R_{122}}\left(1+\frac{R_{121}+R_{122}}{R_{120}}\right)\right]\times\frac{R_{a}}{R_{o}+R_{a}} \tag{8-30}$$

由式(8-30) 结合图 8-27 可以看出，R_{a}减小时 γ 减小，R_{120}减小时 γ 增大。也就是说，要使 γ 减小，只用在 R_{a}上并一个电阻；要使 γ 增大，只用在 R_{120}上并一个电阻就可以。

ⓑ 第二段直线，即 $U_{f2}<U_{f}\leqslant U_{f3}$，这段直线的斜率要求为 γ_{2}，且 $\gamma_{2}>\gamma_{1}$。

在此段直线范围内，要求 $U_{D}+U_{s1}<U_{C}\leqslant U_{D}+U_{s2}$，$U_{C}<U_{D}+U_{s3}$，$U_{C}<U_{D}+U_{s4}$。此时，$VZ_{106}$处于导通状态，$VZ_{103}$～$VZ_{105}$均未导通。这样，图 8-27 可简化成图 8-29。由于 VZ_{106}导通时的动态电阻和基准电压 U_{s1}的内阻很小，因而此时相当于一个电阻 R_{119}并联在电阻 R_{120}上。

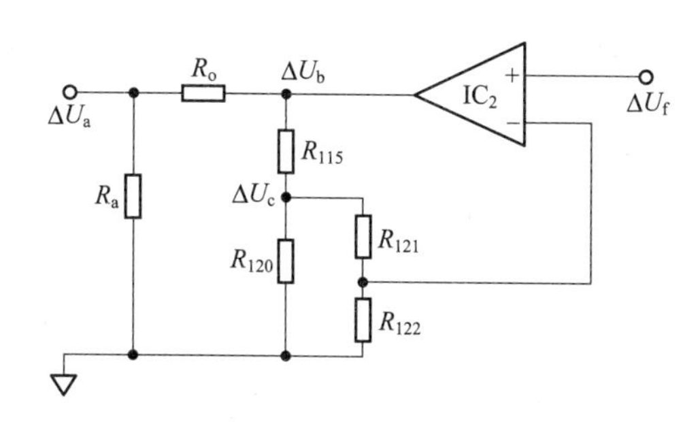

图 8-28　非线性运算原理简图之一

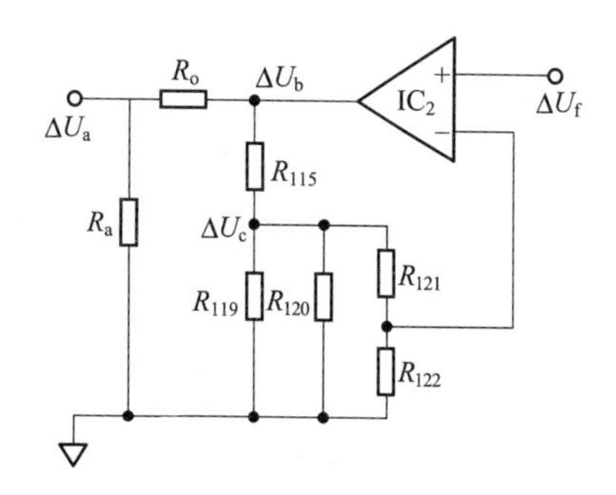

图 8-29　非线性运算原理简图之二

分析图 8-29 所示的电路可知

$$\gamma_{2}=\frac{\Delta U_{a}}{\Delta U_{f}}=\left[1+\frac{R_{121}}{R_{122}}+\frac{R_{115}}{R_{122}}\left(1+\frac{R_{121}+R_{122}}{R_{120}/\!/R_{119}}\right)\right]\times\frac{R_{a}}{R_{o}+R_{a}} \tag{8-31}$$

按照同样的方法，可求取第三、四段斜率的表达式，并根据所要求的斜率，选配相应的并联电阻的阻值，以使非线性运算电路的输出特性与热电偶的特性相一致，从而达到线性化的目的。

还需指出，由于不同测温范围时的热电偶特性不一样，因此在调整仪表的零点或量程时，必须同时改变非线性运算电路的结构和电路中有关元件的变量。

② 冷端温度补偿

a. 两线制温度变送器的冷端温度补偿。在两线制温度变送器中，冷端温度补偿只用了一个铜电阻；而在四线制温度变送器中则用了两个铜电阻，并且这两个电阻的阻值在 0℃时都固定为 50Ω。当选用的热电偶型号不同时，需要调整阻值的是几个锰铜电阻或精密金属膜电阻。

下面以图 8-30 所示的两线制温度变送器电路进行说明。图中 V_{i}为热电偶产生的热电动势。当热电偶的被测温度一定而冷端温度升高时，热电动势 V_{i}将减小。为了补偿 V_{i}的减小，

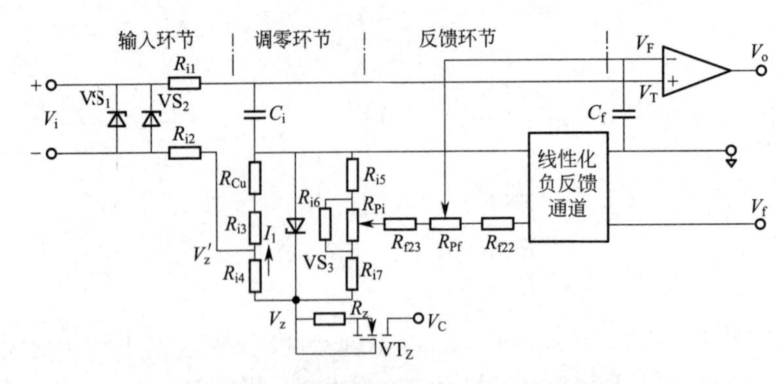

图 8-30 两线制热电偶温度变送器的量程单元电路

若桥路输出电压V_z'增加一个适当的值，便能补偿由于热电偶冷端温度变化引起的误差。为此，在桥路的R_{i3}桥臂串接一只铜电阻R_{Cu}，R_{Cu}放于热电偶的冷端附近，感受与热电偶冷端相同的温度。R_{Cu}具有正的电阻温度系数，其阻值随温度的增加而增加，若以20℃为标准，自动补偿的条件为

$$\Delta V_i = I_1 R_{Cu} \alpha_{20} (t-20) \tag{8-32}$$

式中，R_{Cu}为铜电阻在20℃时阻值；α_{20}为20℃附近电阻温度系数；t为热电偶冷端温度，即环境温度；I_1为R_{Cu}桥臂的电流，常数。

热电偶热电动势的变化值ΔV_i可表示为

$$\Delta V_i = \beta (t-20) \tag{8-33}$$

式中，β为热电偶在20℃附近时的灵敏度，单位为mV/℃，不同材料的热电偶，β值不同。则可求得20℃时铜电阻的阻值计算式为

$$R_{Cu} = \frac{\beta}{I_1 \alpha_{20}} \tag{8-34}$$

因此，根据I_1，β和α_{20}计算R_{Cu}之值，接于R_{i3}桥臂便可达到热电偶冷端温度自动补偿的目的。

b. 四线制温度变送器的冷端温度补偿 由图8-23可知，运算放大器IC_1同相输入端的电压U_T，由输入信号E_t和冷端温度补偿电势U_z'两部分组成。

$$U_T = E_t + U_z' = E_t + \frac{R_{100} + \dfrac{R_{Cu1} R_{Cu2}}{R_{103} + R_{Cu1} + R_{Cu2}}}{R_{100} + (R_{103} + R_{Cu1}) /\!/ R_{Cu2} + R_{105}} U_z \tag{8-35}$$

在电路设计时使$R_{105} \gg R_{100} + (R_{103} + R_{Cu1}) /\!/ R_{Cu2}$，则式(8-24) 可改写为

$$U_T = E_t + \frac{1}{R_{105}} \left(R_{100} + \frac{R_{Cu1} R_{Cu2}}{R_{103} + R_{Cu1} + R_{Cu2}} \right) U_z \tag{8-36}$$

此式表明，当冷端环境温度变化时，R_{Cu1}，R_{Cu2}的阻值也随之变化，使式中第二项发生变化，从而补偿了由于环境温度升降引起的热电偶热电势的变化。

从式(8-36) 还可知，当铜电阻的阻值增加时，补偿电势U_z'将增加得愈来愈快，即U_z'随温度而变的特性曲线是呈下凹形的（二阶导数为正），而热电偶E_t-t特性曲线的起始段一

般也呈下凹形，两者相吻合。因此，这种电路的冷端补偿特性要优于两线制温度变送器的补偿电路。

补偿电路中，R_{105}、R_{103}和R_{100}为锰铜电阻或精密金属膜电阻，它们的阻值决定于选用哪一类变送器和何种型号的热电偶。对热电偶温度变送器而言，R_{105}已确定为7.5kΩ。R_{100}和R_{103}的阻值可按0℃时冷端补偿电路U'_z为25mV和当温度变化$\Delta t=50$℃时$\Delta E_t=\Delta U'_z$两个条件进行计算。也可先确定R_{100}的阻值，再按上述条件求取R_{103}和R_{105}的阻值。

(3) 热电阻温度变送器的量程单元

为便于分析，将量程单元和放大单元中的运算放大器IC_1联系起来画于图8-31。热电阻温度变送器的整机电路见图8-32。

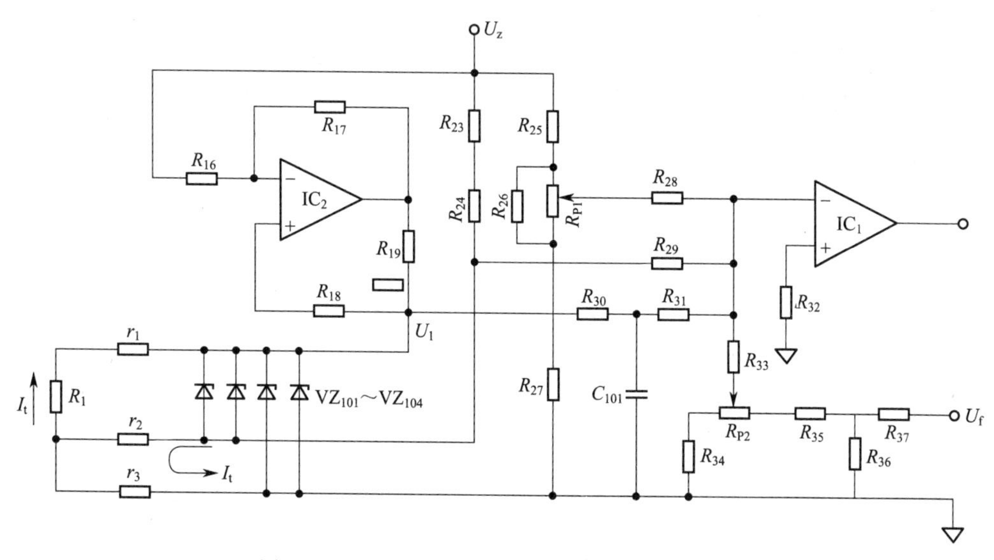

图 8-31　热电阻温度变送器量程单元电路原理图

图8-31中R_t为热电阻，r_1，r_2，r_3为其引线电阻，VZ_{101}～VZ_{104}为限压元件。R_t两端的电压随被测温度t而变，此电压送至运算放大器IC_1的输入端。零点调整、迁移以及量程调整电路与上述两种变送器基本相同。

热电阻温度变送器也具有线性化电路，但这一电路是置于输入回路之中。此外，变送器还设置了热电阻的引线补偿电路，以消除引线电阻对测量的影响。下面对这两种电路分别加以讨论。

① 线性化原理及电路分析。热电阻和被测温度之间也存在着非线性关系，例如铂热电阻，R_t-t特性曲线的形状是呈上凸形的，即热电阻阻值的增加量随温度升高而逐渐减小。由铂电阻特性可知，在0～500℃的测量范围内，非线性误差最大约为2%，这对于要求比较精确的场合是不允许的，因此必须采取线性化的措施。

热电阻温度变送器的线性化电路不采用折线方法，而是采用正反馈的方法，将热电阻两端的电压信号U_t引至IC_2的同相输入端，这样IC_2的输出电流I_t将随U_t的增大而增大，即I_t随被测温度t升高而增大，从而补偿了热电阻随被测温度升高其变化量逐渐减小的趋势，最终使得热电阻两端的电压信号U_t与被测温度t之间成线性关系。

热电阻线性化电路原理如图8-33所示。图中U_z基准电压。IC_2的输出电流I_t流经R_t所产生的电压U_t，通过电阻R_{18}加到IC_2的同相输入端，构成一个正反馈电路。现把IC_2看成

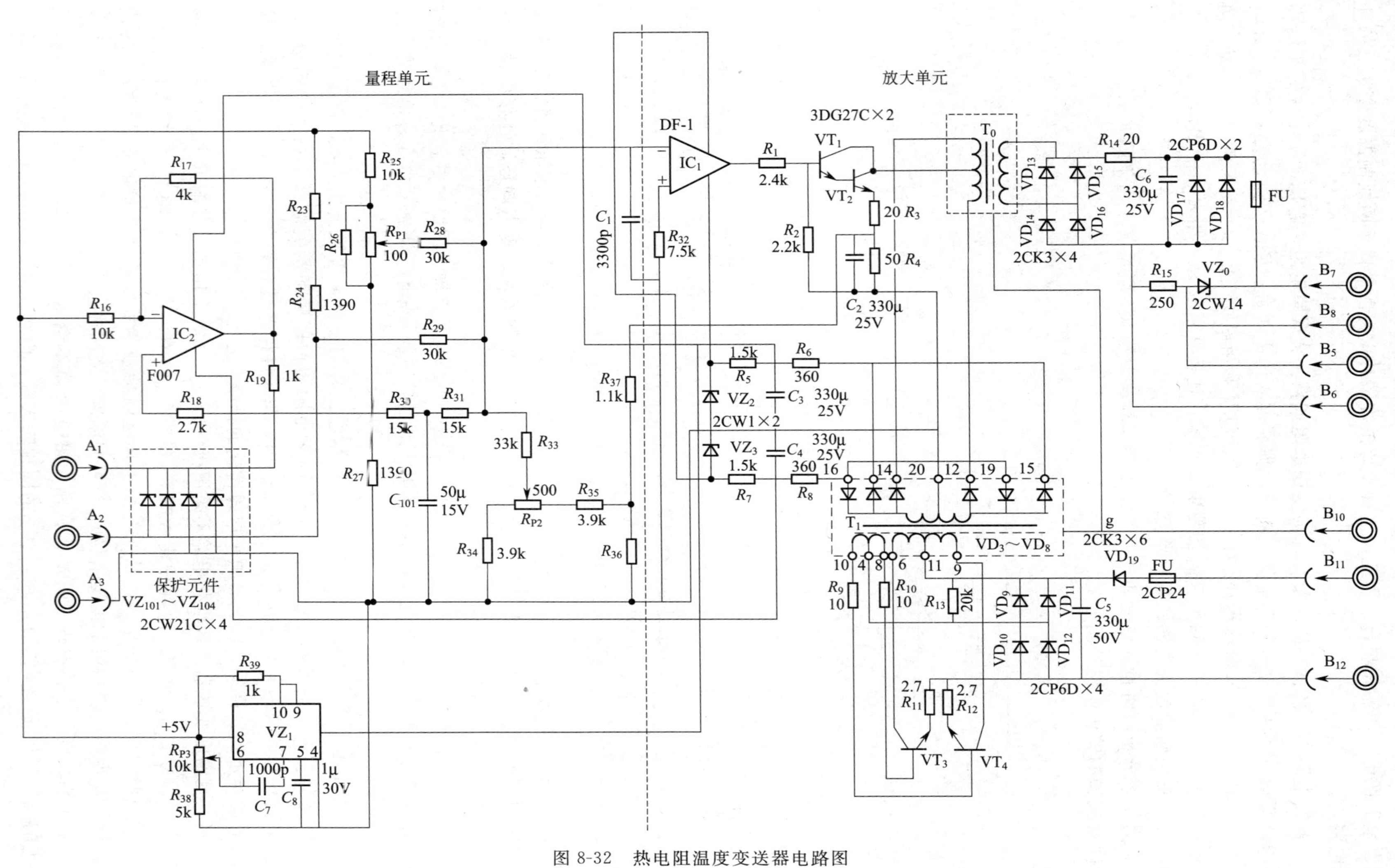

图 8-32 热电阻温度变送器电路图

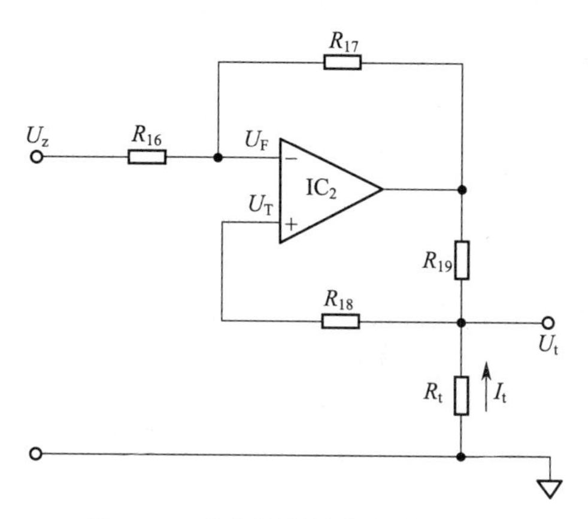

图 8-33　热电阻线性化电路原理图

是理想运算放大器，$U_T=U_F$，由图 8-26 可求得

$$U_t=-I_tR_t \tag{8-37}$$

$$U_F=\frac{R_{17}}{R_{16}+R_{17}}U_z-\frac{R_{16}(R_{19}+R_t)}{R_{16}+R_{17}}I_t \tag{8-38}$$

由式(8-37) 和式(8-38) 可求得流过热电阻的电流 I_t和热电阻两端的电压 U_t分别为

$$I_t=\frac{R_{17}}{R_{16}R_{19}-R_{17}R_t}U_z=\frac{gU_z}{1-gR_t} \tag{8-39}$$

$$U_t=-\frac{gR_tU_z}{1-gR_t}\left(\text{式中},g=\frac{R_{17}}{R_{16}R_{19}}\right) \tag{8-40}$$

如果 $gR_t<1$，即 $R_{17}R_t<R_{16}R_{19}$，则由式(8-39) 可以看出，当 R_t随被测温度的升高而增大时，I_t将增大。而且从式(8-40) 可知，U_t的增加量也将随被测温度的升高而增大，即 U_t和 R_t之间为下凹形函数关系。因此，只要恰当地选择元件变量，就可以得到 U_t和 t 之间的直线函数关系。

实践表明，当选取 $g=4\times10^{-4}\Omega^{-1}$时，即取 $R_{16}=10\text{k}\Omega$，$R_{17}=4\text{k}\Omega$，$R_{19}=1\text{k}\Omega$ 时，在 0～500℃测温范围内，铂电阻 R_t两端的电压信号 U_t与被测温度 t 间的非线性误差最小。

② 引线电阻补偿电路。为消除引线电阻的影响，热电阻采用三导线接法（图 8-31)。三根引线的阻值要求为 $r_1=r_2=r_3=1\Omega$。由电阻 R_{23}、R_{24}、r_2所构成的支路为引线电阻补偿电路。若不考虑此电路，则热电阻回路所产生的电压信号为

$$U_t'=U_t+2I_tr \tag{8-41}$$

此式表明，若不考虑引线电阻的补偿，则两引线电阻的压降将会造成测量误差。

当存在引线电阻补偿电路时，将有电流 I_r通过电阻 r_2和 r_3。调整 R_{24}，使 $I_r=I_t$，则流过 r_3的两电流大小相等而方向相反（图 8-25)，因而电阻 r_3 上不产生压降。

I_t在 r_1上的压降 I_tr 和 I_r在 r_2上的压降 I_rr 分别通过电阻 R_{30}、R_{31}和 R_{29}引至 IC_1 的反相端，由于这两压降大小相等而极性相反，并且设计时取 $R_{29}=R_{30}+R_{31}$，因此引线 r_1上的压降将被引线 r_2上的压降所抵消。由此可见，三导线连接的引线补偿电路可以消除热电阻引线的影响。

应当说明，上述结论是在电流 $I_r=I_t$ 的条件下得到的。由于流过热电阻 R_t 的电流不是一个常数，因此 $I_r=I_t$ 只能在测温范围内某一点上成立，即引线补偿电路只能在这一点上全补偿。一般取变送器量程上限一点进行全补偿，就是说使补偿电路的 I_r 等于变送器量程上限时的 I_t。

8.3.2 一体化温度变送器

一体化温度变送器是指将变送器模块安装在测温元件接线盒或专用接线盒内的一种温度变送器，变送器模块和测温元件形成一个整体，可以直接安装在被测温度的工艺设备上，输出为标准信号，结构如图 8-34 所示。它具有体积小、质量轻、现场安装方便以及输出信号抗干扰能力强、便于远距离传输等优点，对于热电偶变送器，不必采用昂贵的补偿导线，节省安装费用。因而在工业生产中得到广泛应用。

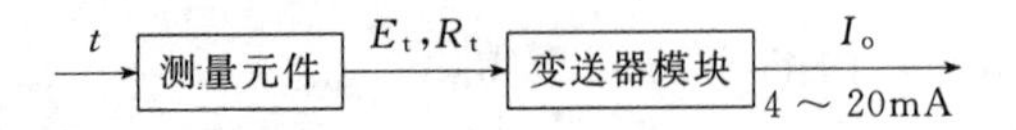

图 8-34　一体化温度变送器结构图

一体化温度变送器品种较多，其变送器模块大多数以一片专用变送器芯片为主，AD693 就是一种常用的芯片。AD693 是美国模拟器件公司的单片集成电路产品，能对热电偶、电桥、压力传感器信号进行放大、补偿、压流变换以实现远程传送，它能和多种传感器直接配合使用，处理 0～100mV 之间各种量程信号，以 4～20mA 电流输出到测量与控制系统。图 8-35 和图 8-36 分别为由 AD693 组成的一体化热电偶温度变送器电路图和热电阻温度变送器电路图。

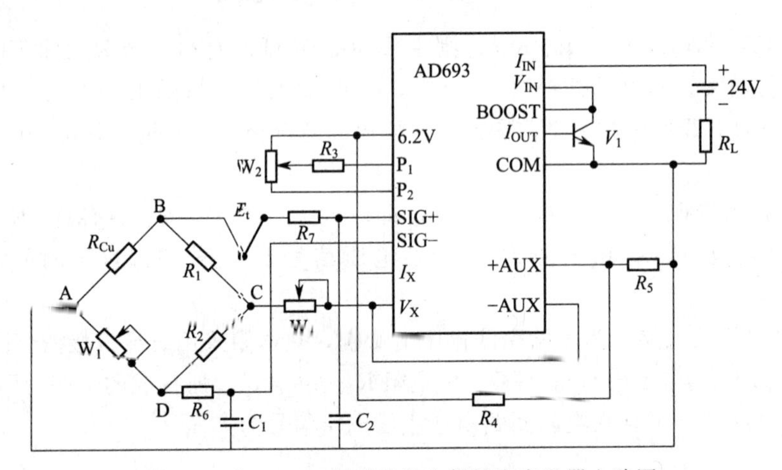

图 8-35　由 AD693 组成的热电偶温度变送器电路图

热电偶（热电阻）产生的热电势（电阻）经过温度变送器的电桥产生不平衡信号，经放大后转换成为 4～20mA 的直流电信号给工作仪表，工作仪表便显示出所对应的温度值。

由于一体化温度变送器直接安装在现场，因此变送器模块一般采用环氧树脂浇注全固化封装，以提高对恶劣使用环境的适应性能。但由于变送器模块内部的集成电路一般情况下工作温度在－20～＋80℃范围内，超过这一范围，电子器件的性能会发生变化，变送器将不能正常工作，因此在使用中应特别注意变送器模块所处的环境温度。

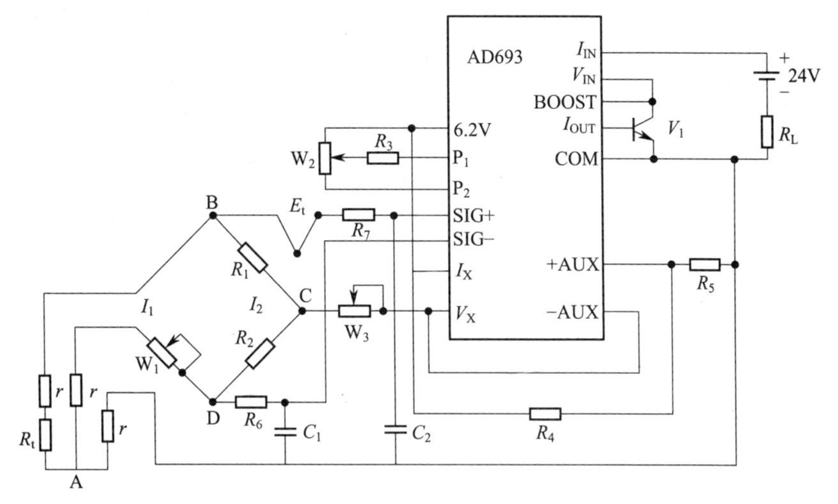

图 8-36　由 AD693 组成的热电阻温度变送器电路图

8.3.3　智能式温度变送器

智能温度变送器有采用 HART 协议通信方式，也有采用现场总线通信方式。

TT302 智能温度变送器是一种符合 FF 通信协议的现场总线智能仪表，可与热电偶或热电阻配合使用，也可与具有电阻或毫伏输出的传感器配合使用。具有量程范围宽、精度高、环境温度和振动影响小、抗干扰能力强、安装维护方便等特点。图 8-37 为该变送器的硬件结构图。

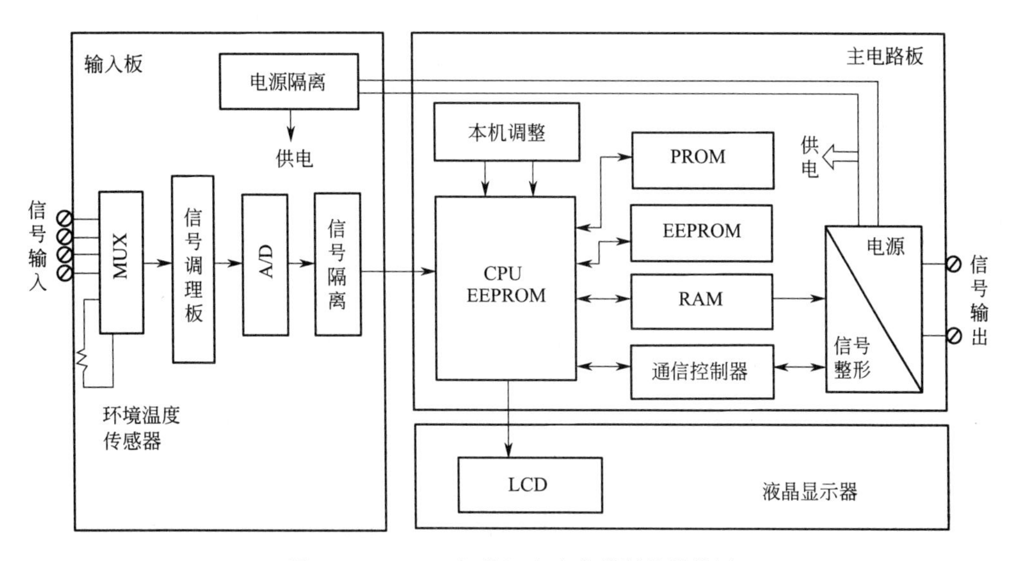

图 8-37　TT302 智能温度变送器硬件结构图

CPU 控制整个仪表各组成部分的协调工作，完成数据传递、运算、处理、通信等功能。存储器（PROM）用于存放系统程序。EEPROM 用于存放组态参数，即功能模块的参数。在 CPU 内部还有一片 EEPROM，作为 RAM 备份使用，保存标定、组态和辨识等重要数据，以保证变送器停电后来电能继续按原来设定状态进行工作。存储器（RAM）用于暂时存放运算数据。通信控制器实现物理层的功能，完成信息帧的编码和解码、帧校验、数据的发送与接收。信号整形电路对发送和接收的信号进行滤波和预处理等。

软件分系统程序和功能模块。系统程序使硬件部分能正常工作并实现所规定的功能，同时完成各组成部分之间的管理；功能模块提供了各种功能，用户根据需要通过上位机或组态器，对变送器进行远程组态、调用或删除功能模块，也可进行本地调整。

思考题与习题

8-1　说明变送器的总体构成。它在结构上采用何种方法使输入信号与输出信号之间保持线性关系？

8-2　何谓量程调整、零点调整和零点迁移？试举一例说明。

8-3　说明电容式差压变送器的特点及构成原理。

8-4　电容式差压变送器如何实现差压-电容和电容-电流的转换？试分析测量部件和各部分电路的作用。

8-5　简述扩散硅式差压变送器的工作原理。

8-6　四线制和两线制热电偶温度变送器是用何种方法实现冷端温度补偿的？这两种变送器如何实现？

8-7　简述智能变送器的特点和构成，试与模拟变送器进行比较。

第9章 执 行 器

9.1 执行器的基本概念

执行器在自动控制系统中的作用就是接收控制器输出的控制信号，改变操纵变量，使生产过程按预定要求正常进行。

执行器按其使用的能源可分为气动、电动和液动三大类。液动的很少使用。电动执行器安全防爆性能较差，电机动作不够迅速，且在行程受阻或阀杆被轧住时电机易受损。尽管近年来电动执行器在不断改进并有扩大应用的趋势，但总体上看不及气动执行器应用得普遍。气动执行器有结构简单，输出推力大，动作平稳可靠，本质安全防爆等优点，因此获得了广泛的应用。

9.1.1 执行器的组成

执行器由执行机构和调节机构两部分构成。

执行机构是执行器的推动装置，它根据控制信号的大小，产生相应的输出力（或输出力矩）和位移（直线位移或角位移），推动调节机构动作。

调节机构（又称控制阀或调节阀）是执行器的调节部分，在执行机构的作用下，调节机构的阀芯产生一定位移，即开度发生变化，从而直接调节从阀芯、阀座之间流过的被控介质的流量。

气动执行器有时还必须配备一定的辅助装置，常用的有阀门定位器和手轮机构。阀门定位器利用反馈原理来改善执行器的性能，使执行器能按控制器的控制信号实现准确定位。当控制系统因停电、停气、控制器无输出或执行机构薄膜损坏而失灵时，利用手轮机构可以直接操作控制阀，维持生产的正常进行。

电动执行器的执行机构和调节机构是分开的两部分，而气动执行器的执行机构和调节机构是统一的整体。气动执行器与电动执行器的执行机构不同，但控制阀是相同的。

9.1.2 执行器的作用方式

执行器具有气开、气关两种作用方式。气开式是输入气压越高时开度越大，而在失气时则全关，故称 FC 型；气关式是输入气压越高时开度越小，而在失气时则全开，故称 FO 型。

气动执行器的作用方式通过执行机构和调节机构的正、反作用的组合实现。调节机构具有正、反作用时，通过改变调节机构的作用方式来实现执行器的气开或气关（执行机构采用正作用）；调节机构只有正作用时，通过改变执行机构的作用方式来实现执行器的气开或气关。一般来说，只有阀芯采用双导向结构的调节机构才有正反两种作用方式，而单导向结构的只有正作用。

对于电动执行器，一般通过改变执行机构的作用方式来实现气开、气关。

9.2 电动执行机构

在防爆要求不高且无合适气源的情况下可以使用电动执行器。其执行机构有直行程、角行程和多转式三种，都是以两相交流电机为动力的位置伺服机构，作用是将输入的直流电流信号线性地转换为位移量，只是减速器不一样。

直行程电动执行机构的输出轴输出各种大小不同的直线位移，通常用来推动单座、双座、三通、套筒等形式的控制阀。

角行程电动执行机构的输出轴输出角位移，转动角度范围小于 360°，通常用来推动蝶阀、球阀、偏心旋转阀等转角式控制阀。

多转式电动执行机构的输出轴输出各种大小不等的有效圈数，通常用于推动闸阀或由执行电动机带动旋转式的调节机构，如各种泵等。

图 9-1 为角行程电动执行机构方框图。

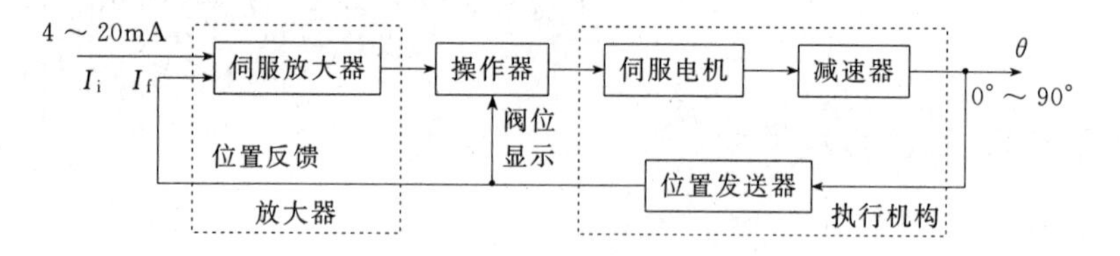

图 9-1　角行程电动执行机构方框图

伺服放大器将输入信号 I_i 和反馈信号 I_f 相比较，所得差值信号经功率放大后，驱使两相伺服电机转动，再经减速器减速，带动输出轴改变转角 θ。若差值为正，伺服电机正转，输出轴转角增大；当差值为负时，伺服电机反转，输出轴转角减小。

输出轴转角位置经位置发送器转换成相应的反馈电流 I_f，回送到伺服放大器的输入端，当反馈信号 I_f 与输入信号 I_i 相平衡，即差值为零时，伺服电机停止转动，输出轴就稳定在与输入信号 I_i 相对应的位置上。输出轴转角和输入信号成正比，所以电动执行机构可看成一比例环节。

电动执行机构还可以通过电动操作器实现控制系统的自动操作和手动操作的相互切换。当操作器的切换开关切向“手动”位置时，由正、反操作按钮直接控制电机的电源，以实现执行机构输出轴的正转和反转，进行遥控手动操作。

9.3 气动执行机构

气动执行机构有薄膜式和活塞式两类。

9.3.1　薄膜式

气动薄膜执行机构是最常见的执行机构，其形式有传统结构和改进结构。

(1) 传统型气动薄膜执行机构

传统的气动薄膜执行机构如图 9-2 所示。

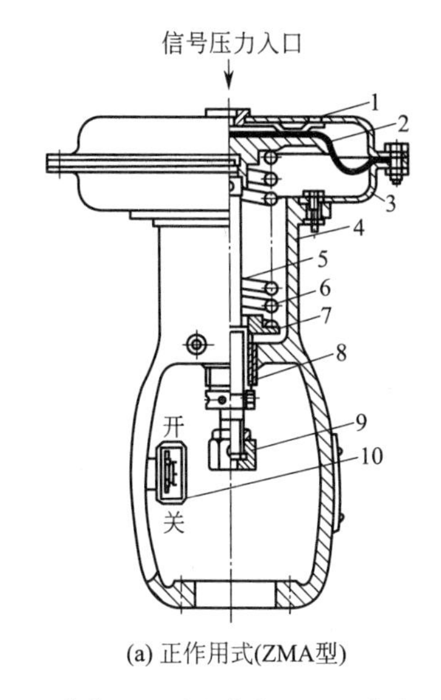

(a) 正作用式(ZMA型)

1—上膜盖；2—波纹薄膜；3—下膜盖；4—支架；5—推杆；6—压缩弹簧；7—弹簧座；8—调节件；9—螺母；10—行程标尺

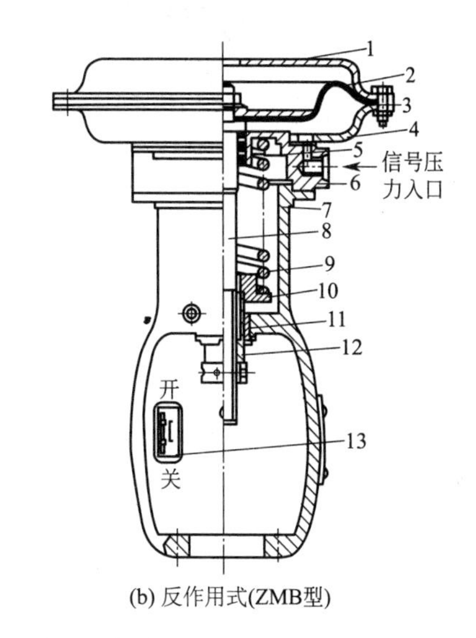

(b) 反作用式(ZMB型)

1—上膜盖；2—波纹薄膜；3—下膜盖；4—密封膜片；5—密封环；6—填块；7—支架；8—推杆；9—压缩弹簧；10—弹簧座；11—衬套；12—调节件；13—行程标尺

图 9-2　气动薄膜执行机构

气动薄膜执行机构有正作用和反作用两种形式。图 9-2(a) 中信号压力增加时，推杆向下移动，这种结构称为正作用式；图 9-2(b) 中信号压力增加时，推杆向上移动，这种结构称为反作用式。国产正作用式执行机构称为 ZMA 型，反作用式执行机构称为 ZMB 型。较大口径的控制阀都是采用正作用的执行机构。

信号压力通过波纹膜片的上方（正作用式）或下方（反作用式）进入气室后，在波纹膜片上产生一个作用力，使推杆移动并压缩或拉伸弹簧，当弹簧的反作用力与薄膜上的作用力相平衡时，推杆稳定在一个新的位置。信号压力越大，作用在波纹膜片上的作用力越大，弹簧的反作用力也越大，即推杆的位移量越大。这种执行机构的特性是比例式的，即推杆输出位移（又称行程）与输入气压信号成正比。

(2) 侧装式气动执行机构

这是一种新颖的执行机构，如图 9-3 所示。

侧装式气动执行机构的特点是将薄膜式膜头装在支架的侧面，采用杠杆传动把力矩放大，扩大执行机构的输出力，所以有时也称为增力式执行机构。在图 9-3(a) 中，当气压信号输入气室后，产生水平方向的推力，使推杆 1 带动摇杆 2 逆时针方向转动，再通过连接板 3 使连杆 4 带动阀芯向下移动，是正作用式；在图 9-3(b) 中，连接板 3 连在摇杆 2 的右侧，当气压信号输入气室后，连杆 4 带动阀芯向上移动，是反作用式。

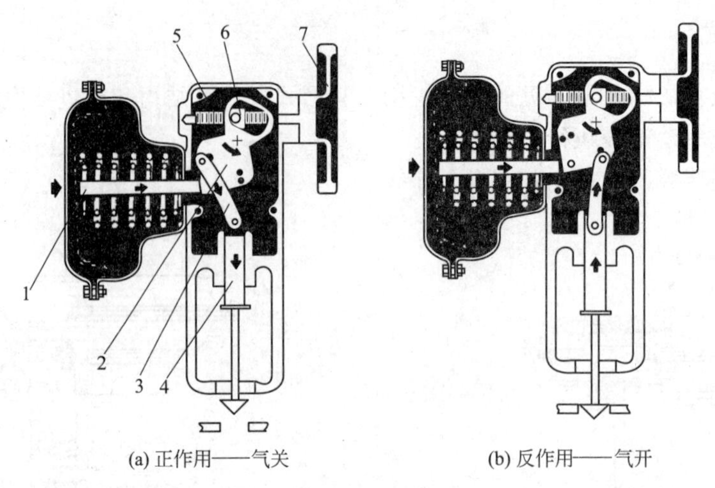

(a) 正作用——气关　　(b) 反作用——气开

图 9-3　侧装式气动执行机构

1—推杆；2—摇杆；3—连接板；4—连杆；5—丝杆；6—滑块；7—手轮

(3) 轻型气动执行机构

轻型气动执行机构在结构上采用多根弹簧，弹簧都内装在薄膜气室中，具有结构紧凑、质量轻、高度降低、动作可靠、输出推力大等特点。图 9-4 采用双重弹簧结构，把大弹簧套在小弹簧外，两个弹簧的工作高度相同，刚度却不同，但总刚度是两个弹簧的刚度之和。

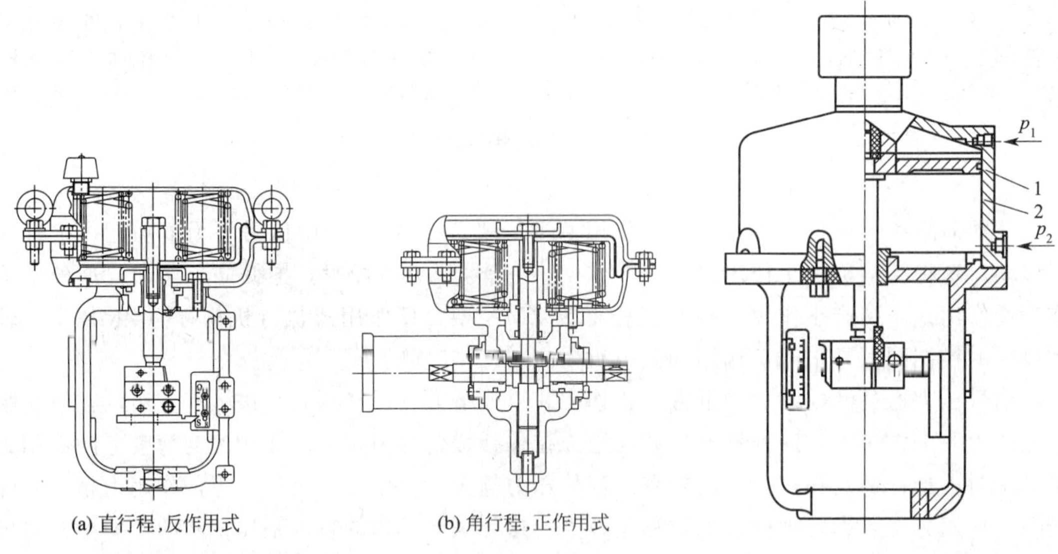

(a) 直行程,反作用式　　(b) 角行程,正作用式

图 9-4　采用双重弹簧的轻型执行机构

图 9-5　活塞式执行机构结构图

1—活塞；2—气缸

9.3.2　活塞式

活塞式执行机构属于强力气动执行机构，结构如图 9-5 所示。其气缸允许操作压力高达 0.5MPa，且无弹簧抵消推力，因此输出推力很大，特别适用于高静压、高压差、大口径场合。它的输出特性有两位式和比例式。两位式是根据活塞两侧的操作压力的大小而动作，活塞由高压侧推向低压侧，使推杆从一个极端位置移动到另一个极端位置，其行程达 25～

100mm，适用于双位控制系统；比例式是指推杆的行程与输入压力信号成比例关系，必须带有阀门定位器，它适用于控制质量要求较高的系统。

9.4　控制阀

9.4.1　控制阀结构

从流体力学观点看，控制阀是一个局部阻力可以改变的节流元件，其结构如图 9-6 所示。

由于阀芯在阀体内移动，改变了阀芯与阀座间的流通面积，即改变了阀的阻力系数，操纵变量（调节介质）的流量也就相应地改变，从而达到调节工艺变量的目的。

图 9-6 为最常用的直通双座控制阀，控制阀阀杆上端通过螺母与执行机构推杆相连接，推杆带动阀杆及阀杆下端的阀芯上下移动，流体从左侧进入控制阀，然后经阀芯与阀座之间的间隙从右侧流出。

控制阀的阀芯与阀杆间用销钉连接，这种连接形式使阀芯根据需要可以正装也可以反装，如图 9-7 所示。

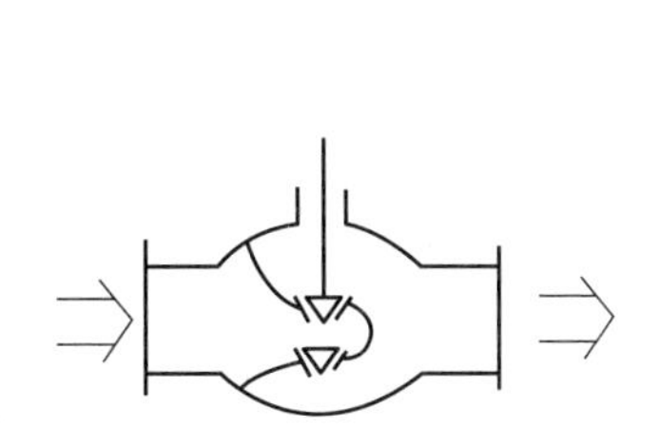

图 9-6　控制阀结构示意图

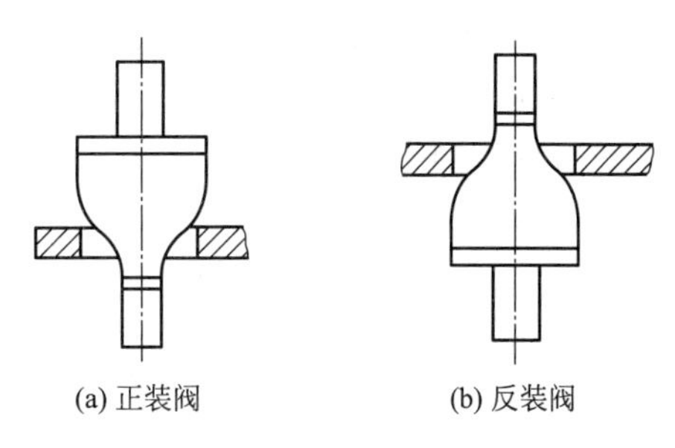

图 9-7　控制阀的正反装

如前所述，执行器的执行机构和调节机构组合起来可以实现气开和气关式两种调节。由于执行机构有正、反两种作用方式，控制阀也有正、反两种作用方式，因此就可以有四种组合方式组成气开或气关式，如图 9-8 所示。

对于双座阀和公称通径 DN25 以上的单座阀，推荐使用图 9-8(a)、(b) 两种形式。对于单导向阀芯的高压阀、角型控制阀、DN25 以下的直通单座阀、隔膜阀等由于阀体限制阀芯只能正装，可采用图 9-8(a)、(c) 组合形式。

9.4.2　控制阀类型

根据不同的使用要求，控制阀有许多类型，这里仅介绍其中的几种。

(1) 直通单座控制阀

直通单座控制阀的结构如图 9-9 所示。阀体内有一个阀芯和阀座，流体从左侧进入，经阀芯从右侧流出。由于只有一个阀芯和阀座，容易关闭，因此泄漏量小，但阀芯所受到流体作用的不平衡推力较大，尤其是在高压差、大口径时。直通单座控制阀适用于压差较小、要求泄漏量较小的场合。

(2) 直通双座控制阀

直通双座控制阀的结构如图 9-6 所示，阀体内有两个阀芯和阀座，流体从左侧进入，经

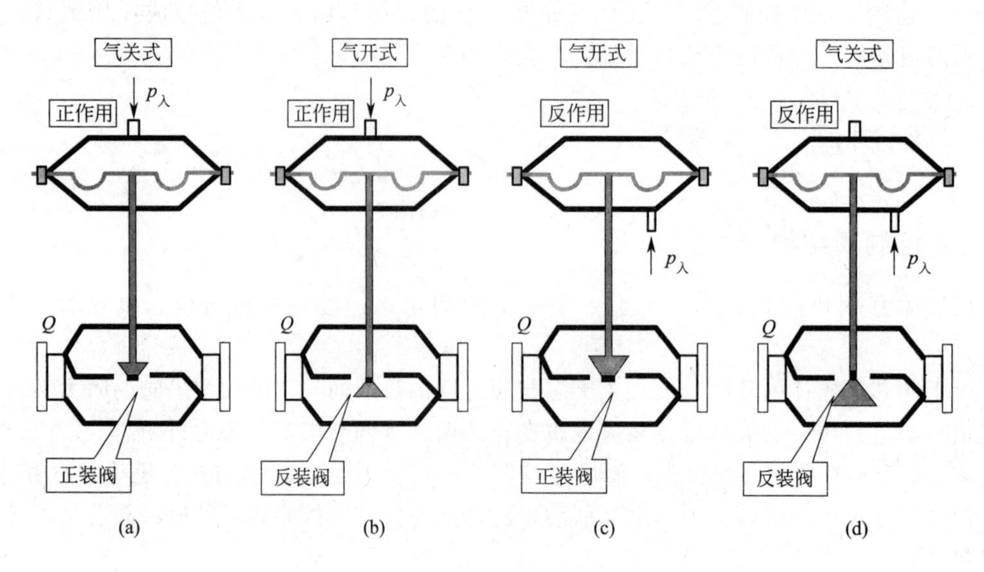

图 9-8　气动控制阀气开、气关组合方式图

过上下阀芯汇合在一起从右侧流出。它与同口径的单座阀相比，流通能力增大 20%左右，但泄漏量大，而不平衡推力小。直通双座控制阀适用于阀两端压差较大、对泄漏量要求不高的场合，但由于流路复杂而不适用于高黏度和带有固体颗粒的液体。

(3) 角型控制阀

角型控制阀除阀体为直角外，其他结构与单座阀相类似，如图 9-10 所示。角型阀流向一般都是底进侧出，此时它的稳定性较好，然而在高压差场合为了延长阀芯使用寿命而改用侧进底出的流向，但它容易发生振荡。角型控制阀流路简单，阻力小，不易堵塞，适用于高压差、高黏度、含有悬浮物和颗粒物质流体的调节。

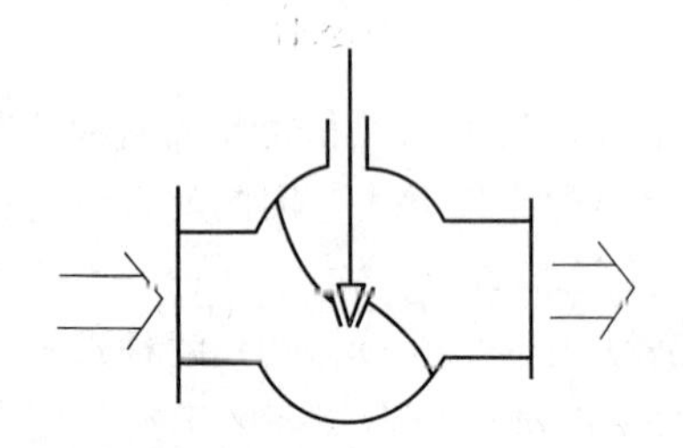

图 9-9　直通单座控制阀

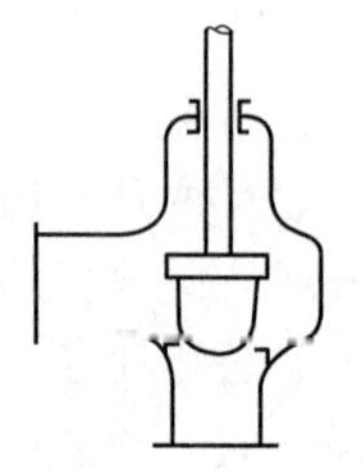

图 9-10　角型控制阀阀

(4) 隔膜控制阀

隔膜控制阀用耐腐蚀衬里的阀体和耐腐蚀隔膜代替阀芯阀座组件，由隔膜位移起调节作用。隔膜控制阀耐腐蚀性强，适用于强酸、强碱等强腐蚀性介质的调节。它的结构简单，流路阻力小，流通能力较同口径的其他阀大，无泄漏量。但由于隔膜和衬里的限制，耐压、耐温较低，一般只能在压力低于 1MPa、温度低于 150℃的情况下使用。

(5) 三通控制阀

三通控制阀分合流阀和分流阀两种类型，前者是两路流体混合为一路，见图 9-11(a)，后者是一路流体分为两路，见图 9-11(b)。在阀芯移动时，总的流量可以不变，但两路流量比例得到了调节。

三通控制阀最常用于换热器的旁路调节，工艺要求载热体的总量不能改变的情况。一般用分流阀或合流阀都可以，只是安装位置不同而已，分流阀在进口，合流阀在出口。此外，在采用合流阀时，如果两路流体温度相差过大，会造成较大的热应力，因此温差通常不能超过 150℃。

（6）套筒型控制阀

套筒型控制阀如图 9-12 所示。它的结构特点是在单座阀体内装有一个套筒，阀塞能在套筒内移动。当阀塞上下移动时，改变了套筒开孔的流通面积，从而控制调节介质流量。

它的主要特点是：由于阀塞上有均压平衡孔，不平衡推力小，稳定性很高且噪声小。因此适用于高压差、低声音等场合，但不宜用于高温、高黏度、含颗粒和结晶的介质控制。

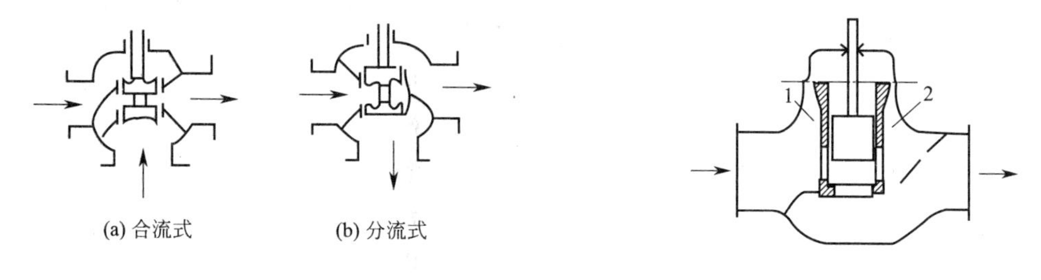

图 9-11 三通控制阀

图 9-12 套筒型控制阀
1—阀塞；2—套筒

9.4.3 控制阀的流量特性

控制阀的流量特性是指流过阀门的调节介质的相对流量与阀杆的相对行程（即阀门的相对开度）之间的关系。其数学表达式为：

$$\frac{Q}{Q_{\max}}=f\left(\frac{l}{L}\right) \tag{9-1}$$

式中，$Q/Q_{\max}$表示控制阀某一开度的流量与全开时流量之比，称为相对流量；l/L 表示控制阀某一开度下阀杆行程与全开时阀杆全行程之比，称为相对开度。

流量特性通常用以下两种形式来表示。

① 理想特性，即在阀的前后压差固定的条件下，流量与阀杆位移之间的关系，它完全取决于阀的结构参数。

② 工作特性，是指在工作条件下，阀门两端压差变化时，流量与阀杆位移之间的关系。阀门是整个管路系统中的一部分。在不同流量下，管路系统的阻力不一样，因此分配给阀门的压降也不同。工作特性不仅取决于阀本身的结构参数，也与配管情况有关。

为了便于分析，先假定阀的前后压差不变，然后再扩展到工作情况进行分析。

（1）理想流量特性

控制阀的前后压差保持不变时得到的流量特性称为理想流量特性，阀门制造厂提供的就是这种特性。理想流量特性主要有直线、对数（等百分比）及快开三种。

这三种特性完全取决于阀芯的形状，不同的阀芯曲面可得到不同的理想流量特性，如图 9-13 所示。

① 直线流量特性。直线流量特性是指控制阀的相对流量与相对开度成直线关系，即阀杆单位行程变化所引起的流量变化是常数。其数学表达式为：

$$\frac{d(Q/Q_{max})}{d(l/L)}=K \tag{9-2}$$

将式(9-2) 积分得：

$$\frac{Q}{Q_{max}}=K\frac{l}{L}+C \tag{9-3}$$

式中，C 为积分常数。根据已知边界条件，$l=0$ 时，$Q=Q_{min}$；$l=L$ 时，$Q=Q_{max}$，可解得 $C=Q_{min}/Q_{max}=1/R$，$K=1-C=1-1/R$，其中 R 为控制阀所能控制的最大流量 Q_{max} 与最小流量 Q_{min} 之比，称为控制阀的可调比（可调范围），它反映了控制阀调节能力的大小。国产控制阀的可调比 $R=30$。将 K 和 C 值代入式(9-3) 可得：

$$\frac{Q}{Q_{max}}=\frac{1}{R}+\left(1-\frac{1}{R}\right)\cdot\frac{l}{L} \tag{9-4}$$

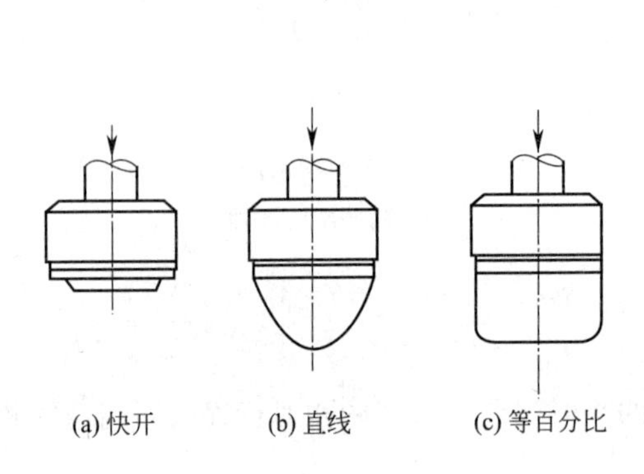

图 9-13 阀芯曲面形状

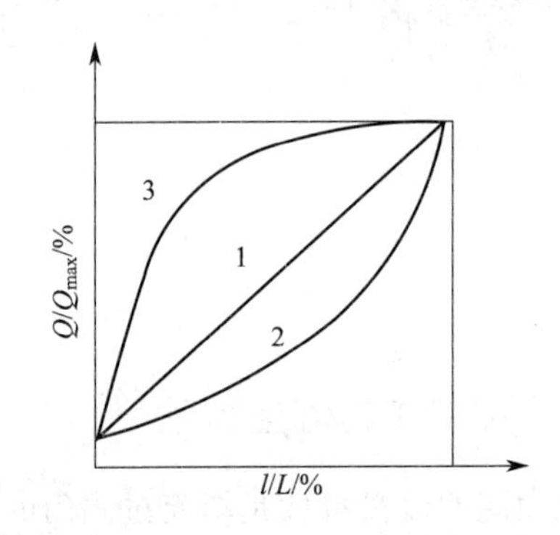

图 9-14 控制阀的理想流量特性（$R=30$）

1—直线；2—等百分比；3—快开

式(9-4) 表明流过阀门的相对流量与阀杆相对行程是直线关系。当 $l/L=100\%$时，$Q/Q_{max}=100\%$；当 $l/L=0$ 时，流量 $Q/Q_{max}=3.3\%$，它反映出控制阀的最小流量 Q_{min} 作用，而不是控制阀全关时的泄漏量。线性控制阀流量特性见图 9-14 中直线 1。

直线控制阀的放大系数是一个常数，不论阀杆原来在什么位置，只要阀杆作相同的变化，流量的数值也作相同的变化。可见线性控制阀在开度较小时流量相对变化值大，这时灵敏度过高，调节作用过强，容易产生振荡，对控制不利；在开度较大时流量相对变化值小，这时灵敏度又过低，调节缓慢，削弱了调节作用。因此直线控制阀当工作在小开度或大开度情况下，控制性能都较差，不宜用于负荷变化大的场合。

② 对数流量特性（等百分比流量特性）。对数流量特性是指单位行程变化所引起的相对流量变化，与此点的相对流量成正比关系。即控制阀的放大系数是变化的，它随相对流量的增加而增加，其数学表达式为

$$\frac{d(Q/Q_{max})}{d(l/L)}=K\frac{Q}{Q_{max}} \tag{9-5}$$

将式(9-5) 积分得

$$\ln(Q/Q_{\max})=K\frac{l}{L}+C \tag{9-6}$$

将前述边界条件代入可得：

$$C=\ln\frac{Q_{\min}}{Q_{\max}}=\ln\frac{1}{R}=-\ln R, K=\ln R$$

最后得

$$\frac{Q}{Q_{\max}}=R^{\left(\frac{l}{L}-1\right)} \tag{9-7}$$

式(9-7) 表明相对行程与相对流量成对数关系，在直角坐标上得到的一条对数曲线如图 9-14 中曲线 2 所示，故称对数流量特性。

由于对数阀的放大系数随相对开度增加而增加，因此对数阀有利于自动控制系统。在小开度时控制阀的放大系数小，控制平稳缓和；在大开度时放大系数大，控制灵敏有效。

③ 快开流量特性。这种流量特性在开度较小时就有较大流量，随着开度的增大，流量很快就达到最大，随后再增加开度时流量的变化甚小，故称为快开特性，其特性曲线见图 9-14 中曲线 3。快开特性控制阀主要适用于迅速启闭的切断阀或双位控制系统。

(2) 工作流量特性

理想流量特性是在假定控制阀前后压差不变的情况下得到的，而在实际生产中，控制阀前后压差总是变化的。这是因为控制阀总是与工艺设备、管道串联或并联使用，控制阀前后压差随管路系统阻力损失变化而发生变化。在这种情况下，控制阀的相对开度与相对流量之间的关系称为工作流量特性。

① 串联管道时的工作流量特性。以图 9-15 所示的串联管道系统为例，系统的总压差 Δp 等于管路系统的压差 Δp_2 与控制阀压差 Δp_1 之和。当系统的总压差 Δp 一定时，随着通过管道流量的增大，串联管道的阻力损失也增大，这样，使控制阀上的压差减小，引起流量特性的变化，理想流量特性变为工作流量特性。

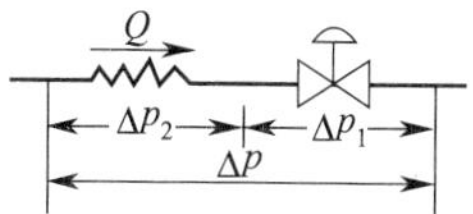

图 9-15　串联管道情况

若以 s 表示控制阀全开时，控制阀前后最小压差 $\Delta p_{1\min}$ 与系统总压差 Δp 之比，即 $s=\Delta p_{\min}/\Delta p$。以 $Q_{\max}$ 表示串联管道阻力为零（$s=1$）时的阀全开流量；以 Q_{100} 表示存在管道阻力时阀的全开流量，可得串联管道在不同 s 值时的工作流量特性，如图 9-16 和图 9-17 所示。

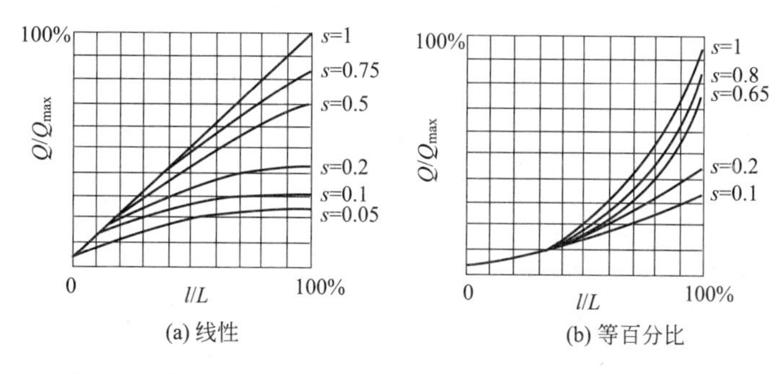

图 9-16　串联管道时控制阀的工作特性（以 $Q_{\max}$ 为参比值）

从图中看出，在 $s=1$ 时，管道阻力损失为零，系统的总压差全部降落在阀上，实际工

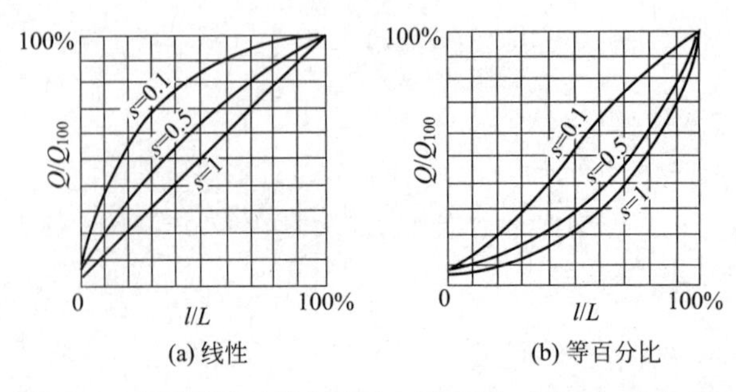

图 9-17 串联管道时控制阀的工作特性（以 Q_{100} 参比值）

作特性和理想工作特性是一致的。随着 s 的减小，管道阻力损失增加，不仅阀全开时的流量减小，而且流量特性曲线也发生很大的畸变：直线特性趋近于快开特性；等百分比特性趋近于直线特性。使得小开度时放大系数变大，调节不稳定；大开度时放大系数减小，调节迟钝，影响控制质量。s 越小，影响越大。实际使用中通常希望 s 值不低于 0.3。

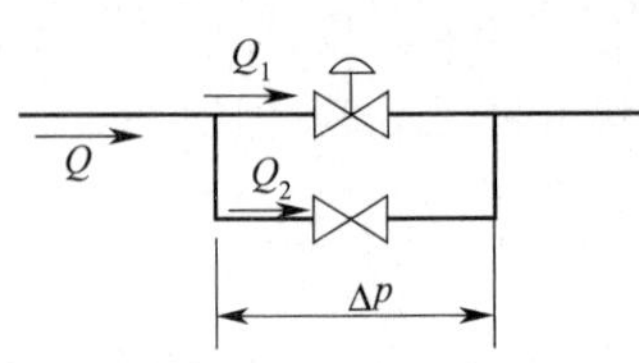

图 9-18 并联管道情况

② 并联管道时的工作流量特性。有的控制阀装有旁路，便于手动操作和维护。当生产能力提高或其他原因引起控制阀的最大流量满足不了工艺生产的要求时，可以把旁路打开一些，这时控制阀的理想流量特性就成为工作流量特性。

以图 9-18 所示的并联管道情况进行讨论。管道的总流量 Q 是控制阀流量 Q_1 和旁路流量 Q_2 之和。若以 x 表示控制阀全开时最大流量和总管最大流量之比，即 $x=Q_{1\max}/Q_{\max}$，可得并联管道在不同 x 值时的工作流量特性，如图 9-19 所示。

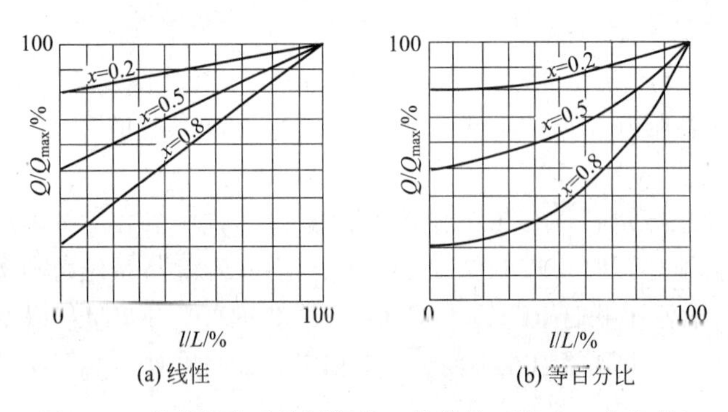

图 9-19 并联管道时控制阀的工作特性（以 Q_{100} 参比值）

由图 9-19 可见，打开旁路虽然阀本身的流量特性变化不大，但可调比大大降低了；同时系统中总有串联管道阻力的影响，阀上的压差会随流量的增加而降低，使系统的可调比下降得更多，这将使控制阀在整个行程内变化时所能控制的流量变化很小，甚至几乎不起调节作用。一般认为旁路流量只能是总流量的百分之十几，即 x 值不能低于 0.8。

综合串、并联管道的情况，可得如下结论。

① 串、并联管道都会使理想流量特性发生畸变，串联管道的影响尤为严重。

② 串、并联管道都会使控制阀可调比下降，并联管道尤为严重。

③ 串联管道使系统总流量减少，并联管道使系统总流量增加。

④ 串联管道控制阀开度小时放大系数增大，开度大时则减小。并联管道控制阀的放大

系数在任何开度下总比原来的要小。

9.5　阀门定位器

阀门定位器是气动执行器的主要附件，与气动执行器配套使用。阀门定位器有两种：气动阀门定位器和电-气阀门定位器。气动阀门定位器只接收气信号，需要先用电-气转换器将控制器输出的电信号转换成气信号。电-气阀门定位器具有电-气转换和阀门定位的双重作用，其输入信号为电信号。

(1) 工作原理

阀门定位器接收控制器的输出信号，成比例地输出信号至执行机构，当阀杆移动后，其位移量又通过机械装置负反馈至定位器，构成一闭环系统。如图 9-20 所示为阀门定位器功能示意图。来自控制器输出的信号 p_o 经定位器比例放大后输出 p_i，用以控制执行机构动作，位置反馈信号再送回至定位器，由此构成一个使阀杆位移与输入压力成比例关系的负反馈系统。

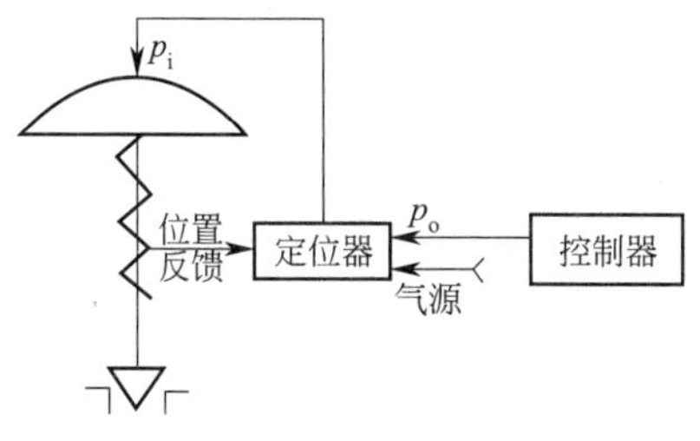

图 9-20　阀门定位器功能示意图

(2) 作用和应用场合

① 改善阀的静态特性。用了阀门定位器后，只要控制器输出信号稍有变化，经过喷嘴-挡板系统及放大器的作用，就可使通往控制阀膜头的气压大有变动，以克服阀杆的摩擦和消除控制阀不平衡力的影响，从而保证阀门位置按控制器发出的信号正确定位。改善静态特性后，能使控制阀适用于下列情况：要求阀位作精确调整的场合；大口径、高压差等不平衡力较大的场合；为防止泄漏而需要将填料函压得很紧，例如高压、高温或低温等场合；工艺介质中有固体颗粒被卡住，或是高黏滞的情况。

② 改善阀的动态特性。定位器改变了原来阀的一阶滞后特性，减小时间常数，使之成为比例特性。一般来说，如气压传送管线超过 60m 时，应采用阀门定位器。

③ 改变阀的流量特性。通过改变定位器反馈凸轮的形状，可使控制阀的线性、对数、快开流量特性互换。

④ 用于分程控制。用一个控制器控制两个以上的控制阀，使它们分别在信号的某一个区段内完成全行程移动。例如使两个控制阀分别在（4～12mA 直流电流）及（12～20mA 直流电流）的信号范围内完成全行程移动。

⑤ 用于阀门的反向动作。阀门定位器有正、反作用之分。正作用时，输入信号增大，输出气压也增大；反作用时，输入信号增大，输出气压减小。采用反作用式定位器可使气开阀变为气关阀，气关阀变为气开阀。

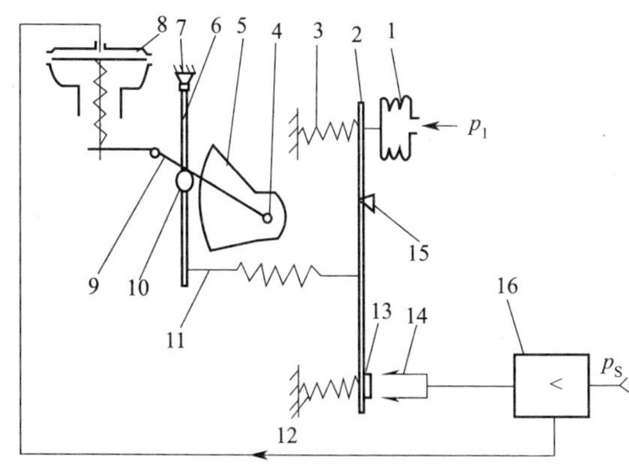

图 9-21　气动阀门定位器功能示意图

1—波纹管；2—主杠杆；3—迁移弹簧；4—凸轮支点；5—凸轮；6—副杠杆；7—支点；8—执行机构；9—反馈杆；10—滚轮；11—反馈弹簧；12—调零弹簧；13—挡板；14—喷嘴；15—主杠杆支点；16—放大器

9.5.1　气动阀门定位器

气动阀门定位器只接收气信号，结构原理如图 9-21 所示。

当通入波纹管1的信号压力增加时，主杠杆2绕支点15转动，挡板13靠近喷嘴14，喷嘴背压经功率放大器16放大后，通入到执行机构8的薄膜室，因其压力增加而使阀杆向下移动，并带动反馈杆9绕凸轮支点4转动，反馈凸轮5也跟着做逆时针方向转动，通过滚轮10使副杠杆6绕支点7转动，并将反馈弹簧11拉伸，弹簧11对主杠杆2的拉力与信号压力作用在波纹管1上的力达到力矩平衡时，一定的信号压力就对应于一定的阀门位置。

弹簧12是调零弹簧，调其预紧力可使挡板初始位置变化。弹簧3是迁移弹簧，在分程控制中用来改变波纹管对主杠杆作用力的初始值，以使定位器在接收不同输入信号范围（20～60kPa或60～100kPa）时仍能产生相同的输入信号。

9.5.2 电-气阀门定位器

电-气阀门定位器具有电-气转换和阀门定位的双重作用。它接收电动控制器输出的4～20mA直流电流信号，成比例地输出20～100kPa或40～200kPa（大功率）气动信号至气动执行机构。

(1) 结构

如图9-22所示为电-气阀门定位器结构原理图。它由转换组件、气路组件、反馈组件和接线盒组件等部分构成。

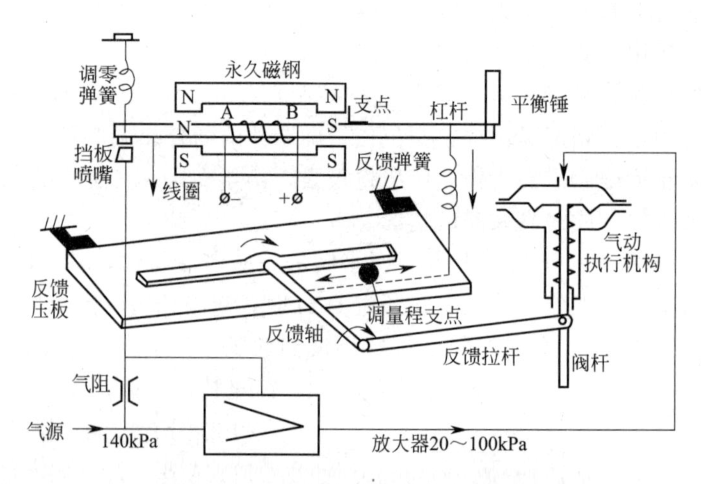

图9-22 电-气阀门定位器结构原理图

转换组件包括永久磁钢、线圈、杠杆、喷嘴、挡板及调零装置等部件。其作用是将电流信号转换为气压信号。

气路组件包括气动放大器、气阻、压力表及自动-手动切换阀等部件。它可实现气压信号放大和自动-手动切换的功能。

反馈组件包括反馈弹簧、反馈拉杆、反馈压板等部件。它的作用是平衡电磁力矩，并保证阀门定位器输出与输入的线性关系。

接线盒组件由接线盒、端子板及电缆引线等部分组成。对于一般型和本质安全型无隔爆要求，而对于安全隔爆复合型则采取了隔爆措施。

(2) 工作原理

和气动阀门定位器一样，电-气阀门定位器也是按力矩平衡原理工作的。来自控制器或输出式安全栅的4～20mA直流电流信号输入到转换组件的线圈中，由于线圈两侧各有一块极性方向相同的永久磁钢，所以线圈产生的磁场与永久磁钢的恒定磁场，共同作用在线圈中间的可动铁芯即杠杆上，使杠杆产生位移。当输入信号增加时，杠杆向下运动（即作逆时针偏转），固定在杠杆上的挡板便靠近喷嘴，使放大器背压升高，经放大后输出气压也随之升高。此输出作用在膜头上，使阀杆向下运动。阀杆的位移通过反馈拉杆转换为反馈轴和反馈压板的角位移，并通过调量程支点作用于反馈弹簧上。该弹簧被拉伸，产生一个反馈力矩，使杠杆顺时针偏转，当反馈力矩和电磁力矩相平衡时，阀杆就稳定在某一位置，从而实现了阀杆位移与输入信号电流成比例的关系。调整调量程支点的位置，可以满足不同阀杆行程的要求。

9.5.3　智能阀门定位器

（1）概述

智能阀门定位器是数字式执行器的重要组件，既具备传统阀门定位器的基本功能，又具有数字通信和 PID 运算能力，其特点如下。

① 精度较高，可达± 0.2%，控制系统稳定性好，死区小。

② 通过串接非线性补偿环节，可改变被控对象的流量特性。

③ 具有自动调零和调量程、智能诊断、报警等功能，安装和调试成本较低，系统维护方便。

④ 可接收模拟、数字混合信号或全数字信号（符合现场总线通信协议）：4～20mA（DC）/ HART、FF、Profibus 等。

⑤ 阀位检测采用霍尔应变式、电感应式等非接触方式，提高了控制回路性能。

⑥ 通过手持通信器或者其他组态工具能对智能阀门定位器进行就地或者远程组态。

（2）SIPART PS2 智能阀门定位器

西门子公司的 SIPART PS2 智能阀门定位器可用于直行程或角行程执行机构的控制，直行程执行机构的行程范围是 3～130mm，反馈杠杆的转角为 16°～90°；角行程执行机构的角度为 30°～100°。定位器可接收叠加了 HART 信号的 4～20mA 直流电流，也可直接接收符合 Profibus PA 或 FF 总线协议的数字信号。该定位器可由用户设定非线性补偿特性，自动进行零点和量程的设定，具备丰富的诊断功能，能够提供执行机构和控制阀的多项重要信息，如行程、报警计数、阀门极限位置、阀门定位时间等。

① 工作原理。SIPART PS2 智能阀门定位器的结构原理见图 9-23。微处理器对给定值和位置反馈信号进行比较，若存在偏差，则根据偏差大小和方向，向压电阀输出一个控制指令，进而调节进入执行机构气室的空气量。偏差很大时，定位器输出连续信号；偏差稍小，输出连续脉冲；偏差很小（自适应或可调死区状态），则不输出控制指令。压电阀可释放较窄的控制脉冲，确保定位器能达到较高的定位精度。

② 结构和组态。该定位器由电路主板、控制面板、压电阀单元、执行机构以及一系列功能模块组成。电路主板上带有相应的符合 HART 协议、Profibus PA 或者 FF 总线协议的数字通信部件。报警模块有 3 个报警输出，其中 2 个作为行程或者转角的限位信号，可单独设置为最大或最小值；1 个作为故障显示，在自动方式时若执行机构达不到设定位置或发生故障，该位将输出报警信号；报警模块中还带有 1 个二进制输入接口，可用于阀门锁定或安全可靠定位。该定位器有单作用定位器和双作用定位器两种，分别用于弹簧加载的执行机构和无弹簧执行机构，所有外壳形式产品（防爆型除外）的行程检测组件和控制器都可以分离

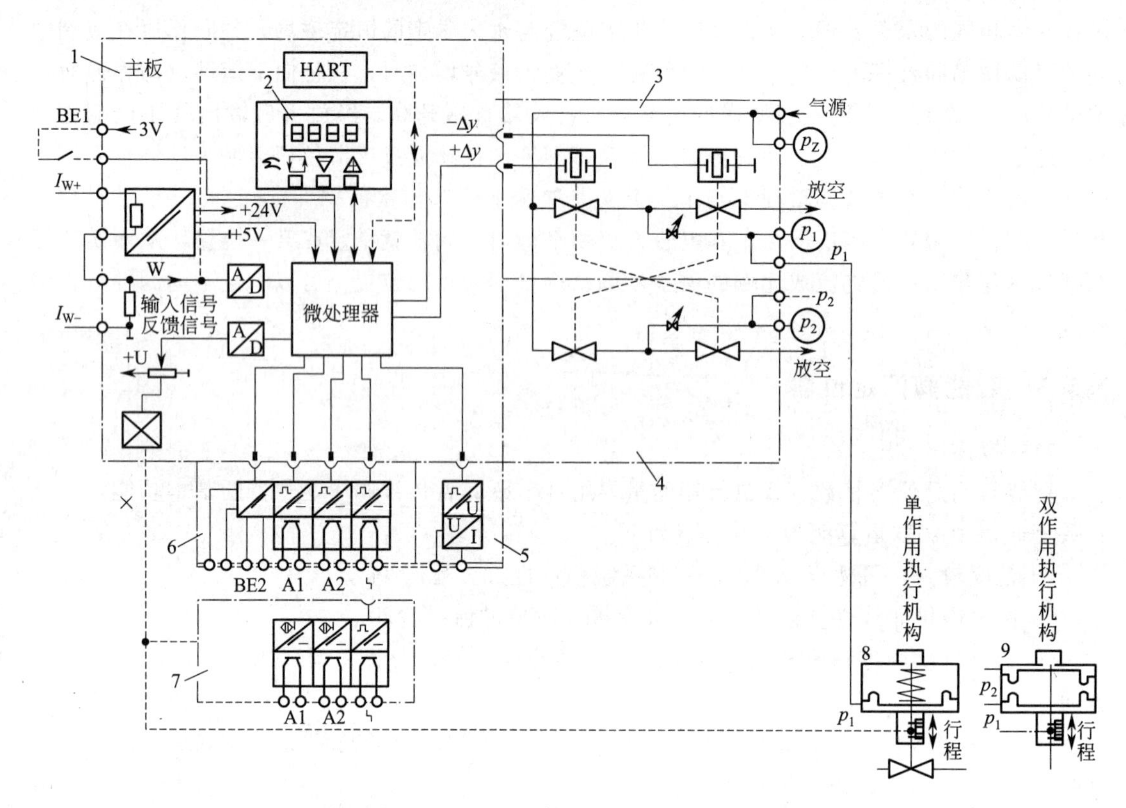

图 9-23　SIPART PS2 智能阀门定位器结构原理图

1—带微处理器和输入电路的主板；2—带 LCD 和按键的控制面板；
3，4—压电阀单元；5—二线制 4～20mA 位置反馈信号模块；6—报警模块；
7—限位开关报警模块；8，9—气动执行机构

安装，以适应特殊的环境，如过高的温度、过强的振动或者具有核辐射等。

可对定位器内部固化的参数进行灵活简单的组态，包括输入电流范围（0～20mA 或 4～20mA）、行程限值、零点和满度、响应阈值、动作方向、自动关闭功能、阀门特性、执行机构位置限值、二进制输入功能和报警输出功能等。可直接通过定位器上的按键或者手持通信器进行组态，也可采用 SIMATIC PDM 软件，通过 HART、Profibus PA 或者 FF 通信接口，在 PC 或手提电脑上对定位器进行远程操作、监控和组态。当用 HART 接口与定位器进行通信时，可通过电脑的 COM 口及 HART 调制解调器用双芯电缆连接。

9.6　控制阀的选用

在选择控制阀时要对控制过程认真分析，了解控制系统对控制阀的要求，包括操作性能、可靠性、安全性等方面。如果使用条件要求不高，有数种类型都可以使用，则以考虑成本高低为准则。一般包括：控制阀结构形式及材质的选择；气开、气关的选择；控制阀流量特性的选择。

9.6.1　控制阀结构形式及材质的选择

在选择控制阀的结构形式和材质时应从工艺条件和介质特性考虑。例如，当控制阀前后

压差较小，要求泄漏量也较小的场合应选用直通单座阀；当控制阀前后压差较大，并且允许有较大泄漏量的场合选用直通双座阀；当介质为高黏度且含有悬浮颗粒物时，为避免黏结、堵塞现象，便于清洗应选用角型控制阀。表 9-1 是控制阀选型简明参考表。

表 9-1　控制阀选型简明参考表

序号	名称	主要优点	应用注意事项
1	直通单座阀	泄漏量小	阀前后压差较小
2	直通双座阀	流量系数及允许使用压差比同口径单座阀大	耐压较低
3	波纹管密封阀	适用于介质不允许外漏的场合，如氰氢酸、联苯醚有毒物	耐压较低
4	隔膜阀	适用于强腐蚀、高黏度或含有悬浮颗粒及纤维的流体。在允许压差范围内可作切断阀用	耐压、耐温较低，适用于对流量特性要求不严的场合（近似快开）
5	小流量阀	适用于小流量和要求泄漏量小的场合	
6	角形阀	适用于高黏度或含悬浮物和颗粒状物料	输入与输出管道成角形安装
7	高压阀（角型）	结构较多级高压阀简单，用于高静压、大压差、有气蚀、空化的场合	介质对阀芯的不平衡力较大，必须选配定位器
8	多级高压阀	基本上解决以往控制阀在控制高压差介质时寿命短的问题	必须选配定位器
9	阀体分离阀	阀体可拆为上、下两部分，便于清洗。阀芯、阀体可采用耐腐蚀衬压件	加工、装配要求较高
10	三通阀	在两管道压差和温差不大的情况下能很好地代替两个二通阀，并可用作简单配比控制	两流体的温差 $\Delta t<150℃$
11	蝶阀	适用于大口径、大流量和浓稠浆液及悬浮颗粒的场合	流体对阀体的不平衡力矩大，一般蝶阀允许压差小
12	套筒阀（笼式阀）	适用阀前阀后压差大和液体出现闪蒸或空化的场合，稳定性好，噪声低，可取代大部分直通单双、双座阀	不适用于含颗粒介质的场合
13	低噪音阀	比一般阀可降低噪声 10～30dB，适用于液体产生闪蒸、空化和气体在缩流面处流速超过音速且预估噪声超过 95dB(A)的场合	流通能力为一般阀的 1/3～1/2，价格贵
14	超高压阀	公称压力打 350MPa，是化工过程控制高压聚合釜反应的关键执行器	价格贵
15	偏心旋转阀（凸轮挠曲阀）	流路阻力小，流量系数较大，可调比大，适用于大压差、严密封的场合和黏度大及有颗粒介质的场合。很多场合可取代直通单、双座阀	由于阀体是无法兰的，一般只能用于耐压小于 6.4MPa 的场合
16	球阀（O 形，V 形）	流路阻力小，流量系数大，密封好，可调范围大，适用于高黏度、含纤维、固体颗粒和污秽流体的场合	价格较贵，O 形球阀一般作二位控制用。V 形球阀作连续控制用。
17	卫生阀（食品阀）	流路简单，无缝隙、死角积存物料，适用于啤酒、番茄酱及制药、日化工业	耐压低
18	二位式二（三）通切断阀	几乎无泄漏	仅作位式控制用
19	低压降比（低 s 值）阀	在低 s 值时有良好的控制性能	可调比 $R\approx10$
20	塑料单座阀	阀体，阀芯为聚四氟乙烯，用于氯气、硫酸、强碱等介质	耐压低
21	全钛阀	阀体、阀芯、阀座、阀盖均为钛材，耐多种无机酸、有机酸	价格贵
22	锅炉给水阀	耐高压，为锅炉给水专用阀	

下面结合一些比较特殊的情况进行讨论。

(1) 闪蒸和空化

当压力为 p_1 的液体流经节流孔时，流速突然急剧增加，而静压力骤然下降，当节流孔后压力 p_2 达到或者低于该流体所在情况的饱和蒸汽压 p_v 时，部分液体就汽化成气体，形成汽液两相共存的现象，这种现象就是闪蒸。如果产生闪蒸之后，p_2 不是保持在饱和蒸汽压以下，在离开节流孔之后又急剧上升，这时气泡产生破裂并转化为液态，这个过程就是空化作用。所以空化作用的第一阶段是闪蒸阶段，在液体内部形成空腔或气泡；第二阶段是空化阶段，使气泡破裂。在闪蒸阶段，对阀芯和阀座环的接触线附近造成破坏，阀芯外表面产生一道道磨痕。在空化阶段，由于气泡的突然破裂，所有的能量集中在破裂点，产生极大的冲击力，严重冲撞和破坏阀芯、阀体和阀座，将固体表层撕裂成粗糙的、渣孔般的外表面。空化过程产生的破坏作用十分严重，在高压差恶劣条件的空化情况下，极硬的阀芯和阀座也只能使用很短的时间。

为避免或减小空化的发生，可以从压差上考虑，选择压力恢复系数小的控制阀，如球阀、蝶阀等；从结构上考虑，选择特殊结构的阀芯、阀座，如阀芯上带有锥孔等，使高速液体通过阀芯、阀座时的每一点的压力都高于在该温度下的饱和蒸汽压，或者使液体本身相互冲撞，在通道间导致高度紊流，使控制阀中液体动能由于相互摩擦而变为热能，减少气泡的形成；从材料上考虑，一般来说，材料越硬，抵御空化作用的能力越强，但在有空化作用的情况下很难保证材料长期不受损伤，因此选择阀门结构时必须考虑阀芯、阀座是否便于更换。

(2) 磨损

阀芯、阀座和流体介质直接接触，由于不断节流和切换流量，当流体速度高并含有颗粒物时，磨损是非常严重的。为减小磨损，选择控制阀时尽量要求流路光滑，采用坚硬的阀内件，如套筒阀，材料应选抗磨性强的；也可以选有弹性衬里的隔膜阀、蝶阀、球阀等。

(3) 腐蚀

在腐蚀流体中操作的控制阀要求其结构越简单越好，以便于添加衬里。可选用适应于所用腐蚀介质的隔膜阀、加衬蝶阀等。如果介质是极强的有机酸和无机酸，则可以用价格昂贵的全钛控制阀。

(4) 高温

选择耐高温材料的球阀、角阀、蝶阀，并且在阀体结构上考虑装上散热片，阀内件采用热硬性材料，或者考虑采用有陶瓷衬里的特殊阀门

(5) 低温

当温度低于−30℃时要保护阀杆填料不被冻结。在−100～−30℃的低温范围要求材料不脆化。可以在控制阀上安装不锈钢阀盖，其内部装有高度绝缘的冷箱。角阀、蝶阀等可以利用特制的真空套以减少热传递。

(6) 高压降

阀芯、阀座的表面材料必须能经受流体的高速和大作用力影响。可选择角阀等。在高压降下很容易使液体产生闪蒸和空化作用，因此可以选择防空化控制阀。

9.6.2 控制阀流量特性的选择

在生产中常用的理想流量特性是线性、对数和快开特性，而快开特性主要用于双位控制及程序控制，因此控制阀流量特性的选择通常是指如何合理选择线性和对数流量特性。正确的选择步骤是：

① 根据过程特性，选择阀的工作特性；

② 根据配管情况，从所需的工作特性出发，推断理想流量特性（制造厂所标明的阀门特性是理想流量特性）。

常规控制器的控制规律是线性的，控制器参数整定后希望能适应一定的工作范围，不需要经常调整。这就要求广义对象是线性的，即在遇到负荷、阀前压力变化或设定值变动时，广义对象特性基本保持不变。因此从自动控制系统角度看，要求控制阀工作特性的选取原则是：使整个广义对象具有线性特性。即在广义对象中，除控制阀外其余部分为线性时，控制阀也应该是线性的。当广义对象中除控制阀外具有非线性特性时，控制阀应该能够克服它的非线性影响而使广义对象接近为线性。

在生产现场，控制阀总是与管道等设备连在一起使用，必然存在着配管阻力，使控制阀工作流量特性与理想流量特性存在一定差异，因此在选择控制阀特性时还应结合系统的工艺配管情况来考虑。如果工艺配管不能精确确定时，一般可选对数阀，因为对数阀适应性较强。流量特性选择可见表 9-2。

表 9-2　流量特性选择表

配管状态	$s=1\sim0.6$		$s=0.3\sim0.6$		$s<0.3$（低 s）	
实际工作特性	线性	对数	线性	对数	线性	对数
所选理想特性	线性	对数	对数	对数	对数*	对数*

注：* 为需要静态非线性补偿。

在总结经验基础上，已归纳出一些结论，可以直接根据被控变量和有关情况选择控制阀的理想特性，如表 9-3 所示，其较为简单可行。

表 9-3　建议选用的控制阀特性

被控变量	有关情况	选用理想特性
液位	Δp_v恒定	线性型
	$(\Delta p_v)q_{max}<0.2(\Delta p_v)q_{min}$	对数型
	$(\Delta p_v)q_{max}>2(\Delta p_v)q_{min}$	快开型
压力	快过程	对数型
	慢过程，Δp_v恒定	线性型
	$(\Delta p_v)q_{max}<0.2(\Delta p_v)q_{min}$	对数型
流量（变送器输出信号与 q 成正比时）	设定值变化	线性型
	负荷变化	对数型
流量（变送器输出信号与 q^2 成正比时）	串接，设定值变化	线性型
	串接，负荷变化	对数型
	旁路连接	对数型
温度		对数型

9.6.3　控制阀口径的确定

确定控制阀口径影响到工艺操作能否正常进行，影响到控制质量的好坏。

(1) 控制阀流量系数 K_v 的计算

流量系数 K_v 的大小直接反映了流体通过控制阀的最大能力，它是控制阀的一个重要参数。流量系数 K_v 的定义是：控制阀全开时，阀前后压差为 100kPa、流体密度为 $1g/cm^3$ 时，每小时流经控制阀的流量值（m^3/h）。例如，有一控制阀 $K_v=40$，表示当此阀两端压差为 100kPa 时，每小时能通过 $40m^3$ 水量。

K_v值可由控制阀流量公式求得。

控制阀是一个可以改变局部阻力的节流元件，对不可压缩流体，可推导出流经控制阀的体积流量Q为

$$Q=5.09\frac{A}{\sqrt{\xi}}\sqrt{\frac{\Delta p}{\rho}}=K_v\sqrt{\frac{\Delta p}{\rho}} \tag{9-8}$$

式中，A为控制阀接管的截面积，$A=(\pi/4)D_g^2$，D_g为接管直径（公称通径）。

由上可知，流通能力K_v取决于控制阀的公称通径D_g和阻力系数ξ。阻力系数主要取决于阀的结构。当生产工艺中流体性质（ρ）一定、所需流量Q和阀前后压差决定后，只要算出K_v的大小就可以确定阀的口径尺寸，即公称通径D_g。

(2) 控制阀口径的确定

控制阀口径的确定需经过以下步骤。

① 确定计算流量：根据生产能力、设备负荷及介质状况，确定Q_{max}和Q_{min}。

② 确定计算压差：根据系统特点选定s值，然后确定计算压差（阀门全开时的压差）。

③ 计算流量系数：选择合适的计算公式或图表，求取最大和最小流量时的K_{vmax}和K_{vmin}。

④ 选取流量系数K_v：根据K_{vmax}在所选产品型号的标准系列中，选取大于K_{vmax}并最接近的那一级K_v值。

⑤ 验算控制阀开度和实际可调比：要求最大流量时阀开度不得大于90%，最小流量时开度不得小于10%；实际可调比不小于理想可调比。

⑥ 口径的确定：验证合适后，根据K_v值决定控制阀的公称直径和阀座直径。

9.7 自力式调节阀

自力式调节阀属于阀门中的一种，和阀门的工作原理有类似的地方，但是又不同于一般含义上的控制阀，它集变送器、控制器及执行机构的功能于一体，自成一个独立的仪表控制系统。它无需外加能源，主要依靠流经阀内介质自身的压力、温度，利用阀输出端的反馈信号（压力、压差、温度）通过信号管传递到执行机构驱动阀芯改变阀门的开度，达到调节压力、流量、温度的目的。又称自力式控制阀。

这种调节阀又分为直接作用式和间接作用式两种。直接作用式又称为弹簧负载式，其结构内有弹性元件，如弹簧、波纹管、波纹管式的温包等，利用弹性力与反馈信号平衡的原理。间接作用式调节阀，增加了一个指挥器（先导阀），它起到对反馈信号的放大作用，然后通过执行机构，驱动主阀阀芯运动达到改变阀开度的目的。

9.7.1 自力式压力调节阀

(1) 阀前控制原理

自力式阀前压力控制初始阀芯的位置在关闭状态。当阀前压力p_1通过阀芯、阀座的节流后变为阀后压力p_2，同时p_1通过管线输入上膜室作用在膜片上，其作用力与弹簧的反作用力相平衡时阀芯位置决定了阀的开度，从而控制阀前压力。

当阀前压力p_1增加时，p_1作用在膜片上的作用力也随之增加。此时，膜片上的作用

力大于设定弹簧的反作用力，使阀芯向离开阀座方向移动，导致阀的开度变大，流阻变小，p_1 向阀后泄压，直到膜片上的作用力与弹簧反作用力相平衡为止，从而使 p_1 降为设定值。同理，当阀前压力 p_1 降低时动作方向与上述相反，这就是阀前压力调节的工作原理（图 9-24）。

（2）阀后控制原理

自力式阀后压力控制初始阀芯的位置在开启状态。当阀前压力 p_1 通过阀芯、阀座的节流后变为阀后压力 p_2，同时 p_2 经过管线输入上膜室作用在膜片上，其作用力与弹簧的反作用力相平衡时阀芯位置决定了阀的开度，从而控制阀后压力。

当阀后压力 p_2 增加时，p_2 作用在膜片上的作用力也随之增加。此时，膜片上的作用力大于设定弹簧的反作用力，使阀芯关向阀座的位置，导致阀的开度减小，流阻变大，p_2 降低，直到膜片上的作用力与弹簧反作用力相平衡为止，从而使 p_2 降为设定值。同理，当阀后压力 p_2 降低时，动作方向与上述相反，这就是阀后压力调节的工作原理（图 9-25）。

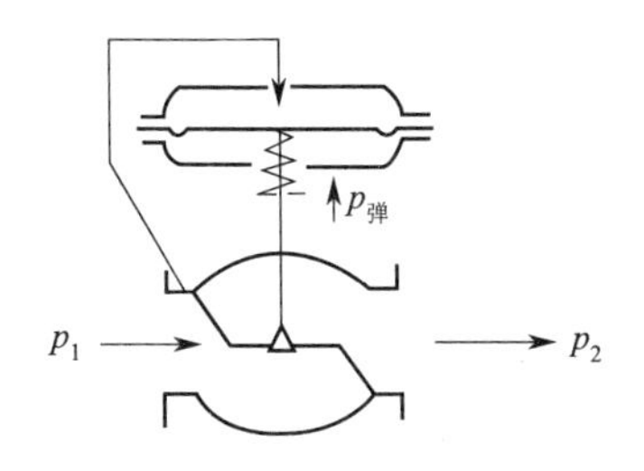

图 9-24　阀前控制原理

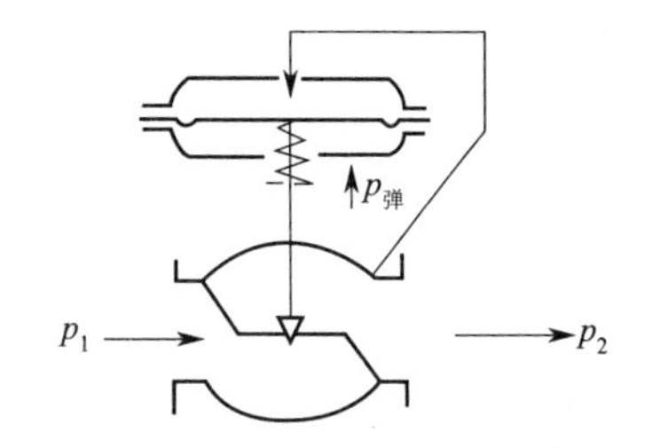

图 9-25　阀后控制原理

9.7.2　自力式温度调节阀

自力式温度控制阀利用感温液体的不可压缩和热胀冷缩原理进行工作的。当控制温度升高时感温液体膨胀产生的推力将热媒关小，以降低输出温度；当控制温度降低时感温液体收缩，在复位装置的作用下将热媒开大，以提高输出温度，从而使被控制的温度达到和保持在所设定的温度范围内。

自力式温度控制阀的结构示意如图 9-26 所示。

（1）加热型自力式温度调节阀

加热用自力式温度调节阀，当被控对象温度低于设定温度时，温包内液体收缩，作用在执行器推杆上的力减小，阀芯部件在弹簧力的作用下使阀门打开，增加蒸汽和热油等加热介质的流量，使被控对象温度上升，直到被控对象温度到了设定值时，阀关闭，阀关闭后，被控对象温度下降，阀又打开，加热介质又进入热交换器，又使温度上升，这样使被控对象温度为恒定值。阀开度大小与被控对象实际温度和设定温度的差值有关。

（2）冷却型自力式温度调节阀工作原理

冷却用自力式温度调节阀工作原理可参照加热用自力式温度调节阀，只是当阀芯部件在执行器与弹簧力作

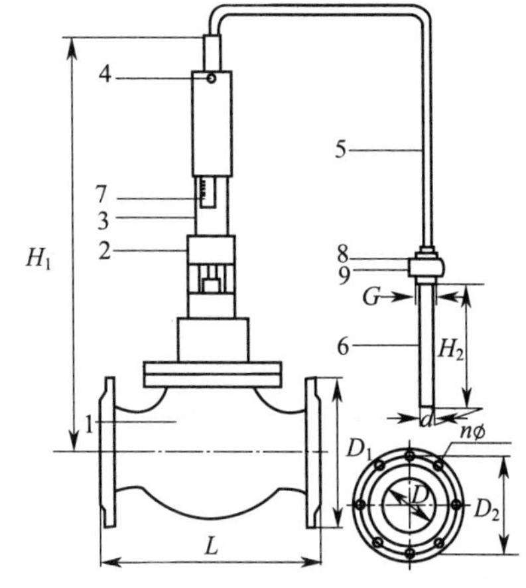

图 9-26　自力式温度控制阀的结构示意
1—阀体；2—支架；3—控制器；4—温度设定板孔；5—导管；6—温度传感器；7—温度指示牌；8—联塞；9—联母

用下打开和关闭与温关阀相反，阀体内通过冷介质，主要应用于冷却装置中的温度控制。

9.7.3 自力式流量调节阀

自力式流量控制阀的作用是在阀的进出口压差变化的情况下，维持通过阀门的流量恒定，从而维持与之串联的被控对象（如一个环路，一个用户，一台设备等，下同）的流量恒定。自力式流量控制阀从结构上说，是一个双阀组合，即由一个手动调节阀组和自动平衡阀组组成，手动调节阀组的作用是设定流量，自动平衡阀组的作用是维持流量恒定。

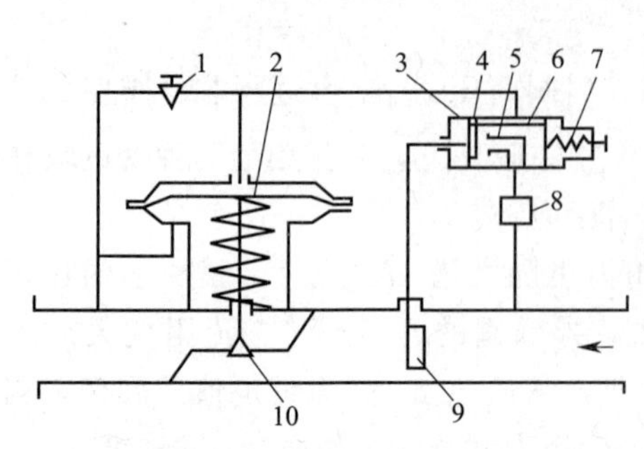

图 9-27　自力式流量调节阀工作原理

1—针阀；2—主阀膜片；3—指挥器膜片；4—挡板；5—喷嘴；6—指挥器膜片组件；7—指挥器给定弹簧；8—过滤器；9—靶板；10—阀芯

自力式流量调节阀动作原理如图 9-27 所示。在阀门的管道中有一个靶板 9，直接受到介质的作用。介质对靶板的作用力是可以计算出来的。通过流体力学的计算公式，可以知道作用力的大小和靶板的面积成正比，而和体积流量的平方也成正比，即流量的变化对作用力的影响极大。当靶板的尺寸确定后，流体对靶板的作用力还与靶板及靶室的几何形状、介质的密度、流体的雷诺数等因素有关。

当管道中的流量增大时，作用在靶板 9 上的力立刻增大，通过杠杆传到指挥器膜片 3 上的力大于指挥器给定弹簧 7 的力，使指挥器膜片组件 6 向右移动，挡板 4 靠近喷嘴 5，指挥器输出的压力减小，通到主阀膜片 2 上的压力随着降低，阀芯 10 的流通截面减小，流量也就减少，直到这一流量作用在靶板上的力传到指挥器内，与给定弹簧 7 的力相平衡为止。当管道流量减小时，作用过程则相反。

9.8 数字阀和智能控制阀

随着计算机控制的普及，执行器出现了与之适应的新品种。数字阀和智能控制阀就是其中两例。

9.8.1 数字阀

数字阀是一种位式的数字执行器，由一系列并联安装而且按二进制排列的阀门所组成。如图 9-28 所示的是一个 8 位二进制数字阀的控制原理。数字阀体内有一系列开闭式的流孔，它们按照二进制顺序排列。例如对这个数字阀，每个流孔的流量按 2^0、2^1、2^2、2^3、2^4、2^5、2^6、2^7来设计，如果所有流孔关闭，则流量为 0，如果流孔全部开启，则流量为 255（流量单位），分辨率为 1（流量单位）。因此数字阀能在很大的范围内（如 8 位数字阀调节范围为 1～255）精密控制流量。数字阀的开度按步进式变化，每步大小随位数的增加而减小。

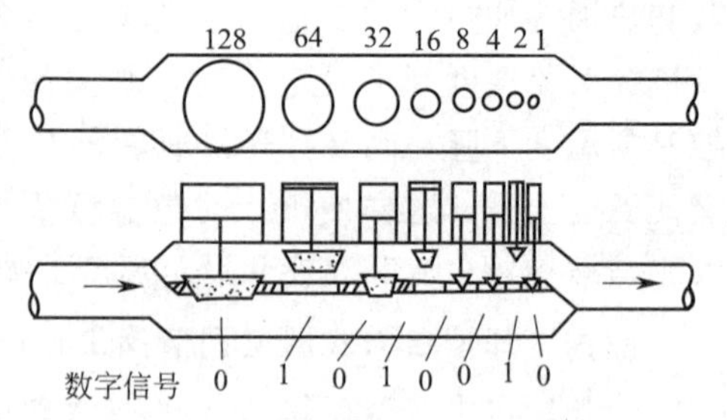

图 9-28　8 位二进制数字阀原理图

数字阀主要由流孔、阀体和执行机构三部分组成。每一个流孔都有自己的阀芯和阀座。执行机构可以用电磁线圈，也可以用装有弹簧的活塞执行机构。

数字阀的特点如下。

① 高分辨率。数字阀位数越高，分辨率越高。8 位、10 位的分辨率比模拟式控制阀高得多。

② 高精度。每个流孔都装有预先校正流量特性的喷管和文丘里管，精度很高，尤其适合小流量控制。

③ 反应速度快，关闭特性好。

④ 直接与计算机相连。数字阀能直接接收计算机的并行二进制数码信号，有直接将数字信号转换成阀开度的功能。因此数字阀能用于直接由计算机控制的系统中。

⑤ 没有滞后，线性好，噪声小；但是数字阀结构复杂，部件多，价格贵。此外由于过于敏感，导致输送给数字阀的控制信号稍有错误，就会造成调节错误，使被控流量大大高于或低于所要求的量。

9.8.2　智能控制阀

智能控制阀是近年来迅速发展的执行器，集常规仪表的检测、控制、执行等作用于一身，具有智能化的控制、显示、诊断、保护和通信功能，是以控制阀为主体，将许多部件组装在一起的一体化结构。智能控制阀的智能主要体现在以下几个方面。

(1) 控制智能

除了一般的执行器控制功能外，还可以按照一定的控制规律动作。此外，还配有压力、温度和位置参数的传感器，可对流量、压力、温度、位置等参数进行控制。

(2) 通信智能

智能控制阀采用数字通信方式与主控制室保持联络，主计算机可以直接对执行器发出动作指令。智能控制阀还允许远程检测、整定、修改参数或算法等。

(3) 诊断智能

智能控制阀安装在现场，但都有自诊断功能，能根据配合使用的各种传感器通过微机分析判断故障情况，及时采取措施并报警。目前智能控制阀已经用于现场总线控制系统中。

思考题与习题

9-1　气动执行机构有哪几种？各有什么特点？

9-2　何谓控制阀的流量特性？理想情况下和工作情况下的特性有何不同？

9-3　阀门定位器应用在什么场合？简述气动及电-气阀门定位器的动作过程。

9-4　自力式调节阀和普通控制阀有什么区别？以一种自力式调节阀为例，简述其工作原理。

第10章 控 制 器

控制器是控制系统的核心，生产过程中被控变量偏离设定要求后，必须依靠控制器的作用去控制执行器，改变操纵变量，使被控变量符合生产要求。控制器在闭环控制系统中将检测变送环节传送过来的信息与被控变量的设定值比较后得到偏差，然后根据偏差按照一定的控制规律进行运算，最终输出控制信号作用于执行器上。

控制器种类繁多，有常规控制器和采用微机技术的各种控制器。控制器一般可按能源形式、信号类型和结构形式进行分类。

10.1 控制器的基本概念

10.1.1 控制规律

不管是何种控制器，都有其控制规律。控制器的控制规律是指控制器输出信号与输入信号之间随时间变化的关系，其中输出信号是送往执行器的控制命令，输入信号是偏差，即测量值与被控变量的设定值之差。

控制器的控制规律来源于人工操作规律，是模仿、总结人工操作经验的基础上发展起来的。为了帮助理解控制器的基本控制规律，先简单介绍人工操作有哪几类规律，并以如图10-1所示的蒸汽加热反应釜为例。

设在正常情况下，温度为85℃，阀门开度是三圈，反应过程是轻微放热的，还需要从外界补充一些热量。

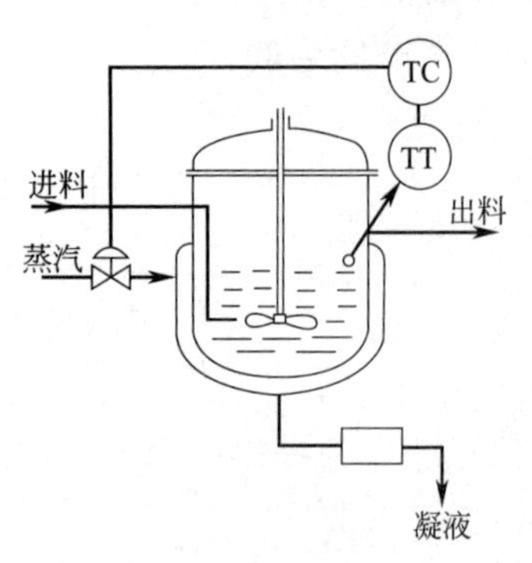

图10-1 蒸汽加热反应釜的温度控制

(1) 方式一

发现温度一旦低于85℃，就把蒸汽阀门全开，一旦高于85℃，就全关，这种做法称双位控制，因为阀门开度只有两个位置，全开或全关。

可以看到，阀门在全开时，供应的蒸汽量一定多于需要量，因此温度将会上升，超过设定值85℃；阀门在全关时，供应的蒸汽量一定少于需要量，因此温度将会下降，低于设定值85℃。这样虽然能起到控制温度的作用，但蒸汽量供需一直不平衡，温度波动不可避免，形成一个持续振荡过程。

用双位控制规律来控制反应器温度，显然控制质量差，一般不采用。

(2) 方式二

若温度高于 85℃，每高出 5℃就关一圈阀门；若低于 85℃，每降低 5℃就开一圈阀门。显然，阀门的开启度与偏差成比例关系。

比例控制规律模仿这种操作方式，控制器的输出与偏差有一一对应关系。比例控制的缺点是在负荷变化时有余差。例如，在这一例子中，如果工况有变动，阀门开三圈，就不再能使温度保持在 85℃。

(3) 方式三

为了消除余差，有人这样做：把阀门开启数圈后，不断观察测量值，若温度高于 85℃，则慢慢地把阀门关小；若低于 85℃，则慢慢地把阀门开大，直到温度回到 85℃。与方式二的基本差别是，这种方式是按偏差来决定阀门开启或关闭的速度，而不是直接决定阀门开启的圈数。

积分控制规律就是模仿这种操作方式。控制器输出的变化速度与偏差成正比。积分控制的特点是只要有偏差随时间而存在，控制器输出总是在不断变化，直到偏差为零时，输出才会稳定在某一数值上。

(4) 方式四

由于温度过程的容量滞后较大，当出现偏差时，其数值已较大。为此，有人再补充这样的经验，观察偏差的变化速度即趋势来开启阀门的圈数，这样可抑制偏差幅度，易于控制。

微分控制规律就是模仿这种操作方式，控制器的输出与偏差变化速度成正比。

在工程实际中，应用最为广泛的控制规律就是比例（P）、积分（I）、微分（D）控制规律，简称 PID 控制规律。

10.1.2 PID 控制规律及其特点

(1) 比例（P）控制

① 表示方法。比例控制时，控制器输出信号 Δy 与输入信号 ε 之间的关系为

$$\Delta y = K_P \varepsilon \tag{10-1}$$

式中，ε 为控制器输入信号的变化量，即偏差信号；Δy 为控制器输出信号的变化量，即控制命令。

由式(10-1) 可知，控制器的输出变化量与输入偏差成正比例，在时间上没有延滞。其阶跃响应曲线如图 10-2 所示。需要说明的是，图中 ε 既代表偏差信号，又代表阶跃信号的幅值。

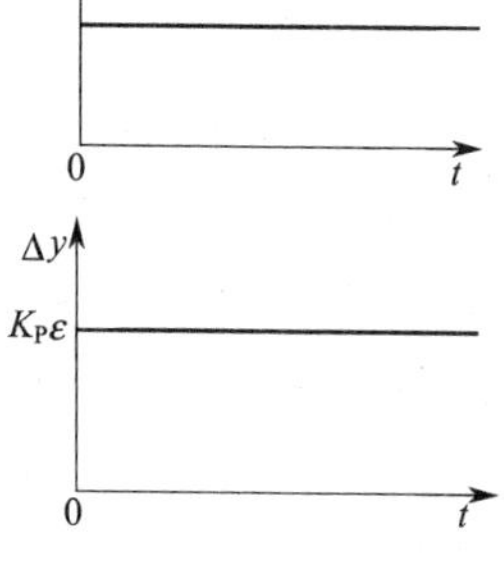

图 10-2 比例控制的阶跃响应特性

比例控制器的传递函数为：

$$G(s) = \frac{Y(s)}{E(s)} = K_P \tag{10-2}$$

比例增益 K_P 是控制器的输出变量 Δy 与输入变量 ε 之比。K_P 越大，在相同偏差 ε 输入下，输出 Δy 也越大。因此 K_P 是衡量比例作用强弱的因素。

② 比例度。工业生产上所用的控制器，一般都用比例度 δ 来表示比例作用的强弱。

比例度δ定义为

$$\delta=\frac{\dfrac{\varepsilon}{\varepsilon_{max}-\varepsilon_{min}}}{\dfrac{\Delta y}{y_{max}-y_{min}}}\times 100\% \tag{10-3}$$

式中，$\varepsilon_{max}-\varepsilon_{min}$为偏差变化范围，即量程；$y_{max}-y_{min}$为输出信号变化范围。也就是说，控制器的比例度$\delta$可理解为：要使输出信号作全范围变化，输入信号必须改变全量程的百分之几。

在单元组合仪表中，$\varepsilon_{max}-\varepsilon_{min}=y_{max}-y_{min}$，此时式(10-3)可改写为

$$\delta=\frac{\varepsilon}{\Delta y}\cdot\frac{y_{max}-y_{min}}{\varepsilon_{max}-\varepsilon_{min}}=\frac{1}{K_P}\times 100\% \tag{10-4}$$

因此，比例度δ与比例增益K_P成反比。δ越小，则K_P越大，比例控制作用就越强；反之，δ越大，则K_P越小，比例控制作用就越弱。

③ 比例度对系统过渡过程的影响。将比例控制器切入系统，控制器在闭环运行下比例度δ对系统过渡过程的影响如图10-3所示。

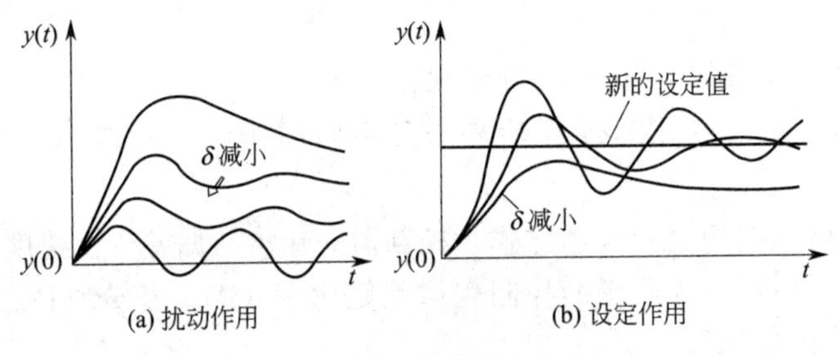

图10-3 不同比例度下的过渡过程

由图10-3可得以下结论。

a. 在扰动（例如负荷）及设定值变化时有余差存在。这是因为一旦过程的物料或能量的平衡关系由于负荷变化或设定值变化而遭到破坏时，只有改变进入到过程中的物料或能量的数量，才能建立起新的平衡关系。这就要求控制阀必须有一个新的开度，即控制器必须有一个输出量Δy。而比例控制器的输出Δy又是正比于输入ε的，因而这时控制器的输入信号ε必然不会是零。可见，比例控制系统的余差是由比例控制器特性所决定的。在δ较小时，对应于同样的Δy变化量的ε较小，故余差小。同样，在负荷变化小的时候，建立起新的平衡所需的Δy变化量也较小，ε或余差也较小。比例度δ越小，过渡过程曲线振荡越厉害。

b. 比例度δ越大，过渡过程曲线越平稳；随着比例度δ的减小，系统的振荡程度加剧，衰减比减小，稳定程度降低。当比例度δ继续减小到某一数值时，系统将出现等幅振荡，这时的比例度称为临界比例度δ_k，当比例度小于临界比例度δ_k时，系统将发散振荡，这是很危险的，有时甚至会造成重大事故。

在基本控制规律中，比例作用是最基本、最主要也是应用最普遍的控制规律，它能较为迅速地克服扰动的影响，使系统很快地稳定下来。比例控制作用通常适用于扰动幅度较小、负荷变化不大、过程时滞（指τ/T）较小或者控制要求不高的场合，例如在液位控制中，往往只要求液位稳定在一定的范围之内，没有严格要求。只有当比例控制系统的控制指标不

能满足工艺生产要求时，才需要在比例控制的基础上适当引入积分或微分控制作用。

(2) 比例积分（PI）控制

① 表示方法。理想比例积分控制规律的数学表达式为：

$$\Delta y = K_P\left(\varepsilon + \frac{1}{T_I}\int_0^t \varepsilon \mathrm{d}t\right) \tag{10-5}$$

或

$$G(s) = \frac{Y(s)}{E(s)} = K_P\left(1 + \frac{1}{T_I s}\right) \tag{10-6}$$

控制器的输出 Δy 可表示为比例作用的输出 Δy_P 与积分作用的输出 Δy_I 之和。

$$\Delta y_P = K_P\varepsilon,\quad \Delta y_I = K_P \frac{1}{T_I}\int_0^t \varepsilon \mathrm{d}t$$

积分输出项表明，只要偏差存在，积分作用的输出就会随时间不断变化，直到偏差消除，控制器的输出才稳定下来。这就是积分作用能消除余差的原因。

但是由于积分输出是随时间积累而逐渐增大的，故控制动作缓慢，这样会造成控制不及时，因此积分作用一般不单独使用，而是与比例作用组合起来构成 PI 控制器，用于控制系统中。

在阶跃偏差信号作用下，理想比例积分控制的输出为：

$$\Delta y = K_P\varepsilon\left(1 + \frac{t}{T_I}\right) \tag{10-7}$$

阶跃响应曲线如图 10-4 所示。在阶跃偏差信号加入的瞬间，输出突跳至某一值，这是比例作用（$K_P\varepsilon$）；以后随时间不断增加，为积分作用$\left(\frac{K_P\varepsilon}{T_I}t\right)$。若取积分作用的输出等于比例作用的输出，可得 $T_I = t$。

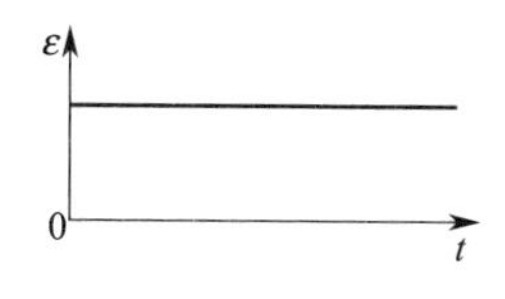

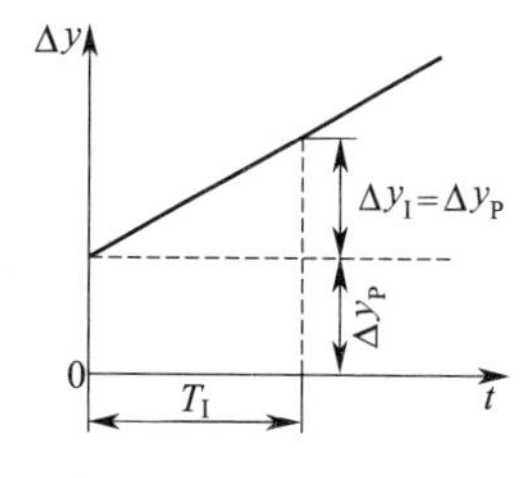

图 10-4　理想比例积分控制的阶跃响应特性

② 积分时间 T_I。在图 10-4 中，直线的斜率将取决于积分时间 T_I 的大小（在 $K_P\varepsilon$ 确定的情况下，）：T_I 越大，直线越平坦，说明积分作用越弱；T_I 越小，直线越陡峭，说明积分作用越强。积分作用的强弱也可以用在相同时间下控制器积分输出的大小来衡量：T_I 越大，则控制器的输出越小；T_I 越小，则控制器的输出越大。特别当 T_I 趋于无穷大时，则这一控制器实际上已成为一个纯比例控制器了。因而 T_I 是描述积分作用强弱的一个物理量。

③ T_I 对系统过渡过程的影响。在一个纯比例控制的闭环系统中引入积分作用时，若保持控制器的比例度 δ 不变，则可从如图 10-5 所示的曲线族中看到，随着 T_I 减小，则积分作用增强，消除余差较快，但控制系统的振荡加剧，系统的稳定性下降；T_I 过小，可能导致

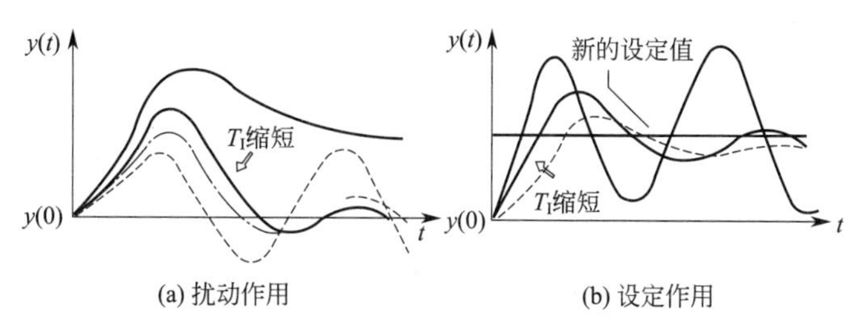

图 10-5　T_I 对过渡过程的影响

系统不稳定。T_I 小，扰动作用下的最大偏差下降，振荡频率增加。

④ 实际 PI。实际应用中，PI 传递函数为：

$$G(s)=\frac{Y(s)}{E(s)}=K_P\frac{1+\frac{1}{T_Is}}{1+\frac{1}{K_IT_Is}} \tag{10-8}$$

在阶跃偏差信号下，利用拉普拉斯式反变换，可求得实际 PI 控制输出为：

$$\Delta y=K_P\varepsilon\left[1+(K_I-1)(1-e^{-\frac{t}{K_IT_I}})\right] \tag{10-9}$$

阶跃响应曲线如图 10-6 所示。

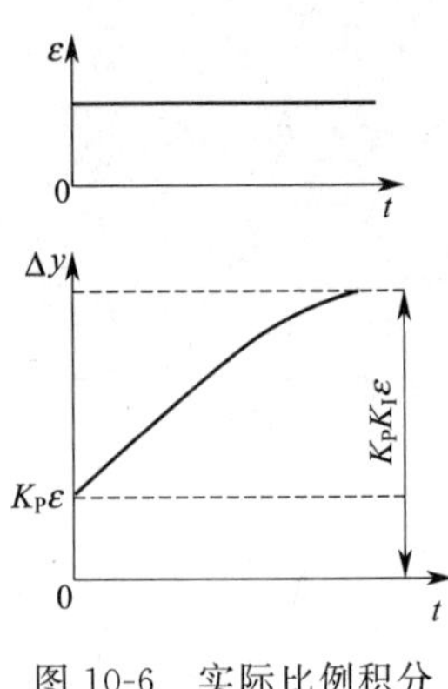

图 10-6 实际比例积分控制的阶跃响应特性

由图 10-6 可知，积分输出并非直线增长，而是按指数曲线（时间常数为 K_IT_I）规律变化的，最终趋向于饱和，其稳态值（即最大值）为 $K_PK_I\varepsilon$，此值取决于控制器的积分增益 K_I或开环增益。

积分增益 K_I的意义是，在阶跃信号作用下，PI 控制器输出变化的最终值（假定偏差很小，输出值未达到控制器的输出限制值）与初始值（即比例输出值）之比：$K_I=\frac{\Delta y(\infty)}{\Delta y(0)}$ 。

当积分增益 K_I为无穷大时，则可证明，式(10-9) 将变成式(10-7)。这时就相当于理想 PI 控制器的输出了。实际上，PI 控制器的 K_I一般都比较大（数量级为 $10^2\sim10^5$），因此可认为实际 PI 控制器的特性是接近于理想 PI 控制器特性的。

与理想比例积分控制不同的是，在阶跃偏差信号作用下，实际 PI 输出稳定在某一值时，测量值与给定值之间依然存在偏差，也就是说实际 PI 不可能完全消除余差，这种偏差通常称为控制点偏差。控制点最大偏差的相对变化值就是控制器的控制精度（Δ）。考虑到控制器输入信号（偏差）和输出信号的变化范围是相等的，因此，控制精度可以表示为：

$$\Delta=\frac{\varepsilon_{max}}{\varepsilon_{max}-\varepsilon_{min}}\times100\%=\frac{1}{K_PK_I}\times100\% \tag{10-10}$$

控制精度是控制器的重要指标，表征控制器消除余差的能力。由式(10-10) 可知 K_PK_I越大，控制精度越高，控制器消除余差的能力也越强。

由于比例积分控制器具有比例和积分控制的优点，有比例度 δ 和 T_I两个参数可供选择，因此适用范围比较宽广，多数控制系统都可以采用。只有在过程的容量滞后大、时间常数大或负荷变化剧烈时，由于积分作用较为迟缓，系统的控制指标不能满足工艺要求，才考虑在系统中增加微分作用。

(3) 比例微分（PD）控制

① 表示方法。理想的比例微分控制规律的数学表达式为

$$\Delta y=K_P\left(\varepsilon+T_D\frac{d\varepsilon}{dt}\right) \tag{10-11}$$

或

$$G(s)=\frac{Y(s)}{E(s)}=K_P(1+T_Ds) \tag{10-12}$$

当偏差为阶跃信号时，在出现阶跃的瞬间，偏差变化速度很大，理想的比例微分控制器的输出也非常大。这在实际上是很难实现的，而且对系统也无益，所以在工业上使用的是实际的比例微分控制器。

实际比例微分控制规律的传递函数为

$$G(s)=\frac{Y(s)}{E(s)}=K_P\frac{1+T_D s}{1+\frac{T_D}{K_D}s} \tag{10-13}$$

式中，K_D为微分增益。若将K_D取得较大，可近似认为是理想比例微分控制。

在阶跃偏差信号作用下，利用拉式反变换可求得实际比例微分控制器的输出为：

$$\Delta y=K_P\varepsilon\left[1+(K_D-1)e^{-\frac{K_D}{T_D}t}\right] \tag{10-14}$$

实际理想微分控制器的阶跃响应曲线如图10-7所示。由图可知，控制器输出的初始值为$K_PK_D\varepsilon$，它是按指数曲线（时间常数为$\frac{T_D}{K_D}$）规律下降的，最终稳定在$K_P\varepsilon$值。

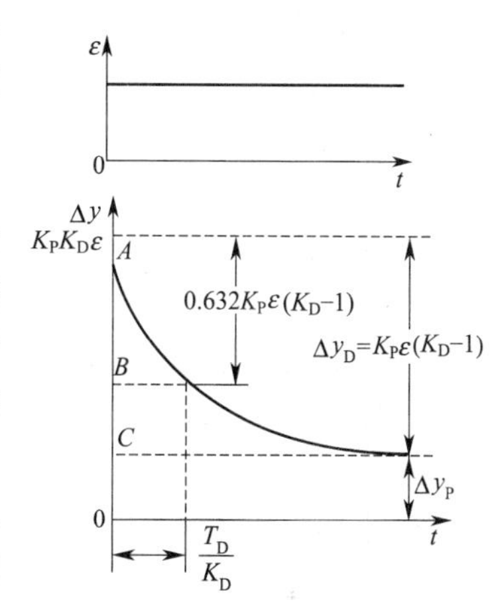

图10-7　实际比例微分控制的阶跃响应特性

② 微分增益K_D和微分时间T_D。由图10-7可知，决定微分作用的强弱有两个因素：一个是开始跳变幅度的倍数，用微分增益K_D来衡量，另一个是降下来所需要的时间，用微分时间T_D来衡量，它决定了阶跃响应曲线下降的快慢。输出跳得越高或降得越慢，表示微分作用越强。

微分增益K_D是固定不变的，只与控制器的类型有关。电动控制器的K_D一般为5～10。如果$K_D=1$，则此时等同于纯比例控制。另外，还有一类$K_D<1$的，称为反微分器，它的控制作用反而减弱。这种反微分作用运用于噪声较大的系统中，会起到较好的滤波作用。

③ 微分时间对系统过渡过程的影响。微分作用按偏差的变化速度进行控制，其作用比比例作用快，因而对惯性大的对象用比例微分作用可以改善控制质量减小最大偏差，节省控制时间。

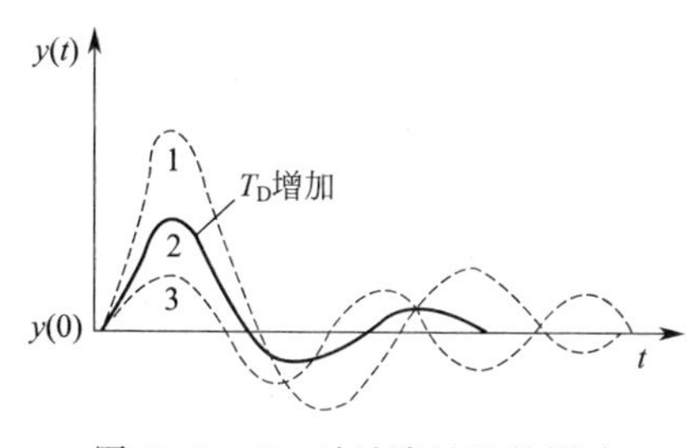

图10-8　T_D对过渡过程的影响

微分时间T_D的大小对系统过渡过程的影响，如图10-8所示。从图可见，若取T_D太小，则对系统的控制指标没有影响或影响甚微，如图中曲线1所示；选取适当的T_D，系统的控制指标将得到全面的改善，如图中曲线2所示；但若T_D取得过大，即引入太强的微分作用，反而可能导致系统产生剧烈的振荡，如图中曲线3所示。

从实际使用情况来看，比例微分控制规律用得较少，在生产上微分往往与比例积分结合在一起使用，组成PID控制。

(4) 比例积分微分（PID）控制

理想的比例微分控制规律的数学表达式为：

$$\Delta y = K_{\mathrm{P}}\left(\varepsilon + \frac{1}{T_{\mathrm{I}}}\int_0^t \varepsilon \mathrm{d}t + T_{\mathrm{D}}\frac{\mathrm{d}\varepsilon}{\mathrm{d}t}\right) \tag{10-15}$$

或

$$G(s)=\frac{Y(s)}{E(s)}=K_{\mathrm{P}}\left(1+\frac{1}{T_{\mathrm{I}}s}+T_{\mathrm{D}}s\right) \tag{10-16}$$

实际的PID控制规律较为复杂，传递函数为：

$$G(s)=\frac{Y(s)}{E(s)}=K_{\mathrm{P}}F\frac{1+\dfrac{1}{FT_{\mathrm{I}}s}+\dfrac{T_{\mathrm{D}}}{F}s}{1+\dfrac{1}{K_{\mathrm{I}}T_{\mathrm{I}}s}+\dfrac{T_{\mathrm{D}}}{K_{\mathrm{D}}}s} \tag{10-17}$$

在实际控制器中，由于相互干扰系数 F 的存在，故 P、I、D 变量的实际值（$K_{\mathrm{P}}F$、$T_{\mathrm{I}}F$ 和$\frac{T_{\mathrm{D}}}{F}$）与刻度值（K_{P}、T_{I} 和 T_{D}）有差异，同时在整定某个变量时，还将影响其他变量，故在实际使用时应注意整定变量间的相互影响。

在阶跃偏差作用下，实际PID控制可看成是比例、积分和微分三部分作用的叠加。

由于PID控制器有比例度δ、积分时间 T_{I}、微分时间 T_{D}三个参数可供选择，因而适用范围广，在温度和成分分析控制系统中得到更为广泛的应用。

PID控制规律综合了各种控制规律的优点，具有较好的控制性能，但这并不意味着它在任何情况下都是最合适的，必须根据过程特性和工艺要求，选择最为合适的控制规律。各类化工过程常用的控制规律如下。

液位：一般要求不高，用P或PI控制规律。

流量：时间常数小，测量信息中杂有噪声，用PI或加反微分控制规律。

压力：介质为液体的时间常数小，介质为气体的时间常数中等，用P或PI控制规律。

温度：容量滞后较大，用PID控制规律。

10.2 PID算法实现

10.2.1 模拟PID算法实现

在模拟PID控制器中，PID算法可以通过RC电路或者运算放大器电路来实现。表10-1列出了常用的PID算法及其对应的实现电路。

表10-1 模拟PID算法的实现

组成类型	电路名称	原理图	运算规律
RC电路	比例电路	U_i R_1 R_2 U_o	$\frac{U_o}{U_i}=-\frac{R_2}{R_1}$
	积分电路	R U_i C U_o	$\frac{U_o}{U_i}=-\frac{1}{RCs+1}$

续表

组成类型	电路名称	原理图	运算规律
RC电路	微分电路	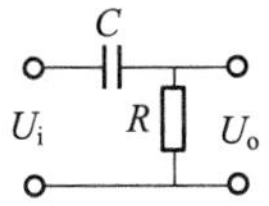	$\frac{U_o}{U_i}=\frac{RCs}{RCs+1}$
	比例微分电路	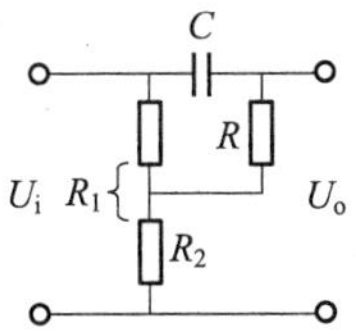	$\frac{U_o}{U_i}=\frac{R_2}{R_1}\frac{\frac{R_1}{R_2}RCs+1}{RCs+1}$
运算放大器电路	比例运算电路（反相）	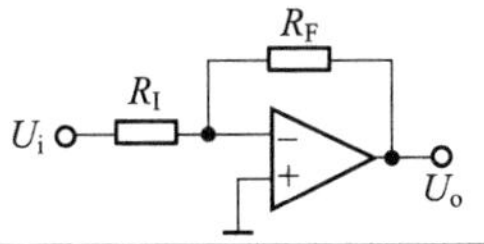	$\frac{U_o}{U_i}=-\frac{R_F}{R_I}$
	比例运算电路（同相）	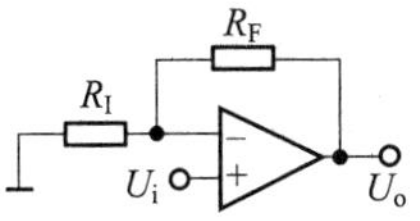	$\frac{U_o}{U_i}=1+\frac{R_F}{R_I}$
	积分运算电路（理想）	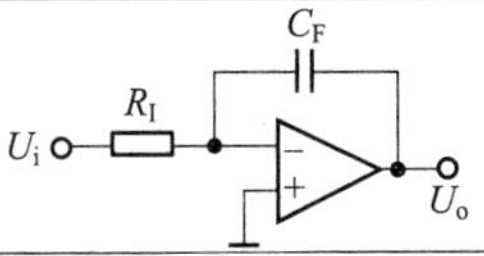	$\frac{U_o}{U_i}=-\frac{1}{R_IC_Fs}$
	比例积分运算电路	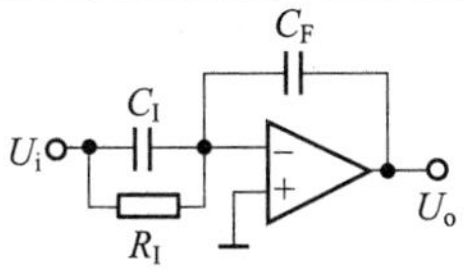	$\frac{U_o}{U_i}=-\frac{C_I}{C_F}\left(1+\frac{1}{R_IC_Is}\right)$
	微分运算电路	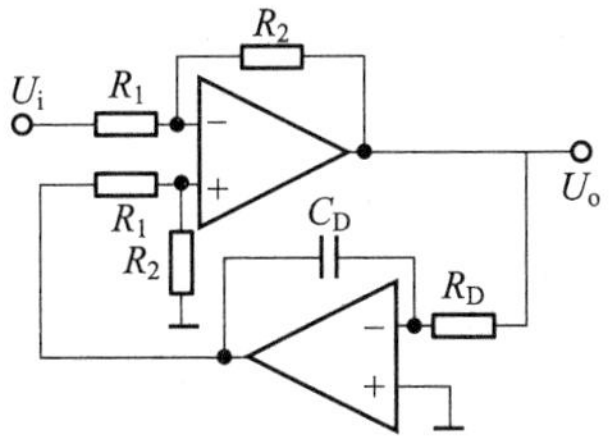	$\frac{U_o}{U_i}=-\frac{T_Ds}{1+\frac{T_D}{K_D}s}$ 其中 $T_D=R_DC_D,K_D=\frac{R_2}{R_1}$
	比例微分运算电路	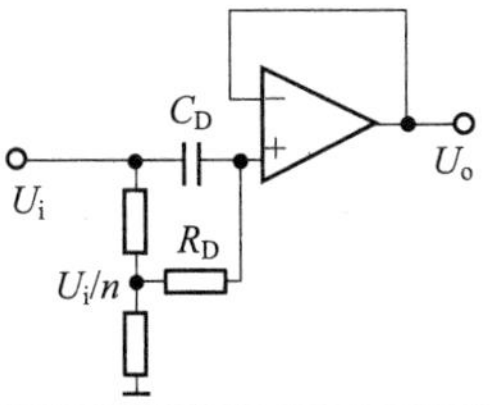	$\frac{U_o}{U_i}=\frac{1}{n}\cdot\frac{1+nR_DC_Ds}{1+R_DC_Ds}=\frac{1}{K_D}\cdot\frac{1+T_Ds}{1+\frac{T_D}{K_D}s}$ 其中 $K_D=n,T_D=nR_DC_D$

10.2.2　离散 PID 算法实现

在数字式控制器和计算机控制系统中，对每个控制回路的被控变量处理在时间上是离散断续进行的，其特点是采样控制。每个被控变量的测量值与设定值比较一次，按照预定的控制算法得到输出值，通常把它保留到下一采样时刻。若采用 PID 控制，因为只能获得 $e(k)=r(k)-y(k)$（$k=1,2,3,\cdots$）的信息，所以连续 PID 运算相应改为离散 PID，比例规律采样进行，积分规律需通过数值积分，微分规律需通过数值微分。

离散 PID 算式基本形式是对模拟控制器连续 PID 算式离散化得来的，其算法如下。

（1）位置算法

$$y(k)=K_{\mathrm{P}}e(k)+\frac{K_{\mathrm{P}}}{T_{\mathrm{I}}}\sum_{i=0}^{k}e(i)\Delta t+K_{\mathrm{P}}T_{\mathrm{D}}\frac{e(k)-e(k-1)}{\Delta t}$$

$$=K_{\mathrm{P}}e(k)+K_{\mathrm{I}}\sum_{i=0}^{k}e(i)+K_{\mathrm{D}}[e(k)-e(k-1)] \tag{10-18}$$

式中，K_{P}为比例增益；K_{I}为积分系数；K_{D}为微分系数。积分系数 $K_{\mathrm{I}}=K_{\mathrm{P}}T_{\mathrm{s}}/T_{\mathrm{I}}$，$T_{\mathrm{I}}$为积分时间；微分系数 $K_{\mathrm{D}}=K_{\mathrm{P}}T_{\mathrm{D}}/T_{\mathrm{s}}$，$T_{\mathrm{D}}$为微分时间；$T_{\mathrm{s}}$为采样周期（即采样间隔时间 Δt），k 为采样序号。

（2）增量算法

$$\begin{aligned}\Delta y(k)&=y(k)-y(k-1)\\&=K_{\mathrm{P}}\Delta e(k)+K_{\mathrm{I}}e(k)+K_{\mathrm{D}}\{[e(k)-e(k-1)]-[e(k-1)-e(k-2)]\}\\&=K_{\mathrm{P}}[e(k)-e(k-1)]+K_{\mathrm{I}}e(k)+K_{\mathrm{D}}[e(k)-2e(k-1)+e(k-2)]\end{aligned} \tag{10-19}$$

式中，$\Delta y(k)$ 对应于在两次采样时间间隔内控制阀开度的变化量。

（3）速度算法

$$\frac{\Delta y(k)}{\Delta t}=\frac{K_{\mathrm{P}}}{T_{\mathrm{s}}}[e(k)-e(k-1)]+\frac{K_{\mathrm{I}}}{T_{\mathrm{s}}}e(k)+\frac{K_{\mathrm{D}}}{T_{\mathrm{s}}}[e(k)-2e(k-1)+e(k-2)] \tag{10-20}$$

式中，$\dfrac{\Delta y(k)}{\Delta t}$是输出变化速率。由于采样周期选定后，$T_{\mathrm{s}}$就是常数，因此速度算式与增量算式没有本质上的差别。

实际数字式控制器和计算机控制中，增量算式用得最多。

10.2.3 采用离散 PID 算法与连续 PID 算法的性能比较

模拟式控制器采用连续 PID 算法，它对扰动的响应是及时的；而数字式控制器及计算机采用离散 PID 算法，它需要等待一个采样周期才响应，控制作用不够及时。

其次，在信号通过采样离散化后，难免受到某种程度的曲解，因此若采用等效的 PID 参数，则离散 PID 控制质量不及连续 PID 控制质量，而且采样周期取得越长，控制质量下降得越厉害。

但是数字式控制器及计算机采用离散 PID 时可以通过对 PID 算式的改进来改善控制质量，并且 P、I、D 参数调整范围大，它们相互之间无关联，没有干扰，因此也能获得较好的控制效果。

10.3 基型控制器

DDZ-Ⅲ型控制器是模拟式控制器中较为常见的一种，它以来自变送器或转换器的 1～5V 直流测量信号作为输入信号，与 1～5V 直流设定信号相比较得到偏差信号，然后对此信号进行 PID 运算后，输出 1～5V 或 4～20mA 直流控制信号，以实现对工艺变量的控制。

Ⅲ型控制器中的基型控制器有全刻度指示和偏差指示两种类型，它们的主要部分是相同的，仅指示部分有区别。

10.3.1　原理方框图

基型全刻度指示控制器的原理如图 10-9 所示。

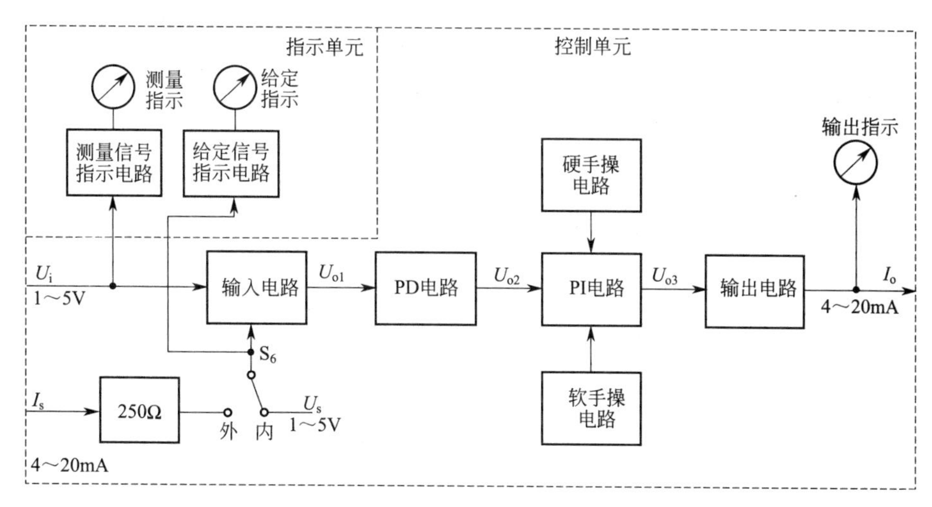

图 10-9　基型控制器的原理方框图

该控制器由控制单元和指示单元两大部分组成，其中控制单元包括输入电路（偏差差动和电平移动电路）、PID 运算电路（由 PD 与 PI 运算电路串联）、输出电路（电压、电流转换电路）以及硬、软手操电路部分；指示单元包括测量信号指示电路、设定信号指示电路以及内设定电路。控制器的设定信号可由开关 S_6 选择为内设定或外设定，内设定信号为 1～5V 直流电压，外设定信号为 4～20mA 直流电流，它经过 250Ω 精密电阻转换成 1～5V 直流电压。

本控制器由于采用高增益、高输入阻抗的集成运算放大器，具有较高的积分增益（高达 10^4）和良好的保持特性。在基型控制器的基础上，可构成各种特种控制器，如抗积分饱和控制器、前馈控制器、输出跟踪控制器、非线性控制器等；也可附加某些单元，如输入报警、偏差报警、输出限幅单元等；还可构成与工业控制计算机联用的控制器，如 SPC 系统用控制器和 DDC 备用控制器。

10.3.2　线路分析

(1) 输入电路

输入电路是由 IC_1 等组成的偏差差动电平移动电路，如图 10-10 所示。它的作用有两个：一是将测量信号 U_i 和给定信号 U_s 相减，得到偏差信号，再将偏差信号放大两倍后输出；二是电平移动，将以 0V 为基准的 U_i 和 U_s 转换成以电平 U_B(10V) 力基准的输出信号 U_{o1}。

① 电路的两大特点：偏差差动输入和电平移动。

输入电路采用偏差差动输入方式，是为了消除集中供电引入的误差。如果采用普通差动输入方式，供电电源回路在传输导线上的压降将影响控制器的精度。如图 10-11 所示。两线制变送器的输出电流 I_i 在导线电阻 R_{CM1} 上产生压降 U_{CM1}，这时控制器的输入信号不只是 U_i，而是 U_i+U_{CM1}，电压 U_{CM1} 就会引起运算误差。同样，外给定信号在传输导线上的压降

U_{CM2}也会引入附加误差。

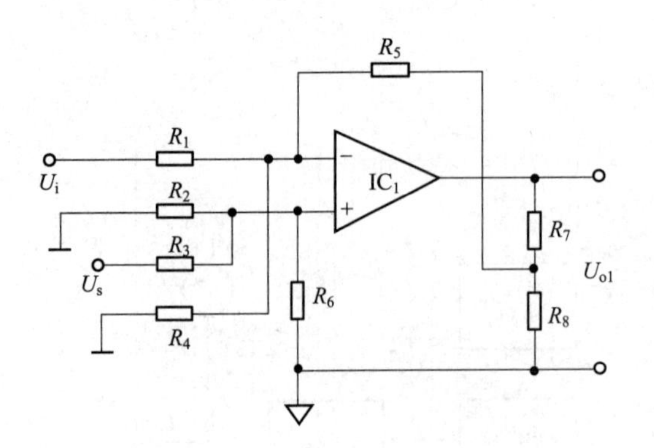

图 10-10　输入电路原理图

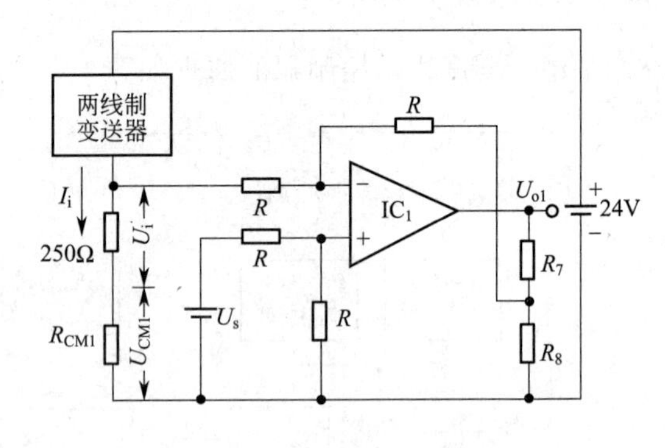

图 10-11　集中供电在普通差动运算电路中引入误差的原理图

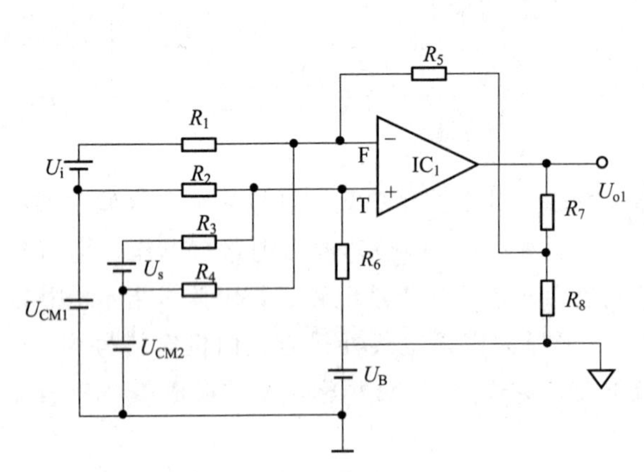

图 10-12　引入导线电阻压降后的输入电路原理图

实际输入电路的连接方式，是将输入信号 U_i 跨接在 IC_1 的同相和反相输入端上，而将给定信号 U_s 反极性地跨接在这两端，如图 10-12 所示，这样，两导线电阻的压降 U_{CM1} 和 U_{CM2} 均成为输入电路的共模电压信号，由于差动放大器对共模信号有很强的抑制能力，因此这两个附加电压不会影响运算电路的精度。

电平移动的目的是使运算放大器 IC_1 工作在允许的共模输入电压范围之内。若不进行电平移动，即 $U_B=0$，则从图 10-9 可知，在信号下限时，IC_1 同相端和反相端的电压 U_T、U_F 将小于 1V，而在 24V 单电源供电时的运算放大器共模输入电压的下限值一般在 2V 左右，因此在小信号时，运算放大器将无法正常工作。

现把 IC_1 同相端的电阻 R_6 接到电压为 10V 的 U_B 上，这样就提高了 IC_1 输入端的电平（图 10-11），而且输出电压 U_{o1} 也是以 U_B 为基准，故输出端的电平也随之提高。

② 运算关系。下面从电路的运算关系对偏差差动电平移动电路作进一步的分析。

若将 IC_1 看作理想运算放大器，取 $R_{1\sim6}=R=500\text{k}\Omega$，$R_{7\sim8}=5\text{k}\Omega$，根据基尔霍夫电流定理（KCL）和理想运放虚短和虚断的性质，有

$$\frac{U_i+U_{CM1}-U_F}{R}+\frac{U_{CM2}-U_F}{R}=\frac{U_F-\left(U_B+\frac{1}{2}U_{o1}\right)}{R} \tag{10-21}$$

$$\frac{U_{CM1}-U_T}{R}+\frac{U_S+U_{CM2}-U_T}{R}=\frac{U_T-U_B}{R} \tag{10-22}$$

$$U_F=U_T \tag{10-23}$$

联立式(10-17)、式(10-18) 和式(10-19) 并化简得：

$$U_{o1}=-2(U_i-U_s) \tag{10-24}$$

上述关系式表明：

a. 输出信号 U_{o1} 仅与测量信号 U_i 和给定信号 U_s 的差值成正比，比例系数为 −2，而与导线电阻上的压降 U_{CM1} 和 U_{CM2} 无关；

b. 由式 10-17 可知，IC_1 输入端的电压 U_T、U_F 是在运算放大器共模输入电压的允许范围（2～22V）之内，所以电路能正常工作；

c. 输入电路把以 0V 为基准的、变化范围为 1～5V 的输入信号，转换成以 10V 为基准的、变化范围为 0～±8V 的偏差输出信号 U_{o1}。U_{o1} 既是绝对值，又是变化量，在以下讨论 PID 电路的运算关系时，将用增量形式表示。

最后还要说明一点，前面的分析和计算都假定 $R_6 = R_1 \sim R_5 = R$。事实上，为了保证偏差差动电平移动电路的对称性，R_6 不应与 R 相等，其阻值应略大于 R。

$$R_6 = R + R_7 // R_8 = 502.5(\text{k}\Omega)$$

(2) PD 电路

PD 电路的作用是将输入电路输出的电压信号 ΔU_{o1} 进行 PD 运算，其输出信号 ΔU_{o2} 送至 PI 电路。电路原理如图 10-13 所示。该电路由运算放大器 IC_2、微分电阻 R_D、微分电容 C_D、比例电阻 R_P 等组成。调整 R_D 和 R_P 可改变控制器的微分时间和比例度。

事实上，PD 电路可看成是由无源比例微分网络和比例运算放大器两部分串联而成。前者对输入信号进行比例微分运算，后者则起比例放大作用。由于电路采用同相端输入，具有很高的输入阻抗，因此在分析同相端电压 ΔU_T 与输入信号 ΔU_{o1} 的运算关系时，可以不考虑比例运算放大器的影响。

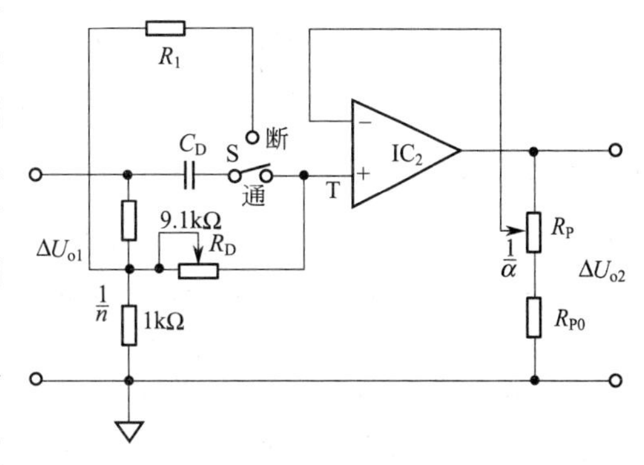

图 10-13　PD 电路

图中的开关 S 用以切断或接通电路的微分作用。当 S 置于“断”时，电容 C_D 断开，该电路就变成比例运算电路了。只有当 S 置于“通”时，电路才具有微分作用。

① 电路工作原理（定性分析）。下面先定性分析 PD 电路的工作原理。当输入 ΔU_{o1} 为一阶跃信号时，在 $t = 0^+$，即加入阶跃信号瞬间，由于电容 C_D 上的电压不能突变，输入信号 ΔU_{o1} 全部加到 IC_2 同相端 T 点，所以有 $\Delta U_T(0^+) = \Delta U_{o1}$。随着电容 C_D 充电过程的进行，C_D 两端电压从 0V 起按指数规律不断上升，ΔU_T 按指数规律不断下降。当充电过程结束时，电容 C_D 上的电压将等于电阻 9.1kΩ 上的电压，此时 $\Delta U_T(\infty) = \dfrac{1}{n}\Delta U_{o1}$，并保持该值不变。

比例微分电路的输出信号 ΔU_{o2} 与同相端 T 点的电压 ΔU_T 为简单的比例放大关系，其比例系数为 α。

② 运算关系。现再定量分析 PD 电路的运算关系。在下列推导中把 IC_2 看作理想运算放大器。对于比例微分网络有如下的关系式，即

$$\Delta U_T(s) = \frac{1}{n}\Delta U_{o1}(s) + \frac{n-1}{n} \times \frac{R_D}{R_D + \dfrac{1}{C_D s}} \Delta U_{o1}(s)$$

$$= \frac{1}{n} \times \frac{1 + nR_D C_D s}{1 + R_D C_D s} \Delta U_{o1}(s) \tag{10-25}$$

对于比例运算放大器则有

$$\Delta U_{o2}(s)=\alpha\Delta U_{T}(s) \tag{10-26}$$

联立式(10-25) 和式(10-26) 可得

$$\Delta U_{o2}(s)=\frac{\alpha}{n}\times\frac{1+nR_{D}C_{D}s}{1+R_{D}C_{D}s}\Delta U_{o1}(s) \tag{10-27}$$

设 $K_{D}=n$，$T_{D}=nR_{D}C_{D}$，则

$$\Delta U_{o2}(s)=\frac{\alpha}{K_{D}}\times\frac{1+T_{D}s}{1+\frac{T_{D}}{K_{D}}s}\Delta U_{o1}(s) \tag{10-28}$$

所以 PD 电路的传递函数为

$$G(s)=\frac{\Delta U_{o2}(s)}{\Delta U_{o1}(s)}=\frac{\alpha}{K_{D}}\times\frac{1+T_{D}s}{1+\frac{T_{D}}{K_{D}}s} \tag{10-29}$$

本电路中，由 $n=10$，$R_{D}=62\text{k}\Omega\sim15\text{M}\Omega$，$C_{D}=4\mu\text{F}$，求出 $T_{D}=0.04\sim10\text{min}$。由 $R_{P}=0\sim10\text{k}\Omega$，$R_{P0}=39\Omega$，$1/\alpha=(R_{P下}+R_{P0})/(R_{P}+R_{P0})$，求出 $\alpha=1\sim250$。

③ 开关切换。当图 10-12 中的开关 S 处于“断”位置时，微分作用切除，电路只具有比例作用。这时 IC_2 同相端的电压 $\Delta U_{T}=\frac{1}{n}\Delta U_{o1}$，而电容 C_{D}通过电阻 R_{1}也接至$\frac{1}{n}\Delta U_{o1}$电平上，因此，稳态时电容 C_{D}上的电压与 9.1kΩ 电阻上的压降相等，即 C_{D}右端的电平与 U_{T} 相等，这样就保证了开关S由“断”切换到“通”的瞬间，即接通微分作用时，输出不发生突变，故对生产过程不产生扰动。

(3) PI 电路

PI 电路的主要作用是将 PD 电路输出的电压信号 ΔU_{o2}进行 PI 运算，输出以 U_{B}为基准的、1～5V 的电压信号至输出电路。电路原理如图 10-14 所示。由图可见，这是由运算放大器 IC_3、电阻 R_{I}、电容 C_{M}、C_{I}等组成的有源 PI 运算电路。

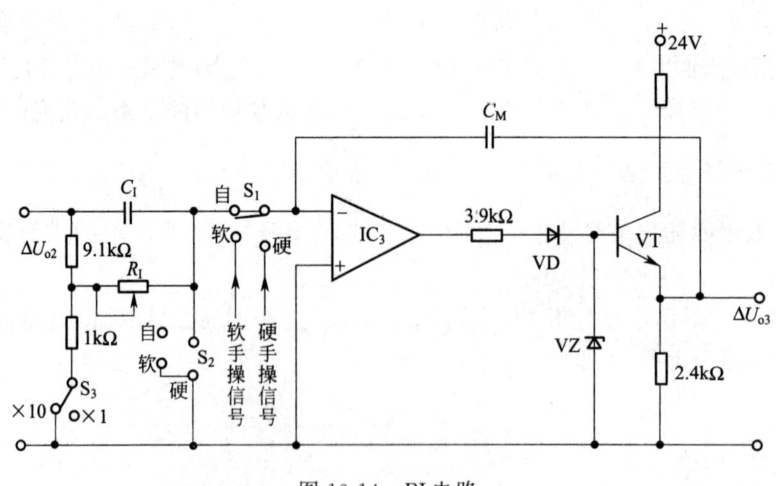

图 10-14　PI 电路

图中，S_3 为积分换挡开关，S_1、S_2 为联动的自动、软手操、硬手操切换开关，控制器

的手操信号从本级输入。IC_3 输出端接有电阻、二极管和射极跟随器等，这是为了得到正向输出电压，且便于加按输出限幅器而设置的。稳压管起正向限幅作用。

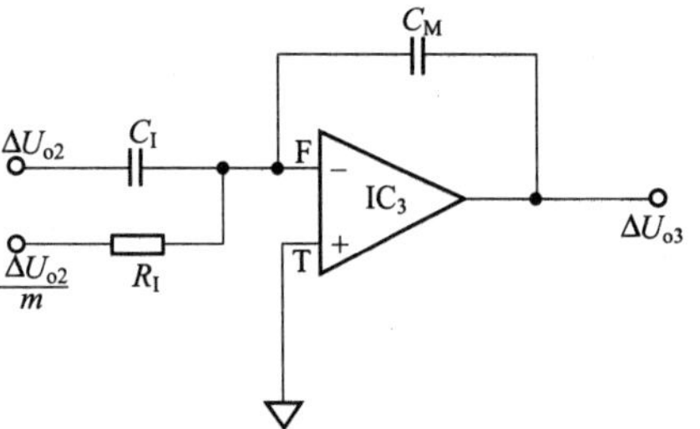

图 10-15 PI 电路的等效电路

① 电路简化。因为射极跟随器的输出电压和 IC_3 的输出电压几乎相等，为了便于分析，可把射极跟随器等包括在 IC_3 中，这样在自动工作状态时，PI 电路就可简化成如图 10-15 所示的等效电路（关于手动操作电路后面另行讨论）。该图所示电路为典型的比例积分运算电路。比例运算的输入信号是 ΔU_{o2}，积分运算的输入信号是 $\Delta U_{o2}/m$，m 的数值视 S_3 的位置而定，当 S_3 置于"×1"挡时，$m=1$；而当 S_3 置于"×10"挡时，$m=10$。

② 理想运算放大器下的运算关系。先把 IC_3 看成理想运算放大器（即开环增益 $A_3=\infty$，输入电阻 $R_i=\infty$）。由图 10-15 求得

$$\Delta U_{o3}(s)=-\left(\frac{C_I}{C_M}+\frac{1}{mR_IC_Ms}\right)\Delta U_{o2}(s)=-\frac{C_I}{C_M}\left(1+\frac{1}{mR_IC_Is}\right)\Delta U_{o2}(s) \tag{10-30}$$

设 $T_i=mR_IC_I$，则

$$\Delta U_{o3}(s)=-\frac{C_I}{C_M}\left(1+\frac{1}{T_Is}\right)\Delta U_{o2}(s) \tag{10-31}$$

③ 实际运算放大器下的运算关系。式(10-31) 是理想的比例积分运算关系式。实际上 IC_3 的开环增益 $A_3\neq\infty$，故实际 PI 电路传递函数应按其真实开环增益 A_3 推导，两者的区别仅在于：

$$\Delta U_T(s)=\Delta U_F(s)\text{(理想)}$$

$$\Delta U_{o3}(s)=A_3[\Delta U_T(s)-\Delta U_F(s)]=-A_3\Delta U_F(s)\text{(实际)}$$

由图 10-15，可得

$$\Delta U_{o3}(s)=-\frac{\frac{C_I}{C_M}\left(1+\frac{1}{mR_IC_Is}\right)}{1+\frac{1}{A_3}\left(1+\frac{C_I}{C_M}\right)+\frac{1}{A_3R_IC_Ms}}\Delta U_{o2}(s) \tag{10-32}$$

因 $A_3\geqslant 10^5$，故 $\frac{1}{A_3}\left(1+\frac{C_I}{C_M}\right)=1$

$$\Delta U_{o3}(s)=-\frac{C_I}{C_M}\frac{1+\frac{1}{mR_IC_Is}}{1+\frac{1}{A_3R_IC_Ms}}\Delta U_{o2}(s)=-\frac{C_I}{C_M}\frac{1+\frac{1}{T_Is}}{1+\frac{1}{K_IT_Is}} \tag{10-33}$$

在本电路中，$C_I=C_M=10\text{uF}$，$R_I=62\text{k}\Omega\sim15\text{M}\Omega$，因此

$$\frac{C_I}{C_M}=1$$

$$T_I=mR_IC_I=0.01\sim2.5\text{min}(m=1)\text{或者 }T_I=0.1\sim25\text{min}(m=10)$$

$$K_I=\frac{A_3}{m}\times\frac{C_M}{C_I}\geqslant10^5(m=1)\text{或者}\quad K_I\geqslant10^4(m=1)$$

④ 积分饱和。对于 PI 电路，只要输入信号 ΔU_{o2} 不消除，ΔU_{o3} 将不断地增加（或减

小)，直到输出电压被限制住，即呈饱和工作状态时为止。在正常工作时，电容 C_M 上的电压 U_{CM} 恒等于输出电压 ΔU_{o3}，但在饱和工作状态时，输出电压已被限制住，而输入信号 ΔU_{o2} 依然存在，ΔU_{o2} 将通过 R_I 向 C_M 继续充电（或放电)，所以 U_{CM} 将继续增加（或减小)，这时它已不等于 ΔU_{o3} 了，这一现象就称为“积分饱和”。如果这时输入信号 ΔU_{o2} 极性改变，由于电容 C_M 上的电压不能突变，故 IC_3 的输出 ΔU_{o3} 不能及时地随 ΔU_{o2} 变化，控制器的控制作用将暂时处于停顿状态，这种滞后必然使控制品质变坏。

解决积分饱和现象的关键是，在 PI 电路的输出一旦被限制时，即 ΔU_{o3} 不能再增加（或减小）时，应设法停止对电容 C_M 继续按原来方向充电（或放电)，使其不产生过积分现象。具体办法将在特种控制器部分介绍。

基型控制器在控制系统的正常工况下，偏差不是很大，而且不是以某种固定的极性长时间的存在，则 IC_3 的输出将在正常范围内，这时积分饱和现象就不容易出现。

(4) PID 电路传递函数

控制器的 PID 电路由上述的输入电路、PD 电路和 PI 电路三者串联构成，其方框图如图 10-16 所示，其传递函数应是这三个电路传递函数的乘积。

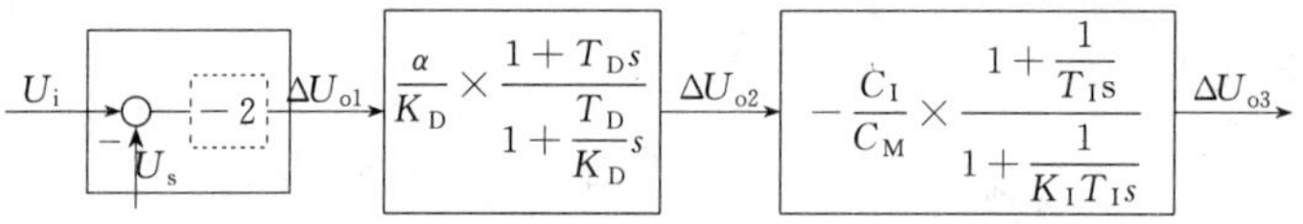

U_i → [-2]（U_s）→ ΔU_{o1} → $\left[\dfrac{\alpha}{K_D}\times\dfrac{1+T_Ds}{1+\dfrac{T_D}{K_D}s}\right]$ → ΔU_{o2} → $\left[-\dfrac{C_I}{C_M}\times\dfrac{1+\dfrac{1}{T_Is}}{1+\dfrac{1}{K_IT_Is}}\right]$ → ΔU_{o3}

图 10-16　控制器的 PID 电路传递函数方框图

$$G(s)=\frac{2\alpha}{K_D}\times\frac{C_I}{C_M}\times\frac{1+T_Ds}{1+\dfrac{T_D}{K_D}s}\times\frac{1+\dfrac{1}{T_Is}}{1+\dfrac{1}{K_IT_Is}}$$

$$=\frac{2\alpha C_I}{nC_M}\times\frac{1+\dfrac{T_D}{T_I}+\dfrac{1}{T_Is}+T_Ds}{1+\dfrac{T_D}{K_DK_IT_I}+\dfrac{1}{K_IT_Is}+\dfrac{T_D}{K_D}s} \tag{10-34}$$

设 $K_P=\dfrac{2\alpha C_I}{nC_M}$，$F=1+\dfrac{T_D}{T_I}$，并考虑到上式分母中 $\dfrac{T_D}{K_DK_IT_I}\ll 1$

$$G(s)=K_PF\,\frac{1+\dfrac{1}{FT_Is}+\dfrac{T_D}{F}s}{1+\dfrac{1}{K_IT_Is}+\dfrac{T_D}{K_D}s} \tag{10-35}$$

控制器各项参数的取值范围如下。

比例度：$\delta=\dfrac{1}{K_P}\times 100\%=\dfrac{nC_M}{2\alpha C_I}\times 100\%=2\%\sim 500\%$

积分时间：$T_I=mR_IC_I=0.01\sim 2.5\text{min}(m=1)$ 或 $T_I=0.1\sim 25\text{min}(m=10)$

微分时间：$T_D=mR_DC_D=0.04\sim 10\text{min}$

积分增益：$K_D=n=10$

微分增益：$K_I=\dfrac{A_2C_M}{mC_I}\geqslant 10^5$（$m=1$）或 $K_I\geqslant 10^4$（$m=10$）

相互干扰系数：$F=1+\dfrac{T_D}{T_I}$

在阶跃偏差信号作用下，控制器输出为：

$$\Delta U_{o3}(t)=K_P\left(F+(K_I-F)\left(1-e^{-\frac{t}{K_I T_I}}\right)+(K_D-F)e^{-\frac{K_D t}{T_D}}\right)(U_i-U_S) \tag{10-36}$$

当 $t=\infty$时，$\Delta U_{o3}(\infty)=K_P K_I(U_i-U_S)$，因此控制器的静态误差为

$$\varepsilon=U_i-U_S=\frac{\Delta U_{o3}(\infty)}{K_P K_I}$$

当 K_P及 K_I都取最小值 K_{Pmin}和 K_{Imin}，而 $\Delta U_{o3}(\infty)$ 取最大值 4V 时，控制器的最大静态误差为

$$\varepsilon_{max}=\frac{\Delta U_{o3max}(\infty)}{K_{Pmin}K_{Imin}}=\frac{4}{0.2\times 10^4}=2\text{mV}$$

控制器的控制精度（在不考虑放大器的漂移、积分电容的漏电等因素时）为

$$\Delta=\frac{1}{K_{Pmin}K_{Imin}}\times 100\%=0.05\%$$

(5) 输出电路

输出电路的作用是把 PID 电路输出的、以 U_B为基准的 1～5V 直流电压信号转换成 4～20mA 的输出直流电流，使它流过负载 R_L至电源的负端。其电路如图 10-17 所示。

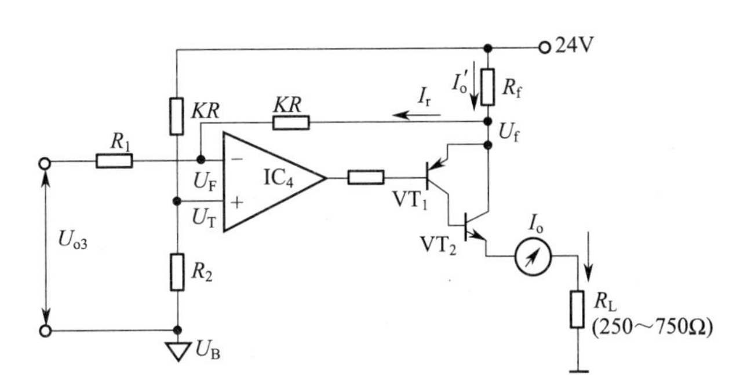

图 10-17　输出电路

输出电路实际上是个电压-电流转换电路。图中晶体管 VT_1、VT_2 组成复合管，把 IC_4 的输出电压转换成整机的输出电流。采用复合管的目的是为了提高放大倍数，降低 VT_1 的基极电流。

若忽略复合管的基极电流，有

$$I_o=I'_o-I_f \tag{10-37}$$

把 IC_4 看作理想运算放大器，有

$$I'_o=\frac{24-U_f}{R_f} \tag{10-38}$$

$$U_T=\frac{24-U_B}{R_2+KR}R_2+U_B=\frac{24R_2+KRU_B}{R_2+KR} \tag{10-39}$$

$$\frac{U_F-(U_{o3}+U_B)}{R_1}=\frac{U_f-U_F}{KR}=I_f \tag{10-40}$$

$$U_F=U_T \tag{10-41}$$

现设 $R_1=R_2=R$ 由式(10-39)、式(10-40) 和式(10-41) 可得：

$$I_o'=\frac{U_{o3}}{R_f/K} \tag{10-42}$$

$$I_f=\frac{U_F-(U_{o3}+U_B)}{R}=\frac{24-U_B-(1+K)U_{o3}}{(1+K)R} \tag{10-43}$$

将式(10-42) 和式(10-43) 代入式(10-37)，有

$$I_o=\frac{KU_{o3}}{R_f}-\frac{24-U_B-(1+K)U_{o3}}{(1+K)R} \tag{10-44}$$

由式(10-42) 可知，当 $R_f=62.5\Omega$，$K=1/4$，$U_{o3}=1\sim5\text{V}$ 时，$I_o'=4\sim20\text{mA}$。

而由式(10-44) 可知，最后一项（I_f）即为运算误差。最大误差发生在 U_{o3} 最小时，将参数 $R=40\text{k}\Omega$，$U_B=10\text{V}$，$K=1/4$ 代入，可得最大误差为 -0.255mA。

按照上述电路变量，当电源为 24V，基准电压 $U_B=10\text{V}$ 时，IC_4 的 $U_T=U_F=21.2\text{V}$，可见 IC_4 的共模输入电压很高。另外可算出 IC_4 的最大输出电压接近电源电压，所以 IC_4 的选择应同时满足共模输入电压范围及最大输出幅度的要求。

(6) 手动操作电路

手动操作电路分为软手操和硬手操两种方式，是在 PI 电路中附加手操电路来实现的，如图 10-18 所示。图中 S_1、S_2 为联动的自动、软手操、硬手操切换开关，S_{41}、S_{42}、S_{43}、S_{44} 为软手操扳键，R_s 为硬手操电位器。

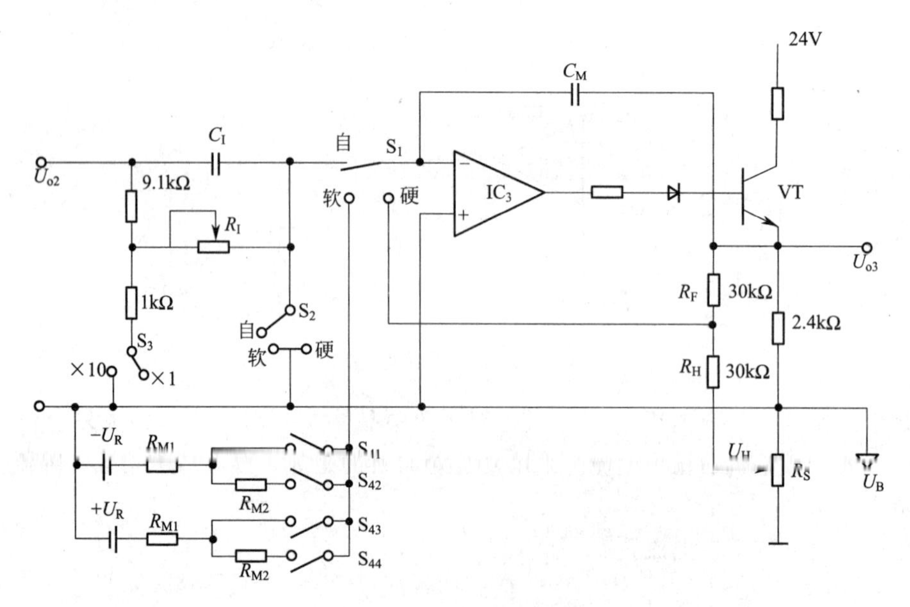

图 10-18 手动操作电路

① 软手操电路。将开关 S_1、S_2 置“软手操”位置，这时 IC_3 的反相输入端与自动输入信号断开，而通过 R_M 接至 $+U_R$ 或 $-U_R$，组成一个积分电路；同时 S_2 将 C_I 与 R_I 的公共端接到电平 U_B，使 U_{o2} 存储在 C_I 中。扳动软手操扳键 S_4 即可实现软手动操作。

图 10-19 所示为软手操电路。图 10-18 中的射极跟随器包括在图 10-19 的 IC_3 中。

软手操输入信号为 $+U_R$ 或 $-U_R$，由 S_4 来切换。当 S_4 扳向 $-U_R$ 时，输出电压 U_{o3} 按积分式上升；当 S_4 扳向 $+U_R$ 时，输出电压 U_{o3} 按积分式下降。输出电压 U_{o3} 的上升或下降速度取决于 R_M 和 C_M 的数值，其变化量为

$$\Delta U_{o3}=-\frac{\pm U_R}{R_M C_M}\Delta t \qquad (10\text{-}45)$$

式中，Δt 为 S_4 接通 U_R 的时间。

根据式(10-45) 可求得软手操输出电压满量程变化（1～5V）所需的时间为

$$T=\frac{4}{U_R}R_M C_M$$

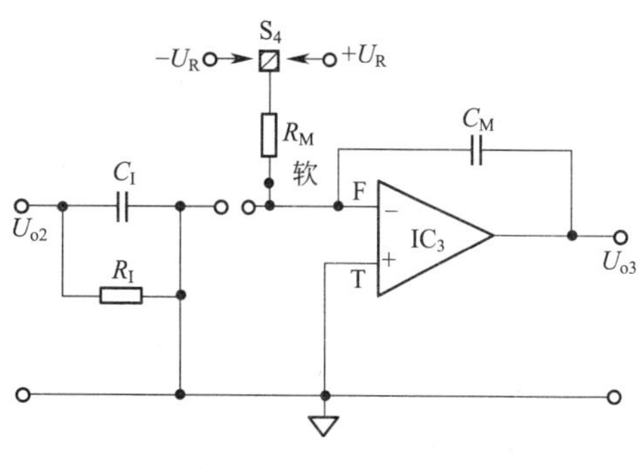

图 10-19　软手操电路

改变 R_M 的大小即可进行快慢两种速度的软手操。设电路变量 $R_{M1}=30k\Omega$，$R_{M2}=470k\Omega$，$U_R=0.2V$，$C_M=10\mu F$，则可分别求出快、慢速软手操时输出 U_{o3} 作满量程变化所需的时间。

快速软手动操作：将 S_{41} 或 S_{43} 扳向 U_R 时，$R_M=R_{M1}=30k\Omega$，输出作满量程变化所需的时间

$$T_1=\frac{4}{0.2}\times 30\times 10^3\times 10\times 10^{-6}=6(s)$$

慢速软手动操作：将 S_{42} 或 S_{44} 扳向 U_R 时，$R_M=R_{M1}+R_{M2}=500k\Omega$，输出作满量程变化时所需的时间为

$$T_2=\frac{4}{0.2}\times 500\times 10^3\times 10\times 10^{-6}=100(s)$$

软手动操作扳键有 5 个位置，即在升、降四个位置之间还有一个“断”位置，只要松开扳键 S_4 即处于“断”位置，这时运放输入端处于浮空状态，输出 U_{o3} 保持在松开 S_4 前一瞬间数值上。若 IC_3 为理想运放，则 U_{o3} 能长时间保持不变。为了获得良好的保持特性，应选用高输入阻抗的运放和漏电流特别小的电容（C_M），此外还应保证接线端子有良好的绝缘性。

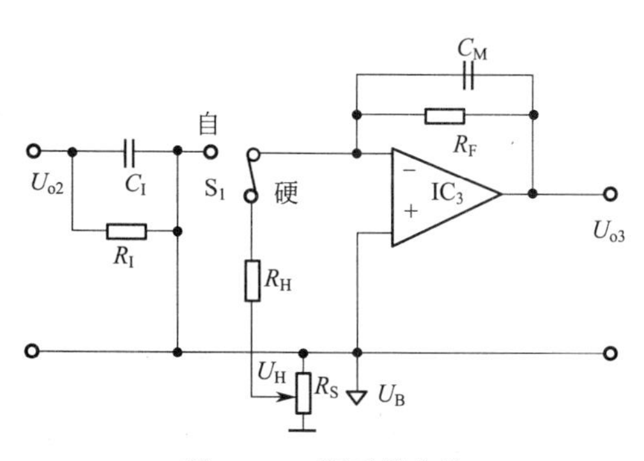

图 10-20　硬手操电路

② 硬手操电路。将 S_1、S_2 置“硬手操”位置，这时 IC_3 的反相输入端通过电阻 R_H 接至电位器 R_s 的滑动触头，把 R_F 并联在 C_M 上。同时 S_2 将 C_I 与 R_I 的公共端接到电平 U_B 上，使 U_{o2} 存储在 C_I 中。

图 10-20 为硬手动操作时的原理图。因为硬手动输入信号 U_H 一般为变化缓慢的直流信号，R_F 与 C_M 并联后，可忽略 C_M 的影响。由于 $R_H=R_F$，所以硬手动操作电路实际上是一个比例增益为 1 的比例运算电路，即

$$U_{o3}=-U_H \qquad (10\text{-}46)$$

③ 自动与手动操作的相互切换。在控制器中，“自动⇔软手操”，“硬手操⇔软手操”和“硬手操⇔自动”的切换都是无平衡、无扰动切换。所谓无平衡切换，是指在自动和手动相互切换时，无需事先调平衡，可以随时切换至所要求的位置。所谓无扰动切换，如前所述，是指在切换瞬间控制器的输出不发生变化，对生产过程无扰动。

“自动/硬手操⇒软手操”的切换：任一种操作状态切换到软手操后，在 S_4 尚未扳至 U_R 时，IC_3 的反相输入端浮空，由于电路具有保持特性，使 U_{o3} 不变，故这种切换是无平衡、无扰动切换。

“软手操/硬手操⇒自动”的切换：在软手操或硬手操时，电容 C_I 两端的电压恒等于 U_{o2}。因此这两种切换后的瞬间，C_I 没有充放电现象，U_{o3} 不会跳变，这就实现了无平衡、无扰动切换。

但是，进行“自动/软手操⇒硬手操”切换时，必须在切换前拨动硬手操拨盘，使它的刻度与控制器的输出电流相对应，即必须进行预平衡操作才能做到无扰动切换。

(7) 指示电路

全刻度指示控制器的测量信号指示电路和给定信号指示电路，两者是完全相同的，下面以测量信号指示电路为例进行讨论。

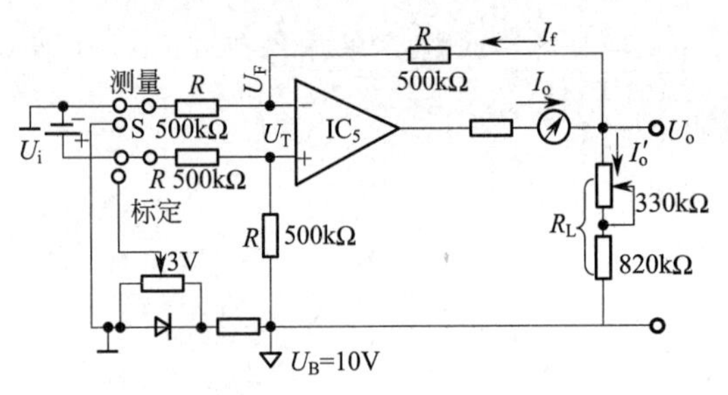

图 10-21 全刻度指示电路

如图 10-21 所示为全刻度指示电路，该电路也是一个电压-电流转换器。输入信号是以 0V 为基准的、1～5V 的测量信号；输出信号为 1～5mA 电流，用 0～100%刻度的双针指示电流表显示。

指示电路与输入电路一样，亦采用差动电平移动电路。当开关 S 处于“测量”位置时，IC_5 接收 U_i 信号。假设 IC_5 为理想运算放大器，R 均为 500kΩ，从图 10-21 不难求出。

$$U_o=U_i$$

流过电流表的电流为

$$I_o=I'_o+I_f \tag{10-47}$$

其中

$$I'_o=\frac{U_o}{R_L}=\frac{U_i}{R_L} \tag{10-48}$$

$$I_f=\frac{U_F}{R}=\frac{U_B+U_i}{2R} \tag{10-49}$$

将式(10-48) 和式(10-49) 代入式(10-47) 整理得

$$I_o=\left(\frac{1}{R_L}+\frac{1}{2R}\right)U_i+\frac{1}{2R}U_B \tag{10-50}$$

由上式可见，I_o 与电流表内阻无关，因此当电流表内阻随温度而变化时，不会影响测量精度。等式右边第二项 $\frac{1}{2R}U_B$ 为恒值，可通过调整电流表的机械零点来消除该项的影响。

为了检查指示电路的示值是否正确，设置了标定电路。当开关 S 切至“标定”时，IC_5 接收 3V 的标准电压信号，这时电流表应指示在 50%的刻度上，否则应调整 R_L 和电流表的机械零点。

10.3.3 基型控制器的使用

在使用基型控制器时有以下几点应注意。

① 正确设置内、外设定开关。

“内”设定时，设定电压信号由控制器内部的设定电路产生，操作者通过设定值拨盘确定设定信号大小。在定值控制系统中，控制器应置于“内”设定。

“外”设定时，由外部装置提供设定值信号。在随动控制系统中，控制器应置于“外”设定。如串级控制系统中的副控制器设定值由主控制器的输出值提供；比值控制中的从动量控制器设定值就是由主动量测量值提供。

② 一般在刚刚开车或控制工况不正常时采用手动控制，待系统正常稳定运行时无扰动切换到自动控制。

③ 控制器“正”“反”作用开关不能随意选择，要根据工艺要求及控制阀的气开、气关情况来决定，保证控制系统为负反馈。

在控制系统中，有些系统要求控制器具有正作用特性，有的系统要求控制器具有反作用特性。即使是同一个过程，要求也不一定相同。例如在图10-22中，假定所用控制阀是气关式的，控制器采用正作用，那么当液位越高时，控制器输出也就越大，把进料阀关小，使液位降下来，起到了控制作用。反之，假定控制阀是气开式的，若控制器再采用正作用，则当液位偏高时，增大控制器输出反而会把进料阀开大，这样做是推波助澜，使液位继续上升，偏离原来设定值越来越远，不可能达到平衡状态，故此时控制器只能采用反作用方可起到调节作用。

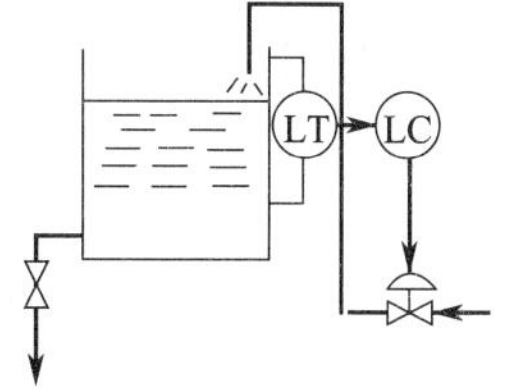

图10-22　液位控制系统

④ 正确设置P、I、D参数。控制器上的PID参数不能任意设置，必须通过参数整定，选择一组合适的PID参数，这样才能保证控制器在控制系统中发挥作用。

10.4　数字式控制器

数字式控制器以微处理器或单片微型计算机为核心，具有数据通信功能，能完成生产过程1～4个回路直接数字控制任务，在DCS的分散过程控制级中得到了广泛的应用。它不仅可接收4～20mA直流信号输入的设定值，还具有异步通信接口RS-422/485、RS-232等，可与上位机连成主从式通信网络，发送接收各种过程参数和控制参数，在我国的工业控制领域得到了广泛应用。

数字式控制器与模拟式控制器在构成原理和所用器件上有很大差别。数字式控制器采用数字技术，以微型计算机为核心部件；而模拟式控制器采用模拟技术，以运算放大器等模拟电子器件为基本部件。

10.4.1　数字式控制器的主要特点

(1) 实现了模拟仪表与计算机一体化

将微处理机引入控制器，充分发挥了计算机的优越性，使控制器电路简化，功能增强，提高了性能价格比。同时考虑到人们长期以来习惯使用模拟式控制器的情况，数字式控制器的外形结构、面板布置保留了模拟式控制器的特征，使用操作方式也与模拟式控制器相似。

(2) 具有丰富的运算控制功能

数字式控制器有许多运算模块和控制模块。用户根据需要选用部分模块进行组态，可以实现各种运算处理和复杂控制。除了具有模拟式控制器PID运算等一切控制功能外，还可以实现串级控制、比值控制、前馈控制、选择性控制、自适应控制、非线性控制等。因此数字式控制器的运算控制功能大大高于常规的模拟控制器。

(3) 使用灵活方便，通用性强

数字式控制器模拟量输入输出均采用国际统一标准信号（4～20mA 直流电流，1～5V 直流电压），可以方便地与DDZ-Ⅲ型仪表相连。同时数字式控制器还有数字量输入输出，可以进行开关量控制。用户程序采用“面向过程语言（POL）”编写，易学易用。

(4) 具有通信功能，便于系统扩展

通过数字式控制器标准的通信接口，可以挂在数据通道上与其他计算机、操作站等进行通信，也可以作为集散控制系统的过程控制单元。

(5) 可靠性高，维护方便

在硬件方面，一台数字式控制器可以替代数台模拟仪表，减少了硬件连接；同时控制器所用元件高度集成化，可靠性高。

在软件方面，数字式控制器具有一定的自诊断功能，能及时发现故障，采取保护措施；另外，复杂回路采用模块软件组态来实现，使硬件电路简化。

10.4.2 数字式控制器的基本构成

通常数字式控制器包括硬件与软件两大部分。

(1) 硬件部分

图 10-23 是数字式控制器硬件构成原理框图，它由主机电路（CPU、ROM、RAM、CTC、输入-输出接口等)，过程输入、输出通道，人机联系部件和通信部件等组成。

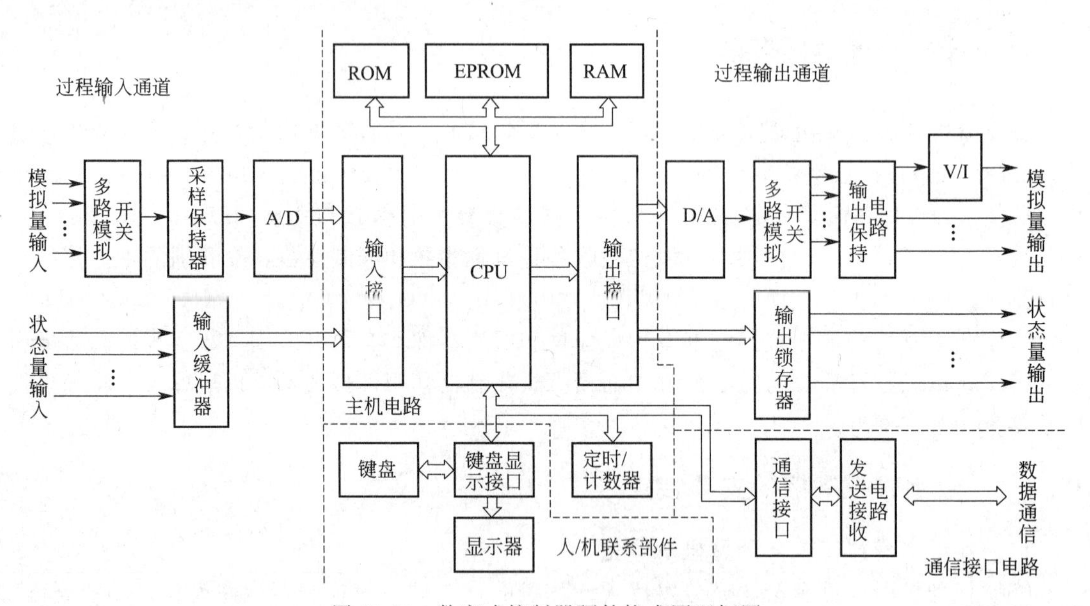

图 10-23　数字式控制器硬件构成原理框图

① 主机电路。CPU（中央处理单元）是数字式控制器的核心，通常采用 8 位微处理器，完成接收指令、数据传送、运算处理和控制功能。它通过总线与其他部分连在一起构成一个系统。

系统 ROM（只读存储器）存放系统程序。系统程序由制造厂家编制，用来管理用户程序、功能子程序、人机接口及通信等，一般用户是无法改变系统程序的。用户ROM一般采用EPROM芯片，存放用户编制的程序。用户程序在编制并调试通过后固化在EPROM中。如果程序要修改，则可通过紫外线“擦除”EPROM中的程序，重新将新的用户程序固化在EPROM中。

RAM（随机存储器）用来存放控制器输入数据、显示数据、运算的中间值和结果等。

在系统掉电时ROM中的程序是不会丢失的，而RAM中的内容会丢失。因此数字式控制器以镍镉电池作为RAM的后备电源，在系统掉电时自动接入，以保证RAM中内容不丢失。

有的数字式控制器采用电可改写的EEPROM芯片存放重要参数，它同RAM一样具有读写功能，且在掉电时不会丢失数据。

定时/计数器（CTC）有定时/计数功能。定时功能用来确定控制器的采样周期，产生串行通信接口所需的时钟脉冲；计数功能主要对外部事件进行计数。

输入、输出接口（I/O）是CPU同输入、输出通道及其他外设进行数据交换的部件，它有并行接口和串行接口两种。并行接口具有数据输入、输出、双向传送和位传送功能，用来连接输入、输出通道，或直接输入、输出开关量信号。串行接口具有异步或同步传送串行数据的功能，用来连接可接收或发送串行数据的外部设备。

一些新的数字式控制器采用单片微机作为主要部件。单片微机内包含了CPU、ROM、RAM、CTC和I/O接口电路，它起到多芯片组成电路的功能，因此体积更小，连线更少，可靠性更高，且价格便宜。

② 过程输入、输出通道。模拟量输入通道由多路模拟开关、采样保持器及模拟量/数字量转换电路（A/D）等构成。模拟量输入信号在CPU的控制下经多路模拟开关采入，经过采样保持器，输入A/D转换电路，转换成数字量信号并送往主机电路。

开关量和数字量输入通道是接受控制系统中的开关信号（“接通”或“断开”）以及逻辑部件输出的高、低电平（分别以数字量“1”“0”表示），并将这些信号通过输入缓冲电路或者直接经过输入接口送往主机电路。为了抑制来自现场的电气干扰，开关量输入通道常采用光电耦合器件作为输入隔离，使通道的输入与输出在直流上互相隔离，彼此无公共连接点，增强抗干扰能力。

模拟量输出通道由数字量/模拟量转换器（D/A）、多路模拟开关和输出保持电路等组成。来自主机电路的数字信号经D/A转换成1～5V直流电压信号，再经过多路模拟开关和输出保持电路输出。输出电压也可经过电压/电流转换电路（V/I）转换成4～20mA直流电流信号输出。

开关量（数字量）输出通道通过输出锁存器输出开关量（包括数字、脉冲量）信号，以便控制继电器触点和无触点开关的接通与释放，也可控制步进电机的运转。输出通道也常采用光电耦合器件作为输出隔离，以免受到现场干扰的影响。

③ 人机联系部件。在数字式控制器的正面和侧面放置人机联系部件。正面板的布置与常规模拟式控制器相似，有测量值和设定值显示表、输出电流显示表、运行状态（自动/串级/手动）切换按钮、设定值增/减按钮、手动操作按钮以及一些状态显示灯。侧面板有设置和指示各种参数的键盘、显示器。

④ 通信部件。数字式控制器的通信部件包括通信接口和发送、接收电路等。通信接口将欲发送的数据转换成标准通信格式的数字信号，由发送电路送往外部通信线路（数据通

道)，同时通过接收电路接收来自通信线路的数字信号，将其转换成能被计算机接收的数据。数字式控制器大多采用串行通信方式。

(2) 软件部分

数字式控制器软件包括系统程序和用户程序。

① 系统程序。系统程序主要包括监控程序和中断处理程序两部分，是控制器软件的主体。

监控程序包括系统初始化、键盘和显示管理、中断管理、自诊断处理以及运行状态控制等模块。

系统初始化是设置初始参数，如定时/计数数值、各个变量初始状态及数值等；键盘、显示管理模块用以识别键码、确定键处理程序的走向和显示格式；中断管理模块用以识别中断源，比较它们的优先级别，以便作出相应的中断处理；自诊断处理程序采用巡回检测方式监督检查控制器各功能部件是否正常，如果发生异常情况，则能显示异常标志，发出报警或作出相应的故障处理；运行状态控制是判断控制器操作按钮的状态和故障情况，以便进行手动、自动或其他控制。除此以外，有些控制器的监控程序还有时钟管理和外设管理模块。

仪表上电复位开始工作时，首先进行系统初始化，然后依次调用其他各个模块并且重复进行调用。一旦发生了中断，在确定了中断源后，程序便进入相应的中断处理模块，待执行完毕，又返回监控程序，再循环重复上述工作。

中断处理程序包括键处理、定时处理、输入处理和运算控制、通信处理和掉电处理等模块。

键处理模块识别键码，执行相应的键服务程序；定时处理模块实现控制器的定时（计数）功能，确定采样周期，并产生时序控制所需的时基信号；输入处理和运算控制模块的功能是进行数据采集、数字滤波、标度转换、非线性校正、算术运算和逻辑运算，各种控制算法（不仅是PID算法，还有多种复杂运算）的实施以及数据输出等；通信处理模块按一定的通信规程完成与外界的数据交换；掉电处理模块用以处理“掉电事故”，当供电电压低于规定值时，CPU立即停止数据更新，并将各种状态参数和有关信息存储起来，以备复电后控制器能正常运行。

以上是数字式控制器的基本功能模块。不同的控制器，其具体用途和硬件结构会有所差异，因而所选用的功能模块内容和数量都有所不同。

② 用户程序。用户程序由用户自行编制，实际上是根据需要将系统程序中提供的有关功能模块组合连接起来（通常称为“组态”），以达到控制目的。

编程采用POL语言（面向过程语言)，它是为了定义和解决某些问题而设计的专用程序语言，程序设计简单，操作方便，容易掌握和调试。通常有组态式和空栏式语言两种。组态式又有表格式和助记符式之分，如KMM数字式控制器采用表格式组态语言，而SLPC数字式控制器采用助记符式组态语言。

控制器的编程工作是通过专用的编程器进行的，有在线和离线两种编程方法。

所谓在线编程，是指编程器与控制器通过总线连接共用一个CPU，编程器插一个EPROM供用户写入。用户程序调试完毕后写入EPROM，然后将EPROM取下，插在控制器上相应的EPROM插座上。SLPC数字式控制器采用在线编程方法。

所谓离线编程，是指编程器自带一个CPU，编程器脱离控制器，自行组成一台“程序写入器”，独立完成编程工作，并将程序写入EPROM，然后再把写好的EPROM插在控制器上相应的 EPROM 插座上。KMM 数字式控制器采用这种离线编程方法。

思考题与习题

10-1　控制器输入一阶跃信号，作用一段时间后突然消失。在上述情况下，分别画出 P、PI、PD 控制器的输出变化过程。如果输入一随时间线性增加的信号时，控制器的输出将作何变化？

10-2　某 P 控制器的输入信号是 4～20mA，输出信号为 1.5V，当比例度 $\delta=60\%$ 时，输入变化 6mA 所引起的输出变化量是多少？

10-3　说明积分增益和微分增益的物理意义。它们的大小对控制器的输出有什么影响？

10-4　什么是控制器的调节精度？实际 PID 控制器用于控制系统中，控制结果能否消除余差？为什么？

10-5　某 PID 控制器（正作用）输入、输出信号均为 4～20mA，控制器的初始值 $I_i=I_o=4$mA，$\delta=200\%$，$T_I=T_D=2$min，$K_D=10$。在 $t=0$ 时输入 $\Delta I_i=2$mA 的阶跃信号，分别求取 $t=12$s 时：①PI 工况下的输出值；②PD 工况下的输出值。

10-6　基型控制器的输入电路为什么采用差动输入和电平移动的方式？偏差差动电平移动电路怎样消除导线电阻所引起的运算误差？

10-7　在基型控制器的 PD 电路中，如何保证开关 S 从“断”位置切至“通”位置时输出信号保持不变？

10-8　试分析基型控制器产生积分饱和现象的原因。若将控制器输出加以限幅，能否消除这一现象？为什么？应怎样解决？

10-9　说明数字式控制器的基本组成，其硬件和软件各包括哪些部分？

10-10　工程上主要使用何种 PID 算式（位置式、增量型或是速度型算式）？它有什么优点？

10-11　举出几种 PID 基本算式的改进形式，它们各有什么特点？

第11章 可编程控制器

11.1 概述

11.1.1 可编程控制器

国际电工委员会（IEC）于1987年颁发的可编程控制器（Programmable Logic Controller，PLC）标准草案第3稿中，对可编程控制器的定义是："可编程控制器是一种数字运算操作的电子系统，专为在工业环境下应用而设计。它采用了可编程序的存储器，用来在其内部存储和执行逻辑运算、顺序控制、定时、计数和算术运算等操作命令，并通过数字式和模拟式的输入和输出，控制各种类型的机械或生产过程。可编程控制器及其有关外围设备，都按易于与工业系统联成一个整体、易于扩充其功能的原则设计。"

在可编程控制器出现之前，工业控制领域主要是继电器-接触器控制占主导地位。继电器-接触器控制系统有着十分明显的缺点：体积大、耗电多、可靠性差、寿命短、运行速度慢、适应性差，尤其当生产工艺发生变化时，就必须重新设计、重新安装，造成时间和资金的严重浪费。1968年，美国最大的汽车制造公司通用汽车公司提出研制一种新型工业控制装置来取代继电器-接触器控制装置。1969年，美国数字设备公司研制出了世界上第一台可编程序控制器，应用于通用汽车公司的自动生产线。从此，可编程序控制器在世界范围内迅速发展起来。

从控制功能来看，可编程序控制器的发展经历了以下4个阶段。

① 初创阶段：第一台PLC问世到20世纪70年代中期。这一阶段的产品主要用于逻辑运算和计时、计数运算。

② 扩展阶段：20世纪70年代中期到70年代末期。这一阶段产品的扩展功能包括数据的传送、数据的比较和运算、模拟量的运算等。

③ 通信阶段：20世纪70年代末期到80年代中期。这一阶段可编程序控制器在通信方面有了很大的发展，形成了分布式的通信网络系统。但由于制造厂商各自采用不同的通信协议，产品互通困难。另外，在该阶段，运算功能得到较大扩充，产品可靠性进一步提高。

④ 开放阶段：20世纪80年代中期以后。主要表现在通信系统的开放，各制造厂的产品可以通信，通信协议开始标准化。PLC开始采用标准化软件系统，增加高级语言编程，并完成了编程语言的标准化工作。1993年，国际电工委员会（IEC）制定并颁发了可编程序控

制器国际标准 IEC 61131，其中最重要、最具有代表性的是第三部分 IEC 61131—3，这是第一个为工业自动化控制系统的软件设计提供标准化编程语言的国际标准。它是 IEC 工作组在合理地吸收、借鉴世界范围的各 PLC 厂家的技术、编程语言等的基础之上，形成的一套新的国际编程语言标准。在此基础上，提出了一个新型的全开放式控制系统的设计构想，以 PC 技术为基础，通信通用的 Ethernet 协议 TCP/IP 作为网络协议和现场控制总线协议，并且内部可以内置 Web-Server，使系统尽可能地适用各类不同的应用场合，定名为开放式可编程控制系统（Open Programmable Logic Controller，OpenPLC），如加拿大 Online Control 公司与我国合控电气公司开发的 OpenPLC。

11.1.2　可编程控制器基本结构

PLC 是一种以微处理器为核心的专用于工业控制的特殊计算机，其硬件配置与一般微型计算机类似，如图 11-1 所示，其基本结构主要由中央处理单元（CPU）、存储单元、输入单元、输出单元、电源及编程器等构成。

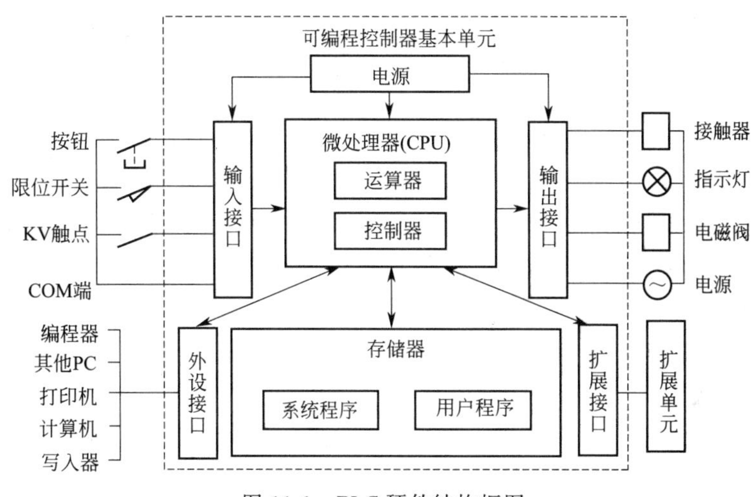

图 11-1　PLC 硬件结构框图

（1）中央处理单元

中央处理单元（Central Processing Unit）是 PLC 的主要部分，是系统的控制中枢，起着总指挥的作用。其主要功能是将现场的各种输入信号读入存储器中存储、将输出状态或输出寄存器的数据即程序执行的结果送至输出端口、接收并储存从编程器输入的用户程序和数据，按先后次序取出指令并进行编译等。

（2）存储器

PLC 的存储空间一般可分为三个区域：系统程序存储区、系统 RAM 存储区、用户程序存储区。

① 系统程序存储区，一般采用 ROM 或 EPROM 存储器。该存储区用于存放系统程序。包括监控程序、功能子程序、管理程序、命令解释程序、系统诊断程序等。这些程序和硬件决定户 PLC 的各项性能。

② 系统 RAM 存储区，包括 I/O 映像区以及逻辑线圈、数据寄存器、计数器、定时器等各类软设备的存储器区。

③ 用户程序存储区，可用于存放用户自行编制的用户程序。该区一般采用 EPROM 或

E^2PROM 存储器。不同类型的 PLC，其存储容量各不相同。

(3) 输入/输出 (I/O) 单元

输入/输出单元是 PLC 与现场输入设备（如限位开关、选择开关、行程开关、操作按钮、传感器等）、输出设备（如电磁阀、接触器、指示灯、小型电动机等）或其他外设之间传递输入/输出信息的接口部件。实际生产过程中的信号电平多种多样，外部执行机构所需的电平也千差万别，而 PLC 的 CPU 所处理的信号只能是标准电平，正是通过输入/输出单元实现了这些信号的电平转换，同时，输入/输出单元采取了光电隔离和滤波措施，实现了 PLC 的内部电路与外部电路的电气隔离，减小了电磁干扰，保证了 PLC 工作的可靠性。

① 输入单元。输入信号有两种类型：一类是从按钮、选择开关、限位开关、光电开关、压力继电器等处发出的数字量输入信号；另一类是由电位器、热电偶、测速发电机、各种变送器提供的连续变化的模拟量输入信号。PLC 为了适应不同的输入信号，相应地有数字量输入模块和模拟量输入模块。

数字量输入模块采用光电耦合器在其输出和输入间以光信号作为介质进行联系并实现电信号传递，按其使用电源不同有直流、交流和交直流三种类型；模拟输入模块以 A/D 转换器为主要器件，不同 PLC 有不同的模拟量输入单元，主要体现在输入信号的形式（电流信号或电压信号）和范围、输入通道数（4 路、8 路或 16 路、32 路等）、转换速度及转换精度等方面。

② 输出单元。输出单元的作用是接收 CPU 处理过的数字信号，并把它转换成被控设备或显示装置所能接收的电压或电流信号，以驱动接触器、电磁阀和指示器件等被控设备。输出单元分为数字量输出模块和模拟量输出模块。数字量输出部件有三种：晶体管输出用于直流负载；双向晶闸管输出用于交流负载；继电器输出可用于直流负载，也可用于交流负载。模拟量输出部件由控制电路、D/A 转换器、电压/电流转换器、输出保持器和功率放大电路等组成，将 PLC 运算结果（数字量）转换成模拟电流或电压信号，并经功率放大成标准信号。

输出单元的负载电源由外部提供，电源电压大小应根据输出器件类型与负载要求确定。

(4) 电源

电源单元的作用是把外部电源转换成内部工作电压。小型整体式 PLC 电源通常和 CPU 单元合为一体，而大中型 PLC 一般都有专门的电源单元。PLC 一般使用 220V 交流电源。PLC 对电源稳定度要求不高，允许电源电压额定值在 -15%～+10% 的范围内波动，一般可不采取其他措施而将 PLC 直接连接到交流电网上。小型整体式 PLC 内部有一个稳压电源，一方面可为 CPU 板、I/O 板及扩展单元提供 5V 直流工作电源，另一方面可为外部输入元件提供 24V 直流电源，用于对外部传感器供电，如光电开关和接近开关等，但不能为输出端的外部直流负载供电。

(5) 编程器

编程器是 PLC 必不可少的重要外围设备。它的作用是供用户进行程序的编制、编辑、调试和监视。编程器可分为简易型和智能型两种。简易型编程器只能联机编程，通过一个专用接口与 PLC 相连，程序先存放于编程器 RAM 中，然后送入 PLC 的存储器中。简易型编程器不能直接输入和编辑梯形图程序，需将梯形图程序转化为指令表程序才能输入，如三菱的 FX-20P-E 简易编程器。智能型编程器又称图形编程器，既可联机编程，又可脱机编程，具有 LCD 或 CRT 图形显示功能，其键盘采用梯形图语言键或指令语言键，通过屏幕对话进行编程。PC 机已普遍用作 PLC 编程器，它可作为 PLC 的通用编程器使用，通过 RS-232 通信口与 PLC 相连，可实现人机对话、通信及打印等，使编程及调试更为快捷便利。

11.1.3　可编程控制器工作原理

PLC 控制任务的完成是基于其硬件的支持下，通过执行反映控制要求的用户程序来实现的，这点和计算机的工作原理是一致的。但个人计算机与 PLC 的工作方式有所不同，计算机一般采用等待命令工作方式，如常见的键盘扫描或 I/O 扫描方式，当键盘按下或 I/O 口有信号时则中断转入相应子程序。而 PLC 确定了工作任务，装入专用程序成为一种专用机，它采用循环扫描的工作方式，系统工作任务管理及用户程序的执行都通过循环扫描的方式来完成。

PLC 有两种基本工作状态，即运行（RUN）状态和停止（STOP）状态。如图 11-2 所示是小型 PLC 的 CPU 工作流程图。在停止状态，PLC 只进行故障诊断等内部处理，这时可对 PLC 进行联机或脱机编程。在运行状态，PLC 通过反映控制要求的用户程序来实现控制功能。其工作过程有两个显著特点。一个是对运行全过程实施周期性顺序扫描。实施周期性顺序扫描指用户程序不是只执行一次，而是反复不断地重复执行，直到停机或切换到 STOP 状态。另一个是对过程中输入采样、执行用户程序、输出刷新实行集中批处理。

一般 PLC 的用户程序执行过程包括信号输入、程序执行和结果输出 3 个批处理阶段，用户程序按这 3 个阶段逐步执行，如图 11-3 所示。

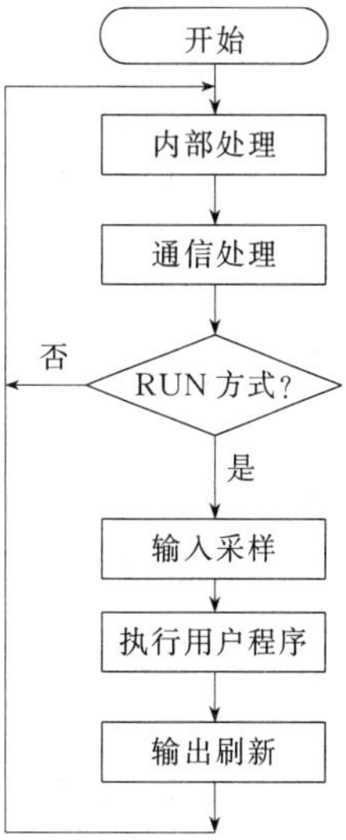

图 11-2　PLC 的 CPU 工作流程

(1) 输入采样

在输入采用阶段，PLC 按扫描方式读入所有输入端子上的输入信号状态，并存入输入映像区（输入映像寄存器）中。输入采样结束后即转入程序执行阶段。在程序执行或其他阶段，即使输入端子上的输入信号变化，输入状态寄存器中的内容也不会改变。输入映像区中的内容只有在下一个扫描周期的输入扫描阶段才会被刷新。

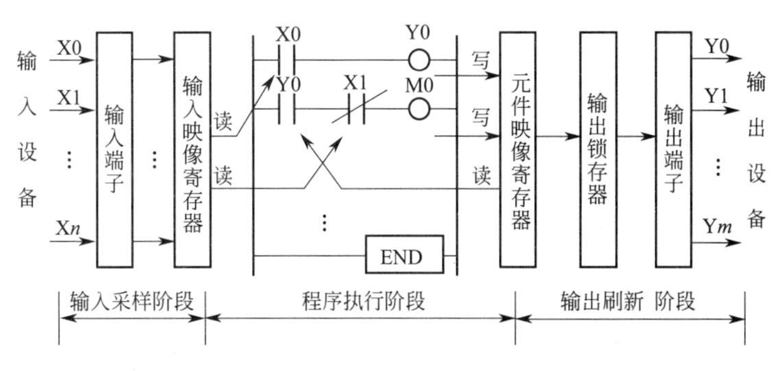

图 11-3　PLC 执行程序过程示意图

PLC 在输入扫描过程中一般都是以固定的顺序（如从输入端口最小编号到最大编号）逐步扫描。

(2) 程序执行

在程序执行阶段，PLC 对用户以梯形图方式编写的程序按从上到下、从左到右的顺序逐一扫描各条指令，同时从输入映像区取出本循环扫描周期读入的输入数据或从输出映像区读取上个循环扫描周期输出的有关数据，然后进行由程序确定的逻辑运算或其他算术运算，最后根据程序指令将运算结果存入确定的输出映像区中，直到用户程序结束之处。但是这个运算结果在整个程序周期未执行完毕前不会被送到输出端口上。

PLC 在程序执行阶段所用到的状态值不是直接从实际 I/O 端口获得的，而是来源于输入映像寄存器和输出映像寄存器。输入映像寄存器的状态值，取决于本扫描周期从输入端口采样取得的数据，并在程序执行阶段保持不变。输出映像寄存器中的状态值，取决于执行程序输出指令的结果。输出锁存器中的状态值是在上一个扫描周期的刷新阶段从输出映像寄存器输出的。

(3) 输出刷新

在执行完所有用户程序后，PLC 将输出映像区中的内容同时送到输出锁存器中（称为输出刷新），然后由输出锁存器驱动输出继电器的线圈，从而完成本扫描周期运行结果的实际输出。某一继电器的线圈“通电”时，对应的输出映像寄存器为“1”状态，输出锁存器为“1”，则继电器型输出模块中对应的硬件继电器的线圈通电，其动合触点闭合，使外部负载通电。反之，外部负载断电。

PLC 在运行工作状态时，执行一次全过程扫描所需要的时间称为扫描周期。从以上分析可知，PLC 的所有输入、输出状态只有在保持一个扫描周期后才能被刷新。因此，PLC 的输出对输入的响应存在滞后现象，滞后时间与扫描周期有关。扫描周期大小主要取决于程序长短和 CPU 的工作速度，一般为几十至几百毫秒。如图 11-4 所示，X0 为输入继电器，由于 PLC 采用循环扫描工作方式，图 11-4(a) 中 M3 线圈要为“ON”状态，只需要一个扫描周期时间即可完成对 M3 的刷新。而图 11-4(b) 中要使 M3 线圈为“ON”状态，就需要 4 个扫描周期（即 4 次循环）才能完成对 M3 的刷新。

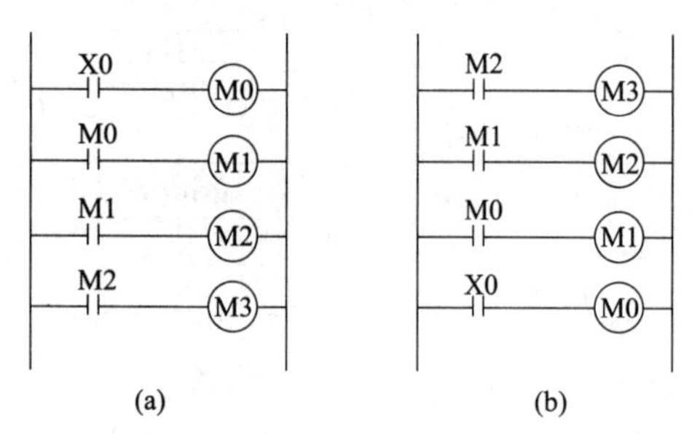

图 11-4 PLC 循环扫描示例

11.1.4 可编程控制器的编程语言

11.1.4.1 PLC 标准编程语言

国际电工委员会 1994 年颁发的 IEC61131—3 规定 PLC 的国际化标准编程语言有五种，包括三种图形化编程语言（梯形图 LD、功能块图 FBD、顺序功能图 SFC）和两种文本化编程语言（指令表 IL、结构化文本 ST）。

(1) 梯形图

传统的电器控制系统中普遍采用电磁式继电器及相应的梯形图来实现 I/O 的逻辑控制。PLC 梯形图几乎照搬了继电器梯形图的形式，因而现场的操作和维护人员不会感到陌生。传统的继电器控制逻辑是由硬接线完成的，而 PLC 利用内部可编程序的存储器，通过软件方法实现相应的连接。这种软接线的 PLC 梯形图程序实现容易，修改灵活方便，是广大工程技术人员的首选编程语言。如图 11-5(a) 所示。

(2) 指令表

PLC 的指令类似于微机的汇编语言，但更为简单而易于使用。不同生产厂商的 PLC 有不同的指令系统，它们对于操作码和操作数的表示方法、取值范围都有不同的规定。表11-1给出了几种 PLC 部分指令的对照。

表 11-1　典型 PLC 的逻辑指令

欧姆龙公司	GE 公司	三菱公司	西门子公司 STEP7	功能说明
LD	STR	LD	A	以常开触点开始一个逻辑行
LD NOT	STR NOT	LDI	AN	以常闭触点开始一个逻辑行
OUT	OUT	OUT	=	输出
AND	AND	AND	A	串联常开触点
OR	OR	OR	O	并联常开触点
AND NOT	AND NOT	ANI	AN	串联常闭触点
OR NOT	OR NOT	ORI	ON	并联常闭触点
AND LD	AND STR	ANB	A(O ## O ##)	并联支路的串联
OR LD	OR STR	ORB	O(A ## A ##)	串联支路的并联

指令表可直接键入简易编程器，其功能与梯形图完全相同。由于简易编程器既没有大屏幕显示梯形图，也没有梯形图编程功能，所以小型 PLC 使用简易编程器编程时采用指令表语言。图 11-5(b) 是图 11-5(a) 采用三菱系列小型 PLC 梯形图程序的指令表。可见指令表与梯形图有严格的一一对应关系。

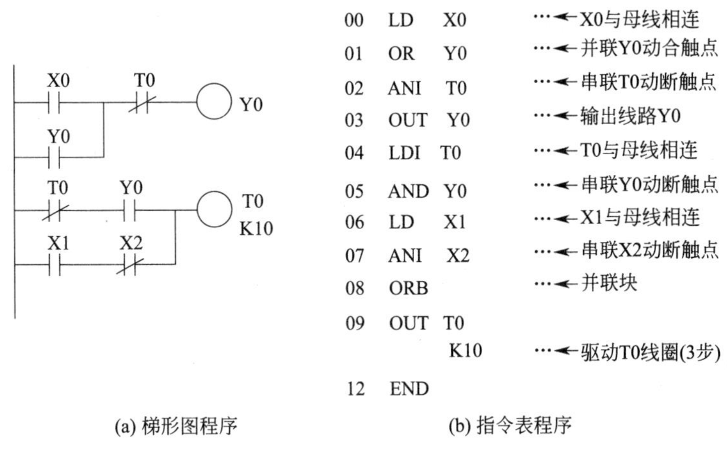

(a) 梯形图程序　　(b) 指令表程序

图 11-5　PLC 编程语言

(3) 顺序功能表图

顺序功能表图（Sequential Function Chart，SFC），又称状态转移图。对于控制要求比较高的场合，可采用顺序功能表图的编程方法设计 PLC 用户程序。该方法就是将整个控制程序划分为若干状态步，每步实现相应的局部操作，并为顺序转换到下一步创造条件。此时，PLC 将按逐步推进的方式来执行整个用户程序。

(4) 功能块图

功能块图（Function Block Diagram，FBD）以功能模块为单位，实现控制系统功能，编程组态时间大大缩短。而功能模块是用图形化的方法来描述功能的，采用“与”“或”“非”等逻辑门电路符号，依控制顺序组合而成，直观性强，使用方便。

（5）结构化文本

结构化文本（Structured Text，ST）是一种高级文本语言，采用高级语言编程，可以完成较复杂的控制运算。具有很强的编程能力，用于对变量赋值、调用功能和功能块、创建表达式、编写条件语句和迭代程序等。许多大、中型 PLC 已采用如类似 BASIC、FORTRAN、C 语言等高级语言的 PLC 专用编程语言，实现程序的自动编译。

11.1.4.2 指令系统

在 PLC 的编程中，梯形图和指令表是两种最常用的编程方法。本节以德国西门子公司（SIEMENS）的 S7 系列 PLC 为例介绍其基本指令和梯形图编程方式。

（1）数据类型

SIEMENS S7 系列 PLC 的指令操作数所使用的基本数据类型有位、字节、字、双字和实数五类。位数据类型的 1 位（bit）只有二进制的 0 和 1 两种取值，通常用来表示数字量（或称开关量）的两种不同状态，例如触点的断开和接通、线圈的断电和通电。8 位二进制数组成一个字节（Byte），两个字节组成一个字（Word），两个字组成一个双字（Double Word）。

在 S7 指令集中，指令的操作数具有一定的数据长度要求，如整数乘法指令的操作数是字型数据；数据传送指令的操作数是字节、字、双字数据类型。

（2）内部编程元件

将 PLC 的 CPU 数据存储器划分成不同的区间，用于存放输入信号、运算输出结果、计时值、计数值和模拟量数值等，这些区间就是 PLC 的编程元件，也称内部寄存器。这些编程元件沿用了传统继电器控制线路中继电器的名称，但并不是真正存在实际物理器件，与其对应的只是存储器的某些存储单元。它包括输入继电器（I）、输出继电器（Q）、变量存储器（V）、辅助继电器（M）、顺序控制继电器（S）、特殊标志继电器（SM）、局部存储器（L）、定时器（T）、计数器（C）、模拟量输入映像寄存器（AI）、模拟量输出映像寄存器（AQ）、累加器（AC）、高速计数器（HC）。

（3）寻址方式

S7 系列 PLC 提供的寻址方式有：立即寻址、直接寻址和间接寻址。

① 立即寻址。指令中直接给出操作数，操作数紧跟着操作码，在取出指令的同时也就取出了操作数的方法称为立即寻址。直接给出的操作数通常被称为立即数，一般是常数，常数可为字节、字、双字型数据。在指令中可用十进制、十六进制、ASCII 码或浮点数形式来表示。如：二进制常数，2＃01011110；十进制常数，2008；十六进制常数，16＃40F；ASCII 码，'OUTPUT'；实数或浮点常数，1.22E-10（正数），－1.22E-10（负数）。

② 直接寻址。指令中直接给出了操作数的地址的寻址方式称为直接寻址。操作数的地址应按规定格式表示，指令中的数据类型与指令标识符应相匹配。

③ 间接寻址。指令中给出的既不是操作数本身也不是操作数的地址，而是存放操作数地址的存储单元的地址，这种寻址方式称为间接寻址。以 S7-200 PLC 为例，可间接寻址的存储器有 I、Q、V、M、S、T、C，不能对独立的位值、HC、L 或模拟量进行间接寻址（图 11-6）。

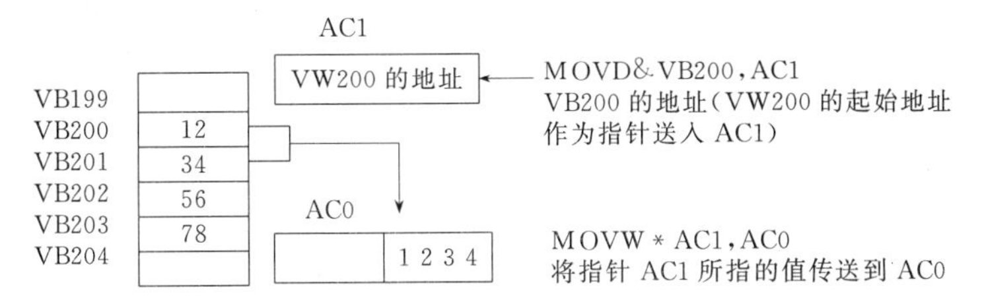

图 11-6　建立和使用指针的间接寻址过程

间接寻址首先要创建一个指向目的地的指针。指针为双字值，用来存放某个存储器（目的地）的地址，以指针中的内容为地址来进行间接寻址。建立指针就是用双字传送指令 MOVD 将需要间接寻址的存储器地址送到指针中，如 MOVD&VB200，AC1。"&"是取地址符，将存储单元 VB200 的物理地址（地址为 32 位二进制数）取出来送入 AC1 中建立指针；指针建立完后，可以依据指针中的内容（地址值）存取数据，此时必须在指针前面加"*"，表示访问的是指针所指定的存储单元。例如 MOVD&VB200，AC1

MOVW * AC1，AC0

此例中完成的操作是将存于 VB200 和 VB201 中的数据（字）传送到累加器 AC0 的低 16 位。

(4) 基本编程指令

S7 系列 PLC 的指令系统非常丰富，包括基本逻辑类指令、定时计数类指令、程序控制类指令、数据移位和传送类指令、数据运算类指令和一些专用指令（如 PID 指令）。下面以 S7-200 PLC 为例，仅对其中常用的基本逻辑类指令、定时计数类指令作介绍。

① 基本逻辑类指令。具体如下。

a. 逻辑取及线圈驱动指令 LD、LDN 和=。LD 指令用于常开触点逻辑运算开始，LDN 指令用于常闭触点逻辑运算开始。LD、LDN 总是与左母线相连，操作数为 I、Q、M、SM、T、C、V、S、L。线圈用指令=（OUT）驱动，使该线圈所代表的软元件触点闭合或断开，用于驱动输出继电器、辅助继电器、特殊功能寄存器、定时器及计数器等。=指令操作数为 I、Q、M、SM、T、C、V、S、L。并联的=指令可以连续使用任意次（图 11-7）。

b. 逻辑与操作指令 A、AN。A、AN 指令是单个触点串联连接指令，可连续使用。指令 A 用于串联常开触点；AN 用于串联常闭触点；A、AN 指令的操作数为 I、Q、M、SM、T、C、V、S、L。图 11-8 为逻辑与运算的应用示例。

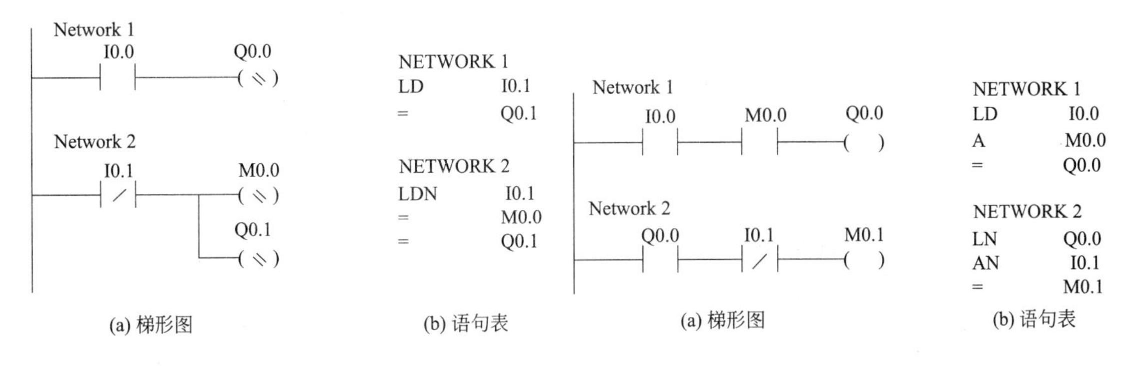

图 11-7　逻辑取和线圈驱动示例　　图 11-8　逻辑与运算示例

c. 逻辑或操作指令 O、ON。O、ON 指令用于单个常开（用指令 O）或常闭触点（用指令 ON）的并联连接，操作数为 I、Q、M、SM、T、C、V、S、L。如图 11-9 所示为逻辑或运算示例。

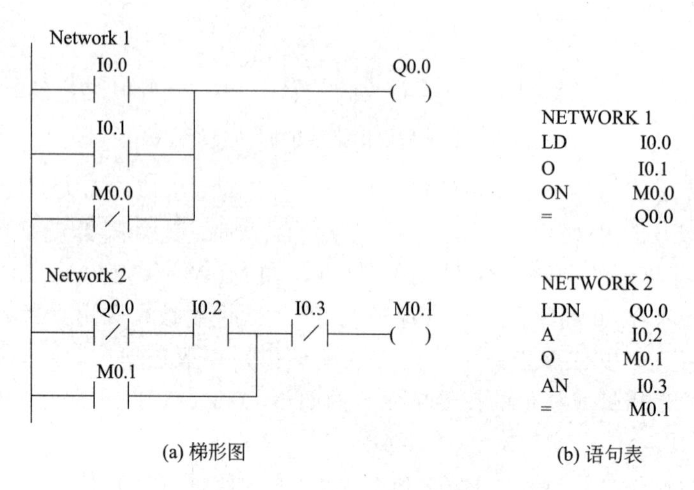

图 11-9　逻辑或运算示例

d. 块的串联 ALD、并联 OLD 指令。有两个或两个以上串联触点的控制电路称为串联电路块，有两个或两个以上并联触点的控制电路称为并联电路块。若有两个以上的并联块触点相串联，用块与指令 ALD；若有两个以上的串联块触点相并联，用块或指令 OLD。ALD、OLD 指令无操作数。

在梯形图中，块串联或并联是以存取指令（LD 或 LDN）作为块的起点。第一个块是从第一个存取指令开始到第二个存取指令前的程序段，第二个块是从第二个存取指令开始到 ALD 或 OLD 指令前的程序段。需要注意的是，块串联或并联指令是对两个块而言的，如果要对多组块进行串联或并联的操作，则需要多个 ALD 或 OLD 指令。块串联和并联的示例见图 11-10。

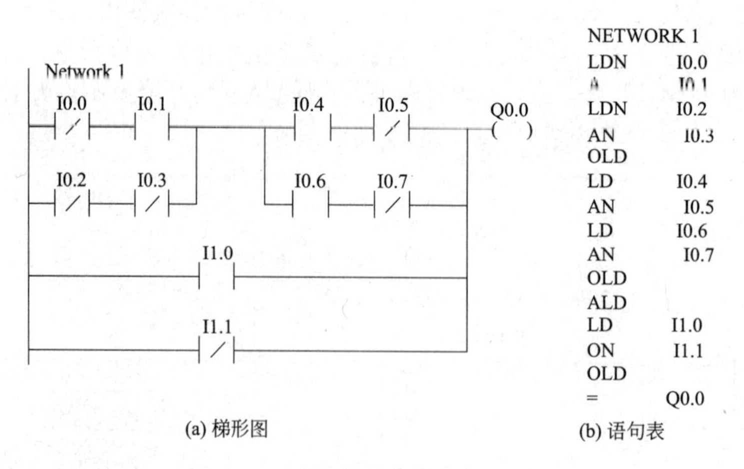

图 11-10　程序块操作指令应用举例

e. 置位和复位指令 S、R。置位指令 S 和复位指令 R 将指定地址参数开始的 N 个位（允许范围 1～255）置为 1 或复位清 0。被置位的位一旦为 1 后，在执行复位指令前不会改变为 0。若复位指令操作的位是指定的 T 位或 C 位，则定时器或计数器被复位(图 11-11)。

S、R 的第一个操作数是 Q、M、SM、T、C、V、S、L，第二个操作数为 VB、IB、QB、MB、SMB、LB、SB、AC 或常数。图 11-11 为置位和复位指令应用举例。可以看出，该图是一个 S-R 触发器。

f. 逻辑取反 NOT 和空操作指令 NOP。NOT 指令将它左边电路的运算结果取反，无操作数。

NOP 为空操作指令，操作数为 0～255 的常数。在 PLC 使用的初期，由于没有语句的删除和插入功能，程序的更改和重新输入比较困难。因此，提供了空操作指令，即对该步程序执行空操作，这就为用户程序的更改提供了删除或插入的可能。此外，空操作有时也用来作为一个极短暂的延时。

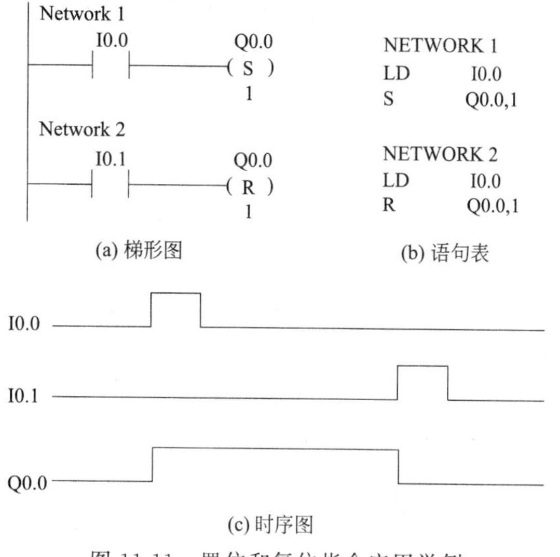

图 11-11　置位和复位指令应用举例

② 定时计数类指令。具体如下。

a. 定时器指令 TON、TOF、TONR。在顺序逻辑控制过程中，不少过程的控制与时间有关，因此，在 PLC 中常设置定时器。S7 系列 PLC 有 3 种定时器：接通延时定时器 TON、断开延时定时器 TOF 和有记忆接通延时定时器 TONR。表 11-2 给出了 3 类定时器的梯形图和指令表。每种定时器都由一个 16 位寄存器和一个状态位 T 位（反映其触点状态）构成。

表 11-2　定时器的梯形图和指令

指令	TON	TOF	TONR
梯形图	T### IN　TO P	T### IN　TOF P	T### IN　TONR P
指令表	TON T＃＃＃，PT	TOF T＃＃＃，PT	TONR T＃＃＃，PT

定时器指令 TON、TOF 和 TONR 的操作数 T＃＃＃ 表示 PLC 内部 256 个定时器的编号 T0～T255，按照定时器的类型（TON、TOF、TONR）和定时器分辨率（1ms、10ms、100ms）编号；PT 表示定时器预置常数，为 16 位有符号整数，因此最大值为 32767，可寻址范围为 VW、IW、QW、MW、SMW、LW、AIW、AC、T、C、*VD、*AC、*LD 和常数。IN 表示连接使能触点，为 I、Q、M、SM、T、C、V、S、L 使能输入。

接通延时定时器 TON 用于单次时间定时，如图 11-12 所示。接通使能输入时，TON 定时器开始计时，当定时器当前计时值大于等于预设值（PT）时，定时器状态位被置 1，继续计时，直到最大值 32767。使能输入断开时，TON 停止计时并清除当前值。断开延时定时器 TOF 用于在使能输入断开后延时一段时间断开定时器输出。使能输入接通时，TOF 的状态位立即被置为 1 并保持接通，当前值被清零。当使能输入断开时，定时器开始计时，直到当前值大于等于预设值时，状态位被清零断开。有记忆接通延时定时器 TONR 用于多次时间间隔累计定时。该定时器寄存器内容在停机或上电时不被清零，而是保持为上次计时值。当使能接通时，TONR 定时器在上次数值基础上开始计时，当前值大于等于预设值时，状态位被置为 1，并停止计时，当前值保持不变。

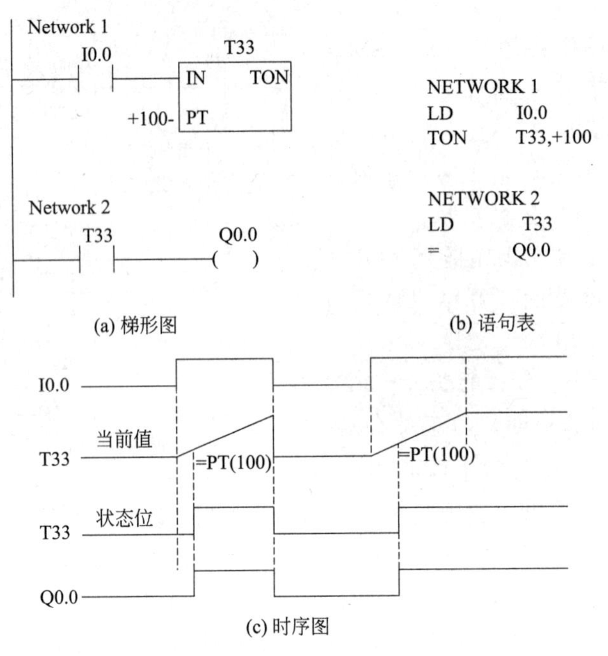

(a) 梯形图　(b) 语句表

(c) 时序图

图 11-12　接通延时定时器指令应用示例

b. 计数器指令 CTU、CTD、CTUD。S7-200 系列 PLC 内部有 256 个计数器 C0～C255，分为加计数器 CTU、减计数器 CTD 和加/减计数器 CTUD。每个计数器有一个 16 位寄存器和一个状态位 C 位，计数范围为 0～32767。计数器的梯形图和指令表如表 11-3 所示。

表 11-3　计数器的梯形图和指令

指令	CTU	CTD	CTUD
梯形图	C### CU CT R PV	C### CD CT LD PV	C### CU CTUD CD R PV
指令表	CTU C＃＃＃，PV	CTD C＃＃＃，PV	CTUD C＃＃＃，PV

计数器指令 CTU、CTD 和 CTUD 的操作数 C＃＃＃表示内部计数器编号；PV 表示计数器预置常数，为 16 位有符号整数，因此最大值为 32767，可寻址范围为 VW、IW、QW、MW、SMW、LW、AIW、AC、T、C、*VD、*AC、*LD、SW 和常数。CU、CD、LD、R 表示连接使能触点，为 I、Q、M、SM、T、C、V、S、L 使能输入。

加计数器 CTU 在计数输入端 CU 有上升沿输入时，计数器当前值加 1。当计数器当前值大于或等于预设值 PV 时，该计数器状态位置 1。当复位输入端 R 被置位时，计数器复位，当前值和状态位清零。减计数器 CTD 工作过程与 CTU 基本一致，不同的是装载复位端 LD 置位时，计数器装入预置常数 PV 到当前值中，而计数输入端有上升沿时将预设当前值减 1，当前值减至 0 时，状态位置 1。加/减计数器 CTUD 在加计数端 CU 有上升沿输入时当前值加 1，在减计数输入端 CD 有上升沿输入时当前值减 1。当计数器当前值大于或等于预设值 PV 时，该计数器状态位置 1。当复位输入端 R 置位时计数器复位，当前值和状态位被清零。

如图 11-13 所示是一个 CTD 指令的应用例子。

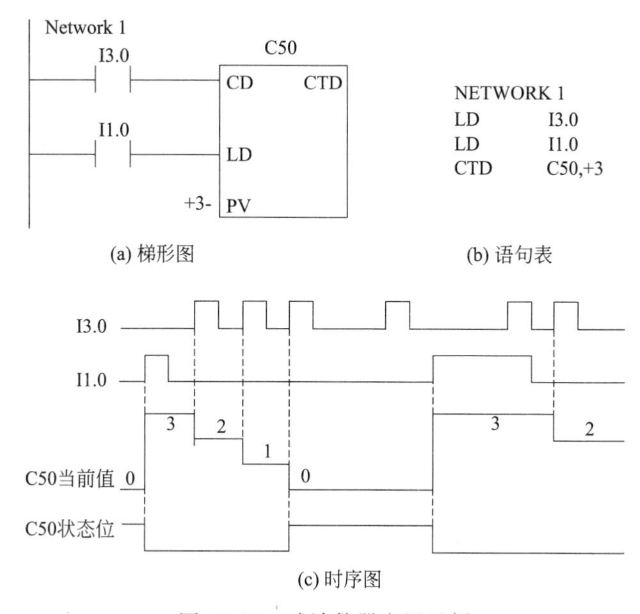

图 11-13　减计数器应用示例

11.2　常见可编程控制器及其应用

当前世界上 PLC 生产厂家有数百家，生产几千种不同型号、不同规格的 PLC，其中欧美产品以大中型 PLC 为主，如德国西门子公司 S7 系列 PLC 产品。小型 PLC 主要是日本产品，其中较有影响的有欧姆龙公司和三菱公司等。本节主要以德国西门子（SIEMENS）公司 S7 系列 PLC 为例进行介绍。

11.2.1　西门子 S7 系列 PLC 概述

西门子公司是欧洲最大的电气、电子设备制造商，也是国际上较早研制和生产 PLC 产品的主要厂家之一。SIMATIC S7 系列 PLC 产品包括微型 PLC 系列 S7-200、紧凑小型 PLC 系列 S7-1200、中型较高性能 PLC 系列 S7-300 和高性能大型 PLC 系列 S7-400 等，产品系列能满足自动化多方面的需求，在逻辑控制、运动控制、过程控制以及工厂全集成自动化系统中均得到广泛应用。

(1) S7-200 系列微型 PLC

S7-200 系列微型 PLC 为整体式结构，除了少数 CPU 无扩展能力只能单机运行外，大部分机型都有很强的开关量、模拟量 I/O 扩展能力，还有一些附加功能和较强的通信能力。它结构小巧、可靠性高、运行速度快，指令丰富。S7-200 微型 PLC 的 CPU 已有两代，第一代CPU模块为CPU21X，共有4种类型的CPU，即CPU212、214、215、216；第二代CPU模块为CPU22X，也有4种类型CPU，即CPU221、222、224、226。

S7-200微型PLC的系统配置：CPU21X最小配置为8 DI/6 DO，可扩展2～7个模块，最大I/O点数为64 DI/DO，12 AI/4 AO；CPU22X最小配置为CPU221，本机6 DI/4 DO，无扩展能力。其余型号CPU有扩展能力，可扩展2～7个模块，扩展总点数原则上不能大于输入和输出映像区的范围（256 DI/DO，32 AI/AO），还受到各扩展模块所消耗电流和CPU所能提供的最大扩展电流限制。

S7-200微型PLC的优势在于它的快速性、灵活性及多功能性。快速性特别是第二代产品CPU22X的每条逻辑指令执行时间仅为0.37μs，高速计数器、数字量输入脉冲捕捉和中断功能，可分别用于响应过程事件与高速处理；灵活性是指结构配置灵活，可根据任务配置大小、功能不同的扩展系统。多功能性一方面指它提供不同的编程语言和丰富的指令集，另一方面具有丰富的通信功能，2个RS485通信/编程口，又有PDI通信协议作为从站接入MPI网和自由通信方式。

（2）S7-1200系列小型PLC

2009年，西门子推出S7-1200系列PLC，从应用角度看，S7-1200系列PLC和S7-200系列PLC同属小型自动化系统应用领域范畴。它吸收S7-300系列PLC和S7-200系列PLC的一些特点，并融合了SIMATIC HMI精简系列面板技术，使PLC、人机界面和工程组态软件无缝整合和协调，以满足小型独立离散自动化系统对结构紧凑、能处理复杂自动化任务的需求。

典型的S7-1200系列PLC系统主要由S7-1200可编程序控制器、精简系列面板HMI和STEP7 Basic工程组态软件组成。S7-1200可编程控制器主要由CPU模块（CPU1211C、CPU1212C和CPU1214C三种型号）、通信模块（CM）、信号模块（SM）和信号板（SB）及各种附件（存储卡、电源模块、精简面板等）组成。通过S7-1200可编程控制器集成的PROFINET接口可直接与编程器、精简系列面板或过程设备相连，还可使用RS 485或RS 232通信模块进行点对点通信。S7-1200系列PLC系统的基本结构如图11-14所示。

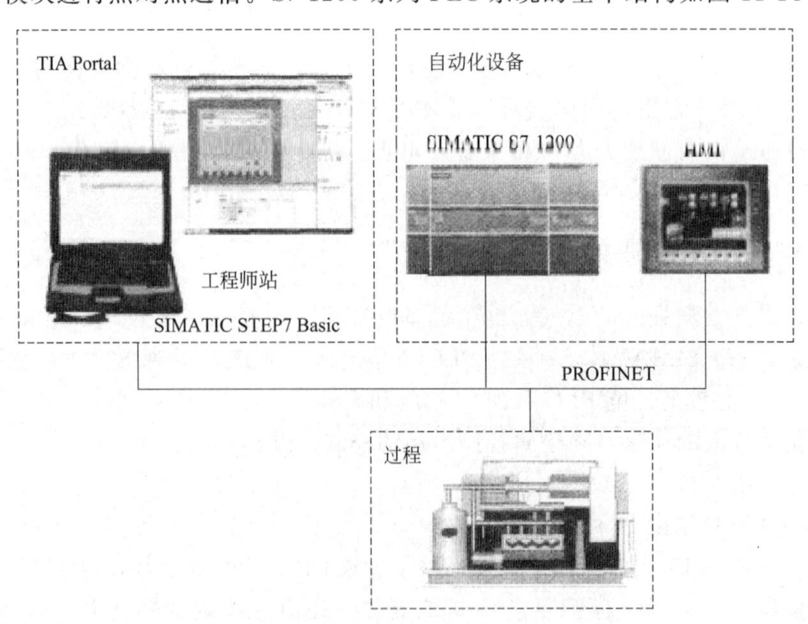

图11-14　S7-1200系列PLC系统构成

（3）S7-300系列中型PLC

SIMATIC S7-300是一种模块化可编程序控制器系统，根据需要可将各种功能模块组合，构成不同要求的系统和控制网络。一台S7-300 PLC基本单元由安装在专用金属导轨上的各种模块组成。采用背板总线方式将各个模块从机械上和电气上连接起来，背板集成在各模块上，带有U形总线连接器。主要模块类型有中央处理单元CPU模块、信号SM模块、通信CP模块、功能FM模块和辅助模块——电源PS模块、接口IM模块。单机架配置时，最多装8个模块，256个I/O点。如果系统任务需要多于8个信号模块或通信处理器模块时，可以多机架扩展。多机架配置时，最多可达1024个I/O点，若使用PROFIBUS-DP的分布式系统，则最多可连接65536个I/O。

S7-300 PLC有8种不同性能档次的CPU：CPU312IFM、314IFM、313、314、315、315-2DP、316-2DP、318-2DP。其中IFM表示该CPU模块上集成有I/O接口和集成有特殊功能。带-2DP表示该CPU模块上有与现场总线PROFIBUS-DP的接口。S7-300 PLC指令系统丰富，包括350多条指令。指令运算速度可达到0.1～0.6μs。S7-300 PLC采用浮点数运算实现更为复杂的算术运算。在操作系统内集成了人机界面（HMI）服务功能，人机对话操作简单。该系列PLC具备强大的通信功能和多种不同的通信接口，并通过多种通信处理器连接PROFIBUS、AS-i现场总线和工业以太网。串行通信处理器用来连接点到点的通信系统。多点接口（MPI）集成在CPU中，用于同时连接编程器、PC机、人机界面系统及其他SIMATIC S7/M7/C7等自动化控制系统。

（4）S7-400系列大型PLC

S7-400系列大型高性能PLC，采用模块式无风扇设计方式，适合于自动化生产和过程工程中的高级控制应用。它有多种不同性能档次的CPU可供选择，包括CPU412-1、412-2、414-2、414-3、416-2、416-3和417-4，主要差别在于用户内存的大小、执行时间的长短以及接口的多少。除CPU412-1外均有集成式PROFIBUS-DP接口。而且在一个S7-400 PLC中央控制器中可包括多个CPU，可使不同的功能分离开来。另外它既有标准型，也有S7-400H容错（冗余）型和S7-400F/FH安全型。

S7-400 PLC的各种模块装在一个机架上，组成所需要的系统，机架都带有集成的背板总线。用户只需简单地将各模块插入总线插槽并固定即可。有通用机架UR1（18槽）/UR2（9槽），既可作中央机架（CR）用，也可作为扩展机架（ER）用。每个机架需要一个自己的电源模块，其功能是接收电网送入的120/230V AC或24V DC外来电源，并通过机架背板总线对机架内其他模块提供工作电源。

S7-400 PLC的信号模块（SM）包括数字量DI/DO（32、16、8点）、模拟量AI/AO（16、8路）、带诊断功能的输入/输出模块。功能模块（FM）专门用于计数、定位、凸轮控制等任务。接口模块（IM）用于中央机架CR与扩展机架ER之间的连接。通信模块（CP）用于将CPU连接到工业以太网、PROFIBUS总线及点到点的网络上。

11.2.2　西门子S7系列PLC的应用举例

工业生产过程中，多种液体原料的混合搅拌控制系统是一种常见而重要的控制系统。

如图11-15所示是一个两种液体混合搅拌控制系统示意图。系统有H、I、L3个液面传感器，该传感器被液面淹没时送出ON信号，液面低于传感器位置时传感器为OFF状态。两种液体的流入由液体A输入电磁阀Y1和液体B输入电磁阀Y2控制，混合液C的流出由电磁阀 Y4 控制。搅拌电动机 M 用于驱动桨叶将液体混合均匀，M＝ON 时搅拌电动机运行；M＝OFF 时，搅拌电动机停止。

该液体自动混合搅拌系统的动作为：启动系统之前，容器是空的，各阀门关闭，传感器 H＝I＝L＝OFF，搅拌电动机 M＝OFF。首先，按下启动按钮，自动打开阀门 Y1 使液体 A 流入。当液面到达传感器 I 的位置时，关闭阀门 Y1 停送液体 A，同时打开阀门 Y2 使液体 B 流入。当液面到达传感器 H 位置时，关闭阀门 Y2，同时启动搅拌电动机 M 搅拌 1min。搅拌完毕后，停止搅拌即 M＝OFF，打开放液阀门 Y4，开始放出混合液体。当液面到达传感器 L 的位置时，再继续放液 10s 后关闭放液阀门 Y4，随后再将阀门 Y1 打开。如此循环下去。

在工作中如果按下停止按钮，搅拌机不立即停止工作，只有当前混合操作处理完毕，才停止工作，即停在初始状态。

(1) 硬件设计

本控制系统开关量输入点有 5 个（启动、停止和 H、I、L），输出点有 4 个（Y1、Y2、Y4 和 M），I/O 点数为 9 个。选用一般中小型控制器即可，现假设选用 S7-200 PLC 的 CPU222，其 I/O 点总数为 14 个，其中输入点 8 个，输出点 6 个，对于本系统 I/O 点数要求已足够。采用 S7-200 PLC 的 CPU222 的 I/O 配置如图 11-16 所示。

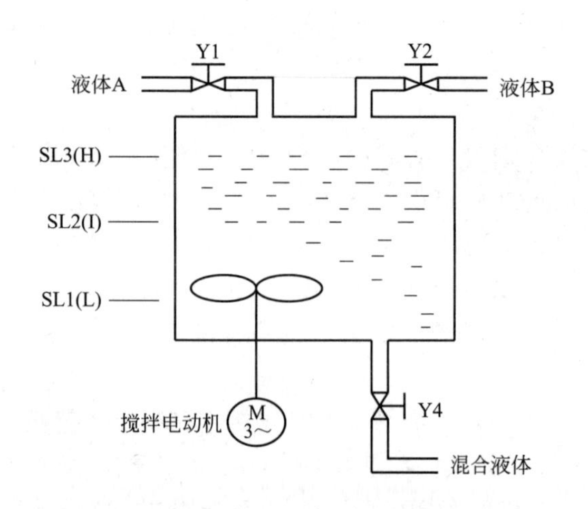

图 11-15 液体混合搅拌控制系统示意图

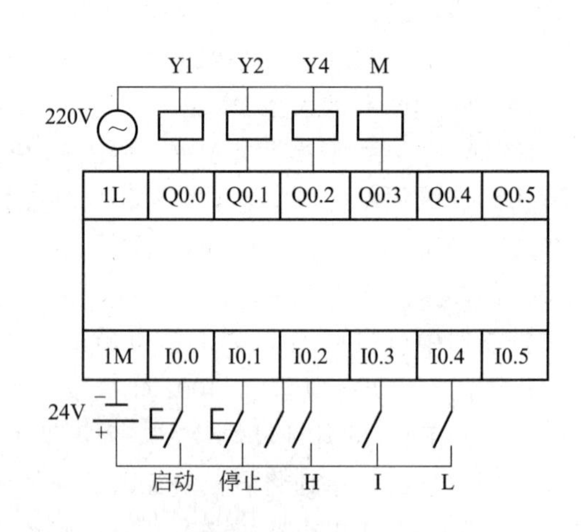

图 11-16 PLC 的 I/O 配置图

(2) I/O 点的地址分配表

I/O 点的地址分配表见表 11-4。

表 11-4 I/O 地址分配表

输入信号			输出信号		
端子号	功能	端口地址	端子号	功能	端口地址
1	启动按钮	I0.0	1	液体 A 电磁阀 Y1	Q0.0
2	停止按钮	I0.1	2	液体 B 电磁阀 Y2	Q0.1
3	液位 H 传感器	I0.2	3	混合液 C 电磁阀 Y4	Q0.2
4	液位 I 传感器	I0.3	4	搅拌电动机 M	Q0.3
5	液位 L 传感器	I0.4			

(3) 程序设计

本程序采用梯形图语言编制。如图 11-17 所示。

网络1：初始状态。

Network 1

I0.4　Q0.0　Q0.1　Q0.2　Q0.3　M0.0

网络2：启动按下，输入液体A。

Network 2

M0.0　I0.0　I0.1　P　Q0.0　S　1

网络3：I液面到达，停止A，输入B。

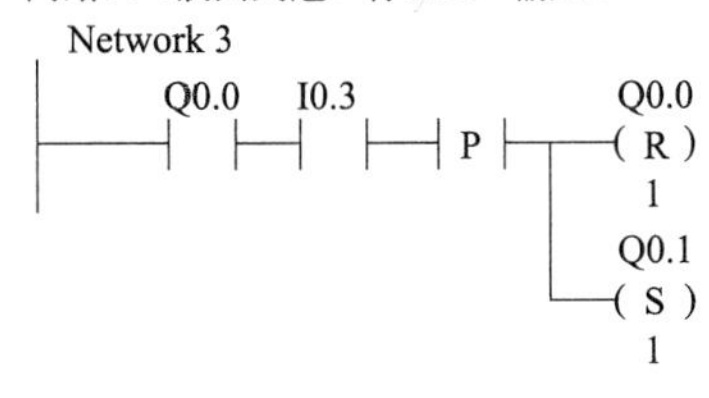

网络4：H液面到达，停止B，搅拌启动。

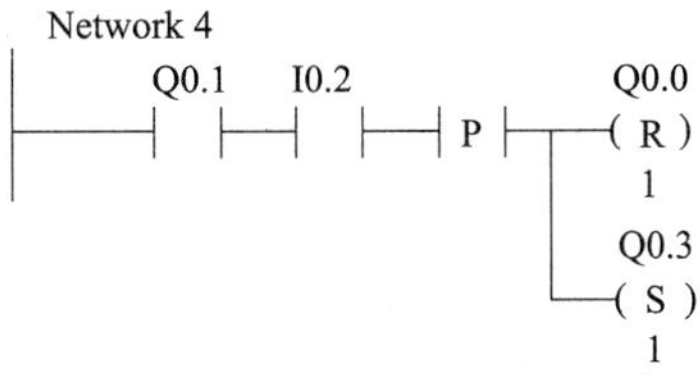

网络5：启动1min定时器。

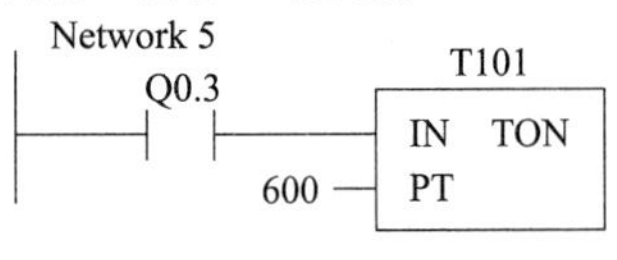

网络6：定时到，停止搅拌，输出C。

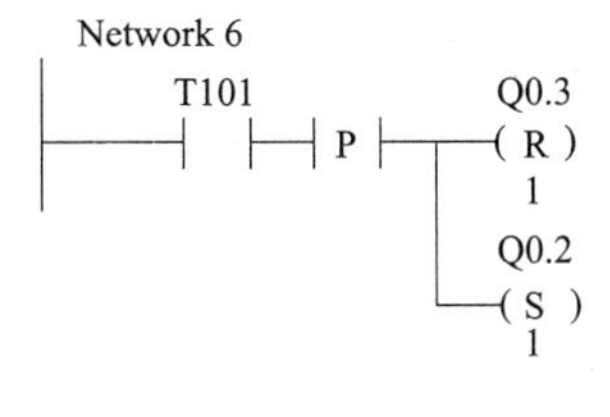

网络7：L液面到达，置M0.1=1。

Network 7

Q0.2　I0.4　P　M0.1　S　1

网络8：M0.1=1，延时10s。

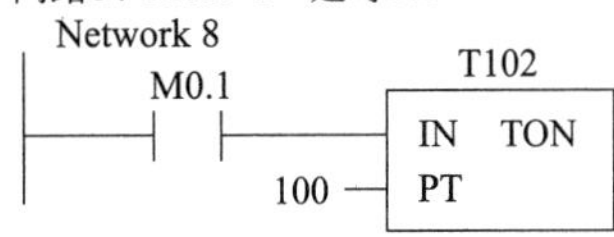

网络9：延时到，停止C。

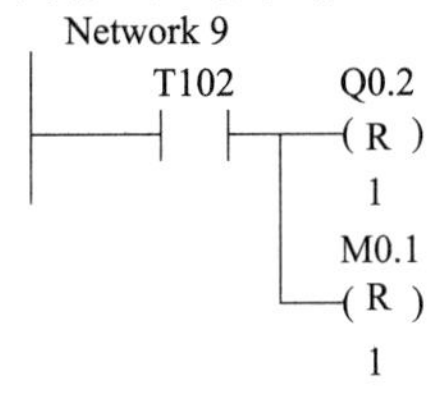

网络10：按下停止，复位Y1。

Network 10

I0.1　P　Q0.1　R　1

网络11：错误操作处理。

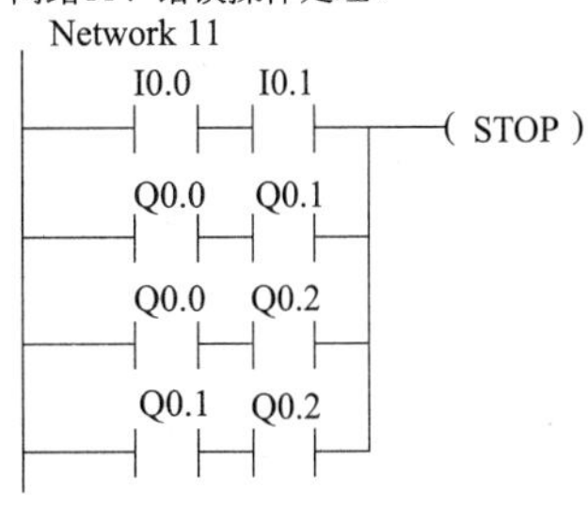

图 11-17　搅拌控制系统梯形图程序

思考题与习题

11-1　可编程控制器的特点有哪些？

11-2　可编程控制器在结构上有哪两种形式？说明它们的区别。

11-3　PLC 怎样执行用户程序？说明 PLC 在正常运行时的工作过程。

11-4　PLC 的工作方式有几种？如何改变 PLC 的工作方式？

11-5　如果数字量输入的脉冲宽度小于 PLC 的循环扫描周期，是否能够保证 PLC 检测到该脉冲？为什么？

11-6　影响 PLC 输出响应滞后的因素有哪些？你认为最重要的原因是哪一个？

11-7　PLC 常用的编程语言有哪些？

11-8　S7-300 PLC 基本单元的模块有哪些种类？各有什么用途？

11-9　S7-300 PLC 的扩展需要遵循哪些原则？

第 12 章 计算机监督控制系统

12.1 计算机监督控制系统组成结构

计算机监督控制系统简称 SCADA 系统（Supervisory Control And Data Acquisition），包含数据采集和监督控制两个层次的基本功能。它是一类功能强大的计算机远程监督控制与数据采集系统，综合利用计算机技术、控制技术、通信与网络技术，完成对测控点分散的各种过程或设备的实时数据采集、本地或远程的自动控制，以及生产过程的全面实时监控，并为安全生产、调度、管理、优化和故障诊断提供必要和完整的数据及支持。SCADA 系统主要用于测控点十分分散、分布范围广泛的生产过程或设备的监控，通常情况下测控现场是无人或少人值守。

SCADA 系统的发展与计算机技术和网络通信技术的发展息息相关。第一代 SCADA 系统起源于 20 世纪 70 年代，采用专用计算机和专用操作系统。第二代 SCADA 系统出现在 20 世纪 80 年代，开始基于通用计算机技术，一般采用集中控制，计算机用量少，同时由于技术复杂，系统不具有开放性。第三代 SCADA 系统出现在 20 世纪 90 年代，其通信部分基于网络技术，管理部分结合数据库技术，控制系统采用小型微型计算机或使用单片机，网络协议开放，易于多系统互连。目前，第四代 SCADA 系统技术正逐渐发展成熟，Internet、FCS、GSM、GPRS 等网络技术的采用，GIS、GPS、面向对象技术、神经网络技术以及 JAVA 技术的融入，Windows、Linux、RTOS 等软件的使用，SQL、ODBC、OPC 等标准的完善，预示着第四代 SCADA 系统将会更加适应社会需求，更加广泛地应用于各个领域。

12.1.1 计算机监督控制系统硬件组成

计算机监督控制系统包含 3 个部分：①过程监控与管理系统，即上位机，是整个 SCADA 系统的最高级一层；②分布式的数据采集系统，也就是通常所说的下位机；③数据通信网络，包括上位机网络系统、下位机网络以及将上、下位机系统连接的通信网络。典型的 SCADA 系统的结构如图 12-1 所示。SCADA 系统的这三个组成部分的功能不同，但三者的有效集成则构成了功能强大的 SCADA 系统，完成对整个过程的有效监控。SCADA 系统广泛采用“管理集中、控制分散”的集散控制思想，因此，即使上、下位机通信中断，现场的测控装置仍然能正常工作，确保系统的安全和可靠运行。以下分别对这 3 个部分的组成、功能等作介绍。

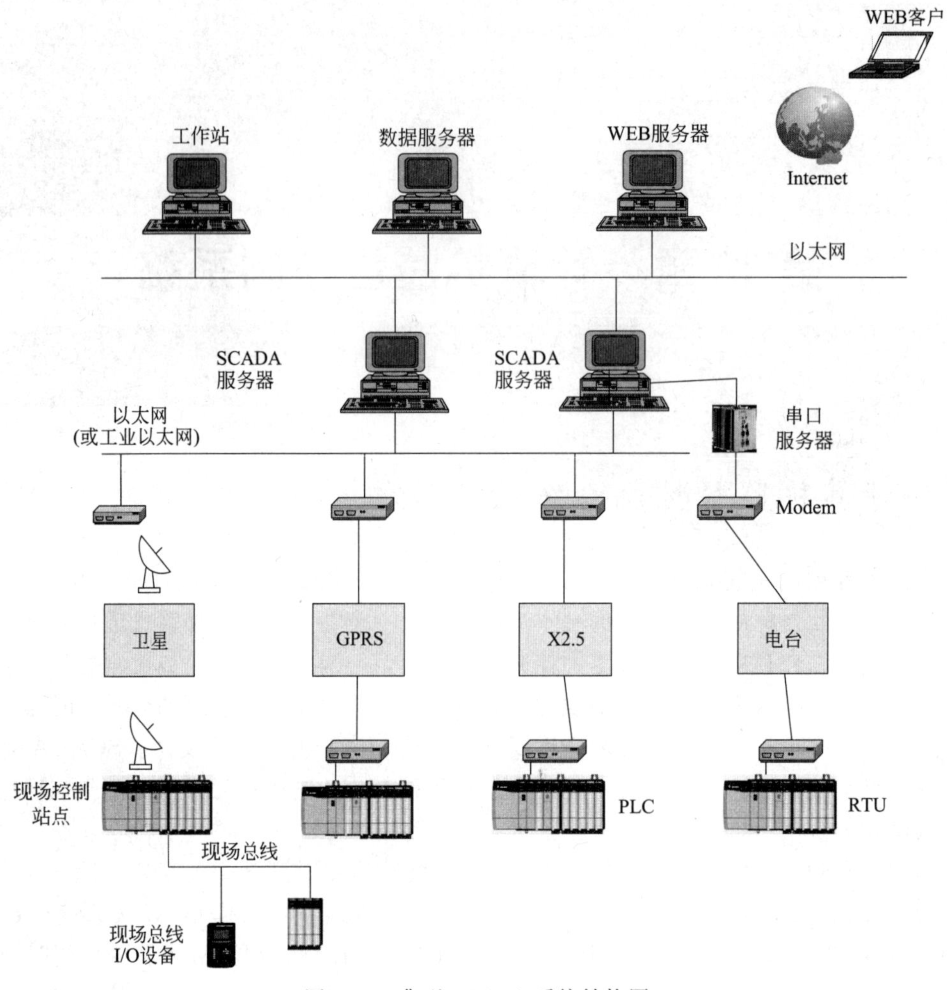

图 12-1 典型 SCADA 系统结构图

(1) 上位机系统

国外文献常称上位机为"SCADA Server"或 MTU (Master Terminal Unit)，主要负责采集所有下位机现场数据和系统数据库的生成，对整个生产过程全线进行集中监视、控制和调度管理。

上位机系统通常包括 SCADA 服务器、工程师站、操作员站、WEB 服务器等，这些设备通常采用以太网联网。实际的 SCADA 系统上位机系统到底如何配置还要根据系统规模和要求而定，最小的上位机系统只要有一台 PC 即可。根据安全性要求，上位机系统还可以实现冗余，即配置两台 SCADA 服务器，当一台出现故障时，系统自动切换到另外一台工作。上位机通过网络与在测控现场的下位机通信，以各种形式，如声音、图形、报表等方式显示给用户，以达到监视的目的。同时数据经过处理后，告知用户设备的状态（报警、正常或报警恢复），这些处理后的数据可能会保存到数据库中，也可能通过网络系统传输到不同的监控平台上，还可能与其他系统（如 MIS、GIS）结合形成功能更加强大的系统。上位机还可以接受操作人员的指示，将控制信号发送到下位机中，以达到远程控制的目的。

对结构复杂的 SCADA 系统，可能包含多个上位机系统。即系统除了有一个总的监控中心外，还包括多个分监控中心。采用这种结构的好处是系统结构更加合理，任务管理更加分散，可靠性更高。每一个监控中心通常由完成不同功能的工作站组成一个局域网，这些工作站包括如下几类。

a. 数据服务器：负责收集从下位机传送来的数据，并进行汇总。

b. 网络服务器：负责监控中心的网络管理及与上一级监控中心的连接。

c. 操作员站：在监控中心完成各种管理和控制功能，通过组态画面监测现场站点，使整个系统平稳运行，并完成工况图、统计曲线、报表等功能。操作员站是 SCADA 客户端。

d. 工程师站：对系统进行组态和维护，改变下位机系统的控制参数等。

通过完成不同功能的计算机及相关通信设备、软件的组合，整个上位机系统可以实现如下功能。

① 数据采集和状态显示。SCADA 系统的首要功能就是数据采集，即首先通过下位机采集测控现场数据，然后上位机通过通信网络从众多的下位机中采集数据，进行汇总、记录和显示。通常情况下，下位机不具有数据记录功能，只有上位机才能完整地记录和保持各种类型的数据，为各种分析和应用打下基础。

上位机系统通常具有非常友好的人机界面，人机界面可以以各种图形、图像、动画、声音等方式显示设备的状态和参数信息、报警信息等。

② 远程监控。SCADA 系统中，上位机汇集了现场的各种测控数据，这是远程监视、控制的基础。由于上位机采集数据具有全面性和完整性，监控中心的控制管理也具有全局性，能更好地实现整个系统的合理、优化运行。特别是对许多常年无人值守的现场，远程监控是安全生产的重要保证。

远程监控的实现不仅表现在管理设备的开、停及其工作方式，如手动还是自动，还可以通过修改下位机的控制参数来实现对下位机运行的管理和监控。

③ 报警和报警处理。SCADA 系统上位机的报警功能对于尽早发现和排除测控现场的各种故障，保证系统正常运行起着重要作用。上位机上可以以多种形式显示发生的故障的名称、等级、位置、时间和报警信息的处理或应答情况。上位机系统可以同时处理和显示多点同时报警，并且对报警的应答予以记录。

④ 事故追忆和趋势分析。上位机系统的运行记录数据，如报警与报警处理记录、用户管理记录、设备操作记录、重要的参数记录与过程数据的记录，对于分析和评价系统运行状况是必不可少的，对于预测和分析系统的故障，快速地找到事故的原因并找到恢复生产的最佳方法是十分重要的，这也是评价一个 SCADA 系统其功能强弱的重要指标之一。

⑤ 与其他应用系统的结合。工业控制的发展趋势就是管控一体化，也称为综合自动化，典型的系统架构就是 ERP/MES/PCS 三级系统结构，SCADA 系统就属于 PCS 层，是综合自动化的基础和保障。这就要求 SCADA 系统是开放的系统，可以为上层应用提供各种信息，也可以接收上层系统的调度、管理和优化控制指令，实现整个企业的优化运行。

（2）下位机系统

下位机一般来讲都是各种智能节点，有自己独立的系统软件和由用户开发的应用软件。这些节点不仅完成数据采集功能，而且还能完成设备或过程的直接控制。这些智能采集设备与生产过程各种检测与控制设备结合，实时感知设备各种参数的状态、各种工艺参数值，并将这些状态信号转换成数字信号，并通过各种通信方式将下位机信息传递到上位机系统中，并且接收上位机的监控指令。典型的下位机有远程终端单元 RTU、可编程控制器 PLC 和智能仪表等。

① 远程终端单元RTU。RTU（Remote Terminal Unit）是安装在远程现场的电子设备，用来监视和测量安装在远程现场的传感器和设备。RTU将测得的状态或信号转换成可在通信媒体上发送的数据格式。它还将从中央计算机发送来的数据转换成命令，实现对设备的远程监控。远程测控终端RTU作为体现“测控分散、管理集中”思路的产品，从20世纪80年代起介绍到中国并迅速得到广泛的应用。它在提高信号传输可靠性、减轻主机负担、减少信号电缆用量、节省安装费用等方面的优点得到用户的肯定。

RTU的主要作用是进行数据采集及本地控制，进行数据采集时作为一个远程数据通信单元，完成或响应本站与中心站或其他站的通信和遥控任务；进行本地控制时作为系统中一个独立的工作站，这时RTU可以独立地完成连锁控制、前馈控制、反馈控制、PID控制等工业上常用的控制功能。RTU的主要配置有CPU模板、I/O（输入/输出）模板、通信接口单元，以及通信机、天线、电源、机箱等辅助设备。RTU能执行的任务流程取决于下载到CPU中的程序，CPU的程序可用工程中常用的编程语言编写，如梯形图、C语言等。与常用的工业控制设备PLC相比，RTU具有如下特点。

a. 同时提供多种通信端口和通信机制。RTU产品往往在设计之初就预集成了多个通信端口，包括以太网和串口（RS-232/RS-485）。这些端口满足远程和本地的不同通信要求，包括与中心站建立通信，与智能设备（流量计、报警设备等）以及就地显示单元和终端调试设备建立通信。通信协议采用Modbus RTU、Modbus ASCII、Modbus TCP/IP等标准协议，具有广泛的兼容性。同时通信端口具有可编程特性，支持对非标准协议的通信定制。

b. 提供大容量程序和数据存储空间。从产品配置来看，PLC提供的程序和数据存储空间往往只有几十KB，而RTU可提供1～32MB的大容量存储空间。RTU的一个重要产品特征是能够在特定的存储空间连续存储/记录数据，这些数据可标记时间标签。当通信中断时RTU就地记录数据，通信恢复后可补传和恢复数据。

c. 高度集成的、更紧凑的模块化结构设计。紧凑的、小型化的产品设计简化了系统集成工作，适合无人值守站或室外应用的安装。高度集成的电路设计增加了产品的可靠性，同时具有低功耗特性。

d. 更适应恶劣环境应用的品质。PLC要求环境温度在0～55℃，安装时不能放在发热量大的元件下面，四周通风散热的空间应足够大。为了保证PLC的绝缘性能，空气的相对湿度应小于85%（无凝露）。否则会导致PLC部件的故障率提高，甚至损坏。RTU产品就是为适应恶劣环境而设计的，通常产品的设计工作环境温度为－40～60℃。某些产品具有DNV（船级社）等认证，适合船舶、海上平台等潮湿环境应用。

② 中、小型PLC。PLC产品性价比高、可靠性高、编程方便，因此，在各种SCADA系统中得到广泛的应用。随着现场总线技术的发展，现场总线在以PLC为下位机的系统中应用也不断增长。

③ 智能仪表。一些工业过程的计算机监督控制系统侧重数据采集、信息集中管理与远程监管，而远程控制功能要求较低。在这类SCADA系统中，大量使用各种现场仪表做下位机，如智能流量计量表、冷量热量表、智能巡检仪等。还可以采用各种智能控制仪表与传统模拟仪表配套进行计量。采用智能控制仪表后，下位机系统具有更强的控制功能，若不需要控制功能，可以直接采用具有通信接口的现场仪表直接作为下位机。

不管选用何种形式的下位机，其地位和作用是一样的，它们与生产过程各种检测与控制设备结合，实时感知设备各种参数的状态，并将这些状态信号转换成数字信号，并通过特定数字通信或数字网络传递到上位机系统中。同时，下位机也可根据预先编写的控制程序，完成现场设备的控制。

由于计算机监督控制系统中上、下位机的通信可能中断，因此要求下位机系统具有自主控制能力。此外，对于 I/O 模块，也要求具有安全值设置等功能。如 PLC 和一些 RTU 的 I/O 模块可以设置初始状态，或程序停止运行时的输出状态。这些功能在目前许多总线式 I/O 模块中也得到了体现，如泓格 7000 系列部分 I/O 模块，除了可以设置 RS-485 通信中断时的安全数值外，还可以设定模块上电值，这些措施不仅可以增强现场控制单元的自主性，而且提高了控制的可靠性。

(3) 通信网络

通信网络实现计算机监督控制系统的数据通信，是 SCADA 系统的重要组成部分。与一般的过程监控相比，通信网络在 SCADA 系统中所起的作用更为重要，这主要因为计算机监督控制系统监控的过程大多具有地理分散的特点，如无线通信机站系统的监控。

一个大型的 SCADA 系统包含多种层次的网络：在上位机监控中心，主要采用工业以太网连接上位机、服务器、通信设备、打印设备。上位机还可以设置 WEB 服务器，提供远程监控网络；在下位机，包括连接 I/O 设备与控制器的现场总线、各种设备级总线等；连接上、下位机的通信网络有 RS-225/485 总线、微波、卫星、GPRS、3G 网络等，这部分网络形式最为多样，是 SCADA 系统的重要特点。

12.1.2　计算机监督控制系统软件组成

计算机监督控制 SCADA 软件系统一般包括数据采集、数据处理、分布式控制、数据库组态、图形组态、监控界面、数据报表、对外系统接口等子系统。从使用的角度来讲，SCADA 软件系统还可以分为组态系统与运行系统。组态系统主要包括监控界面组态、数据库组态、分布式控制组态、报表组态、通信组态等；运行系统主要包括数据采集、数据处理、分布式控制、数据库、监控界面、数据报表、对外系统接口等系统。

(1) 数据库系统

数据库系统是 SCADA 系统的关键平台之一，从行业应用数据分析出发，建立一个真正面向 SCADA 系统的完备的数据库管理系统是开发 SCADA 系统的基础。

数据库系统在工业控制领域可以使用专业的实时数据库系统，也可以采用实时数据库与关系数据库相结合的方式。常采用两层数据库结构：数据库的静态参数部分与历史数据存储在关系数据库中；而数据库的动态部分存储在常驻内存的实时数据库中。为了支持动态数据，实时数据库初始化时首先从关系数据库中装载参数数据。关系数据库和实时数据库在存储上是独立的，但在逻辑上是相关的，它们共同为 SCADA 系统各种应用的实现提供数据支持。

(2) 分布式控制系统

分布式控制系统是 SCADA 系统主要组成部分之一，一般包括分布式控制组态系统与运行系统。控制组态系统主要构建 SCADA 系统的分布式系统架构，包括设定网络架构、设置节点、设置服务器、配置节点进程等；分布式控制运行系统完成 SCADA 系统中各网络及其节点的状态监控、信息传输、进程控制、文件维护、事项管理、邮件管理，同时还实现数据库访问的数据传输等功能。

分布式控制系统作为SCADA系统和操作系统之间的中间件之一，有效地将上层应用和底层系统隔离开。分布式控制系统考虑到各类操作系统之间的差异，对这种差异进行了透明的处理和包装，使上层应用不必修改代码就可以移植到不同的操作系统之上，并且使得上层应用可以在不同的设备和操作系统之上实现互联、互通、互操作，为上层应用的设计和运行提供一个统一的、可扩展的、分布的开发平台与运行环境，为系统的稳定高效运行提供可靠保障。

(3) 图形组态与监控界面系统

图形组态系统是SCADA系统监控界面的生成工具与开发环境，图形组态系统提供多种工业设备图素，如供水行业中的管道、水泵、阀门和水位计等，电力行业中的开关、变压器、电容器、遥测量等。开发人员可以快速制作友好的图形界面供控制系统使用，其中包括曲线图、棒状图、饼状图、趋势图等图形，也包括实时报表、动画脚本以及基于Web浏览器的显示界面等。监控图形中的每个图元一般会关联到实时数据库中的一个点或者一个对象上，然后定时或者以其他方式刷新这些值，根据这些值的不同图元则显示为不同的形状或颜色或其他，这就是所谓的监视，而控制的实现以点击某按钮时向实时数据库或者数据采集工作站发送一个命令来完成。以图形方式对控制系统现场环境中客观存在的事物进行描述，形成简洁、直观的生产调度流程图以及用户与系统之间的人机交互图，并将整个监控界面文件以自定义文件格式或者关系数据库文件格式保存。

监控界面系统负责对图形组态系统生成的各种图形文件进行解释显示，提供缩放、浏览、导航、遥控操作等功能，完成对现场设备的运行监控，是用户与系统交流的主要程序，也称人机界面系统。

(4) 数据采集处理系统

数据采集系统作为SCADA软件系统的数据源头，它主要实现系统的原始数据获取、报文解析处理、数据输出、任务调度以及通信通道的监视与维护等功能，是SCADA软件系统处理的开始。数据采集系统通过数据通信系统实现对现场测控设备、RTU以及通信管理机的实时数据采集，将实时数据处理以后提供给SCADA应用服务器。

数据处理系统负责对数据采集系统处理完成的数据进行实时处理，并为SCADA系统的最终用户提供远程监视控制各种现场设备的能力。

(5) 数据报表系统

数据报表系统以报表的形式将SCADA数据库的数据展现给用户，SCADA系统数据包括模拟量、数字量等测量值以及事项等描述数据。数据的显示形式可以多种多样，主要方式包括图形和报表，其中，报表可以以类似Excel等统一规范格式显示任意测控点在任意时间的数据记录以及报警等事项，可以对数据进行比较、统计等计算。

(6) SCADA系统对外集成接口

企业的MIS是集生产、财务、市场、设备、人事劳资、档案等多项管理功能于一体的局域网络系统，它是企业实现信息资源共享、无纸化办公的基础。SCADA系统与MIS的服务对象、网络安全及软硬件结构不相同，但SCADA系统的信息已成为生产决策的重要依据，也是MIS信息的重要组成部分。为实现资源共享、减少投资，使MIS系统能够共享SCADA系统等自动化系统的实时信息，产生了SCADA实时系统与MIS间互连集成的要求，因此SCADA系统需要提供对外集成接口功能。

(7) SCADA 系统的安全技术

目前，一方面计算机软件系统可能存在安全漏洞，特别是过时的系统设备；另一方面，随着网络技术、通信技术和计算机技术的发展，越来越多的 SCADA 系统逐步从封闭的内部网升级连接到互联网，这些都可能被黑客利用，致使缺乏安全防护的 SCADA 系统发生异常甚至瘫痪。

研究安全技术在 SCADA 系统中的应用，目的就在于提高整个系统运行的安全性，以应对当前或者未来可能出现的安全问题。

(8) 工程管理程序系统

工程管理程序必须为用户提供集成化的开发环境和运行环境，开发环境能够提供项目资源管理、控制系统组态、数据库组态、监控画面组态和数据报表设计等集成环境。运行环境能够提供方便、可靠的监控界面、数据报表等系统运行环境。

12.2　典型的组态软件

“组态”的概念是伴随着集散型控制系统（Distributed Control System，DCS）的出现才开始被广大生产过程自动化技术人员所熟知的。组态软件是指一些数据采集与过程控制的专用软件，是自动控制系统监控层一级的软件平台和开发环境。组态软件主要作为 SCADA 系统及其他控制系统的上位机人机界面的开发平台，为用户提供快速构建工业自动化系统数据采集和实时监控功能的服务。

从目前主流的组态软件产品看，组态软件由开发系统环境与运行系统环境组成，如图 12-2 所示。系统开发环境是自动化工程设计师为实施其控制方案进行应用程序的系统生成工作所必须依赖的工作环境，通过建立一系列用户数据文件，生成最终的图形目标应用系统，供系统运行时使用。

系统运行环境由若干个运行程序支持，如图形界面运行程序、实时数据库运行程序等。在系统运行环境中，将目标应用程序装入计算机内存并投入实时运行。不少组态软件都支持在线组态，即在不退出系统运行环境下修改组态，使修改后的组态在运行环境中直接生效。维系开发组态环境与运行环境的纽带是实时数据库，如图 12-2 所示。

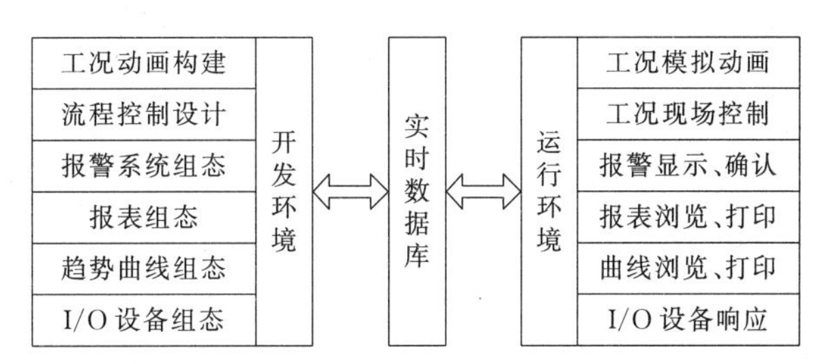

图 12-2　组态软件结构

12.2.1　iFix 组态软件

iFix 软件是全球较为领先的 HMI/SCADA 自动化监控组态软件，已有超过 30 万套的软件在全球运行。世界上许多制造商都应用 iFix 软件来全面监控和分布管理全厂范围的生产数据。iFix 广泛应用于冶金、电力、石油化工、制药、生物技术、食品饮料、石油天然气等工业当中，集强大功能、安全性、通用性和易用性于一身，是流程工业生产环境下全面的HMI/SCADA解决方案。

iFix的全称是Fully-Integrated Control System，即全集成控制系统。美国Intellution公司以iFix组态软件起家，后来几经收购，现在iFix软件产品属于美国GE公司。iFix是一个基于Windows的HMI/SCADA组件，是基于组件技术的开放的产品，专为在工厂级和商业系统之间提供易于集成和协同工作的设计环境。

(1) iFix的网络结构

iFix的网络系统结构如图12-3所示，采用客户/服务器的分布式结构，为系统提供最大的可扩展性。无论是简单的单机人机界面（HMI），还是复杂的多节点、多现场的数据采集和控制系统（SCADA），iFix都可以方便地满足各种应用类型和应用规模的需要。它的功能结构特性使其可以减少开发自动化项目的时间，提高系统升级和维护的效率，并可实现与第三方应用程序的无缝集成。

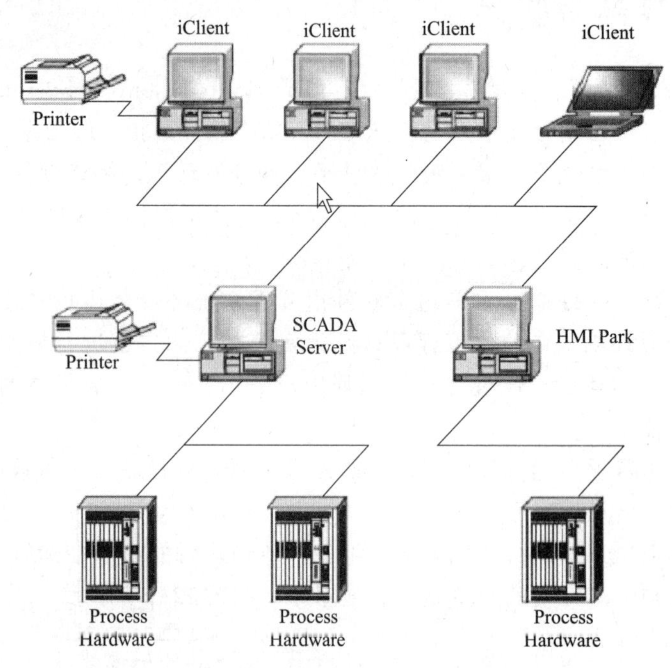

图12-3 iFix网络系统结构图

网络中节点（Node）即一台运行iFix软件的计算机。节点分为三类：iClient、SCADA和HMI Park。SCADA服务器是指一个可以直接从过程硬件获取数据的节点。SCADA实现监视控制和数据采集，通过I/O驱动软件和过程硬件进行通信，建立并维护过程数据库。具有数据采集和网络管理功能，而无图形显示功能的节点称为一个盲SCADA服务器（Blind SCADA）。iClient是不具有SCADA功能的节点，iClient不直接与过程硬件通信，该节点从SCADA节点获取数据，可以显示图形、历史数据及执行报表。这类节点有时称为VIEW和HMI（Human/Machine Interface）节点或人机接口节点。同时具有SCADA和iClient功能的节点称为HMI Park，通过I/O驱动软件和过程硬件进行通信，并显示图形、历史数据及执行报表，也可通过网络从其他SCADA节点获取数据。

(2) iFix 软件

一套完整的 iFix 软件包含三大部分：驱动程序、过程数据库和画面编辑与画面运行工作台。如图 12-4 所示。

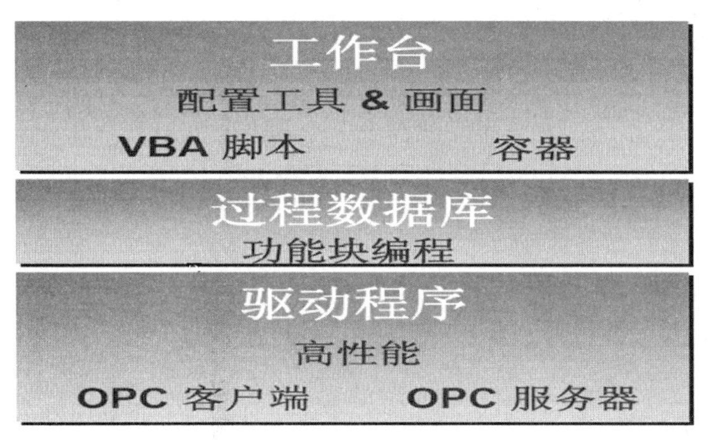

图 12-4　iFix 软件系统构成

① 驱动程序。驱动程序实现数据采集功能，是 iFix 组态软件和过程硬件之间联系的窗口。组态软件实现对现场设备的数据采集和控制，首先建立物理连接，对支持的设备要有相关驱动程序，设备必须连接到相应通道上，一个通道可以挂接多个设备。通道指设备的硬件接口。通道类型包括串口通道、以太网通道、虚拟设备通道、OPC 通道等。设备指在现场进行数据采集的硬件产品。设备类型包括 PLC、智能仪表、变频器、OPC 设备等。

iFix 驱动程序不仅支持 Fix32 驱动程序，还包括业界最多的 DLL 形式驱动程序、支持 OPC 模式驱动程序和支持 DDE 其他数据交换方式的驱动程序。其中，OPC 模式驱动程序在 iFix 7.X 以上版本才有，它既可读取数据，又可作为 OPC 服务器供其他 OPC 客户端读取数据。

② 过程数据库。过程数据库实现数据存储、数据报警等。过程数据库（Process Database，PDB）又称实时数据库，用于将各个不同驱动读取的数据集中，按照数据类型分类，监视数据值，并进行超出范围报警。

iFix 的过程数据库管理器界面采用简单的类似“Excel”的用户界面，具有时间和事件编程功能。如图 12-5 所示。过程数据库中包含丰富的过程功能块，以方便高效率的编程，如 I/O 功能块、各种数学计算功能块、过程控制功能块、SQL 功能块、PID 功能块、定时器功能块及用户自定义功能块开发工具包等。

③ 画面编辑与画面运行工作台。组态软件的画面显示现场的实时数据。iFix 的画面组态由 Intellution 工作台实现。Intellution 工作台提供了一个易用的集成开发环境，如图 12-6 所示，类似于 Windows 浏览器风格的系统树，方便工程的开发和管理，同样也有一个包含作图工具、开发向导和专家的工具箱。Intellution 工作台是一个强大的组件容器，内嵌集成的微软 VBA，可实现对象与对象的连接，许多工作避免了用户编程。例如，可以在工作台内嵌一个仪表的 ActiveX 控件，并连接一个数据库点，立刻实现数据值的动态显示，无需任何编程。Intellution 工作台也可方便、简单地集成任何第三方 ActiveX 控件，如在工作台中直接插入 MS Word 和 Excel 文档，其相应的菜单、工具条在工作台中能自动显示，如同在 MS Word 和 Excel 中工作一样，这种安全容器技术大大提高了系统的容错性能。

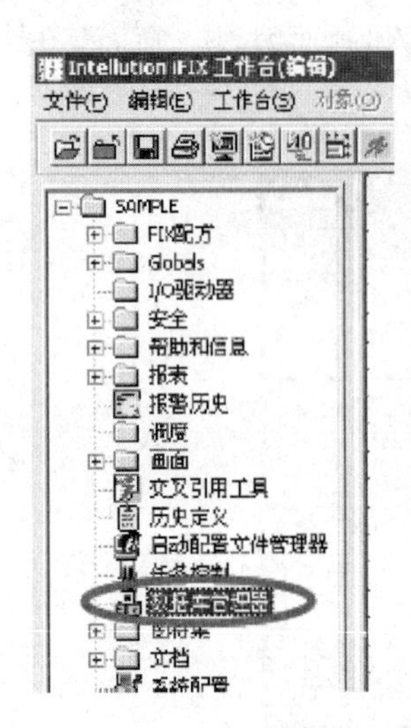

iFIX数据库管理器 -[SAMPLE : 276 列]

数据库(D) 编辑(E) 显示(V) 块(B) 驱动器(R) 工具(T) 帮助(H)

	标签名	类型	描述	扫描时间	I/O设备
1	IFIX1_BATCH_BULKL	AI	散装物料罐容量	20	SIM
2	IFIX1_BATCH_CIPLE	AI	现场清洗罐液位	1	SIM
3	IFIX1_BATCH_RAMP	AI		1	SIM
4	IFIX1_BATCH_RAMP2	AI		1	SIM
5	IFIX1_BATCH_REACT	AI	主反应器液位	7	SIM
6	IFIX1_BATCH_REACT	AI	主反应器温度	1	SIM
7	IFIX1_BATCH_RECLA	AI	回收罐液位	2	SIM
8	IFIX1_BATCH_TANK1	AI	1号化学罐液位	1	SIM
9	IFIX1_BATCH_TANK1	AI	1号化学罐温度	1	SIM
10	IFIX1_BATCH_TANK2	AI	2号化学罐液位	1	SIM
11	IFIX1_BATCH_TANK2	AI	2号化学罐温度	1	SIM
12	IFIX1_BATCH_TANK3	AI	3号化学罐液位	1	SIM
13	IFIX1_BATCH_TANK3	AI	3号化学罐温度	1	SIM
14	IFIX1_DISC_ANEAL	AI	退火机位置	0.05	SIM
15	IFIX1_DISC_LS11	AI	预热机位置	0.05	SIM
16	IFIX1_DISC_REJECT	AI	显象管废品数	1	SIM
17	IFIX1_DISC_SPEED	AI	显象管运输带速度	0.05	SIM
18	IFIX1_DISC_TUBECO	AI	显象管台数	1	SIM
19	IFIX1_DISC_TUBEMO	AI	显象管运输带动画过程	0.05	SIM
20	IFIX1_H20_BW1_AWC	AI	1号反冲池送风机风量	5	SIM
21	IFIX1_H20_BW1_DVC	AI	1号反冲池过滤器控制阀	2	SIM
22	IFIX1_H20_BW1_EFT	AI	1号反冲池过滤器出口流量	4	SIM

若需帮助，按F1　　关　编辑　default　default　default

图 12-5　iFix 的过程数据库管理器界面

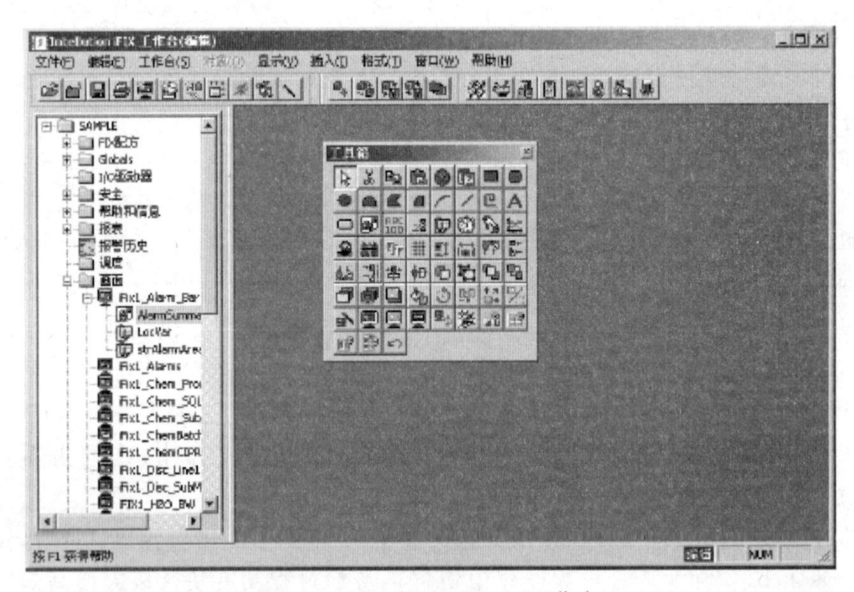

图 12-6　iFix 的 Intellution 工作台

12.2.2　组态王

组态王是北京亚控科技公司（简称“亚控”）开发的组态软件产品，是国产组态软件中市场占有率最高的产品，在大量的中、小型监控系统开发中得到广泛应用。

(1) 组态王功能特性

组态王企业版适用于大型且网络结构复杂的工程需求，它具有模型应用、远程集中管理部署、多人同时开发、分层分布式网络、强大数据采集和处理等功能。组态王系列产品的主要技术特点有以下几点。

① 强大的数据存储能力。组态王集成了对 KingHistorian 的支持，能够更好地满足大点数用户对存储容量和存储速度的要求。KingHistorian 是亚控推出的独立开发的工业数据库。

具有单个服务器支持高达 10 万点、支持 256 个并发客户同时存储和检索数据、每秒检索单个变量超过 30000 条记录的强大功能，能够更好地满足高端客户对存储速度和存储容量的要求，完全满足客户实时查看和检索历史运行数据的要求。

② 广泛的设备支持。组态王已能连接 PLC、智能仪表、板卡、模块、变频器等上千种工业自动化设备。通信方式灵活多样，为用户提供了充足的选择空间，可以适应各种设计方案的需要。目前，组态王支持的通信方式包括串口通信方式、以太网方式、GPRS 通信方式、Lonworks 现场总线方式、BacNet 现场总线方式等。

组态王为第三方软件提供了多种访问组态王工程数据的接口，可以方便地对采集上来的数据进行二次计算，应用各种先进的算法，以满足工程上的特殊需要。其支持的通信接口主要包括 OPC2.0、DDE、通过 OCX 控件的方式开放实时数据、通过 Excel 表格访问历史数据。

③ 支持 Web 发布功能。组态王提供 For Internet 应用——Web 发布，支持 Internet 访问。组态王 Web 功能采用 B/S 结构，客户可以随时随地通过 Internet 实现远程监控，可以实时画面发布、数据发布，IE 浏览客户端可以获得与组态王运行系统相同的监控画面，客户端与 Web 服务器保持高效的数据同步，通过网络可以在任何地方获得与服务器上相同的画面和数据显示、报表显示、报警显示等，同时可以方便、快捷地向工业现场发布控制命令，实现实时控制的功能。

④ 集成的报表系统。组态王提供一套全新的、集成的报表系统，内部提供丰富的报表函数，如日期时间函数、逻辑函数、统计函数等。用户可创建多样的报表和根据工程的需要任意改变报表的外观。另外，提供报表模板，方便用户调入其他表格。

(2) 组态王软件结构

组态王软件包由工程管理器（Project Manage）、工程浏览器（Touch Explorer）和画面运行系统（Touch View）三部分组成。

工程管理器（Project Manage）的作用是集中管理本机上的组态王工程，界面如图 12-7 所示。其功能主要包括新建、删除工程，搜索组态王工程，修改工程属性，工程备份、恢复，数据词典的导入导出，切换到组态王开发或运行环境等。

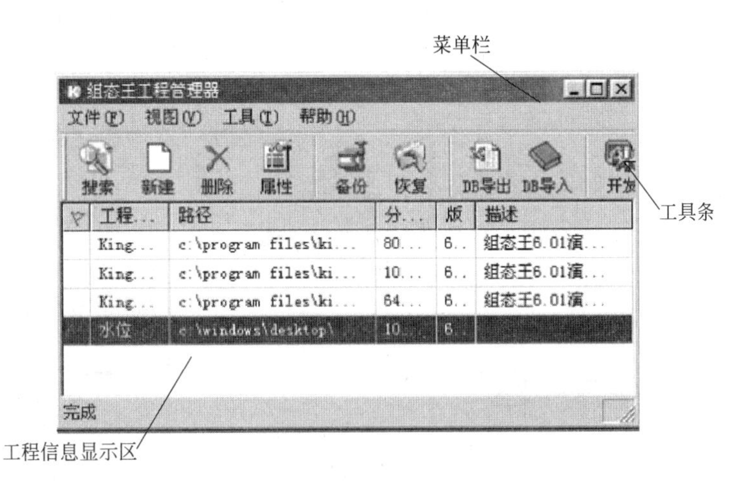

图 12-7　组态王工程管理器

工程浏览器（Touch Explorer）是组态王的一个重要组成部分，是一个类似于 Windows

资源管理器的窗口，如图 12-8 所示，在这里可以看到所建工程的所有组成部分，包括画面、数据库、外部设备、配方等。

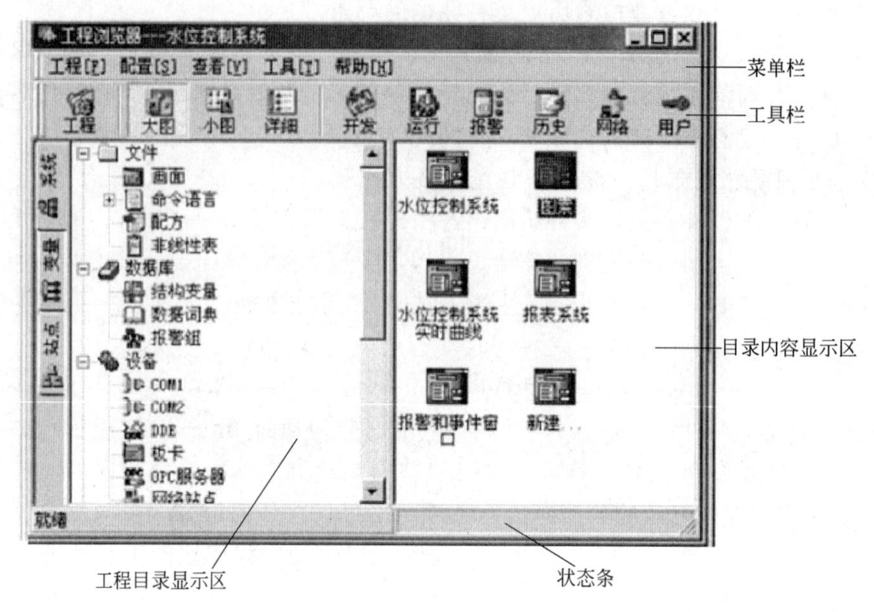

图 12-8　组态王工程浏览器

工程浏览器（Touch Explorer）内嵌组态王画面制作开发环境，如图 12-9 所示为一个水位控制系统的画面开发界面。画面开发环境包含图形工具箱、图库管理器，为开发人员制作画面提供方便，缩短开发周期。画面制作开发系统中设计开发的画面工程在 Touch View 运行环境中运行。Touch Explorer 与 Touch View 各自独立，一个工程可以同时被编辑和运行，工程调试时非常方便。

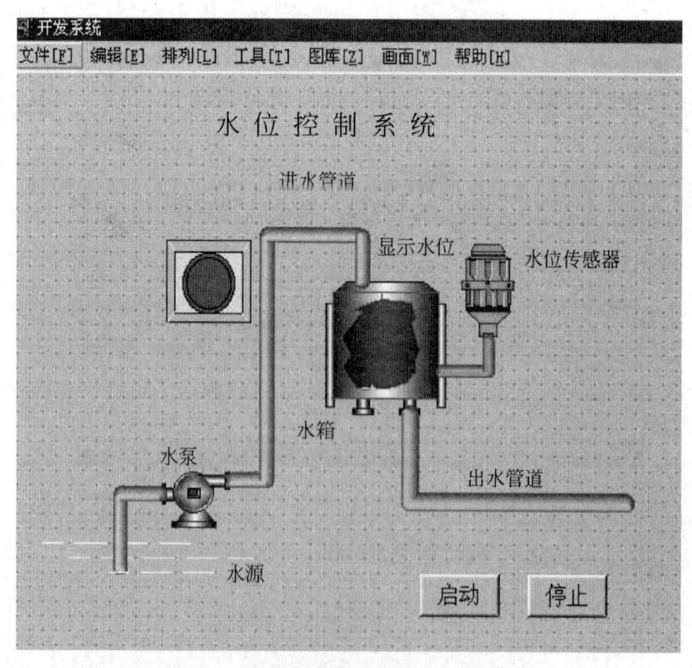

图 12-9　组态王图形画面制作开发界面

(3) 用组态王开发人机界面的一般过程

采用组态王软件开发计算机控制系统人机界面，即建立组态王工程的一般过程包括以下几个步骤。

① 定义外部设备和数据变量（构造数据库）。组态王运行在上位机上，需要与外部设备交换数据。这些外部设备包括下位机如 PLC、现场仪表、模块、板卡等，一般通过串行口或以太网与上位机交换数据；其他 Windows 应用程序，一般通过 DDE 交换数据。若组态软件在网络上运行，外部设备还包括网络上的其他计算机。只有在定义了外部设备之后，组态软件才能通过 I/O 变量进行数据交换。为方便定义外部设备，组态王设计了“设备配置向导”指导完成设备的连接。

在定义了相关的外部设备之后，可以使用数据词典创建实时数据库，用数据库中的变量描述控制对象的各种属性。

② 编辑图形界面。利用组态软件的图库，编辑相应的图形对象模拟实际的工艺流程、控制系统和控制设备。

③ 建立动画连接。建立数据库中变量和图形画面中的图形对象的连接关系，画面上的图形对象通过动画的形式模拟实际控制系统的运行。

④ 配置运行系统和调试。

上述四个步骤并不是完全独立的，事实上，这些步骤常常是交错进行的。

思考题与习题

12-1　什么是 SCADA 系统？它与 DCS 的异同点是什么？

12-2　SCADA 系统由哪几部分组成？它们的作用是什么？

12-3　SCADA 系统的下位机有哪些类型？它们各自有什么特点？

12-4　SCADA 系统的远程终端单元 RTU 相比常规 PLC 有什么好处？

12-5　采用组态王开发 SCADA 系统上位机人机界面的步骤是什么？

第13章 集散控制系统和现场总线

13.1 概述

20世纪50年代末期，过程工业开始陆续出现由计算机组成的控制系统，在中央控制室里采用单一的计算机实现直接数字控制（Direct Digital Control，DDC）或监督计算机控制（Supervisory Computer Control，SCC），构成了集中型计算机控制系统。然而，由于这种控制系统采用的是集中控制，因此危险性高度集中，特别是当承担着整个工厂或装置控制任务的中央控制计算机出现故障时，将会导致整个生产和控制系统瘫痪。

正是在这种背景下，美国霍尼韦尔（Honeywell）公司于1975年推出了世界上第一套集散控制系统TDC-2000；之后相继有众多厂商在此基础上推出了各自的DCS，如横河公司的Yawpark系统、Foxboro公司的Spectrum系统、Bailey公司的Network 90系统及Siemens公司的TelepermM系统等。这些系统是DCS系统发展的初期产品，这个时期的系统比较注重控制功能的实现，系统设计重点是现场控制站，因此系统的直接控制功能比较成熟可靠。但是系统的人机界面功能相对较弱，在实际中只用CRT操作站进行现场工况的监视，使得提供的信息有一定的局限性。在通信方面，各个厂家的系统自成体系，不能实现信号互通和产品互换，其应用范围受到限制。

20世纪80年代，第二代DCS逐步推出，如Honeywell公司的TDC-3000、Fisher公司的PROVOX和Taylor公司的MOD300等。第二代DCS的最大特点是引入了局域网作为系统骨干，按照网络节点的概念组织过程控制站、操作站、系统管理站等，使得系统的规模、容量进一步增加，系统的扩充也有更大的余地。在控制功能和人机界面方面，DCS逐步走向完善。但系统的通信标准方面仍然没有进展，不同厂家的系统之间基本不能进行数据交换。第三代DCS以1987年Foxboro公司推出的I/A Series为代表。这个时期DCS在功能上实现了进一步扩展，增加了上层网络，使生产的管理功能纳入到系统中，形成了直接控制、监督控制和协调优化、上层管理三层功能结构，这实际上就是现代DCS的标准体系结构。在网络方面，各个厂家已普遍采用了标准的网络产品，如各种实时网络和工业以太网等。20世纪90年代后期，很多厂家转向了以太网和在以太网之上的TCP/IP协议，在网络的底层各个系统间可以实现互通。

然而，尽管DCS发展到第三代，生产现场层仍然没有摆脱沿用了几十年的常规模拟仪表，现场控制装置、变送器以及执行器之间仍然是一对一模拟信号（4～20mA DC）单向传输。DCS 生产现场层与其以上各层形成了极大的反差和不协调，并制约了 DCS 的发展。随着现场仪表的智能化和数字化，现场总线（Field Bus）技术应运而生，造就了新一代 DCS 的产生。现场模拟仪表由数字仪表替代，并用现场总线互联，过程控制站内的功能模块分散地分布在各台现场数字仪表中，并可统一组态构成控制回路，实现彻底的分散控制。新一代的 DCS 都包含了各种形式的现场总线接口，可以支持多种标准的现场总线仪表、执行器等。

实际上，现场总线技术早在 20 世纪 70 年代末就已出现，但由于现场仪表数字化的障碍，现场总线技术并未得到大面积应用。20 世纪 90 年代，随着现场模拟仪表的数字化，现场总线技术有了重大突破。在现场总线开发和研究过程中，出现了多种总线标准，例如 FF、Profibus、Lonworks、CAN 等，它们的结构、特性各异，通信协议也不相同。为了完善现场总线国际标准，国际电工委员会（IEC）于 2003 年颁布了第三版的现场总线国际标准 IEC 61158，包含 10 种现场总线类型（Type 1～Type 10）。随着以太网技术在工业自动化系统的广泛应用，各大公司和标准组织纷纷推出各种提升工业以太网实时性的技术解决方案，从而产生了实时以太网。为了规范这部分工作，IEC 组织制定了 IEC 61784-2 实时以太网国际标准，实时以太网规范进入 IEC 61158 标准，即 IEC 61158 第四版。该系列标准采纳了经过市场考验的 20 种主要类型的现场总线、工业实时以太网（Type 1～Type 20）。

现场总线传输的是双向的数字信号，传输误差小，可靠性高，传输信息量大，操作人员可直接在控制室对现场仪表进行标定、校验和故障诊断，还可得到仪表的位号、工作状态等信息。现场总线的采用，减少了 DCS 的安装控件、输入/输出的接口以及附属设备。以一根电缆连接 2～3 台仪表计算，平均可减少 1/2～2/3 的输入/输出卡、输入/输出机柜和隔离器等。因此，相应电缆连接和安装费用可节约 66%以上。

由于现场总线具有如此众多的优点，现场总线控制系统（Field Bus Control System，FCS）的应用革新了 DCS 的现场控制站及现场模拟仪表，标志着新一代 DCS 的产生。DCS 将吸收 FCS 的长处，不断发展和壮大。因此，DCS 不会排斥 FCS，而会包容 FCS，实现真正的分散控制，这一趋势正被不断推出的 DCS 产品所验证。Honeywell 公司的 Experion PKS 过程知识系统、Emerson 公司的 Delta V 集散控制系统、浙江中控自动化有限公司推出的 WebField ECS-100 集散控制系统都具有以上特点。

13.2　集散控制系统

集散控制系统又称分散型控制系统，简称 DCS（Distributed Control System），是计算机控制系统的一种结构形式，其实质是利用计算机技术对生产过程进行集中监视、操作、管理和分散控制的一种新型控制技术。DCS 集计算机、自动控制及网络通信等先进技术于一体，已成为过程工业自动化的主流装置，广泛应用于石油、化工、电力、轻工、冶金等行业。

13.2.1　集散控制系统组成

一个最基本的 DCS 系统应包括三个大的组成部分：至少一台过程控制站，一台操作员站（可利用一台操作员站兼作工程师站）和一条系统网络。一个典型的 DCS 系统体系结构如图 13-1 所示，图中标明了 DCS 各主要组成部分和各部分之间的连接关系。

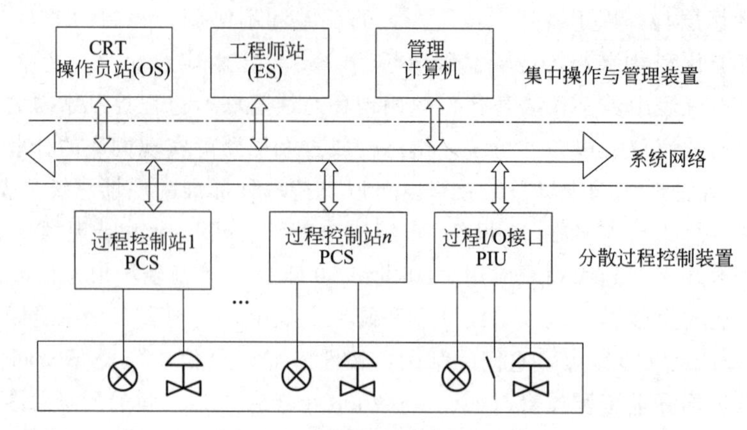

图 13-1　集散控制系统的基本结构

(1) 操作员站

操作员站主要完成人机界面的功能，生产过程的各种参数集中在操作管理装置上显示，操作管理人员通过操作管理装置了解生产过程的运行状况，进行有关操作，如修改某个回路设定值，对某个回路进行手动操作、确认报警和打印报表等。

操作员站一般采用桌面型通用计算机系统，如图形工作站或个人计算机等。其配置与常规的桌面系统相同，但要求有大尺寸的显示器和高性能的图形处理器。为了提高画面的显示速度，一般都在操作员站上配置较大的内存。

(2) 工程师站

工程师站主要作用是对 DCS 进行应用组态。应用组态是 DCS 应用过程中必不可少的一个环节，因为 DCS 上可实现各种各样的应用，关键是如何定义一个具体的系统完成什么样的控制任务，控制的输入、输出量是什么，控制回路的算法如何，在控制计算中选取什么样的参数，在系统中设置哪些人机界面来实现人对系统的管理与监控，还有报警、报表及历史数据记录等各个方面功能的定义。所有这些，都是组态所要完成的工作，只有完成正确的组态，一个通用的 DCS 才能成为一个针对具体控制应用的可运行系统。

一般在一个标准配置的 DCS 中，都配有一台专用的工程师站，也有些小型系统不配置专门的工程师站，将其功能合并到某一操作站中。在这种情况下，可以将这种具有操作员站和工程师站双重功能的站设置成为随时切换的方式，根据需要使用该站完成不同的功能。

(3) 过程控制站

过程控制站，又叫现场控制站，是 DCS 的核心，系统主要的控制功能由它来完成。过程控制站的硬件一般都采用专门的工业计算机系统，其中除了计算机系统所必需的运算器(即 CPU)、存储器外，还包括了现场测量单元、执行单元的输入输出设备，即过程量 I/O 或现场 I/O。在过程控制站内部，主 CPU 和内存等用于数据的处理、计算和存储的部分被称为逻辑控制部分，而现场 I/O 则称为现场部分，这两个部分是需要严格隔离的，以防止现场的各种信号，包括干扰信号对计算机的处理产生不利的影响。

由于并行总线结构复杂，很难实现过程控制站逻辑部分和现场部分的有效隔离，很多厂家在过程控制站内的逻辑部分和现场 I/O 连接方式上采用了串行总线。串行总线的优点是结构简单、成本低、很容易实现隔离，而且容易扩充，可以实现远距离的 I/O 模块连接。近年来，现场总线技术的快速发展更推进了这个趋势。由于 DCS 的过程控制站有比较严格的实时性要求，需要在确定时间期限内完成测量值的输入、运算和控制量的输出，因此过程控制站的运算速度和现场 I/O 速度都应该满足很高的设计要求。一般在快速控制系统中，应该采用较高速的现场总线，如 CAN、Profibus 及 DeviceNet 等，而在控制速度要求不是很高的系统中，可采用较低速的现场总线，这样可以适当降低系统的造价。

(4) 过程 I/O 接口

过程 I/O 接口又叫数据采集站，它是为生产过程中的非控制变量设置的采集装置，不但完成数据采集和预处理，还可以对实时数据作进一步加工处理，供操作站显示和打印，实现开环监视。

(5) 管理计算机

管理计算机习惯上称为上位机，它综合监视全系统的各单元，管理全系统的所有信息，具有大型复杂运算的能力以及多输入、多输出控制功能，以实现系统的最优控制和全厂的优化管理。随着 DCS 的功能不断向高层扩展，系统已不再局限于直接控制，而是越来越多地加入监督控制乃至生产管理等高级功能，因此当今大多数 DCS 都配有管理计算机，除完成监督控制层的工作以外，也向更高层的生产调度和管理直至企业经营管理系统提供实时数据和执行调节控制操作。

(6) 系统网络

DCS 的系统网络是连接系统各个站的桥梁，是一种具有高速通信能力的信息总线，一般由双绞线、同轴电缆或光导纤维构成。在早期的 DCS 中，系统网络包括其硬件和软件，都是各个厂家专门设计的专有产品，随着网络技术的发展，很多标准的网络产品陆续推出，特别是以太网逐步成为事实上的工业标准，越来越多的 DCS 厂家直接采用了以太网作为系统网络。

13.2.2 集散控制系统通信网络

集散控制系统的通信网络是采用计算机网络中的局域网来实现的，它是控制系统的重要支柱，执行分散控制的各单元以及各级人机接口要靠通信网络连成一体。

(1) DCS 网络体系结构

1986 年，IEC/SC65C 提出 DCS 网络的标准体系结构为三级网络，如图 13-2 所示。

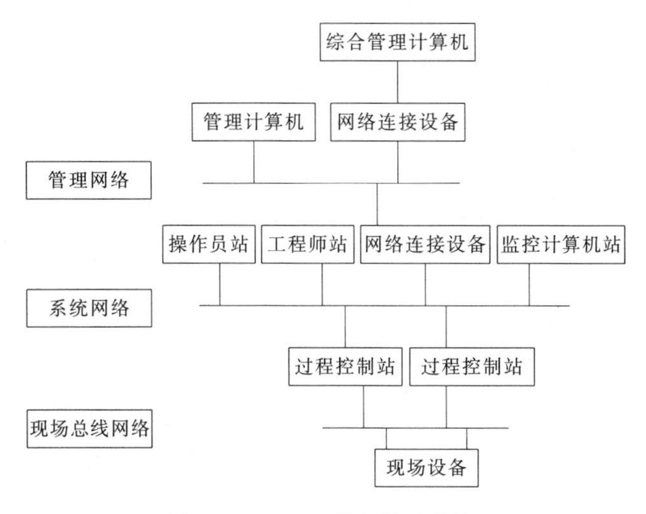

图 13-2 DCS 网络的体系结构

第一级为现场总线网络。用于现场智能变送器、智能执行器、智能I/O模件等之间的通信。现场总线是连接现场安装的智能变送器、控制器和执行器的总线，其中包括智能压力、温度、流量传感器、PLC、单回路或多回路调节器，还有执行器和电动机等现场设备。

第二级为系统网络。用于过程监视和管理设备之间的通信以及过程控制站间的通信。系统网络连接现场控制设备及过程监视设备，实现现场控制设备与过程监视设备之间以及现场控制设备之间的数据交换。

第三级为管理网络。用于管理计算机、操作站等上位设备之间以及与监控计算机站/管理级的连接，完成全厂信息的综合管理，并将工厂自动化和办公室自动化融为一体。

(2) 网络拓扑与通信介质

① 网络拓扑。网络结构就是网络站点的不同连接方式，又称网络拓扑。通常有星型、总线型和环型以及三种结构的混合型。

a. 星型。星型结构如图13-3所示，网络中央的设备为主站，其他为从站，网上各从站间交换信息都要通过主站。这种结构覆盖区域宽，扩展方便，很容易增加新的工作站，主从站间有专用电缆连接，传输效率高，通信简单。然而，由于主站负责全部信息的协调与传输，一旦故障发生，将导致整个系统陷于瘫痪。

b. 总线型。总线型结构中所有的工作站都挂在总线上，如图13-4所示。任一工作站可作为主站或从站，按实际需要确定。总线型结构简单，所需的连接电缆是所有结构中最少的，系统可大可小，拓展方便，网络中任一个工作站的故障不会影响整个系统。但是，一旦总线发生故障将导致网络瘫痪。另外，由于所有的信息都在总线上传送，安全性能会随之下降。总线型通信网络的性能主要取决于总线的带宽、挂接设备的数量和总线访问规程。总线型结构已成为目前广泛采用的一种网络结构。

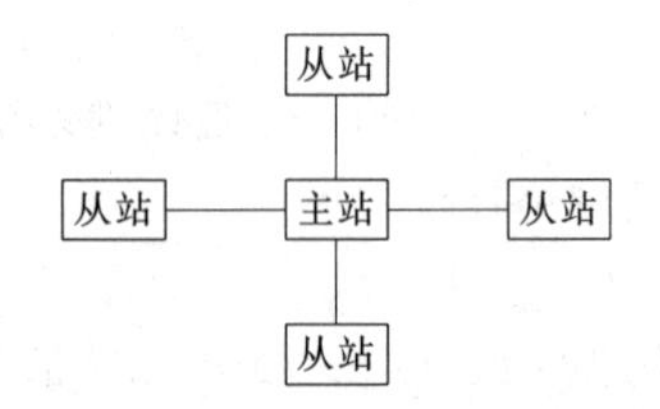

图13-3 星型网络结构

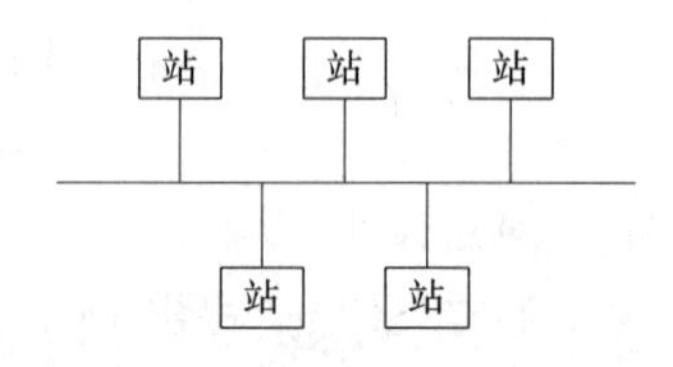

图13-4 总线型网络结构

c. 环型。环型结构由连接在一起构成一个逻辑环路的若干个工作站（节点）组成，节点通过接口单元与环连接，如图13-5所示。网络中信息可以单向或双向传送，但在双向数据通信中，需考虑路径的控制问题。环型网络结构简单，控制逻辑简单，挂接和摘除节点也比较容易，系统的初始开发成本以及修改费用较低。但系统的可靠性差，当接口单元或数据通道出现故障时，整个系统将会受到威胁。虽可通过增设旁路通道或采用双向环型数据通路等措施予以克服，但增加了系统的复杂性和成本。

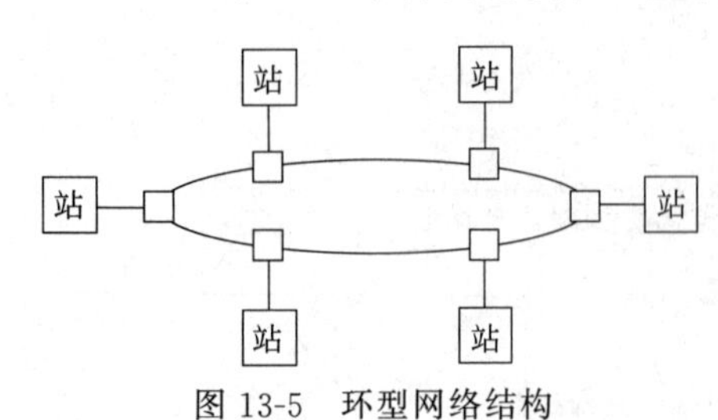

图13-5 环型网络结构

由于各种网络结构都有自己的优、缺点，因此在一些大型系统中，常常将几种网络结构合理地运用在同一个系统中，以实现优势互补。

② 通信介质。通信介质又称传输介质或信道，它是连接网上各站的物理信号通路，主要有双绞线、同轴电缆和光缆三种。

a. 双绞线。双绞线是最便宜且常用的通信介质，它由两根相互绝缘的铜导线按一定的规格互相缠绕在一起而成。这种结构能较好地抑制电磁感应干扰，但由于双绞线有较大的分布电容，故不宜传输高频信号。

b. 同轴电缆。同轴电缆由内导体铜芯、绝缘层、网状编织的外导体屏蔽层和塑料保护外套组成。由于外导体屏蔽层的作用，同轴电缆具有很好的抗干扰特性，现被广泛用于较高速率的数据传输。

c. 光缆。光缆是由光导纤维构成的电缆。电信号由光电转换器转换成光信号在光缆中传输，因而在传输过程中不会受到电磁波或无线信号的干扰，也没有信号的传输损耗，保密性强。目前光缆在集散控制系统的网络通信中已得到了越来越广泛的应用。

另外，在一些很难用缆线连接起来的场合，“无线网络”是一种合适的解决方案。微机上可以安装小型的微波传输电路板，这些部件将信号传送到也有微波设备的其他网络工作站。但使用无线网络的费用较之传统布线系统要高。

(3) 网络通信协议

为了使不同厂商的计算机网络之间能够互联，国际标准化组织（ISO）制定了开放系统互联参考模型（OSI）。OSI 参考模型采用分层结构，共分为七层，每一层为它上面一层服务，在每一层中进行的修改不影响其他层。七层结构从下至上分别是物理层、数据链路层、网络层、传输层、会话层、表示层和应用层。

局域网通信协议大多以 OSI 为基础，且多数协议标准是基于物理层和数据链路层来制定的。数据链路层又分为介质访问控制层（MAC）和逻辑链路控制层（LLC）两层。由于局域网仅是一个小范围内的单一网络，用户的应用接口可直接放在 LLC 上。MAC 负责在物理层的基础上进行无差错的通信，即将 LLC 层送下来的数据进行封装发送、检测差错以及寻址等；LLC 则负责建立和释放逻辑连接，提供与应用程序的接口，进行差错控制。

目前使用最广泛、影响最大的局域网通信协议是 IEEE 的 802 系列标准。该标准提供局域网应完成的基本通信功能。在集散控制系统的通信网络中，大多采用 IEEE 802.3 和 IEEE 802.4 这两种通信协议，IEEE 802.5 也有应用。这三种协议主要都是解决网络通信中介质存取控制子层（MAC）的问题。

① IEEE 802.3。IEEE 802.3 标准定义一种带有冲突检测的载波侦听多路存取协议 CSMA/CD，是总线网最常用的介质存取控制协议，属于争用型协议。它为各站提供均等的发送机会，每个站点都能独立地决定帧的发送。在发送数据帧之前，首先要进行载波监听，只有介质空闲时，才允许发送帧。这时，如果两个以上的站同时监听到介质空闲并发送帧，则会产生冲突现象，这时发送的帧都成为无效帧，发送随即宣告失败。因此每个站必须有能力随时检测冲突是否发生，一旦发生冲突，则应停止发送，然后随机延时一段时间后，再重新争用介质，重发送帧。

CSMA/CD 协议原理比较简单，技术上易实现，网络中各工作站处于平等地位，不需集中控制，不提供优先级控制。但是，争用方式本身带来了 CSMA/CD 协议中网络通信的不确定性。在网络负载增大时，发送时间增长，发送效率急剧下降。而且协议对信号幅度也有较高要求，需规定最小帧长度。

② IEEE 802.5。IEEE 802.5 标准定义一种令牌环型网络介质存取控制协议。在物理

上，令牌环是一个由一系列接口单元和这些接口间的点-点链路构成的闭合环路，各站点通过接口单元连到环上。在环网上，有一个叫作“令牌”（Token）的信号（其格式为8位“1”）沿环运动。当令牌到达一个站点时，若该站没有数据要发送，就把令牌转到它的下游站；若要发送数据，则先把令牌的最后一个1改为0，并把要发送的数据帧加在它的后面一起发送出去，数据帧的长度不受限制。数据帧发完后再重新产生一个令牌接到数据帧后面，相当于把令牌传到下游站。数据帧到达一个站时，接口单元从地址字段识别出以该站为目的地的数据帧，把其中的数据字段复制下来，经校验无误则把数据送给主机。最后，数据帧绕环一周返回发送站点，并由其从上撤除所发的数据帧。

IEEE 802.5协议规定只有获得令牌的站点才有权发送数据帧，完成数据发送后立即释放令牌以供其他站点使用。由于环路中只有一个令牌，因此任何时刻至多只有一个站点发送数据，不会产生冲突，但需要复杂的管理和优先级支持功能。该协议在轻负荷时，将会有许多无用的令牌传递时间，效率较低，在重负荷时效率较高。而且环网结构复杂，存在检错和可靠性等问题。

③ IEEE 802.4。IEEE 802.4标准定义令牌总线介质存取控制协议。令牌总线是在综合总线争用和令牌环优点的基础上形成的一种介质存取控制协议。它和令牌环类似，也是利用令牌作为控制机制。但不同的是，采用令牌总线方法的局域网中，在物理上它是总线型的，但是在逻辑上又成了一种环型结构。总线上站点的实际顺序与逻辑顺序并无对应关系。

IEEE 802.4协议连接简单，采用无冲突介质访问方式，信道吞吐量高，负荷变化的影响较小，且能支持优先级通信，但是协议比较复杂，有较大的延迟，在轻负荷条件下同样效率较低。

13.2.3 典型集散控制系统及其应用

本节介绍Simense公司的PCS 7过程控制系统和Emerson公司的Delta V控制系统及其应用。

13.2.3.1 PCS7过程控制系统

SIMATIC PCS 7是Siemens公司在TELEPER M系列集散系统和S5、S7系列可编程控制器的基础上推出的一种新型过程控制系统。它提出了一种全集成自动化（Totally Integrated Automation，TIA）理念，统一的数据管理、通信和组态功能为过程工业和制造业的自动化解决方案提供了一种开放平台。

PCS 7采用TIA系列的标准硬件和软件，基本部件包括自动化系统、分布式I/O、操作员站、工程师站和通信网络。其中自动化系统又可以分为标准自动化系统、容错自动化系统和故障安全自动化系统，由S7-400系列PLC组成，主要实现过程控制功能。常用的分布式I/O设备有ET-200M、ET-200S、ET-200iS和ET-200X，用于数据采集和信号输出。

PCS7系统由Profibus-DP总线和工业以太网两级网络组成。Profibus-DP总线适用于自动化系统和设备级分散I/O之间通信，是系统的底层控制网络。工业以太网连接分散过程控制装置和集中操作管理装置，构成系统的上层网络。总体结构如图13-6所示。

(1) 分散过程控制装置

PCS7的分散过程控制装置包括自动化系统和分布式I/O。

① 标准自动化系统。标准自动化系统由S7-400系列PLC组成，包括AS 414-3、AS 416-2、AS 416-3和AS 417-4。其中AS 414-3适于小型应用，可满足低成本、模块化和系

统扩展的要求。中等规模或更大的系统可通过 AS 416-2、AS 416-3 和 AS 417-4 实现。

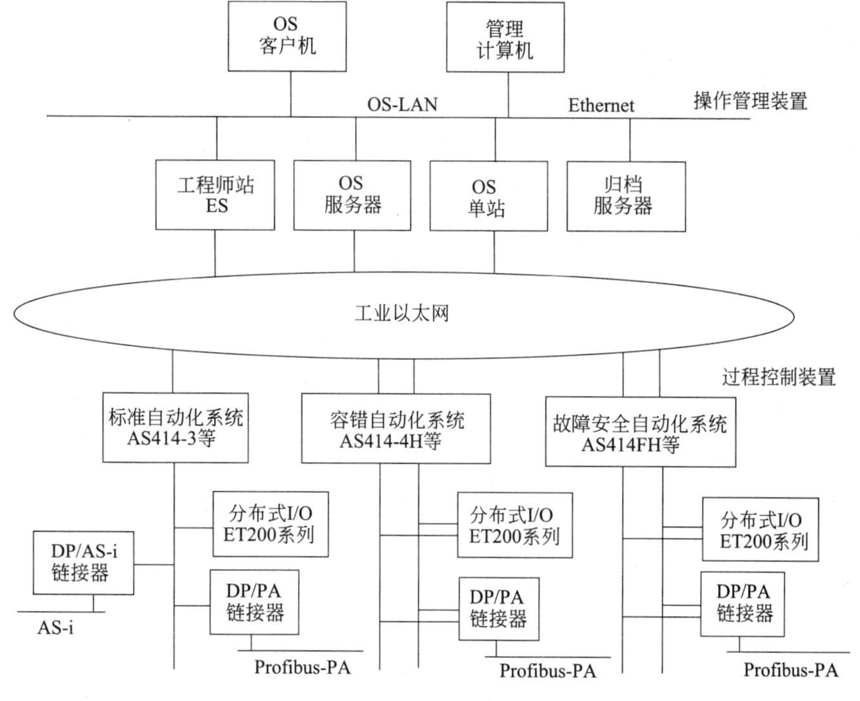

图 13-6　PCS7 系统结构图

标准自动化系统 PLC 由机架、电源模块（PS）、中央处理单元（CPU）和通信处理器（CP）构成。另外，可以在 PCS 7 系统中使用 S7-400 系列的 I/O 模块。这些模块可代替分布式 I/O，适于小型应用。

② 容错自动化系统。在许多生产领域中，要求容错和高度可靠性的应用越来越多，某些领域由于故障引起的停机将会带来重大的经济损失。PCS7 提供的容错自动化系统可以满足这种高可靠性的要求，它包括 AS 414-4-1H、AS 417-4-1H、AS 414-4-2H 和 AS 417-4-2H 四种类型的产品。

容错自动化系统基于“1-out-of-2”（二选一）原理，在发生故障时可切换到后备系统。这些系统均采用冗余设计，所有主要部件（如 CPU、电源和用于连接两个 CPU 的硬件）都是成对出现的，其他部件依特定的任务要求也可以进行冗余配置。

③ 故障安全自动化系统。当发生事故可能造成人员或装置危险或环境污染时，需要用到故障安全自动化系统（F/FH 系统）。故障安全系统不仅可检测过程故障，而且还可检测系统内部故障，并且在检测错误时，自动将装置设置到一个安全状态。基于 AS 414H 和 AS 417H 的故障安全自动化系统（F/FH 系统）将工厂自动化和安全功能组合到单一系统之中。

故障安全自动化系统可以设计成单通道系统（带一个 CPU 的 F 系统）和冗余系统（FH 系统）。FH 系统的冗余特性与故障安全无关，它不用于错误检测，仅仅起到提高故障安全自动化系统可靠性的作用。

④ 分布式 I/O。主要的分布式 I/O 产品是 ET-200M，与 PCS 7 的自动化系统一起用于过程控制。它由电源模块、接口模块和 I/O 模块组成，均可实现冗余配置。其中，电源模

块有不同的输入电压和输出电流可供选择，接口模块实现 PROFIBUS DP 连接。ET 200M 的各种 I/O 模块最多 8 个，都与背板总线光学隔离。

（2）集中操作管理装置

PCS7 的集中操作管理装置由操作员站和工程师站组成。

① 操作员站（OS）。操作员站是 PCS 7 系统的人机接口，用于生产过程的操作和监视。它可适应不同系统结构和客户要求，有单用户系统（OS 单站）和具有客户机/服务器结构的多用户系统（OS 客户机/OS 服务器）。在单用户系统结构中，所有过程操作和监视都集中在一个站中。多用户系统由操作终端（OS 客户机）和 OS 服务器组成，这些终端通过 OS-LAN（终端总线）从一个或多个 OS 服务器接收数据（项目数据、过程值、档案、报警和消息）。

所有操作员站都基于不同性能级别的 PC 技术，适用于各种 Windows 操作系统，使用 PC 的标准部件和接口，既可用于工业现场，也可在办公环境中使用。OS 单站和 OS 客户机可安装多屏图形卡，因而可以使用最多 4 个监视器对各个工厂区域进行过程监控。

② 工程师站（ES）。工程师站用于对整个 PCS7 系统进行组态。它采用和 OS 单站相同的硬件以及 Windows 操作系统，可通过多屏图形卡将最多 4 个过程监视器连接在一起来扩展工作区，使得组态更为方便。

ES 软件为 PCS7 系统所有部件提供统一的数据管理和组态工具，包括连续功能图（CFC）、顺序功能图（SFC）、功能块库、硬件组态工具（HW Config）、OS 图形组态软件、过程设备管理器（PDM）等部分。CFC/SFC 都是图形组态工具，前者以功能块为基础，主要用于连续过程的控制组态，后者则用来解决小型的批量操作等顺序控制任务。为了适合各种不同工业领域的要求，PCS7 预先编制了大量实用功能块，以供用户选择。这些功能块包括 I/O 卡件、PID 回路、驱动、传动、电机和阀门等。HW Config 和 PDM 是硬件组态工具，负责 PCS7 中自动化系统、操作员站、工程师站、通信网络以及现场设备的组态。

（3）通信网络

PCS7 的通信系统包括工业以太网和现场总线。工业以太网用于自动化系统和操作员站、工程师站之间的数据通信，现场总线连接自动化系统和分布式 I/O，用于现场控制及检测采集单元的数据交换。

① 工业以太网。工业以太网连接分散控制装置和操作管理装置。网络可采用总线型、星型、环型等多种拓扑结构，较大的系统均采用冗余光纤环网。通信协议符合 IEEE 802.3 及 IEEE 802.3u 标准。通过电气交换机和光纤交换机连接子网，最多可连接 1000 个站。通信距离可达 1.5km（电缆）/200km（光纤）。三线电缆、工业用双绞线和光缆均适宜作为传输介质。

② 现场总线。Profibus 是一种国际性的开放式总线标准，在自动化领域应用非常广泛。

Profibus-DP 适用于自动控制系统和设备级分散 I/O 之间通信。Profibus-DP 网络包括 DP 主站、从站和 DP/PA、DP/AS-i 等链接器。网络可采用总线型、星型和树型等多种结构。主站和从站之间采用轮循的通信方式，最多可连接 125 个从站，传输速率可设置在 9.6kb/s 到 1.5Mb/s 之间。通信介质包括光纤和屏蔽两线电缆。通信距离最远可达 9.6km（电缆）/90km（光纤）。

PROFIBUS-PA 是专为过程自动化设计的本质安全的传输技术，一根总线上可以同时实现供电和信息传输，符合 IEC1158-2 中规定的通信规程，可实现总线供电和本质安全防爆。在防爆区每个 DP/PA 链路最多可连接 15 个现场设备，非防爆区最多可达 31 个，通信介质采用屏蔽两线电缆实现。通信距离可达 1.9km。

AS-i 是直接连接现场传感器和执行器的总线系统。作为电缆束的替代品，AS-i 总线利用无屏蔽两芯电缆连接现场设备。AS-i 总线网络为单主站系统，拓扑结构包括总线型、星型和树型。一个标准的 AS-i 总线系统可以最多连接 31 个从站，每个从站可最多配置 4 路输入和 4 路输出。经扩展，系统可连接 62 个从站。通信距离可达 100m（无中继器）/500m（有中继器）。

(4) 系统组态

PCS7 系统的组态包括硬件组态、控制组态和画面组态。组态软件采用“SIMATIC MANAGER”套件。

控制组态可用连续功能图 CFC 完成复杂连续过程控制的组态，用顺序功能图 SFC 完成小型批量操作的顺序控制组态，用结构化编程语言（SCL）进行功能模块的编写并由控制器调用。画面组态采用 WINCC Explorer 提供的一系列编辑器，进行监控界面的开发。

(5) PCS7 过程控制系统的应用

PCS7 作为新一代集散控制系统，在石油、化工、冶金等行业得到了广泛的应用。本节以某石化厂的实际工程为例，介绍 PCS7 的应用。

铂催化重整以石脑油为原料生产高辛烷值汽油组分和芳烃，同时可向加氢装置提供大量廉价的氢气，是炼油厂和石油化工厂的重要工艺之一。整个装置分为预处理、重整反应、芳烃抽提和芳烃精馏四个单元。

① 系统配置。系统采用 1 对 AS414-4H 过程控制站对重整装置进行控制。冗余控制站下带 9 个 ET-200M I/O 系统，I/O 系统和控制站间通过冗余 Profibus-DP 总线通信，通信速率为 12MB。上位机系统包括 1 台工程师站，4 台操作员站，1 台激光打印机，1 台宽行点阵打印机。控制站和上位机间通过光纤开关模块（OSM），由光纤连接成为 100MHz 冗余光纤环网。系统配置如图 13-7 所示。表 13-1 列出了系统的测量点数。

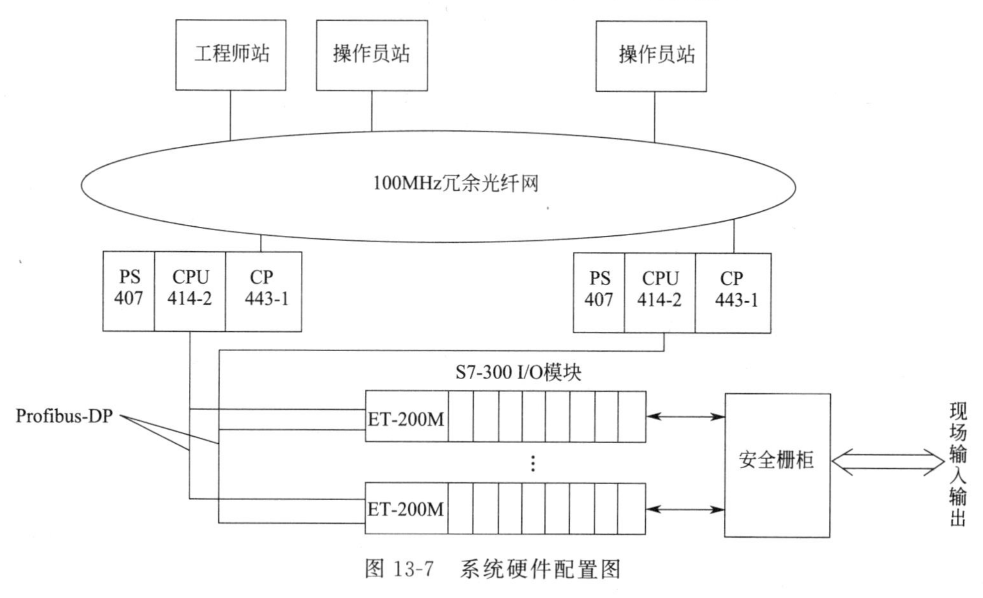

图 13-7　系统硬件配置图

表 13-1　系统测量点数

	监视信号/点	控制信号/点	温度控制/点	小计/点
模拟输入(AI)	70	25	2	97
模拟输出(AO)	—	25	2	27
数字输入(DI)	23	—	—	23
热电偶输入	140	—	—	140
数字输出(DO)	90	—	—	90
合计	323	50	4	377

② 控制方案。根据生产工艺的要求，控制程序主要以监控为主，提供相应的报警、数据统计、历史记录和趋势图。

在铂重整工艺中，反应炉温度是一个很重要的参数，普通的 PID 单回路往往达不到所要求的控制精度，现采用串级回路进行控制。其中，4 个为液位流量串级控制，流量控制作为副回路，液位控制作为主回路，实现槽罐水位精确控制；6 个为温度流量串级控制，以加入反应炉的燃料流量作为副变量，温度为主变量实现反应釜内温度的精确控制。而且，在设计过程中，对于串级回路，要求在主回路、副回路以及主副回路之间均能够实现无扰动切换。温度流量串级控制回路如图 13-8 所示。

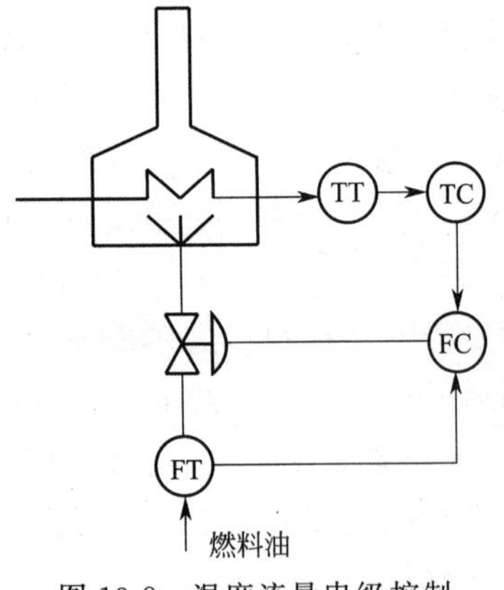

图 13-8　温度流量串级控制

③ 系统组态

a. 硬件组态。本系统中 ET-200M 系统的 IM153 接口模块、模拟输入模块需进行硬件设定。IM153 模块将 ET-200M连接到 Profibus-DP 总线上，并设定地址开关，以决定每个 ET-200M 的地址。对模拟量输入模块 SM331 (8AI)，通过旋转量程卡来设定测量信号模式及量程范围，量程卡有“A、B、C、D” 4 个位置。对过程站而言，实际带有若干 ET-200M 远程 I/O，组态画面中就在该过程站后的 Profibus-DP 总线上拖放几个 IM153 模块形成几个 ET-200M远程 I/O 节点。

b. 控制组态。该石化工程的过程监视主要是对温度、流量的监视。温度与流量都是一个变化的模拟量，而且有着不同的测量范围、报警区域，所以要在控制块中有不同的设定。

模拟量的监视用 CH _ AI 模块和 MEAS _ MON 模块来实现。如图 13-9 所示。

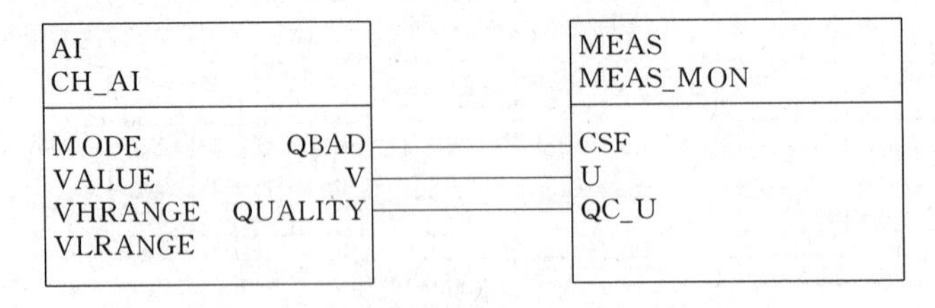

图 13-9　模拟量监视功能的实现

现场的模拟量信号连接到 I/O 卡件后，通过 I/O 卡件的地址连接到 CH _ AI 的 VALUE 上，对于不同的输入信号，如 4～20mA、1～5V、热电阻等，CH _ AI 的 MODE 管脚会自动读到模块上的输入信号类型，这样就能够按照不同信号的特点将现场读取的 16 位信号转换成一个十进制的模拟量，直观地表示温度、流速等。

CH _ AI 的 VHRANGE 和 VLRANGE 用来界定输入值的允许范围，如果输入值超限，系统就会认定是系统错误，QBAD 信号输出为 1。

CH _ AI 的 QBAD、V、QUALITY 分别连接到 MEAS _ MON 的 CSF、U、QC _ U。由 MEAS _ MON 模块上传到上位机显示和判断。

在 MEAS _ MON 模块上可以设定高限报警、低限报警，这些报警能够自动地记录。

本应用的串级控制回路，需用 CH _ AI 模块、PID 模块和 CH _ AO 模块，组态如图 13-10 所示。主控制器（PRI _ PID）的控制量 LMN 连接至副控制器（SEC _ PID）的外部设定值 SP _ EXT 输入端。同时确保在切断串级时，将主控制器设置成为跟踪模式。在这种情况下，从控制器产生 QCAS _ CUT 信号，连接至主控制器的 LMN _ SEL 输入端。主控制器的跟踪输入 LMN _ TRK 连接（控制器运行于正向）到从控制器的 SP 输出端，由此可避免控制量在串级再次闭合时发生跳变，从而实现无扰动切换。主控制器内部将 LMN 管脚连接到 LMNR _ IN，用来诊断输出值情况。其余连接与单回路 PID 相同。

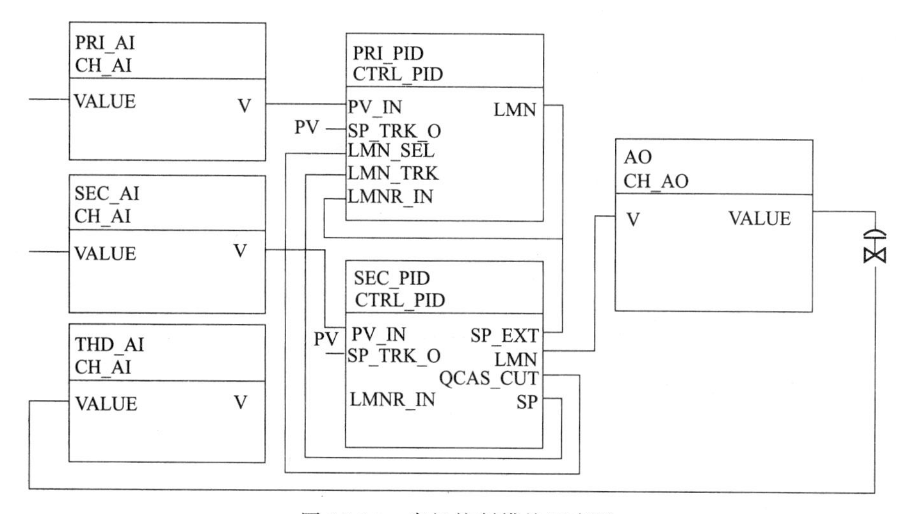

图 13-10　串级控制模块组态图

c. 画面组态。进入 WINCC 后，首先按照工艺流程图，绘制在画面区显示的静态画面。之后，将从 PCS7 上传上来的面板，拖放到画面的适当位置，以便操作员能够直观地看到现场的状况。另外，在画面上建立专门页面，以显示参数趋势曲线和历史统计，供操作人员查看和调用。

13.2.3.2　Delta V 集散控制系统

Delta V 控制系统是 Emerson 公司推出的全数字、规模可变的过程控制系统，具有 DCS 的众多优势，同时具有现场总线控制系统接口。Delta V 控制系统结构简单、性能可靠、组态方便、兼容性强、灵活可变，在石油化工、造纸、锅炉等行业应用广泛。

Delta V 系统结构由工作站、控制器和 I/O 子系统组成，各工作站及各控制器之间用以太网连接。现场智能设备或常规设备的信号接入 Delta V 卡件，具备 HART、FF 现场总线、Profibus-DP 总线、AS-i 总线、DeviceNet 总线及 RS-485 串口通信的设备也连接到 Delta V 的各总线卡件上。系统总体结构图如图 13-11 所示。

Delta V 系统常根据应用场合的需要采用冗余系统控制网络、冗余控制器、冗余电源、冗余卡件等冗余措施。每套 Delta V 系统的最大节点数可达 120 个，可以有 60 个工作站，

100 个控制器（包括冗余控制器）。

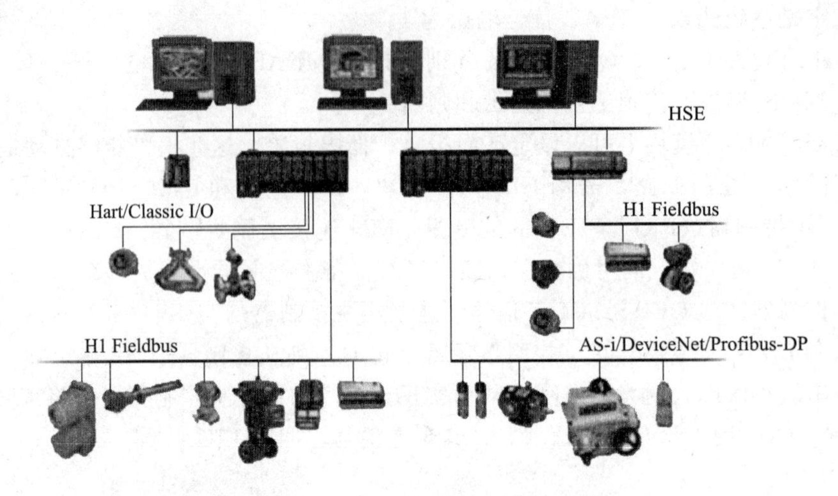

图 13-11　Delta V 系统总体结构图

(1) 分散过程控制装置

Delta V 的分散过程控制装置包括过程控制器和 I/O 卡件。

① 控制器。控制器是以高性能微处理器为核心，能按照用户组态进行 PID、比值、累积等多种过程控制运算，通过子扩展总线和相关 I/O 卡件，获得现场信息并输出控制信号，传输至现场完成过程控制。采用 MD/MD Plus 控制器。体积小但功能强大，完成控制功能的软件功能块符合基金会现场总线标准。可提供现场设备与控制网络中其他节点之间的通信和控制。可同时混合安装 I/O 卡件和 FF 接口卡件。

② I/O 卡件。DeltaV 系统的所有 I/O 卡件均为模块化设计，可即插即用、自动识别、带电插拔。系统提供两大类 I/O 卡件：一类是传统 I/O 卡件，包括 I/O 卡件底板、大容量 AC-DC24V 电源转换卡、I/O 接口卡、各种模拟量和开关量 I/O 卡件以及 I/O 接线板；另一类是现场总线接口卡件，采用基金会现场总线（FF）接口卡（H1 卡），可以通过总线方式将现场总线设备信号连接到 Delta V 系统中。这两大类卡件可任意混合使用。

(2) 集中操作管理装置

Delta V 的集中操作管理装置就是 Delta V 的系统工作站，它分为 Professional Plus 工作站、操作员工作站及应用工作站三种。

① Professional Plus 工作站。每个 Delta V 系统中有且只有一个 Professional Plus 工作站，包含 Delta V 系统的全部数据库，系统的所有位号和控制策略被映像到 Delta V 系统的每个节点设备。Professional Plus 配置系统组态、控制及维护的所有工具。用户管理工作也在此完成。

② 操作员工作站。操作员工作站运行过程控制系统的操作管理功能，对生产过程进行监视和操作控制，由用户规定过程报警优先级并进行报警确认，根据用户操作需求和流程特点组态系统操作界面，还具有管理和诊断功能。

③ 应用工作站。应用工作站支持该系统与其他网络的通信，如工厂管理局域网的连接。可运行第三方应用软件包，并将第三方应用软件的数据链接到 Delta V 系统中；另外它还可作为 OPC 服务器。

(3) 控制网络

Delta V 的控制网络包括工厂管控网、现场总线和冗余控制网络。

① 工厂管控网。工厂管控网（PlantWeb）基于现场的体系结构提供了设备管理、过程控制和管理执行的自动化解决方案。包括三个关键组件：智能化的现场设备、标准化平台以及一体化的模块化软件。在现场采用 FF，而工厂级采用以太网标准，不同的平台之间数据交换采用 OPC。

② 现场总线。Delta V 系统采用基金会现场总线作为其现场级的控制网络。FF 现场总线提供了基本的执行和调节控制、开关控制以及顺序控制的所有功能块。功能块能在现场设备中执行，无需经过主机，设备之间就可通信。拓扑结构采用总线型、树型或菊花链等结构。供电在控制器侧接入。在主干现场总线的两个最远端应连接终端器，用于防止因反射造成的噪声影响及对直流电源的短路。

③ 冗余控制网络。Delta V 系统的控制网络位于操作员站、应用工作站和控制器之间，是以以太网为基础的冗余局域网。系统的所有节点可直接连到控制网络上，不需要增加中间接口设备。支持就地和远程操作站及控制设备。网络的冗余设计使通信更加可靠、安全。

(4) 系统软件

Delta V 系统软件包括组态软件、控制软件、操作软件及诊断软件。

组态软件完成系统组态，需要 Microsoft Windows NT 操作系统支持，提供标准的预组态模块，同时用户还可以自行设置自定义模块。系统用一个全局数据库来协调所有组态操作，操作简便，不涉及数据库之间的链接问题。具有功能强大的组态工具，包括 Delta V 浏览器、组态帮助、图形工作室、控制工作室和用户管理器。

控制软件提供完整的模拟、数字和顺序控制功能。可以完成从简单的监视到控制复杂的过程数据。控制软件提供各种应用功能模块，来连续执行计算、过程监视和控制策略。

操作软件组有一整套高性能的工具满足操作需要，这些工具包括操作员图形、报警管理和报警简报、实时趋势和在线上下文帮助。

诊断软件提供覆盖整个系统及现场设备的诊断，主要有实时诊断事件登记、全局系统范围的诊断、智能设备诊断几个方面的功能。

(5) 应用举例

水煤浆加压气化装置的仪表自动化水平高，有许多复杂逻辑自动控制方案，如气化炉安全系统、锁斗系统、闪蒸系统、氧煤比控制等。要实现以上复杂控制方案，就要求 DCS 控制系统有强大的软件编程水平和系统稳定性。以下介绍在水煤浆加压气化装置上采用 DeltaV 大型分布式控制系统的设计方案。

① 水煤浆加压气化装置 DCS 控制系统硬件配置。水煤浆加压气化装置 DCS 控制系统由 3 对控制器及相应的电源单元、I/O 单元、5 个操作站（OP1～OP5）、1 个工程师站（PLUS）、1 个通信工作站、两块 HUB 及冗余通信网络组成。系统网络结构如图 13-12 所示。

a. 控制器。该系统共配置 3 对控制器，每对控制器互为冗余。其中，1# 控制器控制 A# 气化炉系统，2# 控制器控制 B# 气化炉系统和闪蒸系统，3# 控制器控制 C# 气化炉系统和气化公用系统。3 对控制器及相应的电源单元、I/O 单元组成现场控制站，完成现场信号采集、工程单位变换、通过系统网络将数据和诊断结果传输到操作员站等功能。

b. 操作站。操作站是系统的人机接口。采用工业用 PC 机，结构与普通 PC 机大体相

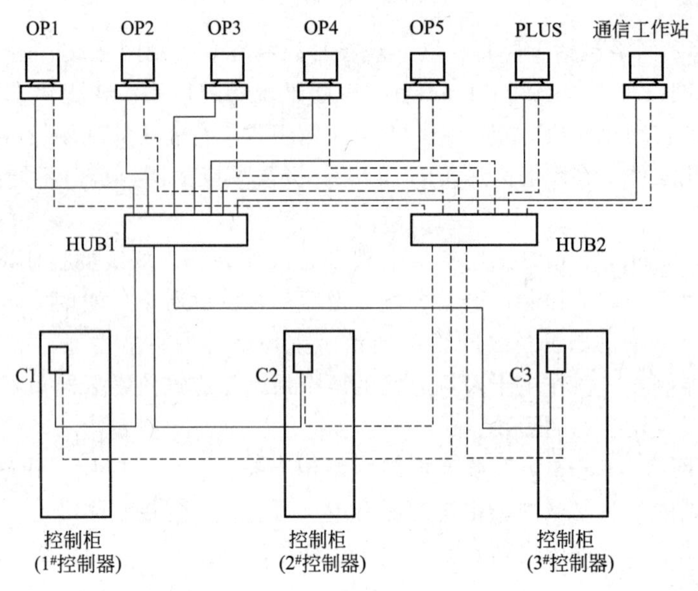

图 13-12　DeltaV 控制系统网络结构图（实线—主网；虚线—副网）

同。可以实现过程监视、操作、调用趋势、事件记录、生成打印报表等多项功能。

c. PLUS 站。PLUS 站是系统的主站。每个系统仅有 1 个 PLUS 站，系统的数据库在 PLUS 站上。仪表工程师组态的大部分工作也在 PLUS 站上完成。组态完成后，要下装到控制器，对控制器程序进行更新。

d. 系统网络。采用工业以太网标准，实现现场控制站和系统操作员站的互联。控制网络采用基金会现场总线作为其现场级控制网络，实现现场控制站与 I/O 单元的通信。通信站是为今后调度联网配置。

e. 现场控制站。每对控制器及相应的电源单元、I/O 单元组成一个现场控制站，完成现场信号采集、工程单位变换、通过系统网络将数据和诊断结果传输到操作员站等功能，见表 13-2。

表 13-2　现场控制站配置情况

I/O 卡件	名　　称	作　　用
Controller MD	控制器	现场控制站核心部分 CPU
Power Supply(DC/DC)	电源卡	为 I/O 卡件提供工作电源
DO 24 VDC Highside	开关量输出卡	8 路输出,24VDC,隔离或干接点
DI Module 230 VAC	开关量输入卡	8 路输入,230 VAC,隔离或干接点
AI (HART)	模拟量输入卡	8 路输入,4～20mA 或 1～5V,可带 HART
AO	模拟量输出卡	8 路输入,4～20mA,可带 HART
RTD	热电阻信号输入卡	8 路输入
TC	热电偶信号输入卡	8 路输入

现场控制站的技术特点如下。

● 每个现场控制站有两个控制器，一主一辅，相互冗余，保证系统可靠，可实现无扰动切换。

● 电源 1∶1 冗余，保证电源系统稳定可靠。

● I/O 卡件冗余，保证数据采集传输系统可靠。

● 网络冗余，每个现场控制站设计两套系统网络接口，实现系统网络双冗余结构，保证网络系统可靠。

● 带电插拔功能，方便操作维护，安全可靠。

● 具有系统故障自诊断能力，故障指示功能，便于排查故障。

② 系统软件。DeltaV 系统软件在 Windows NT 下安装，包括多种应用程序，可以分为工程控制组态工具和操作员操作组态工具两大类。

a. 工程控制组态工具。DeltaV 系统工程控制组态工具是用于开发组态工程控制方案的开发平台，包含有控制方案编辑器和仿真调试器，是一套完整控制编辑和调试的软件包。

水煤浆加压气化装置的仪表 I/O 测量点分模拟量输入（AI）、模拟量输出（AO）、开关量输入（DI）、开关量输出（DO）、热电偶输入（TC）、热电阻输入（RTD）六类，单回路 PID 调节，具有氧煤比比值调节、串级调节、分层控制、中值选择以及温压补偿等多种控制方案。控制方案设计采用 FBD 功能块、ST 语言等编程工具实现。

b. 操作员操作组态工具。DeltaV 系统操作员操作组态工具是制作操作员监控操作界面的工具软件，用于绘制流程图、趋势报表、报警、操作日志等，为操作人员提供系统运行状态的监控平台。可对操作站的使用权限进行分配，设置监视员、操作员、工程师等不同权限的用户，根据不同权限实现不同的操作控制功能。

13.3　现场总线

现场总线是 20 世纪 80 年代中期开始出现、90 年代初发展形成的。它是用于现场仪表、设备之间以及现场与控制室或控制系统之间的一种全数字、双向串行、多节点的通信系统，也被称为开放式、数字化的工厂底层控制网络。

现场总线技术把具有数字计算和通信能力的现场仪表连接成网络系统，按公开、规范的通信协议，在现场仪表之间及现场仪表与远程监控计算机或其他控制网络之间，实现数据传输和信息交换，形成不同复杂程度的控制系统。现场总线适应了工业控制系统向分散化、智能化、网络化发展的方向，把 DCS 集中与分散相结合的控制系统变成为新型的全分布式控制网络。

13.3.1　几种常见的现场总线

13.3.1.1　FF 总线

以美国 Fisher-Rosemount 公司为首、联合 Foxboro、ABB、Siemens、Smar 等 80 家公司制定的 ISP 协议和以 Honeywell 公司为首、联合 Bailey 等 150 家欧洲等地著名公司制定的 World FIP 协议，正是基金会现场总线（Fundation Fieldbus，FF）的前身。这两大集团于 1994 年达成共识，一起成立了现场总线基金会，致力于开发国际上统一的现场总线标准。该基金会汇集了世界著名仪表、自动化设备、DCS 制造厂家、科研机构和最终用户。由于这些公司是自动化领域自控设备的主要供应商，它们生产的变送器、流量仪表、执行器和 DCS 占世界市场的 90%，对工业底层网络的功能需求了解透彻，也具备足以左右该领域自控设备发展方向的能力，因而由它们组成的基金会颁布的现场总线规范具有一定的权威性。

(1) FF总线的组成

基金会现场总线包括低速FF-Hl和高速FF-HSE两部分。该总线系统可实现过程控制所需的各种功能，而且通过网关或其他通信接口装置与通信协议不同的总线网段或局域网连接，可构成更大的控制、管理网络。

① 适用于过程自动化的低速FF-H1。用于现场级控制的FF-H1为适应过程自动化系统在功能、环境与技术上的需要，该总线除了实现过程信号的数字通信外，还具有如下特点。

a. 控制与信息处理的现场化。FF现场总线仪表具有很强的功能自治性，它丰富的功能模块使其在现场就可完成对过程变量的检测、变送、控制、计算、显示、报警、故障诊断和自动保护等任务，构成完整的现场控制系统。这种功能上的自治性和结构上的彻底分散性提高了系统的可靠性和组态的灵活性，保障工业生产处于安全、稳定、经济的运行状态。

b. 支持总线供电和本质安全防爆。FF-H1采用了基于IEC 61158-2的双线信号传输技术，并为现场仪表提供两种供电方式，即非总线供电和总线供电。非总线供电时，仪表直接由外部电源供电；总线供电时，总线上既要传输数字信号，又要由总线为现场仪表提供电源能量。按FF-H1的技术规范，携带协议信息的数字信号以31.25kHz的频率、0.75～1V的峰-峰电压被调制到9～32V的直流供电电压上。根据本质防爆要求，FF-H1技术规范规定了接入现场总线的本安型标准现场设备相关技术指标。

c. 令牌总线访问机制。FF-H1采用了令牌传递的总线控制方式。在物理上，它是一种总线结构的局域网。但在逻辑上，它是一种环形结构的局域网，连接到总线上的站点组成一个逻辑环，每个站点被赋予一个顺序的逻辑位置，站点只有取得令牌才能发送数据帧，该令牌在逻辑环上依次传递。FF-H1中令牌传递是由链路活动调度器控制的，作为介质访问控制中心的链路活动调度确保了控制系统中信息传输的及时性。

② 基于以太网的高速FF-HSE。现场总线基金会放弃了原来规划的H2（传输速率为1Mb/s和2.5Mb/s）高速总线标准，于2000年公布了基于以太网（Ethernet）的高速总线技术规范HSE FS 1.0。总体结构上HSE与H1相似，在高层与H1基本一致，依然保留用户层和应用层，在底层则采用了流行的以太网＋TCP/IP协议。这种结构的优点是使HSE的开发难度相对降低，同时使成本降低。HSE充分利用现有的以太网技术，其传输速率远高于H2总线，它迎合了自动化和仪器仪表最终用户对互操作性、低成本和高速现场总线解决方案的要求。

HSE支持低速FF-H1的所有功能，而且它所支持的功能模块中，还包括新的应用于离散控制和I/O子系统集成的“柔性功能模块”，该功能模块使用标准的编程语言，例如IEC 61131-3国际化标准编程语言。另外，HSE网络和设备支持双重冗余，以适应容错的需要。

(2) FF总线的网络结构

FF低速总线H1支持点对点的连接（星型）、总线型和树型结构，同时这几种类型还可组合在一起构成混合式结构。高速总线HSE主要采用总线型结构。FF现场总线网络结构如图13-13所示。

由图13-13可知，FF总线网络可以包含多个HSE子网和多个互连的H1链路，几个HSE子网通过标准路由器连接。

1个HSE子网可包含多个由标准总线（Ethernet）相连的HSE设备，如HSE链接设备、HSE现场设备、HSE网关设备等，这些设备可由标准Ethernet交换机互连。HSE网

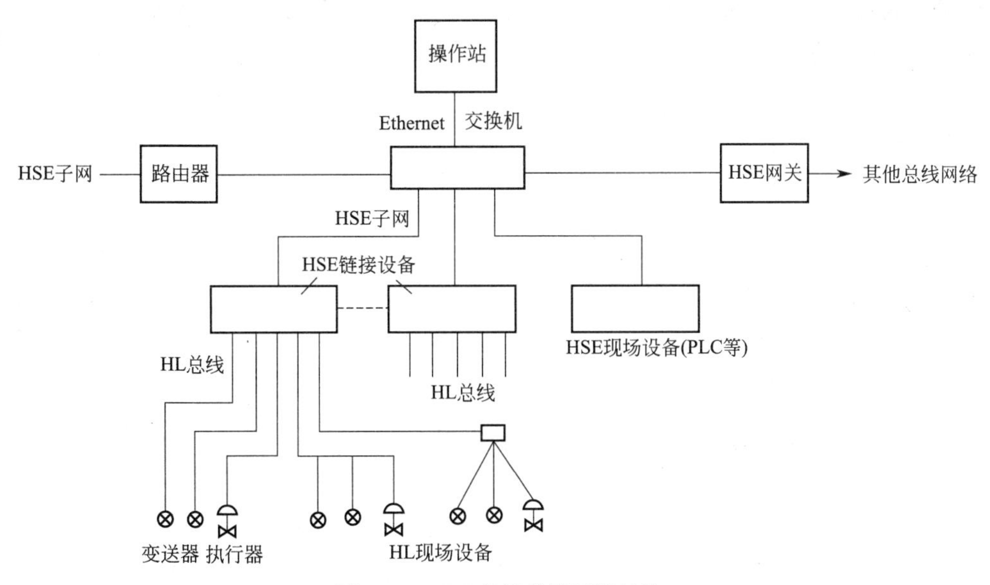

图 13-13　FF 现场总线网络结构

关用于连接不同通信协议的其他总线网络。

网络中的 HSE 链接设备（或网桥）用于将 1 个或几个 H1 总线链路连接到 HSE 子网上，1 条 H1 链路可连接几个 H1 设备。不同链路上的 H1 设备也可通过 HSE 链接设备实现互操作。

另外，根据需要可对 HSE 子网本身以及 HSE 设备进行冗余配置，以满足网络系统高可靠性的要求。

13.3.1.2　Profibus 总线

Profibus（Process Feildbus）也是一种开放式的现场总线，是由以西门子公司为主的十几家德国公司共同推出的，目前在世界各地有 20 多个地区性用户组织，而且，在中国也成立了 Profibus 现场总线专业委员会。国际上有数百家厂商生产支持 Profibus 标准的产品，Profibus 产品已广泛应用于加工制造、过程控制、交通、电力和楼宇自动化。

Profibus 总线协议也是以 ISO/OSI 参考模型为基础，定义了物理传输特性、总线通信协议和应用行规，传输速率为 9.6Kb/s～12Mb/s，相应的通信距离为 12～100m，可实现总线供电和本质安全防爆。

(1) Profibus 总线的组成

Profibus 总线可用于高速和时间苛求的数据传输，也可用于大范围的复杂通信场合。根据其应用特点，原先将其分为 Profibus-DP、Profibus-FMS、Profibus-PA 三个兼容版本。

① Profibus-DP（Decentralized Periphery）应用于现场级。经过优化的高速廉价的传输形式适用于自动控制系统与现场设备之间的实时通信，它采用 RS-485 传输。使用 Profibus-DP 模块可取代价格昂贵的 24VDC 或 4～20mA 并行信号线。用于分布式控制系统的高速数据传输，最大传输速率为 12Mb/s。

② Profibus-FMS（Fieldbus Message Specification）用于车间级。要求面向对象、提供较大数据量的通信服务，也采用 RS-485 传输，解决车间级通用性通信服务，完成中等传输速度的循环和非循环通信任务，用于纺织工业、楼宇自动化、电气传动、传感器和执行器、

可编程序控制器、低压开关设备等一般自动化控制。目前，它已被以太网所取代。

③ Profibus-PA（Process Automation）专为过程自动化设计，通过采用标准的本质安全的传输技术，实现 IEC61158-2 中规定的通信规程，用于对安全性要求高的场合及由总线供电的站点。

Profibus-DP 和 Profibus-FMS 使用相同的传输技术和总线访问协议，所以它们可以在同一根电缆上同时操作；而 Profibus-PA 设备可通过段耦合器集成到 Profibus-DP 网络。

(2) Profibus 总线的网络结构

由 Profibus 总线构成的控制网络如图 13-14 所示。它包括现场层和监控层。

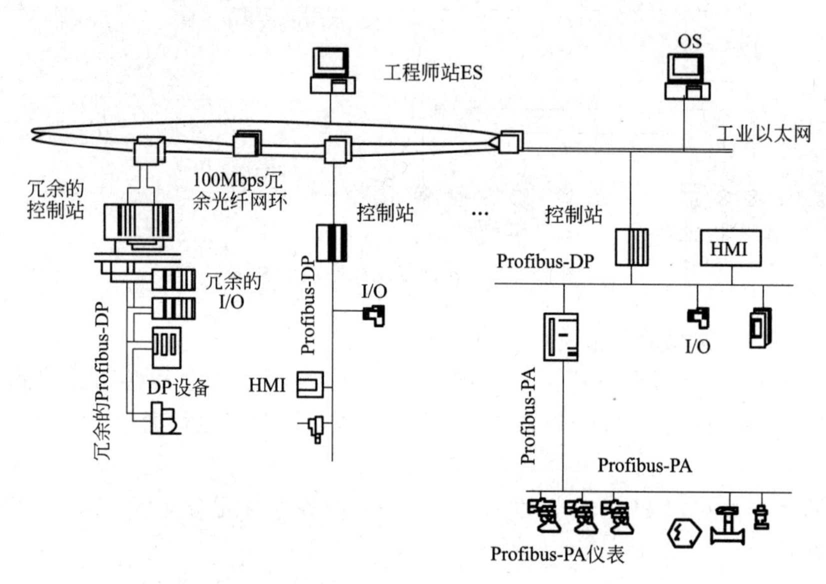

图 13-14　Profibus 总线网络结构

现场层的从站（从设备）有传感器、传动设备、执行机构、开关、变送器、阀门等，主站（主设备）有可编程控制器 PLC、PC 机等。它们由 Profibus-DP 和 Profibus-PA 连接起来，完成生产线上现场设备的控制任务（包括现场设备间的联锁控制），并进行通信管理，实现主、从设备之间以及现场层与监控层间的信息传输功能。具有本质安全性能的 Profibus-PA 通过 DA/PA 分段耦合器与 Profibus-DP 相连。

监控层有操作站、控制器等设备，可由 Profibus-FMS（或 Ethernet）连接起来，完成对生产设备的监控、故障报警、统计、调度等功能。该层通过通信处理器与现场层相连，也可通过集线器与上一级管理层连接，构成规模更大的工控网络。

13.3.1.3　HART 总线

HART（Highway Addressable Remote Transducer）总线是美国 Rosemount 公司在 1986 年提出和开发的。目前在世界上已有上百家著名仪表公司宣布支持和使用 HART 协议，并于 1993 年成立了 HART 通信基金会，以进一步发展和推广该项技术。这种被称为可寻址远程传感器高速通道的通信协议，其特点是在现有模拟信号传输线上实现数字信号通信。

HART 协议具有与其他现场总线类似的体系结构，它也是以 ISO/OSI 模型为参照，使用第 1、2、7 三层。其传输速率较低，为 1200b/s，通信距离最远可达 3000m。HART 协议的新版本已将传输速率提高到 9600b/s 或更高，而且无线 HART 协议也加进新版本。

(1) HART 总线技术特点

HART 总线协议与 FF、Profibus 等协议相比较为简单，实施也比较方便，因而 HART 仪表（现场变送器等）的开发与应用迅速，十多年来它广泛应用于工业现场，特别是在设备改造中受到普遍欢迎。HART 总线的主要技术特点如下。

① HART 通信采用基于 Bell 202 通信标准的 FSK（频移键控）技术，在 4～20mA 的模拟信号上叠加一个频率信号（1200Hz 代表逻辑“1”，2200Hz 代表逻辑“0”）。由于正弦信号的平均值为 0，HART 通信信号不会影响 4～20mA 信号的平均值，这使 HART 通信可以与 4～20mA 信号并存而互不干扰。

② HART 总线能同时进行模拟信号传输和数字信号的双向通信，因而在与现场智能仪表通信时，还可使用模拟显示、记录仪及调节器。

③ 支持多主站数字通信，在一根双绞线上可同时连接几个智能仪表。另外，还可通过租用电话线连接仪表，这样使用较便宜的接口设备，便可实现远距离通信。

④ 允许“应答”和成组通信方式，大多数应用都使用“应答”通信方式，而要求有较快过程数据刷新速率的应用可使用成组通信方式。

⑤ 所有的 HART 仪表都使用一个公用报文结构，允许通信主机与所有与 HART 兼容的现场仪表以相同的方式处理。一个报文能处理四个过程变量，多变量测量仪表可在一个报文中进行多个过程变量的通信。在任一现场仪表中，HART 协议支持 256 个过程变量。

(2) HART 总线的网络结构

HART 总线网络结构如图 13-15 所示。网络至少需要一个主设备或模拟控制器和一个现场仪表。本质安全栅可置于基本主设备或模拟控制器与网络之间，副主设备可在安全栅的任何一侧。

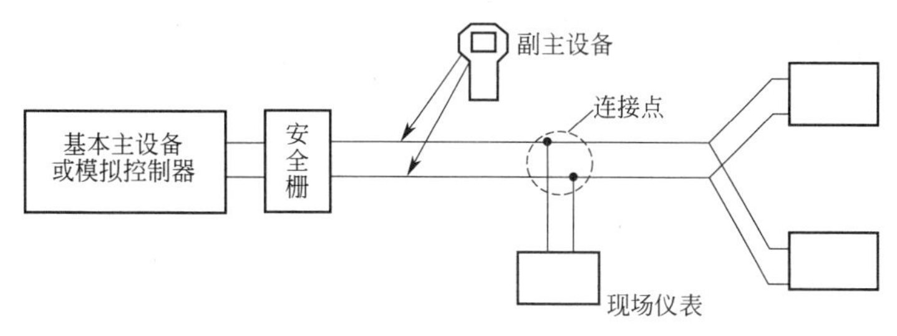

图 13-15　HART 总线网络结构

现场仪表和副主设备均为并联，连接点可置于网络的任何位置，且仅仅是一个电气连接，不包括中继器或其他通信设备。网络工作时，现场仪表可以被移走或更换，副主设备也可被连到网络上。

HART 支持总线供电，并能满足本质安全防爆的要求。

13.3.2　实时工业以太网技术

现代自动控制的发展是与现代通信技术的发展紧密相关的，无论是现场总线还是工业以太网都对工业控制系统的分散化、数字化、智能化和一体化起了决定性的作用。将现代通信技术应用到工业自动化控制领域成为必然趋势。实时以太网就是把现场总线的实时性与以太网通信技术相结合而建立的适合于工业自动化并有实时能力的以太网总线。

13.3.2.1 概述

以太网是一种应用面广、市场基础好的网络通信协议。自1980年Xerox、DEC和Intel三家公司联合推出该协议后，很快就被PC机局域网普遍采用。1982年，美国电气与电子工程师协会在此基础上制定了IEEE 802.3标准。后经修订、增补，1990年被国际标准化组织ISO接受，成为ISO 8802.3国际标准。

虽然IEEE 802.3标准和以太网之间存在差异，但它们采用相同的介质存取协议和类似的帧格式，因此人们习惯上将IEEE 802.3视为以太网标准。该标准包括物理层和介质访问控制（MAC）子层协议。传输速率从最初的10MB/s，过渡到100 MB/s，直至今天的10 GB/s。传输介质标准有10BASE-5（粗缆）、10BASE-2（细缆）、10BASE-T（双绞线）、10BASE-F（光纤）、100BASE-T（双绞线）、100BASE-TX（双绞线）和1000BASE-SX（光纤）等。其中100BASE-TX（快速以太网IEEE 802.3u标准）为FF总线的HSE所采用。介质访问控制方式采用载波监听多路访问/冲突检测（CSMD/CD）协议，这种介质访问控制方式快速而有效，实现也较为方便，但存在网络通信的不确定性问题。

以太网具有通信速率高、技术成熟、成本低廉、可持续发展潜力大的特点，起初主要用于商用计算机的局域通信网，现在其应用范围已扩展至工业自动化领域，其发展速度之快引人注目。通常将用于工业控制系统的以太网统称为工业以太网，它通过采用减轻以太网负荷、提高网络速度、交换式以太网和全双工通信、流量控制及虚拟局域网等技术提高网络的实时响应速度，而在技术上与商用以太网兼容。

对于工业自动化系统来说，目前根据不同的应用场合，将实时性要求划分为三个范围：①信息集成或要求较低的过程自动化应用场合，实时响应时间可以是100ms或更长；②绝大多数工厂自动化应用场合，实时响应时间要求最少为5～10ms；③对于高性能的同步运动控制应用，特别是在100个节点下的伺服运动控制应用场合，实时响应时间要求小于1ms，同步传送和抖动时间小于1μs。工业控制网络的实时性还规定了许多技术指标，如交付时间、吞吐量、时间同步、时间同步精度以及冗余恢复时间等，并且对于这些性能指标都有详细的规定。

对于响应时间小于5ms的应用，通用意义上的工业以太网已不能胜任，为了满足高实时性能应用的需要，各大公司和标准化组织纷纷提出各种提升工业以太网实时性的技术解决方案。这些方案建立在IEEE 802.3标准的基础上，通过对其和相关标准的实时扩展提高实时性，并且做到与标准以太网的无缝连接，这就是实时以太网（Real Time Ethernet，RTE）。实际上实时以太网也是工业以太网的一种。

13.3.2.2 以太网用于工业现场的关键技术

传统以太网有许多令人所信服的优点，但是传统商用以太网技术应用到工业现场仍然存在许多不足和缺陷，不过，经过许多研究机构和工程技术人员的不懈努力，传统以太网技术正在不断改进以满足工业现场控制要求。传统以太网向实时工业以太网转变需要解决的关键技术包括通信确定性和实时性技术、系统稳定性技术、网络安全性技术、总线供电及本质安全与安全防爆技术等。

（1）通信确定性和实时性技术

传统以太网采用总线式拓扑结构和多路存取载波侦听/碰撞检验（CSMA/CD）通信方式，当网络负荷比较重的时候，大量节点都在尝试重发而造成网络堵塞，使一些节点的信息长时间得不到发送，这种特性被称为以太网的不确定性。研究表明，传统以太网的传输延迟，对数据传送实时性要求高的场合是不能容忍的。

随着以太网技术的不断发展，工业以太网在确定性和实时性方面已经基本达到了工业现场实时控制的要求。首先，在网络拓扑结构上采用了星型连接代替总线型连接，将网络分割成多个网段，同一网段上所有设备形成一个冲突域，这种分段方法使每个冲突域的网络负荷减轻、碰撞概率减小；其次，使用以太网交换技术，使网络冲突域进一步细化。用智能交换设备代替共享式集线器，使交换设备各端口之间形成多个数据通道，避免广播风暴，大大降低网络的信息流量。采用全双工通信技术，使设备端口间两对双绞线或光纤上可以同时接收和发送报文帧。

(2) 系统稳定性技术

针对工业现场的振动、粉尘、高温或低温、高湿度等恶劣的工况和环境，对设备的可靠性提出了更高的要求。在基于以太网的控制系统中，网络设备是相关设备的核心，所以工业以太网设备在性能稳定指标上都应高于普通商用以太网设备。

以太网的环冗余技术是由德国 Hirschman 公司首先提出的，通过形成清晰有效的冗余结构系统，能够获得非常高的网络利用率，使以太网的容错能力达到工业实时应用的要求，提高了工业以太网的稳定性。交换式高速以太网启用环冗余的反应时间少于 300ms，这意味着一个设备出错后，网络可以在 300ms 后再次被利用。为适应环冗余，许多快速的冗余算法也已经出现。

(3) 网络安全性技术

目前，工业以太网已经把传统的 3 层网络系统（即生产管理层、高级控制与优化层和过程控制层）合成一体，使数据的传输速率更快、实时性更高。同时，它还可方便地接入 Internet，实现数据的共享。然而，也引入了一系列的网络安全问题，如底层重要过程参数的远程修改权限设定问题、企业内部生产数据保密问题、防止外界网络黑客对系统恶意攻击问题等。

工业以太网在企业中实施时，应该采取相应的网络安全隔离措施。通常，可采用网络隔离（如网关隔离）的办法，如采用具有包过滤功能的交换机将内部控制网络与外部网络系统分开。

(4) 总线供电技术

总线供电是指连接到现场设备的线缆不仅传送数据信号，还能给现场设备提供工作电源，起到一线多用的功能。以往以太网主要用于商业计算机通信，一般的设备或工作站已具备电源供电，没有总线供电的要求，而要在工业现场推广以太网技术，则必须找到一种总线供电的方法。

目前，以太网总线供电采用两种方法。第一种是在以太网标准的基础上修改物理层技术规范，将以太网曼彻斯特信号调制到一个直流或低频交流电源上，在现场设备端再将这两路信号分离出来。基于这种修改后的以太网设备与传统设备不再能够直接互连，而必须增加额外的转接设备。第二种是不改变以太网的物理层结构，而通过连接电缆中的空闲电缆，为现场设备提供工作电源。

(5) 本质安全与安全防爆技术

生产过程中，许多工业现场不可避免地存在易燃易爆和有毒等场合。对应用于这些工业现场的智能装置及通信设备，都必须采取一定的防爆技术措施来保证安全生产。

在目前技术条件下，对以太网系统采用隔爆防爆的措施比较可行，即通过对以太网现场设备采取增安、气密、浇封等隔爆措施，使设备本身故障产生的电火花能量不会外泄，以保证系统使用的安全性。

13.3.2.3 典型实时以太网

(1) Modbus-IDA

Modbus组织和IDA（Interface for Distributed Automation）集团都致力于建立基于Ethernet TCP/IP和Web互联网技术的分布式智能自动化系统。2003年10月，两组织宣布合并，联手开发Modbus-IDA实时以太网。

Modbus-IDA实时扩展的方案是为以太网建立一个新的实时通信应用层，采用一种新的通信模式RTPS（Real-Time Publish/Subscribe）实现实时通信。Modbus-IDA通信协议建立在面向对象的基础上，这些对象可以通过应用程序接口被应用层调用。通信协议同时提供实时服务和非实时服务。

非实时通信基于TCP/IP协议，充分采用IT成熟技术，如基于网页的诊断和配置（HTTP）、文件传输（FTP）、网络管理（SNMP）、地址管理（BOOTP/DHCP）和邮件通知（SMTP）等；实时通信服务建立在RTPS实时发布者（Publish）/预订者（Subscribe）模式和Modbus协议基础上。RTPS协议及其应用程序接口由一个对各种设备都一致的中间件来实现，它采用美国RTI（Real-Time Innovations）公司的NDDS 3.0实时通信系统。

(2) Ethernet/IP

Ethernet/IP实时以太网技术是由ControlNet国际组织CI、工业以太网协会IEA和开放的DeviceNet供应商协会ODVA等共同开发的工业网络标准。

Ethernet/IP实时扩展方案是在TCP/IP之上附加CIP（Common Industrial Protocol），在应用层进行实时数据交换和运行实时应用。CIP的控制部分用于实时I/O报文或隐形报文。CIP的信息部分用于报文交换，也称作显性报文。ControlNet、DeviceNet和Ethernet/IP都使用协议通信，三种网络分享相同的对象库，对象和装置行规使得多个供应商的装置能在上述三种网络中实现即插即用。

(3) PROFINET

PROFINET实时工业以太网是由PI（Profibus International）组织提出的基于以太网的自动化标准。PROFINET构成了从I/O级直至协调管理级的基于组件的自动化系统体系结构，Profibus技术和Interbus现场总线技术可以在整个系统中无缝地集成。

PROFINET提出了对IEEE 802.1D和IEEE 1588进行实时扩展的技术方案，并对不同实时要求的信息采用不同的实时通道技术。PROFINET提供一个标准通信通道和两类实时通信通道。标准通道是使TCP/IP协议的非实时通信通道，主要用于设备参数化、组态和读取诊断数据。实时通道RT主要用于过程数据的高性能循环传输、事件控制的信号与报警信号等。实时通道采用了IRT（Isochronous Real-Time）等时同步实时的ASIC芯片解决方案，以进一步缩短通信栈软件的处理时间，特别适用于高性能传输、过程数据的等时同步传输以及快速的时钟同步运动控制应用。

(4) EPA

EPA是我国拥有自主知识产权的实时以太网标准。EPA由两级网络组成：过程监控级L_2网和现场设备级L_1网。其网络结构如图13-16所示。L_1网用于工业生产现场各种设备之间以及现场设备与L_2的连接；L_2网主要用于控制室仪表、装置及人机接口之间的连接。L_1和L_2网均可分为一个或几个微网段。

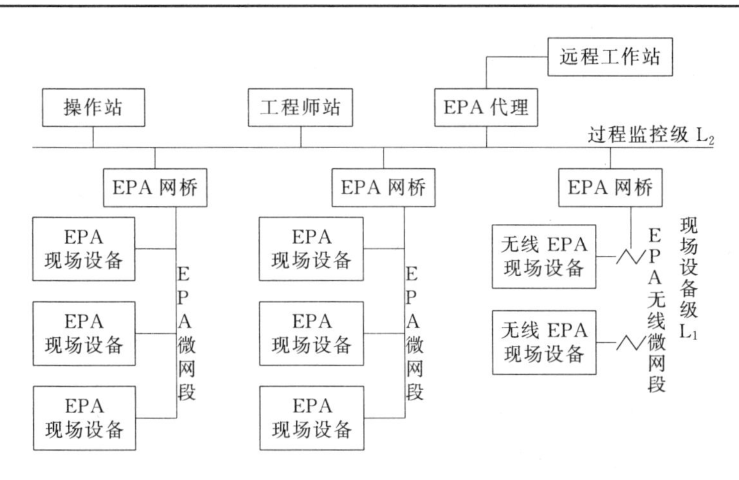

图 13-16　EPA 系统网络结构

为了提高网络的实时性能，EPA 对 ISO/IEC 8802.3 协议规定的数据链路层进行了扩展，增加了一个 EPA 通信调度管理实体（Communication Scheduling Management Entity，EPA-CSME）。EPA-CSME 不改变 IEC8802.3 数据链路层提供给 DLS-User 的服务，也不改变与物理层的接口，只是完成对数据报文的调度管理。EPA-CSME 通信调度管理实体支持完全基于 CSMA/CD 的自由竞争通信调度和基于分时发送的确定性通信调度。

13.3.3　现场总线控制系统

现场总线控制系统（Fieldbus Control System，FCS）是 20 世纪 90 年代发展起来的新一代工业控制系统，它是现场通信网络与控制系统的集成，其节点是现场设备或现场仪表，如传感器、变送器、执行器和控制器等。将进行了网络化处理的现场设备和现场仪表通过现场总线连接起来，实现一定控制作用的系统就是现场总线控制系统。

现场总线控制系统是在集散控制系统 DCS 的基础上发展而成的，它继承了 DCS 分布式特点，但在各功能子系统之间，尤其是在现场设备和仪表之间的连接上，采用了开放式的现场网络，从而使得系统现场级设备的连接形式发生了根本性的变化，因而具有许多特有的性能和特征。全网络化、全分散式、可互操作和全开放是现场总线控制系统 FCS 相对于 DCS 的基本特征。

(1) 现场总线控制系统组成

作为工厂底层控制网络的 FCS，其重要特点是在现场层即可构成基本控制系统。现场仪表不仅能传输测量、控制信号，而且能将设备标识、运行状态、故障诊断等重要信息传至监控、管理层，实现管控一体化的综合自动化功能。

现场总线控制系统包括现场智能仪表、监控计算机、网络通信设备和电缆，以及网络管理、通信软件和监控组态软件。图 13-17 所示为 FCS 硬件的基本构成。

① 现场智能仪表。现场仪表作为现场控制网络的智能节点，应具有测量、计算、控制、通信等功能。用于过程自动化的这类仪表通常有智能变送器、智能执行器和可编程控制仪表等。

智能变送器有压力、差压、流量、物位、温度变送器等。它们具有测量精度高、性能稳定的特点，能实现零点与增益校正和非线性补偿等功能。不少变送器还需有多种总线通信协议（HART、Profibus-DP/PA、FF 和无线通信协议等），可供用户选择。

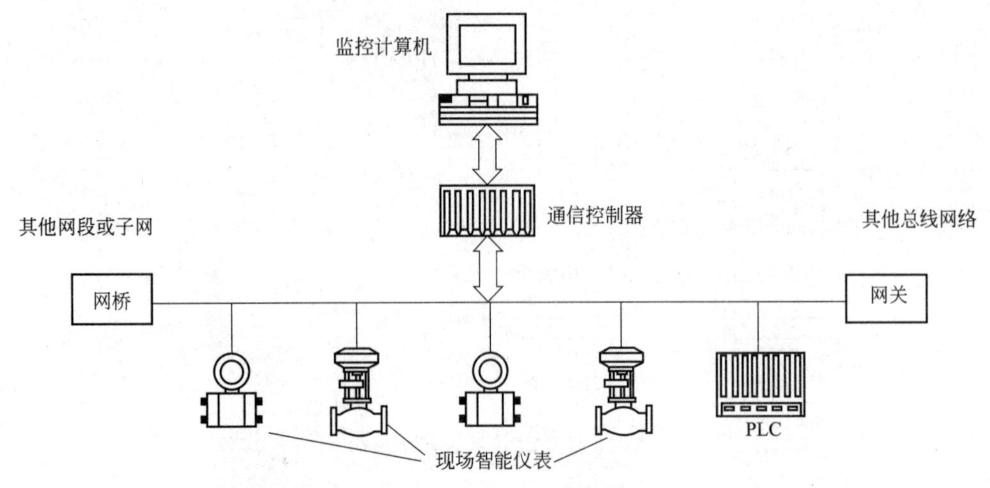

图 13-17　FCS硬件基本构成简图

智能执行器主要指智能阀门定位器和阀门控制器，将阀门定位器装配在执行机构上，即成为现场执行器。它具有多种功能模块，与现场变送器组合使用，能实现基本的测量控制功能。阀门定位器还可接收模拟、数字混合信号或符合现场总线通信协议的全数字信号。

可编程类控制仪表均具有通信功能，符合IEC 61158标准协议的PLC，能方便地连上流行的现场总线，与其他现场仪表实现互操作，并可与上位监控计算机进行数据通信。

② 监控计算机。现场总线控制系统需要一台或多台监控用计算机，以满足现场智能仪表（节点）的登录、组态、诊断、运行和操作的要求。通过应用程序的人机界面，操作人员可监控生产过程的正常运行。监控计算机通常使用工业PC，这类计算机结构紧凑、坚固耐用、工作可靠，抗干扰性能好，可以直接安装在控制框内或显示操作台上，能满足工业控制的基本要求。

③ 网络通信设备。通信设备是现场总线之间及总线与节点之间的连接桥梁。现场总线与监控计算机之间一般用通信控制器或通信接口卡（简称网卡）连接，它可连接多个智能节点（包括现场仪表和计算机）或多条通信链路。这样，一台带有通信接口卡的PC机及若干现场仪表与通信电缆，就构成了最基本的FCS硬件系统，如图13-17所示。

为了扩展网络系统，通常采用网间互联设备来连接同类或不同类型的网络，如中继器、网桥、路由器、网关等。中继器是物理层的连接器，起简单的信号放大作用，用于延长电缆和光缆的传输距离。集线器（HUB）是一种特殊的中继器，它作为转接设备而将各个网段连接起来。智能集线器还具有网络管理和选择网络路径的功能，已广泛应用于局域网。网桥是在数据链路层将信息帧进行存储转发，用来连接采用不同数据链路层协议、不同传输速率的子网或网段。路由器是在网络层对信息帧进行存储转发，具有更强的路径选择和隔离能力，用于异种子网之间的数据传输。网关是在传输层及传输层以上的转换用协议变换器，用以实现不同通信协议的网络之间、不同操作系统的网络之间的互联。

(2) 监控系统软件

监控系统软件包括操作系统、网络管理、通信和组态软件。操作系统一般使用Windows NT、Windows CE或实时操作软件VxWorks等。网络管理软件实现网络各节点的安装的创建、维护等功能。通信软件实现计算机监控界面与现场仪表之间的信息交换，通常使用动态数据交换技术（Dynamic Data Exchange，DDE）或对象链接嵌入技术（OLE for Process Control，OPC）技术来完成数据通信任务。

组态软件作为用户应用程序的开发工具，具有实时多任务、接口开放、功能多样、组态方便、运行可靠的特点。这类软件一般都提供能生成图形、画面、实时数据库的组态工具，简单实用的编程语言（或称脚本语言），不同功能的控制组件，以及多种 I/O 设备的驱动程序，使用户能方便地设计人机界面，形象、动态地显示系统运行工况。由组态软件开发的应用程序可完成数据采集与输出、数据处理与算法实现、图形显示与人机对话、报警与事件处理、实时数据存储与查询、报表生成与打印、实时通信以及安全管理等任务。

PC 硬件和软件技术的发展为组态软件的开发和使用奠定了良好的基础，而现场总线技术的成熟进一步促进了组态软件的应用。工控系统中使用较多的组态软件有 Wonderware 公司的 Intouch，Intellution 公司的 iFix，我国三维科技有限公司的力控软件、亚控科技发展有限公司的组态王软件等。

思考题与习题

13-1　简述集散控制系统的发展历程、特点和结构。

13-2　集散控制系统中常用的网络结构有哪几种？TPS 和 PCS7 系统属于哪一类？

13-3　说明集散控制通信网络的特点及采用的通信协议。

13-4　集散控制系统的层次结构一般分为几层？概述每层的功能。

13-5　简述集散控制系统的操作员站、工程师站和监控计算机站的硬件结构。各部分的主要功能是什么？

13-6　PCS7 系统由哪两级网络构成？简述自动化系统和分布式 I/O 的基本配置和主要功能。

13-7　OPC 通信的技术要点是什么？

13-8　什么是现场总线？现场总线有哪些优点？

13-9　试对现场总线控制系统与集散控制系统作一比较。

13-10　现场总线控制系统由哪几部分组成？试举例说明。

13-11　比较几种流行的现场总线的通信模型。

13-12　简述几种典型的实时以太网，它们各采用何种技术方案实现通信的实时性？

第14章　现代测控技术与仪表

随着控制理论、电子技术和计算机技术的高速发展，为适应科研和生产需求，在检测技术领域中出现了许多新的理论、新的技术和新的概念。这一章将简要介绍四种新技术：软测量技术、多传感器数据融合、虚拟仪器和无线传感器网络。

14.1　软测量技术

14.1.1　软测量的概念

许多工业装置涉及复杂的物理、化学、生化反应和物质及能量的转换与传递，其系统的复杂性和不确定性导致了过程参数检测的困难，目前仍存在不少无法或难以直接用检测仪表进行有效测量的重要过程参数，如催化裂化装置的催化剂循环量、精馏塔的产品组分浓度，生物发酵罐的菌体浓度等。为了解决此类过程的控制问题，以往采用在线分析仪表进行检测，但其设备投资大，维护成本高，测量滞后大而使调节品质下降。因此人们迫切需要找到一种新的测量技术来满足生产过程的监测和优化控制的要求，软测量技术应运而生。

软测量（Soft Sensor）也称为软仪表（Soft-Instrument），它是对一些难以测量或暂时不能测量的重要变量，选择另外一些容易测量的变量，构成某种数学关系，通过计算机软件来推断和估计，以代替检测仪表功能。实际上，软测量与一般测量仪表相比，原理上并无实质的区别，例如早期流量变送器通过变送器内的电子元件，将压力传感器的测量信号转换为流量输出信号，通过单元组合仪表实现分馏塔的内回流计算，也是利用类似的方法得到不能直接测量的变量，只不过它们是利用测量仪表内的模拟计算元件或模拟单元组合仪表来实现简单的计算，而不是利用计算机软件来实现的。现在大家对软测量较为普遍的定义为：软测量就是选择与被估计变量相关的一组可测变量，构造某种以可测变量为输入、被估计变量为输出的数学模型，用计算机软件实现此过程变量的估计。软测量方法的系统研究是源于20世纪70年代Brosillow提出的推理控制的基本思想和方法：采集过程中比较容易测量的二次变量（Secondary Variable）或称辅助变量，构造推断估计器来估计并克服扰动和测量噪声对过程主要变量（Primary Variable，主导变量）的影响。

14.1.2　软测量技术的实现方法

应用软测量技术实现过程参数的测量，一般主要有辅助变量选择、测量数据处理、软测量模型建立和校正四个步骤，其中软测量模型的建立是核心步骤。

(1) 辅助变量的选择

辅助变量的选择包括变量的类型、数目和测点位置等三个相互关联的方面。由被测对象特性和待测变量特点决定，同时在实际应用中还应考虑经济性、可靠性、可行性以及维护性等其他因素的制约。

辅助变量类型的选择范围是对象的可测变量集，应选用与主导变量静态/动态特性相近且有密切关联的可测参数。辅助变量个数的下限值为被估计主导变量的个数，上限值为系统能可靠在线获取的变量总数，但直接使用过多辅助变量会出现过参数化问题，其最佳数目的选择与过程的自由度、测量噪声以及模型的不确定性等有关。一般建议从系统的自由度出发，先确定辅助变量的最小个数，再结合实际对象的特点适当增加，以便更好地处理动态特性等问题。对于许多测量对象，检测点位置的选择是相当重要的，典型的例子就是精馏塔，因为精馏塔高而且体积较大，可供选择的检测点很多，而每个检测点所能发挥的作用则各不相同。

(2) 测量数据处理

对测量数据的处理是软测量实现的一个重要方面，因为软仪表的性能在很大程度上依赖于所获测量数据的准确性和有效性。测量数据的处理一般包括测量数据变换和测量误差处理两部分。

① 数据变换。数据变换影响着过程模型的精度和非线性映射能力。对数值上相差几个数量级的测量数据，应利用合适的因子进行标度，以改善算法的精度和稳定性，输入、输出数据的标准化是经常使用的方法。非线性转换包括直接转换和寻找新变量代替原变量两方面。通过转换可有效地降低原对象的非线性特性，将多个辅助变量进行组合获得更能揭示与主导变量的对应关系的辅助变量，能够更好地反映和主导变量间的线性关系，大幅度减小工作点变化的影响。

② 数据误差处理。测量数据的误差可分为随机误差和过失误差两大类。

随机误差是受随机因素影响而产生的测量误差，一般不可避免，但符合一定的统计规律，一般可采用数字滤波方法来消除。近年来提出的数据协调处理技术也是处理该种误差的一种有效方法。

过失误差包括常规测量仪表的偏差和故障（如堵塞、校准不正确、零点漂移甚至仪表失灵等）以及由不完全或不正确的过程模型（如泄漏、热量损失等不确定因素影响）所导致的误差等。在实际过程中，虽然过失误差出现的概率很小，但将会严重恶化测量数据的品质，破坏数据的统计特性，导致软测量仪表甚至整个系统控制或检测系统的失败。过失误差侦破、剔除和校正的常用方法有统计假设检验法（如整体检验法、节点检验法、测量数据校验法等）、广义似然比法、贝叶斯法等。对于特别重要的参数，如采用硬件冗余方法，如采用相同或不相同的多台检测仪表同时对某一重要参数进行测量，可提高系统的安全性和可靠性。

(3) 软测量模型的建立

表征辅助变量和主导变量之间的数学关系称为软测量模型。如何建立软测量模型，是软测量的核心问题。

由于软测量模型注重的是通过辅助变量来获得对主导变量的最佳估计，而不是强调对象各输入-输出变量彼此间的关系，因此，它不同于一般意义下以描述对象输入-输出关系为主要目的的数学模型。软测量模型本质上是要完成由辅助变量构成的可测信息集 θ 到主导变量估计 $\hat{y}$ 的映射，即用数学公式表示为 $\hat{y}=f\ (\theta)$，见图 14-1。

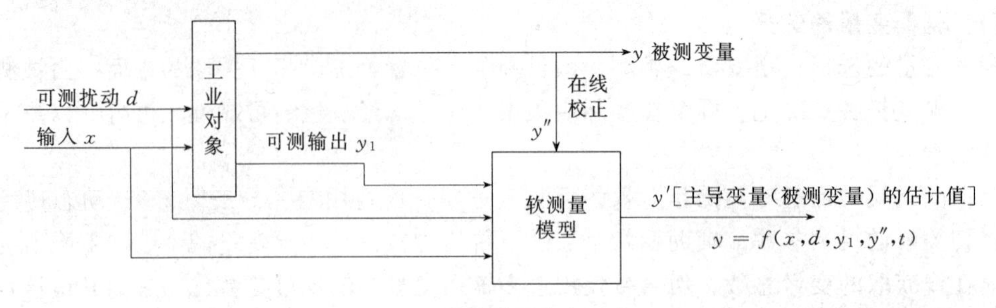

图 14-1　软测量技术示意

软测量模型的建模方法多种多样，且各种方法互有交叉和融合。在检测和控制中常用的建模方法有机理分析、回归分析、状态估计、模式识别、人工神经网络、模糊数学、相关分析和现代非线性信息处理技术等。

(4) 软测量模型的校正

工业装置在实际运行过程中，随着操作条件的变化，其对象特性和工作点不可避免地要发生变化和漂移。在软测量技术的应用过程中，必须对软测量模型进行校正。为实现软测量模型在长时间运行过程中的自动更新和校正，大多数软测量系统均设置有软测量模型评价模块。该模块先根据实际情况作出是否需要模型校正和进行何种校正的判断，然后再自动调用模型校正软件对软测量模型进行校正。

软测量模型的校正主要包括软测量模型结构优化和模型参数修正两方面。大多数情况下，一般仅修正软测量模型的参数。若系统特性变化较大，则需对软测量模型的结构进行优化（修正)。

14.1.3　软测量建模技术

(1) 机理建模

机理建模要求对具体对象有深入地了解，全面把握实际过程所涉及的基本定律，包括热力学方程，物理化学中的相平衡、反应动力学、物料平衡、能量平衡，以及高分子化学、聚合反应工程等诸多方面的知识。在全面深刻了解对象的特性后，就可列写各种守恒方程以确定不可测主导变量和可测二次变量的数学关系，建立估计主导变量的机理模型。

机理模型可以用来模拟实际系统的运行情况，加深对实际过程的理解，提高操作水平。同时通过模型仿真，可以帮助掌握对象的动态特性，为过程优化和控制奠定基础。由于工程背景明确，与一般工艺设计和计算关系密切，便于应用，基于工艺机理分析的软测量是工程中一种常用的方法，同时也是工程界最容易接受的软测量方法。缺点是建模的代价较高，对于某些复杂的过程难以建模。软测量机理模型不适用于机理尚不完全清楚的工业过程。

(2) 统计建模

基于对象的不可测主导变量和可测二次变量数据，建立与系统外特性等价的数学模型的方法，称为统计建模。统计建模将对象看作黑箱，在不了解系统内部结构和机理的情况下，选取一组与预测变量（主导变量）有密切关系但容易测量的观测变量（辅助变量），根据某种最优准则，利用统计方法构造观测变量与预测变量间的数学模型。

参数辨识和回归分析是常用的统计建模方法。基于参数辨识的软测量方法是在输入输出数据的基础上，从一组给定的模型类中，确定一个与所测系统等价的模型。其目的是在某种准则的意义下，估计出模型的未知参数。回归分析法以最小二乘法为基础，发展了许多改进算法，常用的一元线性回归和多元线性回归技术已相当成熟，近年开始流行的部分最小二乘回归法同时考虑输入输出数据集，适合于非线性系统的建模。回归分析方法建模物理意义明确，能看出辅助变量与主导变量的关系，外推能力强。

(3) 神经网络模型

神经网络模型被广泛地应用到软测量。基于神经网络的软测量方法通常侧重的是与时间序列无关的过程稳态模型的建立。神经网络建立软测量模型的主要步骤包括：①采集过程数据，可以是从现场 DCS 采集来的数据，也可以通过一些专业的流程模拟软件的模型库产生，但是无论对于何种数据，必须能覆盖系统大范围的稳态工作范围；②数据预处理，包括移去采集的无效数据，用插值法填补丢失的数据，用滤波法消除采集过程的干扰，对量纲不同的数据进行归一化处理；③建模，用经过预处理的数据训练神经网络。训练的过程中，将数据集分为三组：训练子集、检验子集和测试子集。当训练和检验误差满足一定的阈值条件时，固定网络的结构和权重，以此神经网络模型作为软测量模型。最后用测试子集进行验证，观察软测量模型是否与实际相匹配。

(4) 混合建模

混合使用多种建模方法建立对象的数学模型，可以达到对各种方法取长补短的效果，目前已成为研究的热点。

若系统有先验的物理知识可以利用，则尽量利用，以把黑箱模型转化成灰箱模型，从而把机理方法和统计方法相结合。统计方法可提取机理方法所无法解释的对象内部的复杂信息，而机理模型对先验知识的应用，提高了模型的精度，增强了模型的推广能力，而且减少了参数估计所需的数据，减少了计算量。

14.2　多传感器数据融合技术

14.2.1　概述

“多传感器数据融合（Multisensor Data Fusion）”一词出现在 20 世纪 70 年代，并于 20 世纪 80 年代发展成为一门自动化信息综合处理的专门技术。这一技术首先广泛地应用于军事领域，后来很快推广应用到智能检测、自动控制、空中交通管理和医疗诊断等众多领域。

数据融合技术是针对使用多个或多类传感器的系统这一特定问题而展开的一种信息处理方法，利用计算机技术和嵌入式技术，对按时序获得的多个传感器的信息，在一定规则下进行智能分析、综合优化，完成所需的决策和估计任务。多传感器系统是多传感器数据融合的硬件基础，所采集的数据是多传感器数据融合的加工对象，协调优化和综合处理是多传感器数据融合的核心。

多传感器数据融合就像人脑综合处理信息一样，其充分利用多传感器资源，把多传感器在空间或时间上的冗余或互补信息依据某种准则进行组合，以获得被测对象的一致性解释或描述。和传统的单传感器技术相比，多传感器数据融合技术具有许多优点。

① 采用多传感器数据融合可以增加检测的可信度。例如采用多个雷达系统可以使得对

同一目标的检测更可信。

② 降低不确定度。例如采用雷达和红外传感器对目标进行定位，雷达通常对距离比较敏感，但方向性不好，而红外传感器则正好相反，其具备较好的方向性，但对距离测量的不确定度较大，将二者相结合可以使得对目标的定位更精确。

③ 改善信噪比，增加测量精度，例如通常用到的对同一被测量进行多次测量然后取平均的方法。

④ 增加系统的鲁棒性。采用多传感器技术，当某个传感器不工作、失效的时候，其他传感器还能提供相应的信息，例如用于汽车定位的 GPS 系统，由于受地形、高楼、隧道、桥梁等的影响，可能得不到需要的定位信息，如果和汽车其他常规惯性导航仪表如里程表、加速度计等联合起来，就可以解决此类问题。

⑤ 增加对被检测量的时间和空间覆盖程度。

⑥ 降低成本。例如采用多个普通传感器可以取得和单个高可靠性传感器相同的效果，但成本却可以大大降低。

14.2.2 多传感器数据融合结构

(1) 数据融合的结构形式

① 串联融合。串联融合时，当前传感器要接收前一组传感器的输出结果，每个传感器既有接收信息和处理信息的功能，又有信息融合的功能。各传感器的处理与前一级传感器输出的信息形式有很大关系。最后一个传感器综合了所有前级传感器的输出信息，其输出为串联融合系统的结果。因此，串联融合时，前级传感器的输出对后级传感器输出的影响大。

② 并联融合。并联融合时，各个传感器直接将各自的输出信息传输到传感器融合中心，传感器之间没有影响，融合中心对各信息按适当方法综合处理后，输出最终结果。因此，并联融合时，各传感器的输出之间不存在影响。

③ 混合融合。混合融合方式是串联融合和并联融合两种方式的结合，或总体并联，局部串联；或总体串联，局部并联。

具体的数据融合结构形式如图 14-2 所示。

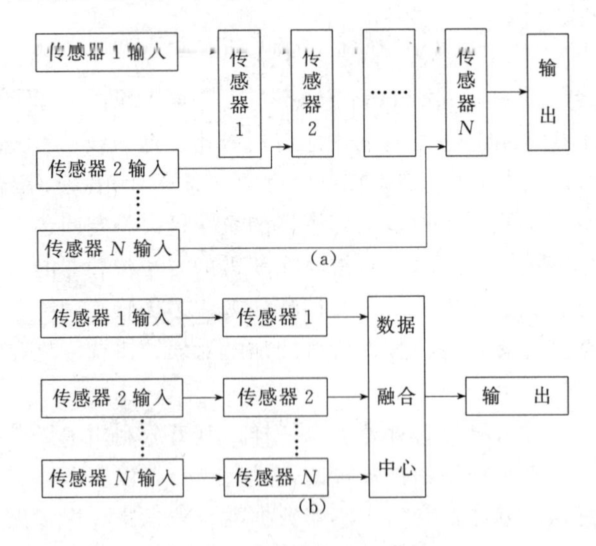

图 14-2 数据融合的结构形式

(2) 数据融合的层次

在多传感器系统中，各种传感器的数据具有不同特征，可能是实时的或非实时的、模糊的或确定的、互相支持的或互补的，也可能是互相矛盾或竞争的，数据融合所处理的多传感器数据具有更复杂的形式。根据信息处理的不同层次，传感器数据融合可以分为数据级（即像素级）、特征级和决策级。

① 数据级融合。数据级数据融合是最低层次的数据融合方式，直接对原始数据进行数据的综合与分析。数据级融合虽然能使结果更加精确，但需要更大的通信带宽，而且由于传感器收集信息的稳定性不高，因此对系统的纠错能力也有较高要求。

② 特征级融合。特征级数据融合是中间层次的数据融合方式，它要求把各个传感器对观测目标的观测结果进行特征提取，得到特征矢量后对这些特征矢量进行关联得到有意义的组合，最后通过特征矢量的合成作出其属性说明。

③ 决策级融合。决策级融合属于高层次的数据融合方式，它针对不同类型传感器的观测数据进行特征识别与提取等预处理，从而初步得到对观测目标的结论。理论上，决策级数据融合的综合输出是经过联合判决所得到的，因此这一结果比任何一个单一判决的结果更加精确，但对传感器节点的数据处理能力要求较高。决策级融合的传感器节点对大量数据进行预处理，使得融合中心的通信量减少，抗干扰能力增强。

另外，根据数据融合发生的地点，多传感器数据融合系统结构也可以分为集中式（Centralized）和分布式（Decentralized or Distributed）。集中式融合的特点是存在一个融合中心，它收集来自所有传感器节点的数据、特征或决策，并完成融合计算。和集中式融合相对应，分布式融合中没有明显的融合中心，各传感器系统都可以看作一个融合中心，它们通常构成一个网络，通过通信获得其他传感器的数据并不同程度地完成融合计算。

14.2.3　多传感器数据融合方法

数据融合作为一种数据的综合和推理算法，它实际上是传统学科和新技术的集成和应用，体现了多学科的交叉、综合和延拓。多传感器数据融合的方法主要有基于统计的方法、基于信息论的方法、基于认识模型的方法和智能数据融合方法等，如 D-S 证据理论、卡尔曼滤波方法、人工神经网络、聚类分析方法、模糊集理论等。虽然至今在数据融合领域还没有形成完整的理论体系和相应的融合算法，但是从融合的功能上分析，相关技术、估计理论和识别方法是重点方面，不少应用领域根据各自的应用背景已经提出了一些有效的融合算法。

(1) 相关技术

在复杂的目标环境下，对多源测量信息需作相关性的定量分析，即按照一定的判别准则，把信息归为不同的集合，每个集合与同一源（目标或事件）关联。由于传感器测量的不精确性和目标环境的各种干扰造成的相关二义性，使得数据关联成为融合的核心问题之一。相关技术需要解决二义性，保持数据的一致性。相关的算法主要有最近邻法、最大似然法、统计关联等。

(2) 估计理论

状态估计是目标自动跟踪的前提和基础，状态估计包括线性系统估计和非线性系统估计。线性系统估计方法主要有卡尔曼（Kalman）滤波技术、最小二乘滤波等；非线性系统估计方法主要有扩展卡尔曼滤波技术及不敏卡尔曼滤波技术。卡尔曼滤波用于实时融合动态的低层次冗余传感器数据，该方法用测量模型的统计特性，递推决定统计意义下最优融合数据估计。如果系统具有线性动力学模型，且系统噪声和传感器噪声可用高斯分布的白噪声模型来表示，KF 为融合数据提供唯一的统计意义下的最优估计，KF 的递推特性使系统数据处理不需大量的数据存储和计算。分散式卡尔曼滤波（Distributed KF，DKF）可实现多传感器数据融合完全分散化，其优点是某个传感器节点失效不会导致整个系统失效。

(3) 识别技术

贝叶斯法、Dempster-Shafer 证据推理、模板法、表决法、神经网络、专家系统等是数据融合中相对成熟的识别技术。贝叶斯估计使传感器信息依据概率原则进行组合，测量不确定性以条件概率表示。在历史上，贝叶斯理论曾是解决多传感器数据融合的最佳方法，但是它要求每个传感器必须在公共抽象级上以贝叶斯可信度作出响应，而实际上大多数传感器不可能提供。D-S 证据推理理论是贝叶斯理论的扩展，它不需要先验知识，在复杂系统的多传感器数据融合中得到了广泛的应用。然而 D-S 证据理论也有其局限性，它要求证据相互独立，且当证据高度冲突下会得出错误的推断。为了克服此缺点，一些学者纷纷提出了对 D-S 组合推理进行改进的方法。

14.3 虚拟仪器

14.3.1 概述

测量仪器发展至今，大体可分为四个阶段：模拟仪器、数字化仪器、智能仪器和虚拟仪器。

① 模拟仪器。主要特征是借助表头指针来显示最终结果，如指针式万用表、晶体管电压表等。

② 数字化仪器。这类仪器目前相当普及，如数字电压表、数字频率计等；主要特征是将模拟信号的测量转化为数字信号测量，并以数字方式输出最终结果；适用于快速响应和较高准确度的测量。

③ 智能仪器。内置微处理器，既能进行自动测试，又具有一定的数据处理功能。智能仪器的功能块全部是以硬件或固化的软件形式存在，无论在开发还是应用上，都缺乏灵活性。

④ 虚拟仪器。虚拟仪器（Virtual Instrument，VI）是由美国国家仪器（NI）公司在 1986 年提出的一种构成仪器系统的新概念，其基本思想是用计算机资源取代传统仪器中的输入、处理和输出等部分，实现仪器硬件核心部分的模块化和最小化，用计算机软件和仪器软面板实现仪器的测量和控制功能。在使用虚拟仪器时，用户可通过计算机显示屏上的友好界面（模仿传统仪器控制面板，故称为仪器软面板）来操作具有测试软件的计算机进行测量，犹如操作一台虚设的仪器，虚拟仪器因此而得名。

虚拟仪器是现代计算机软、硬件技术和测量技术相结合的产物，它突破了传统仪器以硬件为主体的模式，主要以计算机为核心，最大限度地利用计算机系统的软件和硬件资源，使计算机在仪器中不仅能完成过程控制、数据运算和处理工作，而且可以用软件代替传统仪器的某些硬件功能，直接产生出激励信号或实现所需要的各项测试功能。从这个意义上来说，虚拟仪器的一个显著特点就是仪器功能的软件化。

可以肯定地说，虚拟仪器概念的出现是传统仪器观念的一次巨大变革，是将来仪器发展的一个重要方向。虚拟仪器技术是当今计算机辅助测试（CAT）领域的一项重要技术，它必将推动传统仪器朝着数字化、模块化、网络化的方向发展。

14.3.2　虚拟仪器结构和硬件模块

虚拟仪器由计算机、功能硬件模块和应用软件等部分组成，其中功能硬件模块包括各种符合计算机总线的用于数据交换的硬件。虚拟仪器系统的结构如图 14-3 所示，其中较为常见的虚拟仪器系统是数据采集系统、GPIB 仪器系统、VXI 仪器系统以及它们的组合。

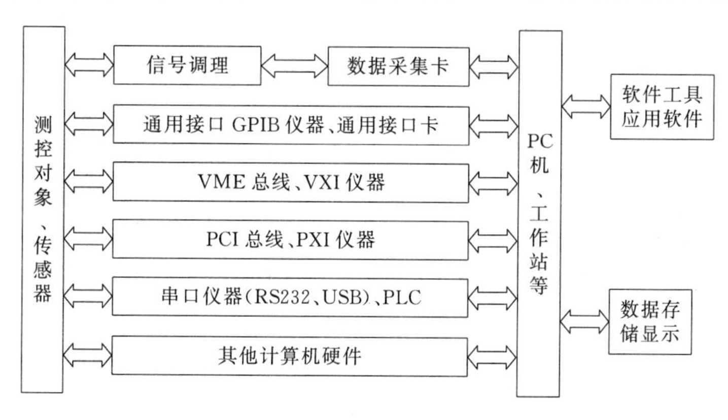

图 14-3　虚拟仪器的基本组成

（1）数据采集系统

一个典型的数据采集系统由传感器、信号调理电路、数据采集卡（板）、计算机四个部分组成。一个好的数据采集卡不仅应具备良好性能和高可靠性，还应提供高性能的驱动程序和简单易用的高层语言接口，使用户能较快地建立可靠的应用系统。近年来，由于多层电路板、可编程仪器放大器、即插即用、系统定时控制器、多数据采集板实时系统集成总线以及实现数据高速传送的中断、DMA 等技术的应用，使得最新的数据采集卡能保证仪器级的高准确度与可靠性。

随着计算机总线的变迁和发展，数据采集卡 DAQ（Data AcQuisition）能适应 ISA、PCI、USB 等不同的插槽或接口。数据采集卡的 A/D 转换功能是实现虚拟显示和记录仪表的关键环节，而其 D/A 转换功能是实现虚拟调节器和执行器的关键。

（2）GPIB 仪器系统

通用接口总线 GPIB（General Purpose Interface Bus）技术是 HP 公司在 20 世纪 70 年代创建的一种通用仪器总线，在虚拟仪器技术发展的初级阶段，它起到了利用计算机增强传统仪器功能的作用。

GPIB 标准的特点是当 PC 总线变化时只需改变 GPIB 接口卡，仪器端可以保持不变。一个典型的 GPIB 测试系统一般由一台 PC、一块 GPIB 接口板卡和若干台带 GPIB 接口的仪器通过标准 GPIB 电缆连接而成。在标准情况下，一块 GPIB 接口卡最多可以带 14 台仪器，每段电缆长 1.5m。利用 GPIB 技术可以实现计算机对仪器的操作和控制，使测试工作由手工操作单台仪器向大型综合的自动化测试系统前进了一大步。例如可以用计算机控制带有 GPIB 接口的数字示波器，控制采集数据的触发信号并上传数据，或通过计算机“软”触摸示波器旋钮以改变示波器量程等。

(3) VXI仪器系统

VXI（VMEbus Extensions for Instrumentation）总线是1981年由Motorola等公司联合发布的以VME计算机总线为基础的一种仪器扩展总线，之后计算机和仪器仪表行业的公司都加入到VXI总线联盟中来。1987年又对标准进行了修改，允许用户将不同厂家的模块用于同一机箱内，为虚拟仪器的应用提供了方便。VXI总线的特点是通用性、开放性强，扩展性好，它能保持每个仪器之间精确定时和同步，具有高数据传输率。多年来，VXI模块化仪器被认为是虚拟仪器最理想的硬件平台。

在VXI总线系统中，器件是系统的基本单元，计算机、计数器、数字仪表、信号发生器和多路开关等都可以作为器件加入到VXI总线系统中。采用VXI总线的虚拟仪器一般由一台主机构成一个VXI子系统，每个子系统最多包括13个器件，一个VXI系统最多可包括256个器件，一个器件可以作为一个单独的插件，也可以由多个器件组成一个插件。插件与VXI总线通过连接器连接，主机箱、主机架、插件和连接器都有标准尺寸和结构。

(4) PXI仪器系统

尽管VXI的稳定性和可靠性都很好，技术也非常成熟，但是由于在新型计算机中已经不存在VME总线，所以基于现行的计算机总线的新的仪器总线标准又应运而生，PXI（PC Extensions for Instrumentation）就是建立在PCI（Peripheral Component Interconnect）上的新的仪器总线标准，PXI使运行在新型计算机上的机器视觉、运动控制等自动化装置与传统仪器可以连接起来了。

14.3.3 虚拟仪器的软件技术

软件就是仪器，在计算机硬件和必要的仪器硬件确定之后，制作和使用虚拟仪器的关键就是开发应用软件。应用软件直接面对操作用户，通过提供直观、友好的测控操作界面、丰富的数据分析与处理功能，来完成自动测试任务。应用软件主要有三个作用：提供集成的开发环境、仪器硬件的高级接口（仪器驱动程序）以及虚拟仪器的用户接口。

(1) 开发环境

应用软件为用户提供了一个彼此相容的集成的框架，它使自上而下的设计直观而容易。利用开发环境先设计虚拟仪器框架，把一台虚拟仪器所需的仪器硬件和软件结合在一起组成一个统一体，如采集和控制、数据分析、数据表达（文件管理、数据显示和硬复制输出）以及用户接口等。开发环境必须是灵活的，这样用户才能容易地组建虚拟仪器或根据应用要求变化重新配置。

目前，面向对象的编程技术和图形编程技术，在虚拟仪器软件开发中都有应用。可视化编程语言环境Visual C＋＋、Visual Basic都可以用来开发虚拟仪器的配套软件，但对普通计算机用户来说，编程难度较大，不易升级和维护。而图形编程语言在这方面具有明显的优势，它简单易学、应用程序界面直观易懂，最为常用的就是美国NI公司的LabVIEW软件。实验室虚拟仪器工程平台（Laboratory Virtual Instrument Engineering Workbench，LabVIEW）使用图形化编程语言在流程图中创建源程序，而非使用基于文本的语言来产生源程序代码。

(2) 仪器硬件接口

应用软件为仪器硬件提供了一个高水平的仪器硬件接口，用户可以透明地操作仪器硬件。用户不必成为RS-232、GPIB、VXI和DAQ卡方面的专家，就可以方便、有效地使用这类硬件。

对于诸如万用表、示波器、频率计等特定仪器，应用软件也提供了相应的软件控制模块，即所谓的仪器驱动程序。仪器驱动程序是完成对某一特定仪器的控制与通信的软件程序集，它是应用程序实现仪器控制的桥梁。每个仪器模块都有自己的仪器驱动程序，仪器厂商以源代码的形式提供给用户。LabVIEW 软件的仪器驱动程序库中包括各制造厂商的数百种 DAQ、GPIB、VXI、CAMAC 和 RS-232 仪器的驱动程序。采用仪器驱动程序后，用户只要把几种仪器与数据分析、数据表示和用户接口代码组合在一起，就可以迅速而方便地制作虚拟仪器。

(3) 用户接口

在 LabVIEW 中，用户可以用图形程序设计的方法来编写用户接口。对虚拟仪器而言，其软件不仅包括一般用户接口特性（如菜单、对话框、按钮和图形），而且也包括仪器应用所必不可少的旋钮、开关、滑动调整器、表头、条形图、可编程光标和数字显示等。

14.4　无线传感器网络技术

14.4.1　无线传感器网络的概念和特点

无线传感器网络（Wireless Sensor Networks，WSN）的研究源自 20 世纪 70 年代，最早应用于军事领域，例如冷战时期的声音监测系统和空中预警与控制系统。无线传感器网络是一种自组织网络，它是由许多被用来感知监测事件所在区域的小型无线传感器网络节点组成。这些节点可以手动地安置在感知区域内或者由飞机洒落在条件艰苦或者无人看守的环境中。传感器节点能够监测声音、压力、温度、速度等多种物理参数。目前，WSN 应用也已经由最早的军事领域扩展到环境监测与保护、机器检测与维护、灾难预警、精细农业等领域。随着低功耗无线通信技术的发展以及传感器的微型化，无线传感器网络已成为当今的热点研究领域，并且将得到更广泛的应用。

无线传感器网络是由数目众多具有有限计算和无线通信能力的传感器节点通过自组织方式构成的无线网络，是能在不同环境下自主完成指定任务的智能系统。网络中各个节点协作地实时感知、监测和采集网络覆盖区域内的各种监测对象或环境的信息，对信息进行融合处理，获取详尽、准确的信息，并传递给用户终端。无线传感器网络具有以下特点。

① 硬件资源有限。由于传感器网络节点的微型化，其所能够携带的处理器芯片和存储器能力比较弱，同时节点电池能量有限。受到这些硬件条件的约束，WSN 的节点不可能将功能设计得十分复杂，传统 Internet 网络上成熟的协议和算法对传感器网络而言开销太大而难以使用。

② 传感器节点数量庞大，网络规模大。无线传感器网络每个节点的通信和传感半径有限（一般为十几米），而且为了节能，节点大部分时间处于睡眠状态，所以往往通过铺设大量的传感器节点来保证网络系统的工作质量。传感器网络的节点密度可达到每平方米上百个节点。

③ 以数据为中心。WSN 的应用中通常只关心被测区域特定参数的最终观测数据，而不关心具体某个传感器节点的观测数据，也不关心这些数据的传送过程，因而在数据处理过程中需要传感器网络进行必要的数据融合。

④ 具备鲁棒性和容错能力。WSN 的节点始终处于动态变化过程中，系统设计已保证了传感器网络具有自组织能力，可进行路由的自组织计算，因而使得传感器网络在整体上具备

了鲁棒性和容错能力。当传感器节点发生故障而失效时，或者有新的节点补充进来时，无线传感器网络都可以动态地、自组织地调节其网络拓扑结构，保证整个网络系统的正常工作。

14.4.2 无线传感器网络的结构

(1) WSN 的体系结构

如图 14-4 所示是一个典型的 WSN 体系结构，它主要包括管理节点、汇聚节点和传感器节点。WSN 将许多传感器节点布置在目标区域，这些传感器节点会根据一定的通信协议及通信方式自组织成一个多跳的网络，网络中的所有节点协同工作来完成对待监测信息的感知任务。采集到的数据经过多跳路由之后被传递到汇聚节点，然后经过广域网络（Internet 或者卫星网络等）传递到管理节点，数据经过处理之后即可展现给用户。

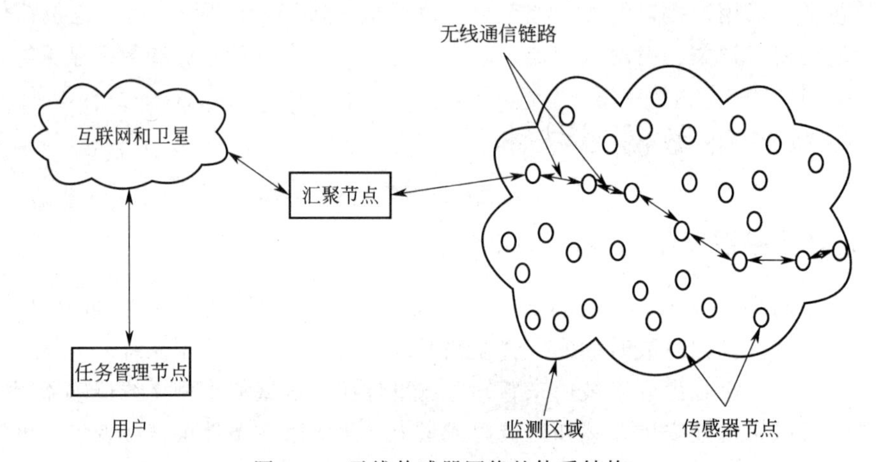

图 14-4 无线传感器网络的体系结构

传感器节点一般由传感器、无线通信、处理器等模块构成，具有简单的数据采集、分析、处理、转发的功能。但是受体积大小、成本、能耗等因素的制约，传感器节点只能采集一定范围内的数据进行预处理，并将其保存在有限的存储空间内。此外，传感器节点还要处理其他节点传送来的数据，与其他节点协同工作。

汇聚节点属于一种特殊的传感器节点，比普通的传感器节点具有更强的存储、通信和处理的能力。作为网关或者中继实现网络内外的通信。管理节点主要用来对网络进行各种管理和配置。

(2) 传感器节点结构

每个传感器节点都包括用来感知目标的传感器模块、用来收发数据的无线通信模块、用来处理感知数据的处理器模块和用来提供能量的能量供应模块这四部分，如图 14-5 所示。

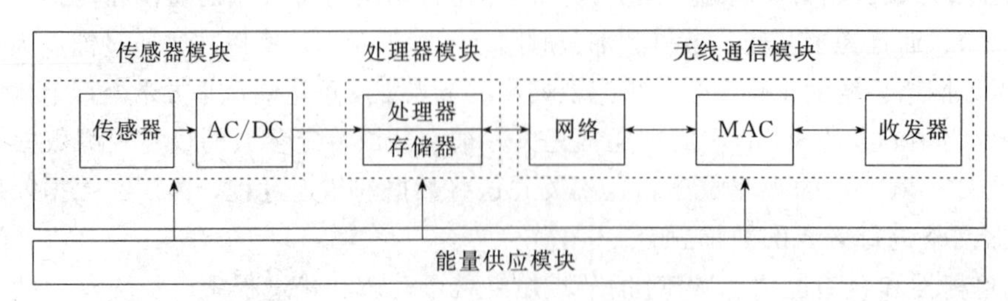

图 14-5 无线传感器网络节点结构

能量供应模块为传感器节点提供能量保障。传感器以及模数转换器组成了具有感知功能及数据采集功能的传感器模块。处理器模块的主要作用是对节点采集到的和其他节点传递过来的数据信息进行相关处理。无线通信模块的主要作用是负责接受并转发整个传感器节点的数据信息以及传感器节点间的通信。

14.4.3　无线传感器网络的关键技术

无线传感器网络作为当今信息科技领域备受关注的研究新热点，涉及多学科交叉知识和许多新兴的前沿热点研究领域，有很多关键技术值得深入探讨和研究。

(1) 网络拓扑控制

无线传感器网络拓扑控制的主要研究问题是：在满足网络连通度和覆盖度的前提下，通过控制功率和骨干网节点选择，删除节点之间不必要的无线通信链路，生成一个高效的网络拓扑结构。通过拓扑控制自动生成良好的网络拓扑结构，能够提高路由协议和MAC协议的效率，可为数据融合、时间同步和目标定位等很多方面奠定基础，有利于节省节点的能量来延长网络的生存期。因此，拓扑控制是无线传感器网络研究的核心技术之一。

(2) 网络路由协议

由于传感器节点的计算能力、存储能力、通信能力以及携带的能量都十分有限，每个节点只能获取局部网络的拓扑信息，网络协议也不能太复杂。同时，传感器拓扑结构动态变化，网络资源也在不断变化，这些都对网络协议提出了更高的要求。

在无线传感器网络中，路由协议不仅关心单个节点的能量消耗，更关心整个网络能量的均衡消耗，这样才能延长整个网络的生存期。同时，无线传感器网络是以数据为中心的，这在路由协议中表现得最为突出，每个节点没有必要采用全网统一的编址，选择路径可以不用根据其节点编址，更多地根据感兴趣的数据建立数据源到汇聚节点之间的转发路径。

(3) 时间同步技术

时间同步是需要协调工作的传感器网络系统的一个关键机制。无线传感器网络中，节点间的晶振频率存在误差，再加上温湿度、噪声等外界环境的影响就会造成节点间的本地时钟不统一，进而造成节点间的运行时间偏差。而很多时候要求节点之间平行操作、相互配合协同完成监测任务，所以对整个网络的时间同步提出了很高的要求。

(4) 节点定位技术

无线传感器网络中，为了确定监测事件的发生位置，传感器节点的自身位置信息往往非常重要。受价格、体积、功耗等因素限制，所有传感器节点都部署 GPS 来获得其位置，显然不现实。因此，利用少量已知位置节点（通过 GPS 或人工配置等手段获取物理位置），来获得其他节点的位置信息，是目前主要的研究工作。

(5) 节点数据融合技术

传感器网络对目标的观测存在数据冗余，一方面，若这些冗余数据不加任何处理就传送给观察者，将会带来巨大的网络流量，从而带来急剧的能量消耗；另一方面，这种流量通常都是不均衡分布的，靠近观察者的节点非常容易因快速的能量消耗而失效。因此，在各节点收集数据的过程中，即可进行数据的融合，在数据融合的过程中也消除了部分干扰，提高了信息的准确度。

思考题与习题

14-1　实现软测量技术的关键是什么？常用的软测量方法主要有哪些？

14-2　软测量技术相对于传统的检测技术有何特点和优越之处？

14-3　多传感器数据融合的定义是什么？和单传感器技术相比有哪些优点？

14-4　简述多传感器数据融合三种结构形式和各自特点。

14-5　什么是虚拟仪器？它与传统仪器仪表有什么区别？虚拟仪器由哪几部分组成？

14-6　虚拟仪器常用的构成方法有哪些？简述各自的特点。

14-7　什么是无线传感器网络？其关键技术是什么？

14-8　如何看待无线传感器网络的产生和发展？它对检测技术和控制系统的发展会带来哪些重要的变化？

参 考 文 献

[1] 俞金寿，孙自强．过程自动化及仪表．第3版．北京：化学工业出版社，2015.

[2] 陈忧先主编．化工测量及仪表．第3版．北京：化学工业出版社，2010.

[3] 吴勤勤主编．控制仪表及装置．第4版．北京：化学工业出版社，2013.

[4] 张毅等．自动检测技术及仪表控制系统．第3版．北京：化学工业出版社，2012.

[5]《工业自动化仪表与系统手册》编辑委员会．工业自动化仪表与系统手册（上、下册）．北京：中国电力出版社，2008.

[6] 陆德民主编．石油化工自动控制设计手册．第3版．北京：化学工业出版社，2000.

[7] 张宏建，蒙建波．自动检测技术与装置．北京：化学工业出版社，2004.

[8] 孙传友．现代检测技术及仪表．北京：高等教育出版社，2006.

[9] 周浩敏，钱政．智能传感技术与系统．北京：北京航空航天大学出版社，2008.

[10] 唐露新．传感与检测技术．北京：科学出版社，2006.

[11] 崔维群．可编程控制器应用技术项目教程（西门子）．北京：北京大学出版社，2011.

[12] 申桂英，林礼区，周晨．可编程控制器基础教程．武汉：华中科技大学出版社，2013.

[13] 张鹤鸣，刘耀元，张辉先．可编程控制器原理及应用教程．北京：北京大学出版社，2011.

[14] 骆德汉．可编程控制器与现场总线网络控制．北京：科学出版社，2007.

[15] 陈晓琴．可编程序控制器及应用．哈尔滨：哈尔滨工程大学出版社，2009.

[16] 王仁祥，王小曼．S7300/400入门与进阶．北京：中国电力出版社，2009.

[17] 王仁祥，王小曼．西门子S7-1200PLC编程方法与工程应用．北京：中国电力出版社，2011.

[18] 任作新等．网络化监督与控制系统．北京：国防工业出版社，2007.

[19] 王振明等．SCADA（监控与数据采集）软件系统的设计与开发．北京：机械工业出版社，2009.

[20] 王华忠．监控与数据采集（SCADA）系统及其应用．北京：电子工业出版社，2010.

[21] 翟天蒿，刘尚争．iFIX基础教程．北京：清华大学出版社，2013.

[22] 周荣富，陶文英．集散控制系统．北京：北京大学出版社，2011.

[23] 刘翠玲，黄建兵．集散控制系统．第2版．北京：北京大学出版社，2013.

[24] 凌志浩．DCS与现场总线控制系统．上海：华东理工大学出版社，2008.

[25] 黄德先．化工过程先进控制．北京：化学工业出版社，2006.